メタボロミクスの先端技術と応用

Advanced Technology of Metabolomics
and its Practical Application

《普及版／Popular Edition》

監修 福﨑英一郎

シーエムシー出版

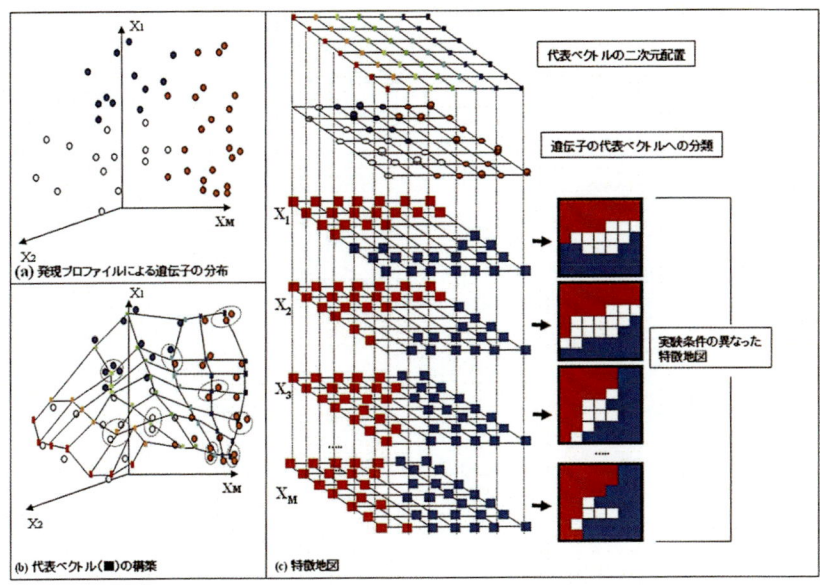

第2編 第11章 図3 BL-SOMの概念図

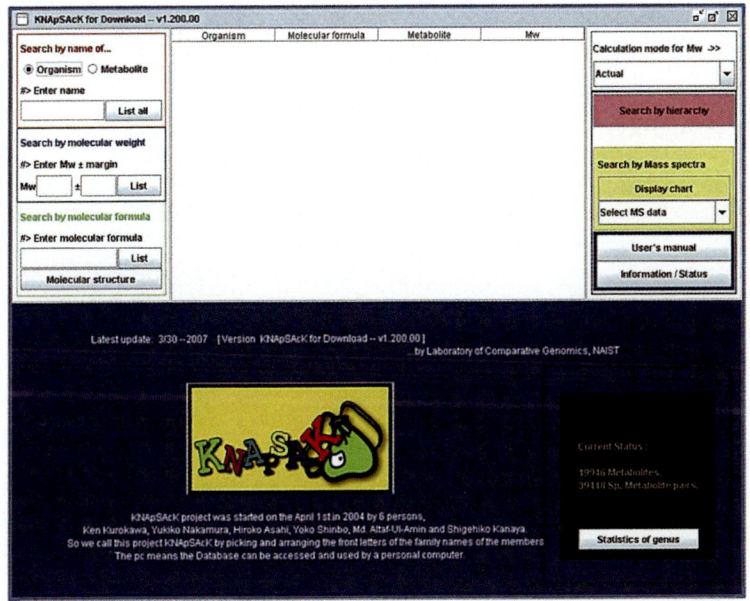

第2編 第11章 Panel 1a

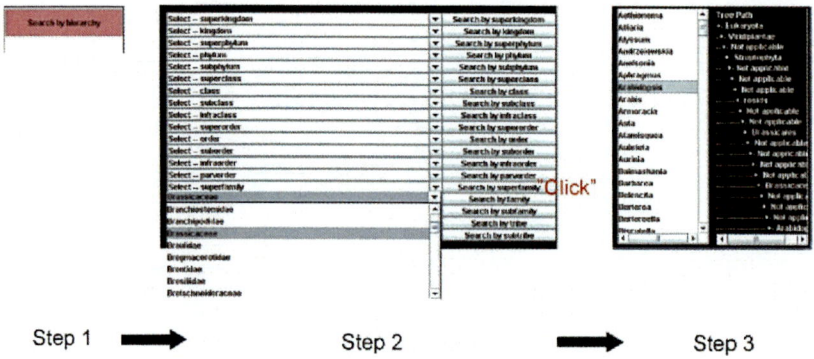

第2編　第11章　Scheme 4

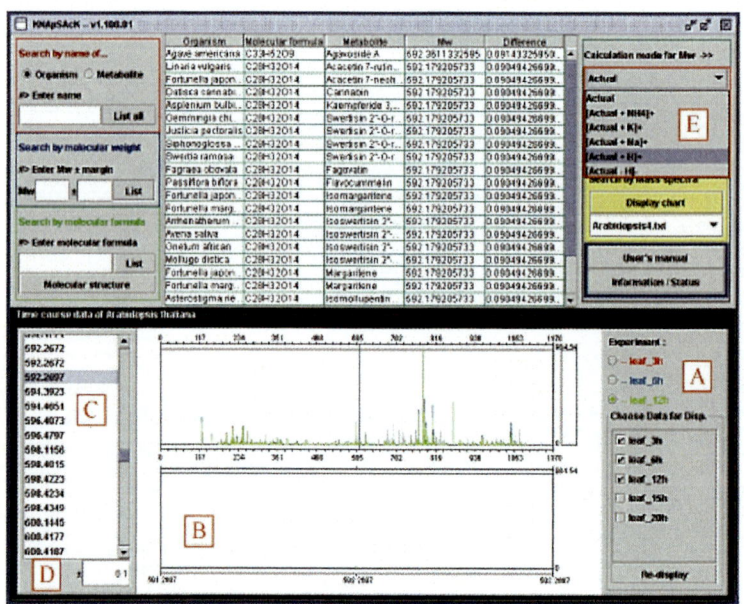

第2編　第11章　Panel 3

はじめに

　代謝物の網羅的解析に基づくオーム科学である「メタボロミクス」は，トランスクリプトミクスやプロテオミクスとは異なる情報を与える有用技術として期待される半面，その技術内容が分かりにくく，実際の運用を敬遠される場合も多い。本書の目的は，メタボロミクスの先端技術を出来るだけ平易に解説し，メタボロミクスとは何かということを分かっていただくことである。そのために，メタボロミクス研究の最前線で活躍中の先生方に，ご自身の仕事を単に紹介するのではなく，現状技術の内容，限界，問題点を出来るだけわかり易く解説することをお願いした。本書の前半では，分析技術，情報処理技術の現状が解説されている。本書後半では，生命科学への応用ならびに，実用技術としての可能性が記述されている。本書を読むことにより，メタボロミクスへの理解が深まり，より多くの方にメタボロミクスを使ってみたいと思っていただければ至福である。

　なお，本書企画に賛同し，ご多忙の中，執筆してくださった諸先生方に深く感謝する次第である。また，本書の企画から完成までの編集作業一切を担当していただいたシーエムシー出版の門脇孝子氏に，謝意を表したい。

2007年12月

大阪大学　大学院工学研究科　福﨑英一郎

普及版の刊行にあたって

本書は2008年に『メタボロミクスの先端技術と応用』として刊行されました。普及版の刊行にあたり，内容は当時のままであり加筆・訂正などの手は加えておりませんので，ご了承ください。

2013年8月

シーエムシー出版　編集部

執筆者一覧（執筆順）

福﨑 英一郎　大阪大学　大学院工学研究科　生命先端工学専攻　教授
宮野　博　味の素㈱ ライフサイエンス研究所　分析基盤研究グループ　グループ長　主席研究員
石濱　泰　慶應義塾大学　先端生命科学研究所　准教授
原田 和生　大阪大学　大学院工学研究科　生命先端工学専攻　特任研究員
馬場 健史　大阪大学　大学院薬学研究科　助教
及川　彰　㈳理化学研究所　横浜研究所　植物科学研究センター　メタボローム基盤研究グループ　メタボローム解析研究チーム　研究員
飯島 陽子　㈶かずさDNA研究所　産業基盤開発研究部　ゲノムバイテク研究室　特別研究員
根本　直　㈳産業技術総合研究所　生物情報解析研究センター　主任研究員
菊地　淳　㈳理化学研究所　植物科学研究センター　ユニットリーダー；名古屋大学　大学院生命農学研究科　客員教授
中西 広樹　東京大学　大学院医学系研究科　メタボローム寄付講座　研究員
田口　良　東京大学　大学院医学系研究科　メタボローム寄付講座　客員教授
川瀬 雅也　大阪大谷大学　薬学部　教授
真保 陽子　奈良先端科学技術大学院大学　情報科学研究科　情報生命科学専攻　比較ゲノム学講座；JST-BIRD 研究員
高橋 弘喜　奈良先端科学技術大学院大学　情報科学研究科　情報生命科学専攻　比較ゲノム学講座
田中 健一　奈良先端科学技術大学院大学　情報科学研究科　情報生命科学専攻　比較ゲノム学講座
草場　亮　奈良先端科学技術大学院大学　情報科学研究科　情報生命科学専攻　比較ゲノム学講座
Md.Altaf-Ul-Amin　奈良先端科学技術大学院大学　情報科学研究科　情報生命科学専攻　比較ゲノム学講座
Aziza Kawsar Parvin　奈良先端科学技術大学院大学　情報科学研究科　情報生命科学専攻　比較ゲノム学講座
旭 弘子　バイオテクノロジー開発技術研究組合　研究員
平井　晶　奈良先端科学技術大学院大学　情報科学研究科　情報生命科学専攻　比較ゲノム学講座；JST-BIRD 研究員
黒川　顕　奈良先端科学技術大学院大学　情報科学研究科　情報生命科学専攻　比較ゲノム学講座
金谷 重彦　奈良先端科学技術大学院大学　情報科学研究科　情報生命科学専攻

	比較ゲノム学講座　教授；JST-BIRD 研究員
時 松 敏 明	京都大学　化学研究所　バイオインフォマティクスセンター　助教
石 井 伸 佳	慶應義塾大学　先端生命科学研究所　研究員
清 水　浩	大阪大学　大学院情報科学研究科　バイオ情報工学専攻　教授
古 澤　力	大阪大学　大学院情報科学研究科　バイオ情報工学専攻　准教授
白 井 智 量	㈶地球環境産業技術研究機構　微生物研究グループ　研究員
田 中 喜 秀	㈵産業技術総合研究所　ヒューマンストレスシグナル研究センター　ストレス計測評価研究チーム　主任研究員
東　哲 司	㈵産業技術総合研究所　ヒューマンストレスシグナル研究センター　ストレス計測評価研究チーム　テクニカルスタッフ
Randeep Rakwal	㈵産業技術総合研究所　ヒューマンストレスシグナル研究センター　精神ストレス研究チーム　テクニカルスタッフ
柴 藤 淳 子	㈵産業技術総合研究所　ヒューマンストレスシグナル研究センター　精神ストレス研究チーム　テクニカルスタッフ
脇 田 慎 一	㈵産業技術総合研究所　ヒューマンストレスシグナル研究センター　ストレス計測評価研究チーム　チーム長
岩 橋　均	㈵産業技術総合研究所　ヒューマンストレスシグナル研究センター　副研究センター長
榊 原 圭 子	㈵理化学研究所　植物科学センター　研究員
斉 藤 和 季	㈵理化学研究所　植物科学センター　グループディレクター；千葉大学　大学院薬学研究院　教授
平 井 優 美	㈵理化学研究所　植物科学センター　メタボローム基盤研究グループ　代謝システム解析ユニット　ユニットリーダー
久 原 とみ子	金沢医科大学　総合医学研究所　人類遺伝学研究部門　部門長；教授
東 城 博 雅	大阪大学　大学院医学系研究科　分子医化学　准教授
木 野 邦 器	早稲田大学　理工学術院　先進理工学部　応用化学科　教授
古 屋 俊 樹	早稲田大学　理工学術院；㈵日本学術振興会　特別研究員
鈴 木 克 昌	北海道大学農学院　共生基盤学専攻　博士課程
岡 崎 圭 毅	北海道農業研究センター　根圏域研究チーム　研究員
俵 谷 圭太郎	山形大学　農学部　教授
信 濃 卓 郎	北海道大学　創成科学共同研究機構／大学院農学研究院　准教授
田 中 福 代	㈵農業・食品産業技術総合研究機構　中央農業総合研究センター　土壌作物分析診断手法高度化研究チーム　主任研究員
堤　浩 子	月桂冠㈱　総合研究所　副主任研究員

執筆者の所属表記は，2008年当時のものを使用しております。

目　次

序論　メタボロミクスの現状と可能性　　福﨑英一郎

1　メタボロミクスの上流に位置するオーム
　　科学 ………………………………………… 1
2　メタボロミクスの位置づけ …………… 2
3　メタボロミクス技術の現状 …………… 3
　　3.1　分析技術 ………………………………… 4
3.2　情報処理技術 ……………………………… 5
4　メタボロミクスの応用展開 …………… 7
　　4.1　生命科学への応用 ……………………… 7
　　4.2　実用技術としての可能性 …………… 8
5　おわりに ……………………………………… 10

【第1編　分析技術】

第1章　メタボロミクスにおけるHPLCの応用　　宮野　博

1　はじめに ……………………………………… 13
2　LC-MSによる非特異的メタボロミクス 13
3　LC-MSによる特異的メタボロミクス … 14
　　3.1　官能基特異的分析法の有用性 …… 14
　　3.2　アミノ基―アミノ酸 ………………… 16
3.3　カルボキシル基―TCAサイクルを構
　　成する代謝物 ……………………………… 19
3.4　リン酸エステル―解糖系やペントース
　　リン酸系を構成する代謝物 ………… 20
4　おわりに ……………………………………… 22

第2章　メタボロミクス，プロテオミクスのためのナノLC-MSシステム
　　　　　　　　　　　　　　　　　　　　　　　　　　　　　石濱　泰

1　はじめに ……………………………………… 23
2　ナノLCカラムと質量分析計とのインタ
　　ーフェース ………………………………… 23
3　注入システム ……………………………… 25
4　カラム径，流速の影響 ………………… 26
5　オフラインLC-MS/MS ………………… 27
6　多次元分離 ………………………………… 28
7　今後の展望 ………………………………… 29

第3章　CE/MSによるアニオン性代謝産物解析システムの開発
原田和生，福﨑英一郎

1　はじめに ………………………… 32
2　アニオン性代謝産物プロファイリングのためのCE/MSシステム ………… 33
3　技術的課題 ……………………… 38
　3.1　質量分析計の使い分け ……… 38
3.2　サンプル調製法 ………………… 39
3.3　定量法 …………………………… 40
3.4　感度 ……………………………… 40
3.5　移動時間再現性 ………………… 41
4　おわりに ………………………… 41

第4章　超臨界流体クロマトグラフィー／質量分析による脂質プロファイリング
馬場健史

1　はじめに ………………………… 43
2　超臨界流体クロマトグラフィー（SFC）とは？ ……………………………… 44
3　SFC/MSによる脂質分析条件の検討 … 45
4　脂質混合物のSFC/MS分析 ……… 47
5　おわりに ………………………… 50

第5章　フーリエ変換イオンサイクロトロン質量分析装置（FT-ICR MS）を用いたメタボリックプロファイリング解析
及川　彰

1　序論 ……………………………… 52
2　FT-ICR MSによる分析 …………… 52
　2.1　FT-ICR MSの原理 …………… 52
　2.2　FT-ICR MSによる分析 ……… 53
3　FT-ICR MSを用いたメタボローム解析 ……………………………………… 54
　3.1　メタボローム解析におけるFT-ICR MS ……………………………… 54
　3.2　サンプル抽出および前処理 … 55
　3.3　FT-ICR MS分析 ……………… 55
3.4　データ解析 ……………………… 56
3.5　MSMS分析 ……………………… 57
3.6　イオンサプレッションの問題点 … 58
4　研究例－除草剤による代謝攪乱のメタボリックプロファイリング解析－ …… 58
　4.1　導入 …………………………… 58
　4.2　方法 …………………………… 59
　4.3　結果 …………………………… 59
5　展望 ……………………………… 61

第6章 LC-FT-ICR-MS による未知代謝物のアノテーション　　飯島陽子

1 はじめに …………………………… 64
2 未知代謝物のアノテーションにおけるLC
　-FT-ICR-MS の有効性 …………… 65
3 代謝物アノテーション方法 ………… 67
4 トマト果実における代謝物アノテーショ
　ン例 ………………………………… 69
5 代謝物アノテーション情報の応用－トマ
　トフラボノイドの代謝－ …………… 70
6 今後の課題と展望 …………………… 72

第7章 FT-NMR を用いたメタボリック・プロファイリング　　根本　直

1 NMR-MP 導入－何が必要か－ …… 75
2 NMR の調整－良いデータセットを得る
　ために－ …………………………… 75
3 シム調整－プロファイリングに分解能は
　不要か？－ ………………………… 76
4 水信号消去操作 …………………… 78
5 NMR-MP におけるデータポイント … 79
6 NMR-MP 試料調製 ………………… 79
7 NMR-MP 自動測定 ………………… 80
8 NMR-MP データ処理 ……………… 80
9 標的型 NMR-MP …………………… 81
10 非標的型 NMR-MP ………………… 81

第8章 メタボノミクスとNMR技術開発　　菊地　淳

1 メタボノミクスとメタボロミクス …… 86
2 多様な NMR 計測手法 ……………… 88
　2.1 抽出物計測と非侵襲計測 ……… 88
　2.2 観測核の選択 ………………… 88
　2.3 パルス系列の選択 …………… 89
　2.4 NMR データ解析法の実際 …… 91
3 メタボノミクス解析の報告例 ……… 92
　3.1 環境メタボノミクス …………… 92
　3.2 栄養メタボノミクス …………… 93
　3.3 システム生物学，フラクソミクス，
　　　合成生物学 …………………… 94
4 計測機器開発の重要性 …………… 94

第9章 脂質メタボロミクスとその応用　　中西広樹，田口　良

1 はじめに …………………………… 100
2 脂質メタボローム解析法 …………… 101
　2.1 グローバル解析法 …………… 101
　2.2 グループ特異的解析法 ……… 102
　2.3 個別分子特異的解析法 ……… 102
　2.4 データ解析法 ………………… 103

3　酸化脂肪酸の包括的測定系 ……………… 104
　3.1　固相抽出法によるサンプル前処理
　　　　　　　　　　　　　……………… 104
　3.2　酸化脂肪酸同定法 ……………… 105
　3.3　MRMの利点とLCによる分離の意義
　　　　　　　　　　　　　……………… 106
　3.4　内部標準法による定量と検出限界
　　　　　　　　　　　　　……………… 107
　3.5　急性腹膜炎モデルの酸化脂肪酸解析
　　　　　　　　　　　　　……………… 107
4　新しい手法 …………………………… 108
5　おわりに ……………………………… 109

【第2編　情報処理技術】

第10章　メタボロミクスデータ解析のための基礎統計学　　川瀬雅也

1　統計学の基礎 ………………………… 113
2　多変量解析 …………………………… 115
　2.1　回帰分析 ………………………… 115
　　2.1.1　相関係数 …………………… 117
　　2.1.2　重回帰分析の実際 ………… 118
　　2.1.3　回帰式の検定 ……………… 119
　　2.1.4　部分最小二乗法（PLS） ……… 120
　2.2　主成分分析 ……………………… 121
　2.3　因子分析 ………………………… 123
　2.4　判別分析 ………………………… 123
　2.5　クラスター分析 ………………… 125
　2.6　自己組織化マップ（SOM） ……… 127
3　まとめ ………………………………… 128

第11章　生物種-代謝物関係データベース：KNApSAcK　　真保陽子，高橋弘喜，田中健一，草場　亮，Md. Altaf-Ul-Amin，Aziza Kawsar Parvin，旭　弘子，平井　晶，黒川　顕，金谷重彦

1　はじめに …………………………… 130
2　メタボローム・バイオインフォマティクス（スペクトル解析） ……………… 131
3　一括処理型の自己組織化法（BL-SOM）
　　　　　　　　　　　　　……………… 133
　3.1　初期ベクトルの設定 …………… 136
　3.2　入力ベクトルの分類 …………… 137
　3.3　代表ベクトルの更新 …………… 137
4　トランスクリプトームおよびメタボロームデータの統合的な解析 …………… 138
5　生物種-代謝物関係データベースKNApSAcK ……………………… 139
6　KNApSAcKの検索機能 …………… 142
　6.1　検索方法 ………………………… 142
　　6.1.1　化合物名，生物種名からの検索
　　　　　　　　　　　　　……………… 143
7　ソフトウエアのダウンロード ………… 147

第12章　メタボロミクスの理解に有用な代謝マップビューアー・代謝経路データベース　　時松敏明

1　はじめに …………………………… 150
2　個別の代謝マップビューアー・代謝マップデータベースの紹介 ………… 151
　2.1　KEGG ………………………… 151
　　2.1.1　KEGG の特徴 ……………… 151
　　2.1.2　KEGG PATHWAY の機能 …… 151
　2.2　BioCyc および関連のパスウェイデータベースについて ……………… 152
　　2.2.1　BioCyc の概要と特徴 ……… 152
　　2.2.2　BioCyc の機能 ……………… 153
　2.3　MapMan ……………………… 155
　　2.3.1　MapMan の特徴 …………… 155
　　2.3.2　MapMan の機能 …………… 155
　2.4　KaPPA-View2 ………………… 156
　　2.4.1　KaPPA-View2 の特徴 ……… 156
　　2.4.2　KaPPA-View の機能 ……… 156
3　おわりに …………………………… 158

第13章　微生物の代謝シミュレーション　　石井伸佳

1　はじめに …………………………… 159
2　各種の微生物モデル ……………… 159
3　微生物代謝の構造化モデル ……… 161
4　動的モデリングにおける酵素反応速度式の問題 ………………………… 163
5　マルチオミクスデータの利用 …… 164
6　おわりに …………………………… 165

【第3編　生命科学への応用】

第14章　メタボロームデータを用いた代謝フラックス解析　　清水　浩, 古澤　力, 白井智量

1　^{13}C 標識を用いた代謝フラックス解析 … 171
2　GC-MS および NMR 分析のためのサンプル調製 ………………………… 173
3　GC-MS 分析条件 ………………… 173
4　NMR 分析条件 …………………… 174
5　代謝フラックス解析のためのモデル構築 ………………………………… 175
6　^{13}C フラックス解析（^{13}C MFA）方法 … 176
7　測定データの誤差に対する ^{13}C MFA の精度解析 ……………………… 177
8　決定されたフラックスの精度 …… 178
9　NMR 分析データによる ^{13}C MFA 結果

	の検証 ……………………… 179	11	まとめ ……………………………… 183
10	二種のコリネ型細菌の ^{13}C MFA …… 180		

第15章　*in vivo* 同位体標識による網羅的代謝物ターンオーバー解析
原田和生，福﨑英一郎

1	はじめに ………………………… 185	4	培養細胞における代謝産物の *in vivo* ^{15}N
2	代謝フラックス解析の現状 ………… 186		標識率測定 ……………………… 187
3	代謝フラックス解析の技術的要素 …… 186	5	おわりに ………………………… 194

第16章　ゲノミクスとメタボロミクスの生物学的解析技術としての融合
田中喜秀，東　哲司，Randeep Rakwal，柴藤淳子，脇田慎一，岩橋　均

1	はじめに ………………………… 195	5	ゲノミクスとメタボロミクスの融合か
2	ゲノミクス ……………………… 195		ら得られた結果の考察 …………… 202
3	メタボロミクス ………………… 199	6	おわりに ………………………… 203
4	ゲノミクスとメタボロミクスの融合 … 201		

第17章　メタボロミクスを基盤とした植物ゲノム機能科学
榊原圭子，斉藤和季

1	はじめに ………………………… 204	5	公開トランスクリプトームデータベー
2	植物におけるメタボロミクス ……… 204		スを利用した遺伝子機能同定 ……… 208
3	植物代謝産物の多様性と植物ゲノム … 205	6	メタボロミクスと植物二次代謝 …… 209
4	メタボロミクスとトランスクリプトミ	7	おわりに ………………………… 210
	クスの統合による遺伝子機能同定 …… 205		

第18章　オミクス統合解析による植物代謝の解明
平井優美

1	植物代謝の環境応答 ……………… 212	2.1	グルコシノレート生合成酵素遺伝子
2	植物代謝に関する機能ゲノム科学 …… 215		群 ………………………………… 216

2.2 グルコシノレート生合成を制御する転写因子 ………………… 219	3 おわりに ……………………………… 220

【第4編　実用技術としての可能性】

第19章　診断と個別化医療のための非侵襲的ヒトメタボロミクス　　久原とみ子

1 はじめに ……………………………… 225	7 GC-MS測定条件 ……………………… 230
2 メタボリックプロファイリングからメタボロームプロファイリングへ ………… 226	8 クレアチニン定量 …………………… 231
	9 指標物質異常度評価とその応用 …… 231
3 メタボローム解析では多種類の酵素機能と塩基配列異常を包括的に観ている … 226	10 GC-MS測定の特長 ………………… 232
	11 個別化医療………………………………… 233
4 試料としての尿の特長 ……………… 228	12 先天性代謝異常症のローリスクおよびハイリスクスクリーニング，化学診断，モニタリング ………………………… 234
5 簡易ウレアーゼ法による尿の前処理とGC-MSによる代謝物の計測 ………… 228	
6 内部標準物質の添加，安定同位体希釈法等を用いた定量性の向上 …………… 230	13 おわりに……………………………… 237

第20章　自動化脂質分析装置を用いた病態リピドミクス　　東城博雅

1 はじめに ……………………………… 239	脂質クラスの自動化分析装置 ………… 242
2 リピドミクスとプロテオミクスの連携… 239	4 自動化分析装置の病態リピドミクスへの応用 ………………………………… 245
3 中性脂質からリン脂質にわたる極性の	

第21章　メタボロミクスとゲノム情報を活用した有用酵素の探索
　　　　　　　　　　　　　　　　　　　　　木野邦器，古屋俊樹

1 はじめに ……………………………… 249	3.1 本手法の戦略 ……………………… 253
2 CE-MSを活用した酵素機能の探索法… 250	3.2 *Bacillus subtilis* 由来P450の基質探索 …………………………………… 254
3 FT-ICR MSを活用した酵素の基質探索法 …………………………………… 252	
	3.3 本手法の有効性と留意点 ………… 256

| 4 FT-ICR MS を活用した関連研究 …… 257 | 5 おわりに …………………………… 258 |

第22章　根圏メタボローム解析　　鈴木克昌, 岡崎圭毅, 俵谷圭太郎, 信濃卓郎

1 はじめに ………………………… 260	5 根の分泌物の環境要因による変動 …… 266
2 根の分泌物とは ………………… 261	6 菌糸の浸出物 ……………………… 266
3 イネの根分泌物の一斉分析 …… 263	7 今後の方向性 ……………………… 268
4 微生物との相互作用 …………… 264	

第23章　炭素同位体を用いた作物品質関連成分の代謝解析　　田中福代

1 安定同位体トレーサーとメタボロミクス ………………………………… 270	3.1 カンショ中の桂皮酸誘導体分析 … 271
2 安定同位体比質量分析計（Isotope Ratio Mass Spectrometry, IRMS）を使用する ………………………………… 270	3.2 ホウレンソウにおけるシュウ酸生成と硝酸濃度還元の相関 …………… 274
	4 ^{13}C 標識の実際－個体用 ^{13}C 同システムの仕様 ………………………… 276
3 安定同位体トレーサー－ IRMS 法による物質代謝解析の例 － ……………… 271	5 メタボロミクスにおける IRMS 利用のこれから …………………………… 277

第24章　清酒酵母のメタボローム解析　　堤　浩子

1 はじめに ………………………… 279	4 「清酒酵母」と「実験室酵母」との代謝の違い …………………………… 282
2 培養と試料調製 ………………… 280	
3 GC/MS 分析とデータ解析 …… 281	5 おわりに …………………………… 285

第25章　メタボロミクスの食品工学への応用　　福﨑英一郎

1 はじめに ………………………… 288	4 メタボロミクスにおけるデータ解析 … 291
2 メタボロミクスに用いる質量分析 …… 288	5 メタボロミクスの食品工学への応用 … 296
3 質量分析計を用いる場合の定量性について ………………………………… 290	6 おわりに …………………………… 297

序論　メタボロミクスの現状と可能性

福﨑英一郎*

1　メタボロミクスの上流に位置するオーム科学

　前世紀末から種々の生物種のゲノム配列情報が猛烈なスピードで解析されている。生物個体の基本的運命を規定しているはずであるゲノム情報が充実することにより，生物学における要素還元的研究手法が劇的に変化しようとしている。当面，タンパク質をコードする部分について研究が先行しているが，今後，非コーディング領域の解析が進められ，多くの生命科学情報が得られると期待されている。一方，ゲノム情報だけでは，生物のメカニズムを解明することはできないのではないかという考えも一般的に存在する。例えば，同一ゲノム情報を有する生物個体が，必ずしも同一の表現型を示すとは限らないことは，ゲノム情報だけでは説明しにくい。これは，実際の形質（表現型）がゲノム情報によって規定される遺伝形質だけではなく，環境要因等によって後天的に付与される獲得形質の影響を強く受けるからと考えられている。遺伝形質と獲得形質とを明確に区別することは，一般に困難である。そこで，ゲノム情報の理解のためには，ゲノム情報実行の媒体であるmRNAおよび，タンパク質の各総体，すなわち，トランスクリプトームおよびプロテオームの解析が重要であると考えられてきた。両オーム情報は，情報媒体の流れを表すものであるため，本来は，動的情報として扱われるべきである。例えば，両オーム情報の変化量の時間微分情報を集約することにより，ゲノム情報実行の過程を知ることができるはずである。本情報に外界から加わった摂動の情報を加えることにより，獲得形質の形成過程に関わる情報を得られるはずである。しかし，転写調節因子を初めとする重要な制御因子の多くは，極短時間に劇的に発現し，ただちに減衰するので，消長パターンを見逃さずに観測するためには，濃密な経時サンプリングが必要であり，莫大なコストが発生する。ゆえに，現実では，粗い経時サンプリングにおけるトランスクリプトーム解析，プロテオーム解析が中心に行われており，緩やかな消長パターンを形成する遺伝子に関する情報を中心に得ているのが現状であろう。いずれ，技術の進歩により，トランスクリプトーム，プロテオームの動的解析手法が開発され，上記の問題が解決されることを期待する。

---

*　Eiichiro Fukusaki　大阪大学　大学院工学研究科　生命先端工学専攻　教授

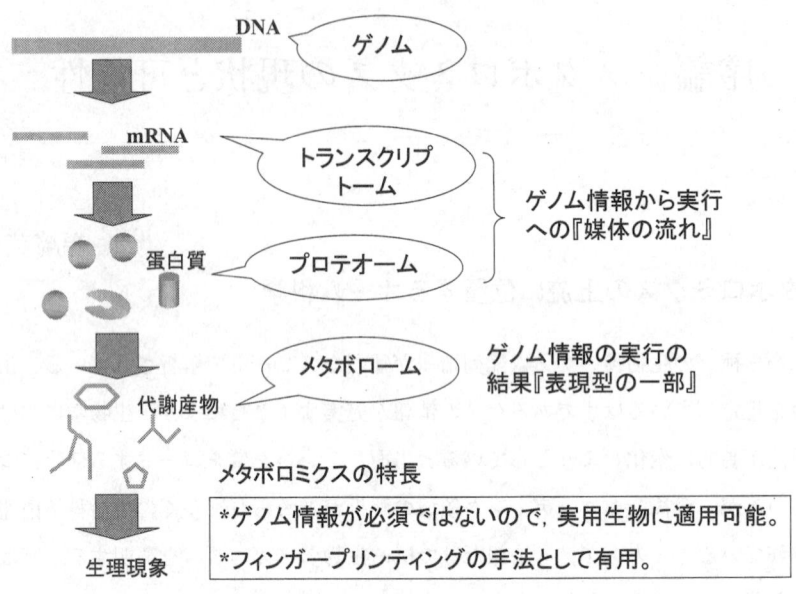

図1 ポストゲノム科学におけるメタボロミクス

2 メタボロミクスの位置づけ

　さて，メタボロミクスは，酵素が触媒する有機化学反応の組み合わせによって生じた代謝産物の総体を解析するオーム科学である。メタボロームは，ゲノム情報の実行過程の媒体ではなく，実行結果と考えることができる。すなわち，メタボロミクスは，ゲノム情報に最も近接した高解像度表現型解析手段といえる。その応用範囲はポストゲノム科学にとどまらず，医療診断，病因解析，品種判別，品質予測等の多岐におよぶ。今ひとつのメタボロミクスの特長は，その一般性である。基幹代謝物は，当然のことながら生物間で互換性を有するので，ゲノム情報が利用できない実用植物や実用微生物にも適用可能な現状では，唯一のオーム科学とみなされている。

　さて，上記のように有望技術として期待されているメタボロミクスであるが，トランスクリプトミクスやプロテオミクスと異なり，観測対象の代謝物の化学的性質が多岐に渡る故に，手法の標準化が困難であり，自動化も進んでいない。高度な解析手段として運用するためには，高い定量性が望まれるが，メタボロミクスの各ステップ（生物の育成，サンプリング，誘導体化，分離分析，データ変換，多変量解析によるマイニング）は，すべてが誤差を発生する要素を含み，標準技術の確立が極めて困難である。また，得られた膨大なデータから有用な結論を導く作業，すなわち，「データマイニング」についても標準技術は確立されていない。結果として研究対象および研究目的に応じて各論が展開されている。当該状況が，メタボロミクスの正しい理解を困難とし，一般の研究者に普及しない一因となっている。本書では，メタボロミクスの現状を解説す

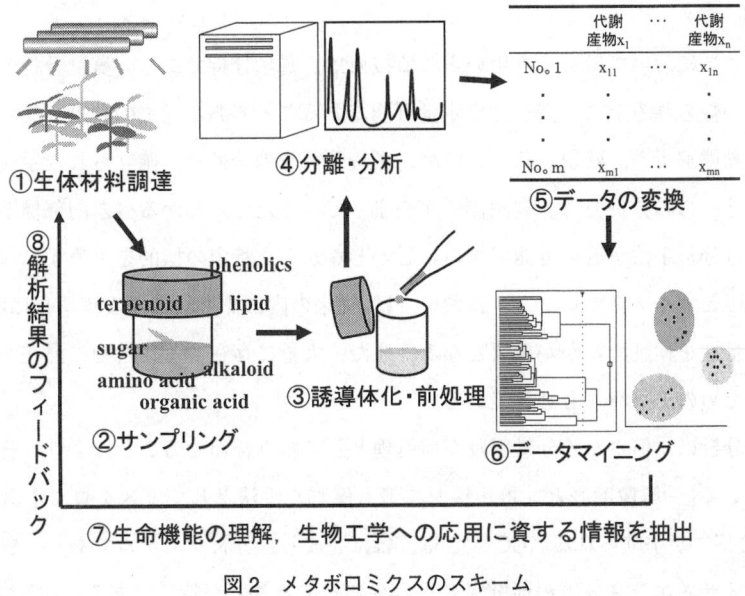

図2 メタボロミクスのスキーム

るにあたり，基礎技術開発と応用研究の両面から俯瞰することを試みた．

3 メタボロミクス技術の現状

　地上に存在する代謝産物の総数は数10万超といわれている．当然の事ながら現状技術で，それらを網羅することは到底不可能である．分析ピークとして観測可能な総数は，数千を超えると思われるが，完全同定定量が可能な代謝物総数は，1,000に満たない．したがって現状では，目的／対象に応じて最も有用な分析手法を組み合わせてテーラーメイドの分析システムを構築し，可能な範囲で網羅的に解析を試みているというのが正確な表現である．メタボロミクス研究に限らず，新しい研究戦術を使いこなすために最も重要なのは，どのような課題に対して運用し，何を明らかにしたいのかということについて明確な戦略を持つことであろう．しかし，メタボロミクス技術の最も重要なユーザーである生命科学研究者の多くにとって，メタボロミクス技術は，ブラックボックスの多い理解困難な技術である．

　メタボロミクスは，大別して，生命科学，分析化学／有機化学，インフォマティクスの3種の単位操作が必要であり，いずれも独特のノウハウを含有する．本書では，特に分析化学とインフォマティクスに焦点を当てて現状の技術開発のフロントエンドをできるだけ分りやすく紹介することを試みた．以下，本書の構成にしたがって要点を解説する．

3.1 分析技術

メタボロミクスにおいて最もよく用いられる技術は，質量分析である。質量分析の利点は，大量の定性情報が得られる上に，高感度で定量可能であることである。その利点を生かして，古くから薬物体内動態解析や，残留農薬検定試験，環境分析等の分野で，確立された手法として用いられている。それらの分析では，観測標的が決まっているため，しかるべき内部標準化合物を用いた厳密な定量分析手法が適用可能である。しかしながら，特定の標的を決めずに網羅的に解析することを主眼とするメタボロミクスにおいては，従来の内部標準法による標準化は困難である。如何にして定量性を検証するかが重要となる。また，大量に存在する代謝物に混在する微量代謝物を網羅するためのノウハウも必要である。

通常，質量分析は，何らかの分離手段を前処理として組み合わせることにより，解像度と定量性を確保している。「解像度」と「再現性」に最も優れた手法としてガスクロマトグラフィー質量分析（GC/MS）が挙げられる。GC/MS は，ほぼ完成した分析システムであり，質量分析の経験のないバイオサイエンス分野の研究者にも容易に扱えることが特長である。GC/MS 分析技術にもノウハウは存在するが，他の分析技術と比してユーザーフレンドリーであるので，あえて，本項では言及しない。分離手段の中でも HPLC は，最も汎用性を有する手法として定着している。第 1 章「メタボロミクスにおける HPLC の応用（宮野　博（味の素㈱））」では，ターゲットプロファイリング，ノンターゲットプロファイリング，および，安定同位体を用いたフラックス解析の基本について解説した。

メタボロミクスにおいて高感度微量分析が必要とされる場合があるが，LC/MS において目的を達成するために最も効果的な方法の一つとしてナノ LC 導入によるダウンサイジングがある。ナノ LC/MS は，そのコンセプトは単純だが，実際には種々のノウハウを必要とする。第 2 章「メタボロミクス，プロテオミクスのためのナノ LC/MS システム（石濱　泰（慶應義塾大学））」において，詳述した。

LC/MS および GC/MS が最もよく用いられる質量分析手法といえるが，両者で分析困難な重要代謝物として，糖リン酸，核酸，CoA 類等がある。本代謝物の分析には，CE/MS が有効である。第 3 章「CE/MS によるアニオン性代謝産物解析システムの開発（原田和生，福﨑英一郎（大阪大学））」では新規な CE/MS 分析法を紹介した。

LC/MS，GC/MS，CE/MS の手法を駆使しても一斉網羅が困難な場合がある。特に，高疎水性代謝産物の一斉プロファイリングは至難といえる。第 4 章「超臨界流体クロマトグラフィー／質量分析による脂質プロファイリング（馬場健史（大阪大学））」では，超臨界流体クロマトグラフィーを分離手段として用いる質量分析の可能性について論じた。

フーリエ変換イオンサイクロトロン質量分析（FT-ICR-MS）は，近年開発された観測手法で

あり，質量精度，観測感度ともに，現状では最も優れていると考えられている。極めて高い分解能を有するため，前処理としてクロマトグラフィー等の分離プロセスを経ることなく，直接インフュージョンでの分析でも膨大な情報を得ることができるため，高速分析が可能とされている。第5章「フーリエ変換イオンサイクロトロン質量分析装置（FT-ICR MS）を用いたメタボリックプロファイリング解析（及川　彰（理化学研究所植物科学研究センター））」で，観測原理と実際の分析について解説した。

FT-ICR-MSの前処理としてHPLC等の分離手段を連結させる試みもなされている。ただし，メタボロミクスの本分であるノンターゲット分析を達成するためには，スキャンスピードが遅いFT-ICR-MSでは，HPLCの全ピークを捉えることは時として極めて困難となる。そこで，HPLCにおける全ピークをリニアトラップ型質量分析により分析しながら，重要ピークのみをFT-ICR-MS分析に供するというシステムが考案されている。第6章「LC-FT-ICR-MSによる未知代謝物のアノテーション（飯島陽子（かずさDNA研究所））」で本技術について解説した。

核磁気共鳴スペクトル分光（NMR）も，観測感度は質量分析に劣るものの，定量性が高く，操作も質量分析と比して簡便なため，メタボロミクスでよく用いられる分析手段のひとつである。第7章「FT-NMRを用いたメタボリック・プロファイリング（根本　直（産業技術総合研究所））」では，FT-NMRを用いたメタボロミクスの基本原理を解説するとともに，フィンガープリンティングとしての有用性にも言及した。

第8章「メタボロミクスとNMR技術開発（菊地　淳（理化学研究所植物科学研究センター））」では，メタボロミクスに資する多様なNMR観測手法を解説するとともに，計測機器開発の重要性にも触れた。さらに，環境メタボロミクス，栄養メタボロミクスへの応用にも言及した。

現状のメタボロミクス技術では，全代謝産物を一斉定量解析することは不可能であることは述べた。時として，分析対象にバイアスをかけて分析系を構築することが有用な場合がある。例えば，脂質類は，類似した構造を有する多種多様な化合物群であり，その解析に特化した分析手段と解析手法が求められる。第9章「脂質メタボロミクスとその応用（中西広樹，田口　良（東京大学））」では，質量分析を用いた脂質分析の特長を解析するとともに，脂質分析特有のデータ解析についても言及した。

3.2　情報処理技術

メタボロミクスにおけるデータ処理の第一歩は，種々の分析手法により得られた生データ（主としてクロマトグラム）をコンピュータ処理可能な数値データへと変換するステップである。メタボロミクスでは，当該第一ステップが極めて重要となる。クロマトグラフィー等により観測したデータは，ピークを同定し，ピーク面積を積分することにより，ピークリストを作成すれば，

それがそのまま多変量解析に適用可能なマトリクスになる。その場合，説明変数は代謝物名で，従属変数は各代謝物のピーク面積になる。分離が不十分な場合でもピークの重なりを多変量解析により分離することが原理的には可能である。観測対象生物により，観測される代謝物の種類は異なるために，観測対象生物毎にピークリストの整備が必要なのだが，ピークリスト作成は煩雑で時間を要するピーク同定作業を伴う。また，代謝改変等により，デッドエンドの代謝物が変化し，ピークリストにない代謝物が観測される事態が生じた場合，新たに生じたピークを見落とす可能性がある。危険回避のためには，マスクロマトグラムの目視によるチェックが安全確実であるが，技術的な問題が多く，一般的な方法ではない。GC/MSクロマトグラムの結果をスペクトロメトリーと同様のデータ処理に供することによる解決策が開発されている。具体的には，クロマトグラムの保持時間を独立変数とし，対応するピーク強度を従属変数としたクロマトデータ行列を作成し，サンプル間で，データセット（個々のサンプルのデータの数）を標準化する作業を行い，ピークリストを作ることなく，多変量解析を実施し，クラスター分離に寄与したピークを集中的に同定するシステムも開発されている。上記に述べた生データからマトリクスデータへの変換は，分析手法によってノウハウが異なる。各章をそれぞれ参照されたい。

　上記処理により，マトリクスデータ化されたメタボロームデータは，膨大な情報を含むため，通常，多変量解析により処理される。多変量解析によるデータマイニング手法には重回帰分析，判別分析，主成分分析，クラスター分析，因子分析，正準相関分析などがあり，データ構造や解析の目的によって選択される。現在，メタボロミクスで，最もよく用いられている多変量解析手法は，探索的データ解析（Exploratory Analysis）であり，その目的は，膨大な量のデータの特性を調査し，データが含んでいる情報の内容を判断することにある。また，探索的データ解析では，回帰分析や分類のモデルを構築する前に，データセットの可能性を確認できる。探索的データ解析の手法として主成分分析（Principal Component Analysis; PCA），階層クラスター分析（HCA）等が最も頻繁に用いられる。これらの多変量解析は，生命科学研究者には，なじみの薄いものであり，いささか難解さを感じる方も多いと聞く。そこで，本書では，第10章「メタボロミクスデータ解析のための基礎統計学（川瀬雅也（大阪大谷大学））」において，多変量解析の基礎から応用についてじっくりと解説した。

　メタボロミクスの情報処理において，第2の重要アイテムとして代謝物データベースが挙げられる。第11章「生物種―代謝物関係データベース：KNApSAcK（金谷重彦ほか（奈良先端科学技術大学院大学））」では，データベースをどのような思想で構築するか，データベースをどのように運用するか，また，データベースをインターフェースにしてメタボロミクスと他のオーム科学を如何にして統合するか等について実例をもとに解説した。

　メタボロミクスでは，膨大な量の代謝物情報を取り扱うが，それらの情報をできるだけ分りや

すく実際の代謝マップ上で表示・解析する代謝マップビューアーも，必須のアイテムの一つである。現在，生物全体に共通する基幹代謝経路や，生物特有の代謝経路に関わるデータベースや，メタボロミクスデータを他のオミクスデータと統合することを指向した種々の代謝マップビューアーが公開されている。第12章「メタボロミクスの理解に有用な代謝マップビューアー・代謝経路データベース（時松敏明（京都大学））」は，それらを利用する上での特長を概説した。

　メタボロミクス技術の出現によって大きく発展を遂げた分野として代謝シミュレーションが挙げられる。微生物機能の向上を指向して，代謝関連遺伝子の増強あるいは，欠失を行う手法は頻繁に用いられるが，目的どおりの性能を発揮しない場合が多い。それは，遺伝子改変が予期せぬ影響を及ぼすからであるが，それらを予想することは容易ではない。問題解決策の一つとして期待されるのがコンピュータシミュレーションの活用である。第13章「微生物の代謝シミュレーション（石井伸佳（慶應義塾大学））」では，微生物のモデリングについての従来の様々な試みや，最近発表された幾つかの大規模な代謝シミュレーションについて概説した上で，代謝モデリングの現状と課題と，各種の計測技術の発展を踏まえた今後を展望した。

4　メタボロミクスの応用展開

　前節では，メタボロミクスの現状技術について，分析技術と，情報処理技術に大別して解説した。メタボロミクスの技術開発は，未だ発展途上だが，既に数多くの実用例が報告されており，応用展開も同時並行で進んでいる。また，現場のニーズから新たに基礎技術開発の課題が提起される場合もある。そういった意味では，メタボロミクスは，半完成品の技術として世の中に出て，試行錯誤を繰り返しながら技術レベルが向上していくというよいサイクルに入りつつあるともいえる。以下，メタボロミクスの応用展開について，例を挙げて解説する。

4.1　生命科学への応用

　細胞の代謝の状態を議論する場合，代謝反応の大きさ（代謝フラックス）を解析することが重要である。代謝フラックスを比較解析することにより，生物の生理状態の違いを代謝という側面から理解することにつながると考えられる。また，代謝フラックス解析は，有用物質生産菌に適用することにより，生産性増大が期待できる実用化技術でもある。第14章「メタボロームデータを利用した代謝フラックス解析（清水　浩ほか（大阪大学））」では，安定同位体標識した微生物培養物を材料としてGC/MSやNMRにより得られたメタボロームデータを用いた精密な代謝フラックスについて解説した。

　代謝フラックス解析は，微生物代謝の動的情報を得るための強力な方法論だが，動植物に適用

することは，困難な場合が多い．第15章「*in vivo* 同位体標識による網羅的代謝物ターンオーバー解析（原田和生，福﨑英一郎（大阪大学））」では，植物における含窒素代謝物の動的代謝情報を得るために窒素源を14N体（天然体）から15N安定同位体標識化合物に切り替えてからのタイムコースサンプルの含窒素代謝物中の標識率の推移パターンにより，それぞれの含窒素代謝物の見かけのターンオーバー速度を算出し，代謝フラックスに関わる情報を得る方法を解説した．

ゲノミクスとメタボロミクスの両技術を用いて同じ生物現象を解析すると，どのような結果が見えてくるかは非常に興味深い．第16章「ゲノミクスとメタボロミクスの生物学的解析技術としての融合（岩橋　均ほか（産業技術総合研究所））」では，ゲノミクス解析を行った後に，メタボロミクス解析を行うことの意味について，酵母の解析例で議論した．

高等生物，特に植物では，代謝に関わる多くの遺伝子が，多重遺伝子族として存在するため，機能喪失を指向した変異株取得が至難である．また，組み換えタンパク質を利用した生化学実験による機能同定も基質特異性が高くない場合，試験管内実験で生理的役割を推定することが困難である場合が多い．そういった場合，メタボロミクスとトランスクリプトミクスと統合した解析を行うことによって，問題解決する場合がある．第17章「メタボロミクスを基盤とした植物ゲノム機能科学（榊原圭子，斉藤和季（理化学研究所　植物科学研究センター））」では，植物の二次代謝系の遺伝子機能同定への実用例を紹介した．

第18章「オミクス統合解析による植物代謝の解明（平井優美（理化学研究所　植物科学研究センター））」では，メタボロミクスとトランスクリプトミクスの統合解析のもう一つの応用例として，植物代謝の栄養ストレス応答の解析と，その研究から生まれた二次代謝に関わる遺伝子の包括的機能予測の研究例を紹介した．食害や，物理的摂動に対する応答反応としての二次代謝物生産制御は，主に生合成関連遺伝子群の同調的転写制御によってなされているのではないかとの著者の仮説に基づき，グルコシノレート生合成関連遺伝子の同定に成功している．

4.2　実用技術としての可能性

メタボロミクスは，生命科学における解析手法として有用であるばかりでなく，種々の実用的応用もなされている．本項では，実例を示しながら実用的運用可能性について議論したい．

臨床検体は，メタボロミクス研究の好適なサンプルであるが，その中でも非侵襲的に得られる尿は，極めて重要な材料である．尿をメタボロミクスに供することにより，体内代謝の重要な情報を得ることが可能であり，医療診断技術として大いに期待される．第19章「診断と個別化医療のための非侵襲的ヒトメタボロミクス（久原とみ子（金沢医科大学））」では，GC/MSを用いて尿から約200種類の代謝物情報を取得し，130種以上の先天性代謝異常症を化学診断する方法の開発実績を有する筆者が，尿を材料としたメタボロミクスの技術と応用例について解説した．

序論　メタボロミクスの現状と可能性

　メタボロミクスとプロテオミクスの統合解析の例として，第20章「自動化脂質分析装置を用いた病態リピドミクス（束城博雅（大阪大学））」では，疾患モデル動物および健常動物を実験材料として，脂質網羅分析（リピドミクス）の情報を元にして，バイアスをかけたプロテオミクスを実施し，プロテオミクスのスループットの低さをカバーする巧妙な統合運用例を解説した。細胞から脂質成分を抽出した残渣に含まれるタンパク質を回収し解析するノウハウに触れている。

　メタボロミクス技術は，生体機能の解明ばかりでなく，酵素機能の解析手段としても極めて有用である。古典的な酵素科学では，精製した酵素と単一の基質の組み合わせによる解析が一般であった。その方法では，反応式が分かっている酵素を精製することは可能であっても，反応が分からない酵素（と思われる）機能の解析には，膨大な数の基質スクリーニングが必要であり，一般的な方法とはいえない。もし，種々の基質の混合物ライブラリーと酵素ライブラリーを反応させることにより，一挙に膨大な数の組み合わせを検討することができれば，スクリーニング速度は飛躍的に上昇する。第21章「メタボロミクスとゲノム情報を活用した有用酵素の探索（木野邦器，古屋俊樹（早稲田大学））」では，P450酵素の発現ライブラリーとテルペノイドを中心としたモデル基質ライブラリーを反応させ得られた反応混合物を前出のFT-ICR-MSを駆使して解析することにより，酵素機能同定を試みた例を紹介する。

　メタボロミクスは，農業分野に応用することも可能である。露地栽培の商業作物の多くは，その根圏において有用微生物と共存しており，場合によっては，共生している。植物の根圏には，植物の根および，菌根菌から分泌される代謝物が存在しているが，それらを網羅的に解析することにより，共生解明の一助となる情報を得ることが期待できる。第22章「根圏メタボローム解析（信濃卓郎ほか（北海道大学））」では，イネやタマネギを実験材料として根圏の網羅的代謝物解析を行った実例を紹介した。

　第15章でインビボ安定同位体標識による代謝物ターンオーバー解析の例を紹介したが，安定同位体比質量分析計とガスクロマトグラフィーを組み合わせることにより，簡便に行うえる場合がある。第23章「炭素同位体を用いた作物品質関連成分の代謝解析（田中福代（農業・食品産業技術総合研究機構・中央農業総合研究センター））」では，カンショ中の桂皮酸誘導体分析や，ホウレンソウのいけるシュウ酸生成と硝酸濃度還元の関連を調べた例を紹介した。

　メタボロミクスは，工業微生物にも適用が可能である。第24章「清酒酵母のメタボローム解析（堤　浩子（月桂冠））」では，よく用いられる「きょうかい7号」，「きょうかい9号」，「きょうかい10号」の発酵特性を知るために行ったメタボロミクスの実例を紹介した。これら3種の酵母の差異は微小であり，トランスクリプトミクスによる区別が困難であったが，メタボロミクスによって代謝プロファイリングの差として明快に相異を説明することができた。

　食品は，機能に関与する化合物の数が一般に膨大であり，代謝物同士が相互に複雑な相乗効果

を及ぼしあっていると考えられる。したがって食品に含まれる化合物と食品の機能との関係を解析するには、メタボロミクスは極めて有用な手段となる。特にメタボリックフィンガープリンティングは、クラス分けおよび品質予測の手段としてすぐにでも応用可能な技術である。第25章「メタボロミクスの食品工学への応用（福崎英一郎（大阪大学））」では、緑茶を例にとって、「製品品質」と「含有代謝物」の関係を解析し、品質予測を行った応用例を紹介する。

5 おわりに

　メタボロミクスが将来有望な技術であることは間違いないが、技術的に発展途上であり、標準的な運用方法は確立されていない。したがって、バイオサイエンス研究者がメタボロミクスを研究手法として利用するためには、従来の手法では解決困難な研究課題の中から、メタボロミクスが解決手法として有望と思われるテーマを見つけ出してくる必要がある。これは、ハードウエアだけが、市場に出現して、ソフトウエアは、ユーザーとメーカーが共同で開発していく状況に似ている。確立されていない方法論を研究に用いることを躊躇される方が多いと思われるが、未確立の今だからこそ、独自の運用方法を開発し、競争者に先んじて、ご自分の研究を大きく推進できる可能性がある。数多くのバイオサイエンスの研究者がメタボロミクスに興味を示し、ツールとして使われることを期待したい。

第1編　分析技術

第1章　メタボロミクスにおける HPLC の応用

宮野　博*

1　はじめに

　内在性代謝物は，生体活動の表現型であり，遺伝子や疾患等の影響，あるいは薬物・環境等の外因的刺激によって，複合的かつ連続的に変化する。メタボロミクス（metabolomics）は，その代謝物のプロファイルを包括的に測定・比較し，変化した因子やその原因を解析することを目的としている。近年，製薬分野では医薬品の安全性や薬効予測，毒性マーカーの探索に，診断分野では疾患の診断指標に，また，農芸化学分野では発酵や植物の改良因子の探索や評価に，とさまざまな利用研究が進んでいる。

　メタボロミクスでは，

　①内在性代謝物をできるだけ多く検出できること，

　②検出された代謝物が同定できること，

　③検出された全ての信号の中から，変化の大きいものを抽出できること

が，解析に必要な要素技術である。本稿では，①，②について，液体クロマトグラフィー（HPLC）に焦点を絞り，最近の進歩と筆者のアプローチについて述べる。なお，③については，多変量解析が一般的であるが，詳細は成書をご参考願いたい[1]。

2　LC-MS による非特異的メタボロミクス

　内在性代謝物をできるだけ多く検出する方法として，高分解能の質量分析計（MS）や核磁気共鳴（NMR）で試料中の代謝物に由来の信号を直接検出する方法や，これらとガスクロマトグラフィー（GC）やキャピラリー電気泳動（CE）などの分離技術とを組み合わせた GC-MS，CE-MS などが広く用いられている。MS，NMR は，化合物の構造情報を含むため，未知代謝物の同定に有益な検出手段である[1, 2]。

　薬物代謝の解析やプロテオミクスの最も強力な分析手法のひとつで，HPLC を分離手段とする

---

*　Hiroshi Miyano　味の素㈱ ライフサイエンス研究所　分析基盤研究グループ　グループ長　主席研究員

LC-MS あるいは LC-MS/MS は，メタボロミクスの有力なアプローチのひとつである。HPLC の利点は，さまざまなカラム固定相により，物質の特徴を活かした分離分析ができ，接続できる MS もバラエティに富んでいる点である。しかし，LC-MS で主に用いられる逆相系の固定相は，疎水性相互作用がその主たる保持・分離機構である。一方，代表的な内在性代謝物であるアミノ酸や，トリカルボン酸（TCA）サイクルや解糖系を構成する代謝物は，高極性やイオン性の化合物が多いため，逆相HPLCでこれらを保持・分離することは必ずしも容易ではない。このことは，CE が原理的にイオン性化合物の分離に優れていること，また，GC が測定化合物の揮発性を高める誘導体化を前処理としておこなうため，化合物本来の極性が分析上の問題とはなりにくいこと，とは大きく異なり，メタボロミクスにおける LC-MS の弱点となっている。そのため，メタボロミクスにおいて，LC-MS は，比較的疎水性の高い代謝物や植物の二次代謝産物や[3, 4] 脂質の解析[5] などに，主として用いられている。

最近，逆相系の固定相に特徴的な極性基を導入し，高極性やイオン性の化合物の保持を可能にするミックスモードといわれる固定相が開発されている。たとえば，固定相にペンタフルオロフェニルプロピル（pentafluorophenylpropyl）基を導入したフッ素含有逆相カラム[6] では，アミノ酸，有機酸，核酸塩基，ヌクレオシド，ヌクレオチドを LC-MS で直接，一斉に測定でき，食品分析などに適用されている（図1)[7]。

また，メタボロミクスでは，多検体を評価することが多いので，スループットに優れた方法であることも，分析の重要な要素のひとつである。最近では，2μm 以下の微小カラム粒子からなる固定相と高圧送液システムが開発され，HPLC のスループットは大いに向上している。2μm 以下の粒子径であれば，移動相の線速度を上げても理論段数，すなわち分離能が維持される。このシステムを用いた，Zucker ラットの肥満モデルや糖尿病II型モデルの代謝物解析の事例が報告されている[8, 9]。検出は Tof-MS Time-of-flight mass spectrometer である。

超高圧あるいは超高速 HPLC の開発は，各メーカーでさかんにおこなわれ，ほぼ出揃った感がある。しかし，それらに対応できるカラム固定相の種類は未だに限られている。今後，高スループットを可能にするミックスモードなどの新しい固定相の出現が，メタボロミクスでは望まれている。

3 LC-MSによる特異的メタボロミクス

3.1 官能基特異的分析法の有用性

生体試料中の内在性代謝物を直接 LC-MS で測定すると，実際のところ，未知化合物が数多く検出され，Tof-MS のような高精度・高分解能 MS を使っても，構造決定には至らないことがほ

第1章 メタボロミクスにおける HPLC の応用

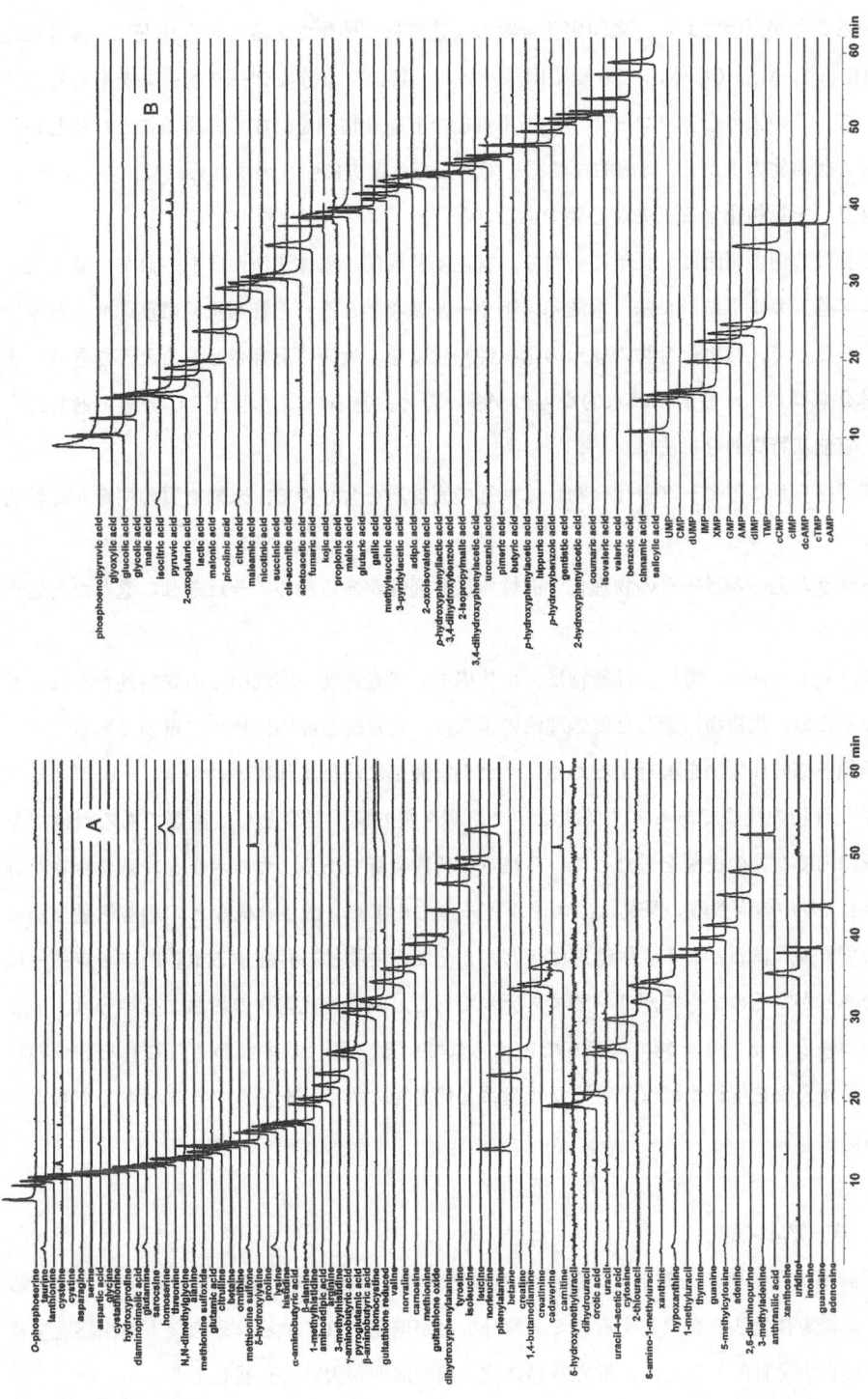

図1 イオン性代謝物の LC-MS クロマトグラム

カラム：Discovery HS-F5（250mm × 4.6mm i.d, 5μm, Supelco）。移動相：0.1%ギ酸—アセトニトリル系でグラジエント溶出。流速：0.3mL/min。カラム温度：40℃。検出：(A) ポジティブモード（アミノ酸, 核酸塩基, ヌクレオシドなど），(B) ネガティブモード（有機酸, ヌクレオチドなど）。文献7より引用。

とんどである。これは，内因性代謝物の数が膨大であり，かつそれらが多種多様な構造・物性を有していることが原因である。未同定化合物の構造解析が困難であるという状況は，高分解能MSやNMR，CE-MS，GC-MSでも全く同様である。特に，十分なデータベースをもたない一企業において，このようなアプローチで，利用可能な有益な情報を，すぐに得ることは難しい。

多種多様の代謝物の中から，実用的な情報をできるだけ確実に引き出すためには，スペクトル・クロマトグラムを単純化する工夫が必要である。

HPLCの特徴の別の側面は，長年にわたり，官能基特異的誘導体化法が研究されていることである。アミノ基，カルボキシル基，水酸基，チオール基などとそれぞれ選択的に反応する試薬で誘導体化することで，対象化合物の検出の選択性や感度を，大幅に上昇させることができる。また，誘導体化試薬は，一般的に疎水的なものが多いため，誘導体は逆相HPLC分離に適したものとなる。官能基特異的分析法は，

①同一測定で得られる各ピーク（化合物）は共通の官能基を含むので，未知物質の同定が比較的容易であり，

②クロマトグラム上の各ピークの物理化学的性質に共通性があるため，それぞれに適した前処理法を選択できる

といったメリットもある。特に，代謝物は，生体内での代謝速度や溶液中での安定性がそれぞれ大きく異なるため，代謝物に適した前処理法の選択は，定量的な評価に極めて重要である[10]。

では，多種多様の代謝物を解析するために，どの官能基に着目すればいいか？

アミノ基化合物の代表であるアミノ酸は，タンパク質の構成要素として重要であるだけでなく，代謝経路内でハブの役割を果たしている最重要代謝物群である。カルボキシル基化合物，特にTCAサイクル中の有機酸の挙動は，エネルギー産生やアミノ酸生合成などの細胞活動を知る上で，極めて有益な情報となる。解糖系はほとんど全ての生物種に存在する根幹的エネルギー代謝獲得系であるが，そのすべてがリン酸エステルである。内在性代謝物のおおよそ半分は，アミノ基，カルボキシル基，リン酸エステルで占められている（表1）。すなわち，これら3つの官能基を有する化合物を解析すれば，重要な代謝系と代謝物の約半分を把握できると考えてもよいことになる。

3.2 アミノ基—アミノ酸

アミノ基誘導体化試薬によるアミノ酸分析の歴史は古く，1958年には，ニンヒドリンによるポストカラム誘導体化法を原理とするアミノ酸分析計が開発されている。その後も検出感度や検出の選択性の向上を目的とした，発蛍光誘導体化試薬の研究が大いに発展した[11]。

また，アミノ酸代謝異常のスクリーニングを目的として，アミノ酸を誘導体化することなく，

第1章　メタボロミクスにおける HPLC の応用

表1　出現頻度の高い内在性代謝物

Chemical Class	No. of compd.
Amino acid, amine and derivatives	54
Carboxylic acids	35
Alcohols	3
Aldehydes	10
Phosphate esters (excluding nucleotides)	33
Nucleic acids and related compd.	37
Carbohydrates and related compd.	16
Lipids, steroids, fatty acids	19
Vitamins and coenzyme	45
Inorganic ions	10

KEGG より作成

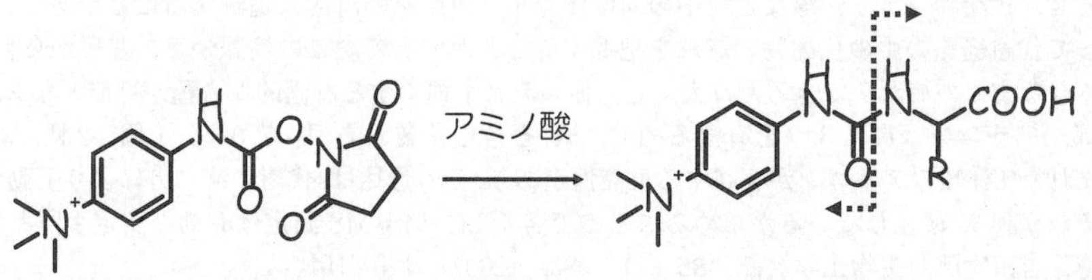

図2　LC-MS/MS に適したアミノ基誘導体化試薬
4-(trimethyammonium)anilyl-N-hydroxysuccinimidyl carbamate と誘導体
誘導体のウレア結合体は，三連四重極質量分析計で，極めて選択的に点線部で開裂する。

LC-MS/MS で一斉に測定する方法も開発されている。興味のある方は文献を見ていただきたい[12, 13]。

さらに，最近では，LC-MS/MS でのアミノ酸分析に適したアミノ基誘導体化試薬が開発されている[14]。代表的な試薬の構造と誘導体を図2に示した。この試薬は，以下の機能を有するように設計されている。

①アミノ基と特異的に温和な条件で反応する。
②疎水的な構造を有し，誘導体が逆相 HPLC で保持・分離しやすい。
③イオン化効率を高める部分構造を有し，MS で高感度に検出される。
④MS/MS で選択的に特定部位が開裂し，規則的なプロダクトイオンが生成する。

この試薬を用いて，LC-MS/MS で測定したアミノ酸の検出限界は，アトモルレベル（10^{-18}モル）である。このような高感度分析は，前処理のスピードアップや，同一個体からの連続的な

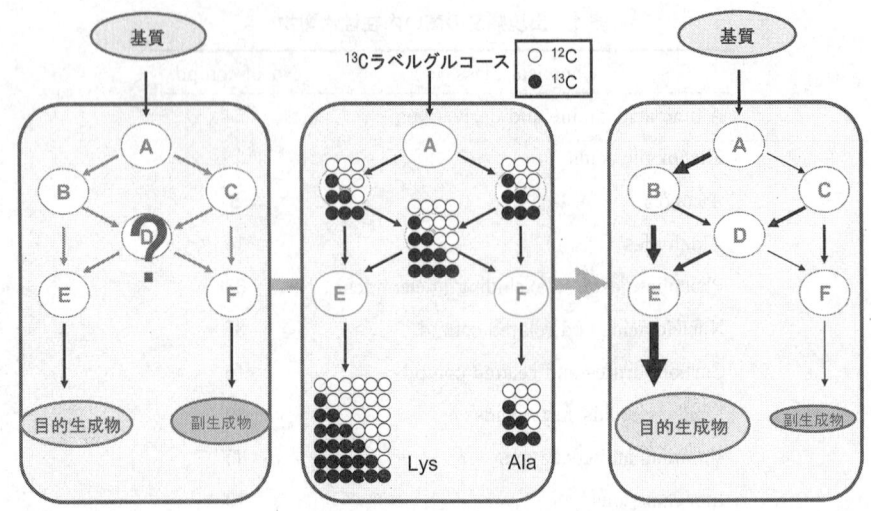

図3 安定同位体を用いたフラックス解析の説明

アミノ酸発酵などでは，目的生成物の収率をあげるために，安定同位体でラベルされた基質を取り込ませ，代謝物（アミノ酸など）中の同位体分布と濃度を経時的に追跡することがある。これによって代謝経路の中の代謝物の流れを把握することができる。この情報から，基質から目的生成物に至るまでの流れをできるだけ太くし，他の流れを細くする計画的な育種が可能となる。
例えば，アラニンは炭素3つを有するので，^{13}Cを含む基質から^{13}Cが0個，1個，2個，3個取り込まれた4種類のアラニンが存在する可能性があり，その量比は，代謝の流れ方により変動する。それぞれが何％存在しているか求めることのできるLC-MS/MS測定は有効な測定手段となる。
宮野博，吉田寛郎，生物工学会誌，85（11）486，（2007）より引用。

分析を可能にする。また，活性カルバメートとアミノ基が反応し，新たに生成したウレア結合体は，三連四重極質量分析計で，極めて選択的にその結合部位が開裂する。この特徴を利用すれば，precursor ion scanで，複雑な試料マトリックス中のアミノ基化合物だけを，マスクロマトグラム上に抽出（プロファイル）することが可能となる。

　発酵分野では，目的の成分をより効率的に生産する菌株（生産菌）の育種が，重要な研究課題のひとつである。遺伝子発現の情報などと同様に，生産菌内での代謝物の挙動解析（代謝フラックス解析）は，より生産性の高い菌株を見出すために，非常に有用である。具体的には，炭素源であるグルコースなどを^{13}Cでラベルして，^{13}Cが生産菌内の代謝物にどのように取り込まれていくかを経時的に追跡する（図3）。これまでは，測定感度の問題から，菌体中のタンパク質の加水分解物中の^{13}C分布から，代謝フラックスが計算されていた。しかし，アミノ基誘導体化LC-MS/MSでは，菌体内の微量遊離アミノ酸の^{13}C分布を得ることも可能である。さらに，先に述べたとおり，誘導体のウレア結合部位は選択的に開裂し，アミノ酸由来の構造と試薬由来の構造に分かれる。MS/MSの第1MSで誘導体を，第2MSで，^{12}Cだけで構成された試薬由来のプロダクトイオンのみを検出すれば，試薬に含まれる天然由来の^{13}Cを無視することができ，複

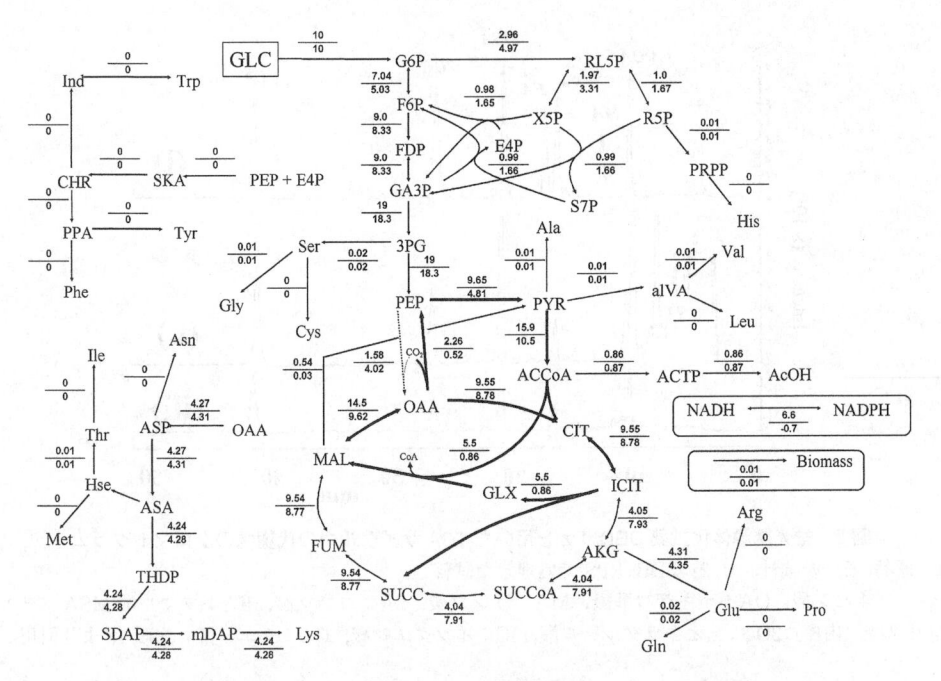

第1章 メタボロミクスにおける HPLC の応用

図4 大腸菌 K-12 株由来 Lys 生産菌増殖期のフラックス解析結果
数字下：タンパク質中のアミノ酸のみを用いて解析（従来法）。数字上：タンパク質中の
アミノ酸に加え遊離アミノ酸を加えた解析。文献15より引用。

雑な補正計算をせずに，アミノ酸に取り込まれた ^{13}C 分布を求めることができる。これもこの試薬のメリットである。

　E. coli K-12 株由来のリジン生産菌をモデル菌株とした実験では，細胞内タンパク質中のアミノ酸だけでなく，遊離アミノ酸に取り込まれた ^{13}C 分布を得ることで，菌体増殖期などより代謝の変化の速い状態の細胞内動態を観測し，より精度の高い解析に成功している（図4）[15]。この方法は，より効率的な育種を可能にするものとして，今後期待される。

3.3　カルボキシル基—TCAサイクルを構成する代謝物

　カルボキシル基を含む化合物は，カルボキシル基特異的誘導体化法で測定することができる[11]。しかし，TCAサイクルを構成する代謝物などは，分子内にカルボキシル基を2〜3個含むため，定量的な測定をおこなうには，誘導体化反応を十分制御して，単一の誘導体化物を生成させる必要がある。蛍光性誘導体化試薬である 4-(*N, N*-dimethylaminosulfonyl)-7-piperazino-2,1,3-benzoxadiazole(DBD-PZ) は，このような化合物のカルボキシル基全てを誘導体化する条件が詳細に検討されている数少ない試薬である[16]。励起波長450nm，蛍光波長560nmと長波長領域に極大を有するため，夾雑成分の有する自蛍光の影響も受けにくい。検出限界は，クエン酸

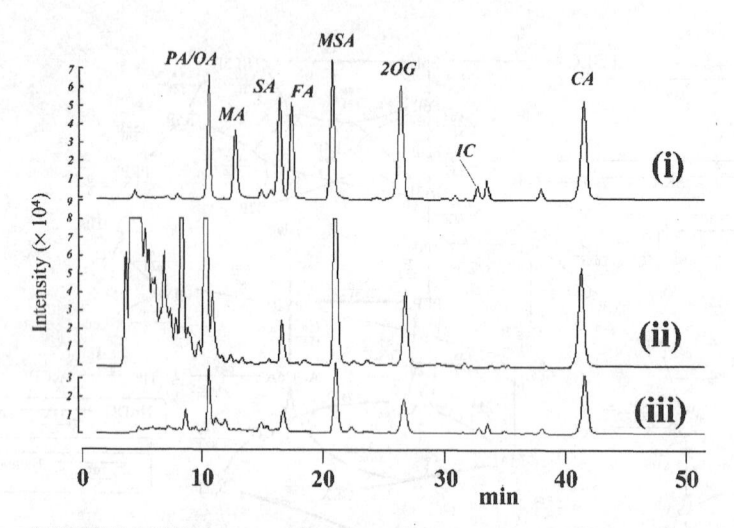

図5 蛍光誘導体化試薬 DBD-Pz を用いた TCA サイクル中の代謝物のクロマトグラム
1) 標品，2) 尿試料，3) 2) SDB-RPS で処理した試料
PA：ピルビン酸，OA：オキザロ酢酸，MA：リンゴ酸，SA：コハク酸，FA：フマル酸 MSA メチルコハク酸（内標）2OG：2オキソグルタル酸，IC：イソクエン酸，CA：クエン酸。文献16より引用。

で約2fmol，他のTCAサイクルを構成する代謝物についても10fmolレベルであった。この方法を用いて，ラット尿[16]や *E. Coli* K-12[8] のTCAサイクル中の代謝物を，HPLCで分離後，蛍光やMS/MSでそれぞれ測定した例がある（図5）。なお，誘導体化法では，オキサロ酢酸は分解されピルビン酸として検出される。

最近は，前述のLC-MS/MS用アミノ基誘導体化試薬同様，誘導体がMS/MSで選択的に特定部位が開裂し，規則的なプロダクトイオンが検出されるように設計された試薬も開発されている。4-[2-(*N, N*-dimethylamino)ethylaminosulfonyl]-7-(2-aminoethylamino)-2, 1, 3-benzoxadiazole（DAABD-AE）に代表される試薬群は，MS/MSでの開裂後，(dimethylamino)ethylaminosulfonyl が特異的に検出される[17]。TCAサイクル中の代謝物へのアプリケーションはないが，生体中のカルボキシル基を有する化合物の特異的検出が期待される。

3.4 リン酸エステル—解糖系やペントースリン酸系を構成する代謝物

陰イオン交換HPLCは，解糖系やペントースリン酸系を構成する代謝物（糖リン酸など）の分析に適している。通常，この分析では，移動相にナトリウムイオンが必要であるため，カラム分離後の溶出液を直接MSに導入することはできない。しかし，HPLCとMSの間にアニオンサプレッサーを接続することで，溶離液中のカチオンをシステムの外に除去でき，溶出物を直接MSで検出することが可能となる。このシステムは，陰イオン交換樹脂の有する糖リン酸類に対

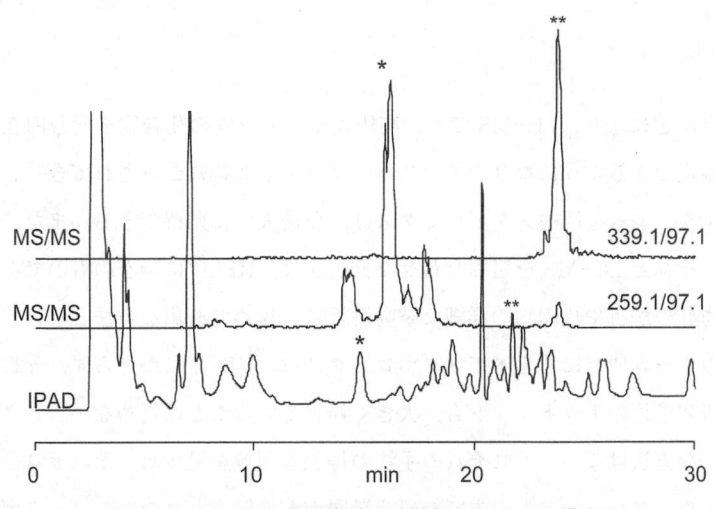

第1章 メタボロミクスにおける HPLC の応用

図6 *E. Coli* K-12 細胞内糖リン酸類のクロマトグラム
質量分析計 PE Sciex API 365 で selected reaction monitoring で測定。
第1MS = 259，第2MS = 97 では，ガラクトース-1-リン酸，グルコース-1-リン酸，ガラクトース-6-リン酸，グルコース-6-リン酸，フルクトース-6-リン酸，マンノース-6-リン酸（溶出順）などが検出される。第1MS = 339，第2MS = 97 では，フルクトース-1,6-ビスリン酸が検出される。
IPAD：integrated pulsed amperometric detection。文献 10 より引用。

する高分離能と，MS の有する高選択的検出の両者の長所が活かせることになる。
　さらに，リン酸エステル類では，[H_3PO_4]$^-$ がプロダクトイオンとして検出される場合が多い。タンデム MS（MS/MS）の selected reaction monitoring や precursor ion scan といったプロダクトイオンを選択的に検出する方法を使えば，リン酸エステル特異的な検出法が可能となる[10]。図6に，*E. Coli* K-12 抽出物を HPLC—サプレッサー—MS/MS で測定した例を示した。参考のために，パルスドアンペロメトリー法で検出したクロマトグラムも併せて示した。陰イオン交換カラムから溶出された糖リン酸類はサプレッサーを通過し，質量分析計で検出される。第1MS では各糖リン酸類の質量を，第2MS はリン酸基のフラグメントイオン m/z = 97 を選択して測定している。本方法で，0.1～5 μM レベルの解糖系，ペントースリン酸系のリン酸エステルを測定することが可能である。
　また，別の種類のカラム固定相で，リン酸エステル類を直接 LC-MS で分析することも可能である。シクロデキストリンが結合したカラム固定相で，*E. Coli* K-12 中の糖リン酸，アデニンヌクレオチド類，酸化型ピリミジンヌクレオチドを定量した報告がある[18]。このカラムでは，グルコース 6-リン酸とフルクトース 6-リン酸，グリセロール 3-リン酸とグリセロール 2-リン酸の分離が困難であるが，ポーラスグラフィックカーボンタイプの固定相でこれらを分離できる。

4 おわりに

　固定相の進歩などにより，LC-MSでも，高極性やイオン性の化合物を含む内在性代謝物を誘導体化せずに測定できるようになり，またスループットが大幅に改善されてきた。これらの手法を用いたLC-MSによる包括的メタボロミクスは，今後大いに期待できる。また，官能基特異的誘導体化法や，それとLC-MSを組み合わせた分析法は，HPLCに特有のものであり，主要な代謝経路・代謝物群の解析や代謝物の詳細な挙動解析に，極めて有用な方法となっている。

　しかし，他のオーム研究にくらべてメタボロミクスは，HPLCにかぎらず，分析法も，解析法も，またその研究成果のアウトプットも，大きく遅れていることは否めない。メタボロミクスにオールマイティな方法はない。それぞれの手法の得意な領域を見極め，それぞれを活かし，大きなプロジェクトやコンソーシアムの中で，研究者同士が連携をとりながら，メタボロミクスを進めていくことが，この分野を発展させる近道と考える。

文　　献

1) 富田勝, 西岡孝明編, メタボローム研究の最前線, シュプリンガー・フェアラーク東京 (2003)
2) ID. Wilson *et al, J Chromatogr B Analyt Technol Biomed Life Sci.,* **817**, 67-76 (2005)
3) RS. Plumb *et al, Rapid Commun Mass Spectrom,* **17**, 2632-2638 (2003)
4) VV. Tolstikov *et al, Anal Chem.,* **75**, 6737-6740 (2003)
5) R. Taguchi *et al, J. Chromatogr. B,* **823**, 26-36 (2005)
6) S. Needham *et al, J Chromatogr A.,* **869**, 159-170 (2000)
7) H. Yoshida *et al, J Agric Food Chem.,* **55**, 551-60 (2007)
8) RS. Plumb *et al, Analyst,* **130**, 844-849 (2005)
9) K. Yu *et al, Rapid Commun Mass Spectrom.,* **20**, 544-552 (2006)
10) 宮野博, メタボローム研究の最前線 (富田勝, 西岡孝明編), シュプリンガー・フェアラーク東京, pp35-45 (2003)
11) T. Fukushima *et al, J. Pharm. Biomed. Anal.,* **30**, 1655-1687 (2003)
12) M. Piraud *et al, Rapid Commun Mass Spectrom.,* **17**, 1297-311 (2003)
13) M. Piraud *et al, Rapid Commun Mass Spectrom.,* **19**, 3287-97 (2005)
14) 新保和高, 第19回バイオメディカル分析科学シンポジウム講演要旨集, 福岡 pp5-6, (2006)
15) S. Iwatani *et al, J. Biotechnol.,* **128**, 93-111 (2007)
16) K. Kubota *et al, Biomed. Chromatogr.,* **19**, 788-795 (2005)
17) T. Santa *et al, Biomed Chromatogr.,* **21**, 1207-13 (2007)
18) A. Buchholz *et al, Anal Biochem.,* **295**, 129-137 (2001)

第2章　メタボロミクス，プロテオミクスのためのナノ LC-MS システム

石濱　泰*

1　はじめに

　LC の高感度化，高性能化を実現させる一般的な手段として，充填剤のミクロ化およびカラム径のミクロ化がある。前者は 2μm 以下の充填剤と耐圧 HPLC システムの市販化により現在では UHPLC，UPLC，UFLC 等の名前で一般的になりつつある[1,2]。またモノリス型充填剤の開発により，新しい展開も見せている[3]。一方，後者については 1970 年代後半から 80 年代にかけて，内径 20〜250μm のフューズドシリカキャピラリーを用いた充填カラムを用いたキャピラリー LC が開発され，ミクロ化が一気に進んだ[4〜11]。このようにミクロ化された LC システムでは吸光度検出器は十分な光路長を確保するのが難しいため高感度分析には向いていない。一方，質量分析計では，試料溶媒を揮発させ，試料分子を気化，イオン化する必要があるため，一般的にはむしろ低流量での試料導入が好ましく，ミクロ化 LC との複合化に適している。1985 年にキャピラリー LC と高速原子衝撃法を用いた質量分析計とのオンライン接続システムが初めて報告され[12]，直ちにペプチドマッピング等に応用された[13〜15]。ちょうど同時期に質量分析における新しいイオン化法として，エレクトロスプレーイオン化法（ESI）が開発され[16]，LC とのオンライン接続が比較的容易に行えるようになった。その後，ESI についてもミクロ化による流速 50〜500nL/min での高感度化が実現し[17,18]，90 年代後半には充填カラムと一体化した ESI ニードルも開発され[19,20]，ポストカラムデッドボリュームがゼロになるナノ LC-MS 分析も可能となった。ポストゲノム研究が盛んになる中で，ナノ LC-MS システムはプロテオミクスを中心に日常的に使われる分析装置となりつつあり，また分析プラットフォームを共有するメタボロミクスにもその適用を広げつつある。本章ではすでに確立しているプロテオミクス分野での適用例を中心にしてナノ LC-MS システムの現状を紹介するとともに，将来の展望についても述べたい。

2　ナノ LC カラムと質量分析計とのインターフェース

　ナノ LC カラムとしては，内径 75〜100μm のフューズドシリカキャピラリーに 3〜5μm の

---

*　Yasushi Ishihama　慶應義塾大学　先端生命科学研究所　准教授

C18シリカゲルを充填したものが最も広く用いられている。フリットにはシリカ粒子を焼結させたもの[10]やケイ酸塩をゾル−ゲル法で固定化したもの[21,22]などが用いられている。カラム径も小さく流速も遅いので，カラムから下流ではデッドボリュームが生じないようにコネクターや接続チューブ断面に細心の注意を払う必要がある。ESIでは，スプレーニードルの先端を細くし，できるだけオリフィスに近づけ，試料を低流量で注入することにより，感度を上昇させることができる[17,23]。これはマイクロESIまたはナノESIと呼ばれ（両者の定義の違いは厳密ではないが，ナノメートル領域の液滴が生じるもの，すなわち先端サイズが1マイクロメートル以下のものがナノESIとされている），ナノLCとMSのインターフェースに用いられている。この先端の先細り構造を利用してニードル自身にクロマトグラフィー用樹脂を充填したニードル一体型カラムでは，ポストカラムデッドボリュームを無視することができ，カラム前の接続部の影響も受けにくいというメリットがあるため，現在多くの研究室で使われている。このニードル一体型カラムではフリットなしで充填剤を保持させるため，当初先端径は充填剤径よりも小さめに設定されていたが，充填剤がニードルを完全に塞いでしまうケースがあり，安定なカラム調製が問題となっていた[19,24]。その後，先端径よりも小さい充填剤を使用しても石橋のアーチの原理で充填剤を保持可能であることがわかり，先端径と充填剤径をコントロールしてフリットレスカラムを調製することが可能となった[25]。筆者らの研究室ではこのカラムをフューズドシリカ管の加工から自作しており，先端径と充填剤径をきちんとコントロールすることにより，連続運転しても数ヶ月は安定して使えるカラムを30分ほどで作製している（図1）。筆者らは質量分析計の入り口を洗浄するのに合わせて2週間から1ヶ月に1回は交換するようにしている。

　ニードル一体型カラムではモノリスタイプの固定相をニードル中で調製することも可能であり[26,27]，充填剤タイプでは難しい内径20μm以下のものにも適している。一方で，このタイプのものでは，カラムのみ，スプレーニードルのみを交換することは不可能であり，頻繁にどちらかを交換する必要がある場合にはカラムとスプレーニードルを別々にする必要がある。

　ESIを行うためには試料溶液がニードル先端で荷電している必要があり，当初は先細りガラスキャピラリーの先端を金属（白金など）で被覆したものが使われていた[28]。しかし，電気化学反応により金属被覆の寿命が短くなるため，現在はスプレーニードルの背面に電圧をかける液絡法が主流となっている。気相と液相では電気抵抗に大きな差があるので，印加した電圧はニードル中では先端までほぼ維持されることになり，長さ50cm程度のニードル一体型カラムでも安定したスプレーを得ることができる[29]。その他のものとしては，ステンレスを先細りに加工したものや[30]，グラファイト，金コロイドやポリアニリンなどの導電性材料[31〜34]でコートしたニードルが用いられている。

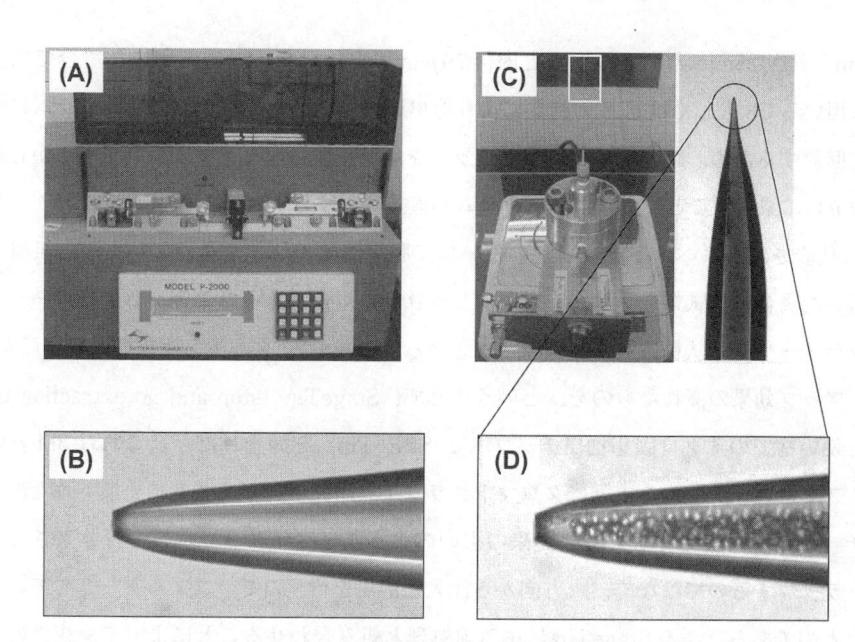

第2章　メタボロミクス，プロテオミクスのためのナノ LC-MS システム

図1　石橋アーチカラムの作製
（A）フューズドシリカキャピラリー用プラー（Sutter 社製モデル P-2000）
（B）P-2000 で作製した先細りフューズドシリカキャピラリーの先端部（内径 100μm，外径 360μm，先端径約 7μm）
（C）カラム充填器（カスタムオーダー品）によるクロマトグラフィー樹脂の充填（左）および充填後のカラム（右）
充填圧：窒素 70bar，充填剤：ReproSil C18（3μm 径），キャピラリー：（B）と同じもの
（D）石橋アーチカラムの先端部

3　注入システム

　インジェクターには低流速に対応したデッドボリュームの小さいものが必要となる。しかし，イソクラティック溶出系で理論的・実験的に要求されているような数 10nL レベルの試料溶液のミクロ化は容易ではなく，またそのレベルの液を定量的に扱うとなると，きわめて難しい。幸いなことに，C18 カラムを用いたペプチドのグラジエント分析においては，数 10μL の試料溶液でもカラムの先端で十分にトラップ，濃縮することが可能である。極性の高いメタボロームを逆相系カラムの先端に濃縮する場合には，イオン対試薬を使うなどの工夫が必要となってくる。プロテオミクスでは通常，数 μL から 100μL 程度までの試料体積を注入する必要があるため，プレカラム（トラップカラム）が用いられることも多い。しかし，分析カラムのサイズが小さいので，十分なローディングキャパシティーと分離効率を得るためにはプレカラムのサイズ（内径と長さ）についても注意を払う必要がある。特に内径 0.3～1mm 程度で長さが 2～3mm のものはロットばらつきが懸念される。また，内径の小さなものをプレカラムに用いた場合，例えば内

径100μm，長さ25mmのプレカラムと内径75μmのC18分析カラムを用いた場合では，プレカラムに用いるC8もしくはC18の種類により溶出順が変化した[35]。上記のプレカラムに付随する問題を回避するため，筆者らはピペットチップを用いた前処理ミクロカラムであらかじめ試料体積を数μLに減らすことにより，分析カラムへ直接注入するシステムを用いている[36]。当初はZipTipに代表されるピペットチップ型の使い捨て脱塩濃縮チップを用いていたが，組織由来の試料を用いた場合には試料をクリーンアップしきれない場合があったこと，およびローディングキャパシティーや微量試料に対する回収率が悪かったことから，もう少し樹脂の充填密度が高く，クリーンアップ効果の優れたものを，ということで，StageTip（stop and go extraction tip）と名付けた使い捨てのミクロ固相抽出チップ（μ-SPE-Tip）を開発した[37]。これは3M社のエムポアディスクというテフロン繊維にクロマトグラフィー用充填剤が高密度に充填された膜を，ピペットチップに埋め込んだもので，従来のもののようにピペッターで試料を行き来させてペプチドをトラップするのではなく，一方向から注入と溶出を行うので，フィルターとしての役割も付加したものである。このStageTipによる前処理と組み合わせることによって，複数の試料溶液を並行処理で数マイクロリットル程度までにあらかじめろ過，濃縮し，分析カラムに直接注入することが可能となり，これにより，総分析時間の短縮，システムの安定性の著しい向上，試料間のキャリーオーバーの低減化を実現した。

　分析カラムへの直接注入システムとしては，上記のようなオートサンプラーを用いたシステムだけではなく，LCシステムとは独立にカラムにあらかじめ試料を注入しておき，そのカラムをLCシステムにセットするという方法もある。この場合はLCシステム中にインジェクターが不必要となり，デッドボリュームやグラジエントディレイ時間を最小限にできるというメリットがある。さらに複数のカラムを用いれば分析中に次の試料注入が可能になり，総分析時間を最小にすることができる。試料注入にはニードル一体型カラム充填でも用いた充填器（図1（C））を使ったものが便利である。注入量は先端からの液滴を採取することで概算することも可能である。分析毎にカラムの交換を行わなければいけないが，カラムを使い捨てにすることで，試料間のキャリーオーバーをまったく考慮する必要がなくなる。このシステムは後述するSCX-C18オンライン2次元分離システムなど一度試料を注入すれば，分画–分析で20時間以上かかるようなシステムに適している[38,39]。

4 カラム径，流速の影響

　ニードル一体型カラムを用いて，線流速一定の条件下でカラム径の感度への影響を調べてみたところ，150μm（流速1μL/min），100μm（450nL/min），75μm（250nL/min）とカラ

第2章 メタボロミクス，プロテオミクスのためのナノ LC-MS システム

ム径を小さくしていくと，明らかに感度が上昇していくことがわかった。また，100μm 径のカラムを用い，グラジエントプログラムを一定にして，流速を下げていくと，500nL/min から 250nL/min までは感度の向上が認められたが，125nL/min まで流量を下げるとそれ以上の感度向上は認められなかった[40]。カラム径の影響を調べた場合でも流速 120nL/min（50μm 径）で感度の上昇は認められなかったことを合わせて考えると，カラム径をミクロ化するにつれ，カラム充填の不均一性が増し，ミクロ化による試料ゾーンの濃縮効果がほとんど得られない上，流速 200nL/min 以下の領域では低流速化による感度上昇も頭打ちになっているからと考えられる。このタイプのカラムは 20μm 径程度のものまでは調製することが可能であるが[25]，残念ながらこれ以上のミクロ化による感度上昇は期待できず，分析時間が長期化するのみであった。一方，Luo らは，20μm 径および 10μm 径の C18 シリカモノリスの比較において，径を小さくして流速を下げることにより感度が向上したと報告している[27]。

5　オフライン LC-MS/MS

　LC と MS をオフライン化し，LC からの溶離液をいったん分画することにより，LC 条件とは独立した条件で MS 測定が可能となる。すなわち LC におけるピーク幅とは独立に MS の測定に十分時間がかけられ，複数の MS 条件下での測定も可能となるので，例えば未知のメタボロームの構造解析やプロテオーム解析における de novo sequencing などには有効な方法である。プロテオーム解析では特にマトリクス支援レーザー脱離イオン化法（MALDI）では一般的であり，MALDI プレート上に直接分画・スポッティングし，プロダクトイオンスキャンが行われてきた[41, 42]。MS と MS/MS を交互に溶出順に行う必要がないので，より効率的なデータ依存スキャンが可能となる。ただし総測定時間は LC-ESI MS/MS に比べると，高速パルスレーザーを用いても現実的には 5～10 倍くらい時間がかかり，またプリカーサーイオンが 1 価であることがほとんどなので，高エネルギー衝突誘起解離であってもフラグメント効率が悪く，一般的に ESI にくらべ定量性が悪いなどの問題がある。オフライン LC-ESI MS の報告例は少ないが，例えばフーリエ変換イオンサイクロトロン共鳴質量分析計（FT-ICR MS）ではスキャン時間をかければかけるほど感度も精度もあがるので LC と切り離すメリットは大きいと考える。筆者らは，オフライン LC-MS 系のために，逆相 HPLC で精密に分離した各分画を並列化したイオン交換 StageTip でさらに同時分画し，単位時間当たりの効率を高めた分画法を開発し，MALDI MS/MS およびナノ ESI FT-ICR MS に適用した[43]。オンライン LC-MS/MS システムの場合のスキャンサイクルの 5 倍時間をかけてスキャンすることにより，FTICR MS 測定における質量精度を向上させることに成功した。

6 多次元分離

タンパク質のトリプシン消化物を試料として用いるショットガンプロテオミクスの場合には，試料の複雑性と広いダイナミックレンジの問題をある程度解決するために，LC-MS の分析の前に分画することは有効な手段であり，特にダイナミックレンジの問題を軽減するためのタンパク質レベルでの分画は効果的である[44]。ペプチドレベルでの分画の場合は，例えばオンライン二次元 LC-MS/MS システムで全自動で行うことができるが，分画操作は直列処理でしか行えないので，全体として効率が落ちてしまわないよう，分画数にも注意する必要がある。筆者らは前述の StageTip を用いて並列処理で分画することで効率を上げている[45]。使い捨てなのでコンタミネーションを考慮する必要がないのも実用的である。そのほかには，移動相に少量のイオンペア試薬（トリフルオロ酢酸やヘプタフルオロ酪酸を 0.005～0.02%程度）を加え，ペプチドの溶出パターンを変化させたり[46]，繰り返し分析の際に前に同定されたものを排除しながら分析を繰り返す方法[47]などがあり，これらは分画法というわけではないが，より多くのペプチドを同定するという目的には有用である[46]。

数回繰り返し分析ができるくらいの試料量がある場合に，同定の効率をあげる最も効率的な手段は，筆者の経験では違う質量分析計を使うことである。例えばアプライドバイオシステム社の QSTAR（ハイブリッド四重極—飛行時間型）とサーモフィッシャー社の LTQ（リニアイオントラップ型）では，得意とする m/z 領域が違うだけではなく[48]，衝突誘起解離パターンも違うことから，同じ試料で，同じ LC 条件を用いても，異なるペプチドを同定する確率を高くすることが可能である。

プロテオミクスだけではなく，メタボロミクスでもイオン交換クロマトグラフィーや親水性相互作用クロマトグラフィー（HILIC）などが逆相クロマトグラフィーと組み合わせた二次元 LC の一次元目として用いられている[49]。特に HILIC は逆相系では保持できない極性成分の分析に対して有効である。プロテオミクスでは SCX と WAX を混合させることにより生じるドナー効果を使って，より幅の広い化合物を分画することができることも報告されている[50]。

特定の官能基のみにアフィニティーを持つ樹脂をプレカラムに用いることでその官能基を有する化合物群を選択的に濃縮することも可能であり，例えばプロテオミクスでは鉄イオンやガリウムイオンを固定化した固定化金属クロマトグラフィー（IMAC）を用いてリン酸化ペプチドの濃縮が行われている[51]。筆者らは，IMAC の代わりにチタニアやジルコニアなどの金属酸化物を充填剤として用いた StageTip を使って，リン酸化ペプチドの濃縮を行っている[52]。チタニアはヌクレオチドなどのリン酸化合物全般に選択的アフィニティーを持っており，リン酸基を有するメタボロームだけを選択的に濃縮することも可能である。このような濃縮選択性は未知化合物の

第 2 章　メタボロミクス，プロテオミクスのためのナノ LC-MS システム

同定の際の貴重な補助情報になると考えられる。

7　今後の展望

　以上，筆者の検討してきたプロテオミクス用ナノ LC-MS システムを中心にまとめた。最後に，今後の展望について述べる。

　ここ数年様々なタイプのハイブリッド型質量分析計が開発され，質量分析計の性能は大きく向上し，高速スキャンやより広いダイナミックレンジ，高い質量精度などが実現されている。一方，LC 側では UPLC やモノリス型のカラムなど新しい技術がでてきているものの，その性能はまだまだ質量分析計に追いついていない。メタボロミクスに関しては測定対象となる試料の脂溶性の幅がプロテオミクスよりもはるかに広く，C18 では保持されない極性分子から C18 では溶出してこない脂質性分子まであり，C18 カラムによる逆相系分離以外の高分離能を有する分析法の開発が望まれる。HILIC は極性分子の分析には有効であると思われるが C18 ほどローディングキャパシティーがなく，ナノ LC 化の障害の一つになっている。脂質はその極性部だけではなく疎水性鎖の異性体分離まで考えると現状の LC では難しいが，MS による質量分離を組み合わせることにより異性体の分離も可能となっている[53]。

　一方で充填剤タイプの HPLC 用カラムのミクロ化は限界にきており，サブミクロン充填剤相当の骨格を持ったモノリスでの分離の向上に期待したい。いずれにせよ，全プロテオーム，全メタボロームの解析という目的にはまだまだあらゆる部分での技術開発が必要とされているが，その一方ですでに現状の技術を用いた生命科学への応用研究もどんどんされている。今後もこの分野は技術革新と生命科学への応用という両輪でバランスをとりながら，益々発展していくと思われる。

文　　献

1) J. S. Mellors, J.W. Jorgenson, *Anal Chem.*, **76**, 5441（2004）
2) M. I. Churchwell, N.C. Twaddle, L.R. Meeker, D.R. Doerge, *J Chromatogr B Analyt Technol Biomed Life Sci.*, **825**, 134（2005）
3) N. Ishizuka, H. Minakuchi, K. Nakanishi, N. Soga, H. Nagayama, K. Hosoya, N. Tanaka, *Anal Chem.*, **72**, 1275（2000）
4) T. Takeuchi, D. Ishii, *J Chromatogr*, **190**, 150（1980）

5) T. Takeuchi, D. Ishii, *J Chromatogr.*, **218**, 199（1981）
6) T. Takeuchi, D. Ishii, *J Chromatogr.*, **213**, 25（1981）
7) T. Takeuchi, D. Ishii, *J Chromatogr.*, **238**, 409（1982）
8) F. J. Yang, *J Chromatogr.*, **236**, 265（1982）
9) D. C. Shelly, J. C. Gluckman, M. Novotny, *Anal Chem.*, **56**, 2990（1984）
10) R. T. Kennedy, J. W. Jorgenson, *Anal Chem.*, **61**, 1128（1989）
11) K.-E. Karlsson, M. Novotny, *Anal Chem.*, **60**, 1662（1988）
12) Y. Ito, T. Takeuchi, D. Ishii, M. Goto, *J Chromatogr,* **346**, 161（1985）
13) R. M. Caprioli, B. DaGue, T. Fan, W. T. Moore, *Biochem Biophys Res Commun.*, **146**, 291（1987）
14) L. J. Deterding, M. A. Moseley, K. B. Tomer, J. W. Jorgenson, *Anal Chem.*, **61**（1989）
15) W. J. Henzel, J. H. Bourell, J. T. Stults, *Anal Biochem.*, **187**（1990）
16) M. Yamashita, J. B. Fenn, *J. Phys. Chem.*, **88**, 4451（1984）
17) M. R. Emmett, R. M. Caprioli, *J Am Soc Mass Spectrom.*, **5**, 605（1994）
18) M. Wilm, M. Mann, *Int J Mass Spectrom Ion Processes*, **136**, 167（1994）
19) M. T. Davis, T. D. Lee, *J Am Soc Mass Spectrom.*, **9**, 194（1998）
20) C. L. Gatlin, G. R. Kleemann, L.G. Hays, A. J. Link, J. R. Yates, 3rd, *Anal Biochem.*, **263**, 93（1998）
21) S. M. Piraino, J. G. Dorsey, *Anal Chem.*, **75**, 4292（2000）
22) B. Behnke, E. Bayer, *Journal of Chromatography A,* **716**, 207（1995）
23) M. Wilm, M. Mann, *Anal Chem.*, **68**, 1（1996）
24) M. D. McGinley, M. T. Davis, J. H. Robinson, C. S. Spahr, E. J. Bures, J. Beierle, J. Mort, S. D. Patterson, *Electrophoresis.*, **21**, 1678（2000）
25) Y. Ishihama, J. Rappsilber, J. S. Andersen, M. Mann, *J Chromatogr A,* **979**, 233（2002）
26) R. E. Moore, L. Licklider, D. Schumann, T. D. Lee, *Anal Chem.*, **70**, 4879（1998）
27) Q. Luo, K. Tang, F. Yang, A. Elias, Y. Shen, R. J. Moore, R. Zhao, K. K. Hixson, S. S. Rossie, R.D. Smith, *J Proteome Res.*, **5**, 1091（2006）
28) G. A. Valaskovic, N. L. Kelleher, F. W. McLafferty, *Science.*, **273**, 1199（1996）
29) M. Mazereeuw, A. J. P. Hofte, U. R. Tjaden, J. van der Greef, *Rapid Commun Mass Spectrom.*, **11**, 981（1997）
30) Y. Ishihama, H. Katayama, N. Asakawa, Y. Oda, *Rapid Commun Mass Spectrom.*, **16**, 913（2002）
31) S. Nilsson, M. Wetterhall, J. Bergquist, L. Nyholm, K. E. Markides, *Rapid Commun Mass Spectrom.*, **15**, 1997（2001）
32) D. R. Barnidge, S. Nilsson, K. E. Markides, *Anal Chem.*, **71**, 4115（1999）
33) E. P. Maziarz, 3rd, S.A. Lorenz, T. P. White, T. D. Wood, *J Am Soc Mass Spectrom.*, **11**, 659（2000）
34) Y. Z. Chang, G.R. Her, *Anal Chem.*, **72**, 626（2000）
35) J. P. Murphy III, G.A. Valaskovic, in Proceeding of 51st ASMS conference, Montral, Canada, TPP293（2003）
36) J. Rappsilber, Y. Ishihama, M. Mann, *Anal Chem.*, **75**, 663（2003）

37) J. Rappsilber, M. Mann, Y. Ishihama, *Nat Protoc.*, **2**, 1896 (2007)
38) A. J. Link, J. Eng, D.M. Schieltz, E. Carmack, G. J. Mize, D.R. Morris, B. M. Garvik, J. R. Yates, 3rd, *Nat Biotechnol.*, **17**, 676 (1999)
39) M. P. Washburn, D. Wolters, J. R. Yates, 3rd, *Nat Biotechnol.*, **19**, 242 (2001)
40) 石濱泰, *J. Mass Spectrom. Soc. Jpn.*, **55**, 157 (2007)
41) H. Lee, T. J. Griffin, S. P. Gygi, B. Rist, R. Aebersold, *Anal Chem.*, **74**, 4353 (2002)
42) S. J. Hattan, J. Marchese, N. Khainovski, S. Martin, P. Juhasz, *J Proteome Res.*, **4**, 1931 (2005)
43) H. Saito, Y. Oda, T. Sato, J. Kuromitsu, Y. Ishihama, *J. Proteome Res.*, **5**, 1803 (2006)
44) Y. Ishihama, *J. Chromatogr. A*, **1067**, 73 (2005)
45) Y. Ishihama, J. Rappsilber, M. Mann, *J. Proteome Res.*, **5**, 988 (2006)
46) M. J. Kerner, D. J. Naylor, Y. Ishihama, T. Maier, H. C. Chang, A. P. Stines, C. Georgopoulos, D. Frishman, M. Hayer-Hartl, M. Mann, F. U. Hartl, *Cell.*, **122**, 209 (2005)
47) D. B. Kristensen, J.C. Brond, P. A. Nielsen, J. R. Andersen, O. T. Sorensen, V. Jorgensen, K. Budin, J. Matthiesen, P. Veno, H. M. Jespersen, C. H. Ahrens, S. Schandorff, P. T. Ruhoff, J. R. Wisniewski, K. L. Bennett, A. V. Podtelejnikov, *Mol Cell Proteomics.*, **3**, 1023 (2004)
48) 石濱泰, in 小田吉哉, 夏目徹 (Editors), できマス！プロテオミクス 質量分析によるタンパク質解析のコツ, 中山書店, 東京, 93 (2004)
49) V. V. Tolstikov, O. Fiehn, *Anal Biochem*, **301**, 298 (2002)
50) A. Motoyama, T. Xu, C.I. Ruse, J. A. Wohlschlegel, J. R. Yates, 3rd, *Anal Chem*, **79**, 3623 (2007)
51) A. Stensballe, S. Andersen, O. N. Jensen, *Proteomics.*, **1**, 207 (2001)
52) N. Sugiyama, T. Masuda, K. Shinoda, A. Nakamura, M. Tomita, Y. Ishihama, *Mol Cell Proteomics.*, **6**, 1103 (2007)
53) T. Houjou, K. Yamatani, M. Imagawa, T. Shimizu, R. Taguchi, *Rapid Commun Mass Spectrom*, **19**, 654 (2005)

第3章　CE/MSによるアニオン性代謝産物解析システムの開発

原田和生[*1]，福﨑英一郎[*2]

1　はじめに

　代謝産物総体を解析するメタボローム解析技術は近年急速に発展し，基礎科学分野および応用分野ですでに運用例が数多く報告され始めている。機器分析技術はメタボローム解析の基幹技術の一つであり今日まで様々な手法の開発が進められてきた。メタボローム解析に汎用されている機器分析法にはプロトン核磁気共鳴分析（H-NMR），赤外分光（IR），近赤外分光（NIR），フーリエ変換イオンサイクロトロン型質量分析法（FT-ICR-MS），ガスクロマトグラフィー／電子イオン化質量分析法（GC/EI-MS），高速液体クロマトグラフィー／エレクトロスプレーイオン化質量分析法（LC/ESI-MS）等が挙げられる。最初に挙げた三手法は混合物中の化合物同定は困難であるが，スペクトルをフィンガープリントとして用いることにより，サンプル間の非常に微細な違いを迅速に見出すことが可能である。後者の三手法は感度，定性能力に優れた質量分析法を用いる為，代謝産物のプロファイリングが可能で，サンプルの判別，診断のみならず，バイオマーカー探索も可能である。これらの手法により，従来の表現型解析技術では識別不能であった微細な表現型を解析することが可能となり，特に医療診断，品質評価，性能予測など実用分野で有用性が示され，今やメタボローム解析の有用性は広く認知されるようになってきた。

　一方，上述のメタボローム解析により，なぜそのような代謝の違いが生まれたのか，実際に生体内でどのような代謝変動が起きているのかという基礎的な知見を得ることは非常に難しい。上述の手法では細胞内に高濃度に蓄積している糖，アミノ酸，二次代謝産物などが主に検出され，これらの化合物に至る生合成経路の中間体がほとんど検出できない。GC/MSやFT-ICR-MSを用いた分析から幾つかのアミノ酸の蓄積量が増加している結果が得られた時，研究者が「解糖系，ペントースリン酸経路はどうなっているのだろう？」と疑問を抱くのは自然なことである。トランスクリプトーム解析やプロテオーム解析などにより代謝関連遺伝子の発現様態を解析することは有用であるが，これらの結果は *in vivo* での代謝変動と必ずしも相関しない。解糖系，ペントースリン酸経路といった代謝の中間体もモニタリングしなければ，これらの代謝がどのように変

[*1]　Kazuo Harada　大阪大学　大学院工学研究科　生命先端工学専攻　特任研究員
[*2]　Eiichiro Fukusaki　大阪大学　大学院工学研究科　生命先端工学専攻　教授

第3章 CE/MSによるアニオン性代謝産物解析システムの開発

動しているか結論付けることは不可能である。また，ATPやNAD$^+$，NADHといったヌクレオチド類は，細胞内のエネルギー状態を反映し，細胞内代謝と密接な関連があることが推測される。これらの化合物のプロファイルと代謝経路中間体のプロファイルの相関関係から細胞内代謝の変動を推測することも可能かも知れない。以上の理由から解糖系，ペントースリン酸回路，TCA回路等の一次代謝中間体である糖リン酸，有機酸，CoA類，およびエネルギー貯蔵物質，補酵素であるヌクレオチド類といった代謝産物のプロファイル技術は従来のメタボローム解析技術を補完する重要な技術となると考えられる。尚，これらの代謝産物はカルボキシル基，リン酸基を有するアニオンであることから，以下，アニオン性代謝産物と称することにする。

2 アニオン性代謝産物プロファイリングのためのCE/MSシステム

キャピラリー電気泳動／質量分析法（CE/MS）はイオン性代謝産物を測定するのに適した手法である。CEでは試料を注入後，高電圧（～30kV）をキャピラリーの両端に印加すると，カチオン性化合物は陰極方向に，アニオン性化合物は陽極方向に静電的に引き寄せられる。化合物が静電的に引き寄せられる移動度（電気泳動移動度）は化合物の電荷と水和イオン半径の比に基づくため，この比率が異なる化合物をキャピラリー内で分離することができる。分子量が同一である異性体も構造が異なれば水和イオン半径が異なる為，電気泳動により分離が可能である。分離された化合物は，キャピラリー出口に接続した質量分析計により，固有の質量数で選択的に，高感度で検出することができる。イオン性化合物を対象とした場合GC/MS，LC/MSでは必須である誘導体化がCE/MSでは不要で，誘導体化による回収率や定量値の精度の低下を防ぐことができるというメリットもある。

曽我らはこのようなCE/MSの優れた特性に着目し，アニオン性代謝産物をCE/MSにより分析することを試みた。しかし，この時一つの問題点に直面した。それはキャピラリーに高電圧を印加した際に発生する電気浸透流と呼ばれる液流（図1）が，通常CEで利用されるフューズドシリカキャピラリーでは陽極から陰極に流れる事に起因する。アニオン性代謝産物を質量分析計側に静電的に移動させるためには，質量分析計側を陽極，電解質バイアル側を陰極に設定しなければならない。しかし，このような条件で電気泳動を行うと，電気浸透流は質量分析計側からバイアル側に向かう為，質量分析計側のキャピラリー内に空気の層が生じ電気泳動が成立しない（図2(a)）。この現象を防ぐためには，i) 質量分析計側を陽極，バイアル側を陰極としたまま電気浸透流の方向を陰極から陽極に変える，ii) 質量分析計側を陰極，バイアル側を陽極というように極性を反転させ，電気浸透流を電気泳動移動度よりも大きくすることによりアニオン性化合物を陽極から陰極に移動させる，という二つの方法が考えられた。曽我らは塩基性物質を

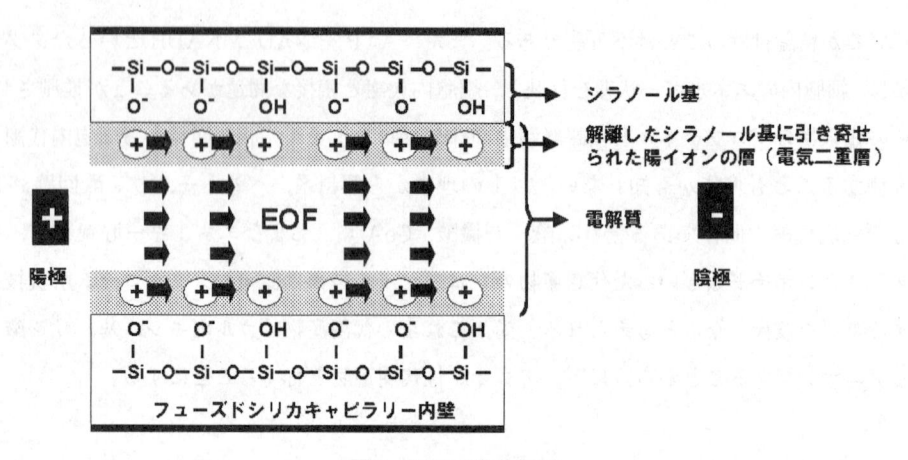

図1 EOFの発生原理

キャピラリー表面にコーティングしたSMILE（+）キャピラリー[1]を用いて，i)の方法により，連続的かつ安定した電気泳動を成立させ，糖リン酸，有機酸の測定に成功した（図2 (b)）[2]。一方，多価アニオンであるヌクレオチド類やCoA類は上述のSMILE（+）キャピラリーの内壁に吸着するので，正確な定量が行えないといった問題が生じた。そこで，曽我らは表面を中性ポリマーでコーティングしたキャピラリーを用いて，電気浸透流の代わりにエアーポンプで加圧することにより陰極から陽極に送液を行う方法を考案した（図2 (c)）[3]。これによりヌクレオチド類やCoA類の一斉分析に成功した。曽我らはこれら二通りの分析条件により主要一次代謝中間体であるアニオン性代謝産物の網羅的分析を可能にした[4]。

しかし，全てのアニオン性代謝産物を一つの分析条件で一斉に分析することができれば，同一サンプルでのデータのばらつきを抑え，分析時間も短縮できる等，実用的なメリットが大きい。また著者らが市販のSMILE（+）を用いCE/MS分析を行った場合，電気浸透流反転を安定に行うことができず電気泳動が成立しないことがしばしば起こるといった問題も生じた。これは，市販品の品質安定性に起因すると思われるので，SMILEカラムを自作すれば回避されるのだろうが，簡単なことではない。一方，汎用されているフューズドシリカキャピラリーを用いて陽極から陰極へ流れる電気浸透流は安定して発生させることは工夫すれば可能である。さらに電解質のpHを高くすれば電気浸透流の流速は増加する。そこで，著者らは前述のii)の方法を用いて安定なCE/MSアニオン性代謝産物プロファイリング分析法を開発した（図3）。電解質バイアル側を陽極，質量分析計側を陰極とし，未修飾フューズドシリカキャピラリーと高pHの電解質を用いることにより，高速EOFを発生させ，アニオン性代謝産物を陰極側に移動させることに成功した。本手法を用いた場合，リンゴ酸，クエン酸などの多価有機酸は電気泳動移動度が大きく，質量分析計に達するまでにピークが拡散してしまい，ピーク強度が極端に低くなった。そこ

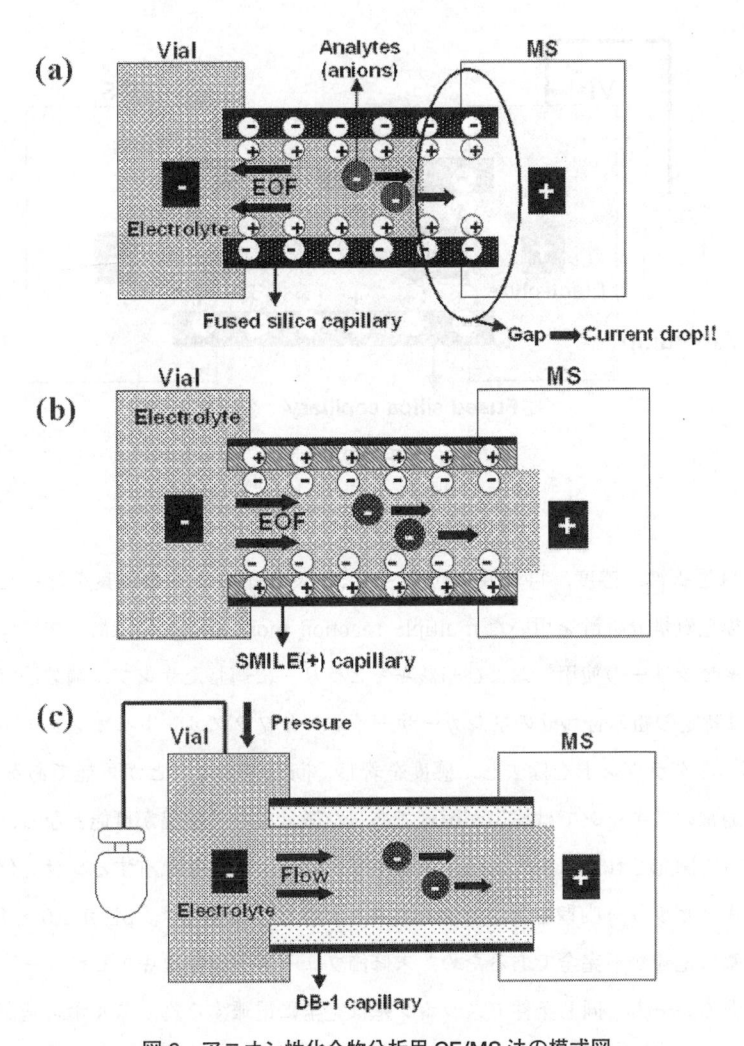

第3章　CE/MSによるアニオン性代謝産物解析システムの開発

図2　アニオン性化合物分析用 CE/MS 法の模式図
(a) 未修飾フューズドシリカキャピラリーを用いた方法，(b) SMILE（+）キャピラリーを用いた方法，(c) DB-1 キャピラリーを用いた方法

で，電気泳動を途中で止め，エアーポンプによる送液に切り替え，有機酸などのピークが拡散してしまう前に質量分析計に送り込むという改良を行った。このような方法で54種類のアニオン性代謝産物を一斉分析することに成功した（図4）[5]。

著者らは，当初イオントラップ型質量分析計を用いて分析を行っていたが，電解質やシース液に含まれる夾雑物とピークが重なってしまうような低分子量化合物や，ペントースリン酸経路中間体やCoA類などといった生体内に微量にしか存在しないような化合物は，生体サンプルから検出するのが極めて困難であった。また，未修飾フューズドシリカキャピラリーを用いた場合，標準溶液と生体サンプルとの間で分析対象化合物の移動時間が異なる等，再現性に問題があった。

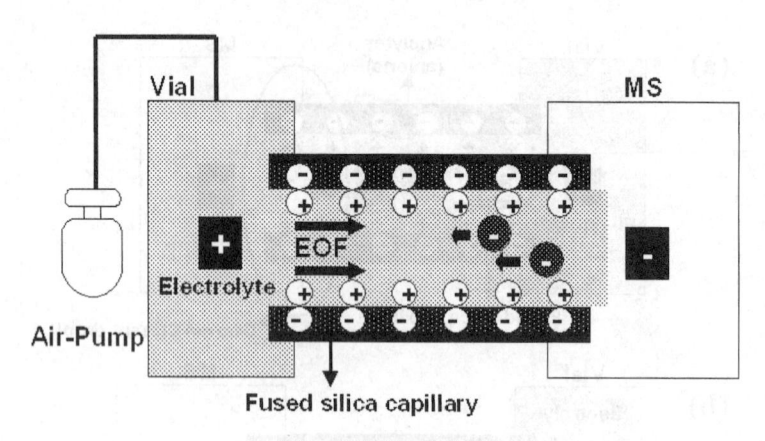

メタボロミクスの先端技術と応用

図3　新手法の模式図

そこで著者らは選択性，感度，再現性を向上させるべく以下のような改良を行った。それは i) タンデム四重極型質量分析計を用いた multiple reaction monitoring（MRM）法による検出，ii) スルホン化キャピラリーの使用，および当該キャピラリーに適したサンプル調製法である。

　MRM法とは特定の組み合わせのプレカーサーイオンとフラグメントイオンをモニタリングする方法で，バックグラウンドを除去し，感度を著しく向上させることが可能である（図5）。本手法により，通常のスキャンでは検出が困難であった微量成分の検出が可能となった。

　小玉らによって開発されたスルホン化キャピラリーはスルホン基を有するシラン化合物でフューズドシリカキャピラリー内壁を化学修飾したキャピラリーである[6]。pHが 2.5〜8.0 の範囲ではシラノール基は電離が不完全であるため，未修飾フューズドシリカキャピラリー表面の電荷分布は不均一である。一方，同じ条件でスルホン基は完全に電離する為，スルホン基が表面に露出したキャピラリー表面の電荷分布は均一になる。このため，スルホン化キャピラリーは未修飾フューズドシリカキャピラリーに比べ，高速で安定な EOF を生み出すことができる。著者らも当該キャピラリーを用いることにより，移動時間の再現性を向上させ，さらにピークの拡散を抑え，感度を上昇させることに成功した。スルホン化キャピラリーの性能を発揮させるためには，脂質などの疎水性化合物やたんぱく質のような高分子を取り除かなければならない。そこで，サンプル調整法は液々分配後に極性画分を限外ろ過に供し，脂質とタンパク質を取り除いた後[2,4]，ろ液を濃縮し，蒸留水で再溶解するという方法を採用した（図6）。本手法で調製したサンプル溶液を分析に供しても CE/MS のパフォーマンスは低下せず，数多くのサンプルを安定して分析が行えるようになった。

　以上のような改良を加え，筆者らはバクテリア，酵母，植物など様々な生物種に含まれるアニオン性代謝産物を一つの分析条件で分析することに成功した。

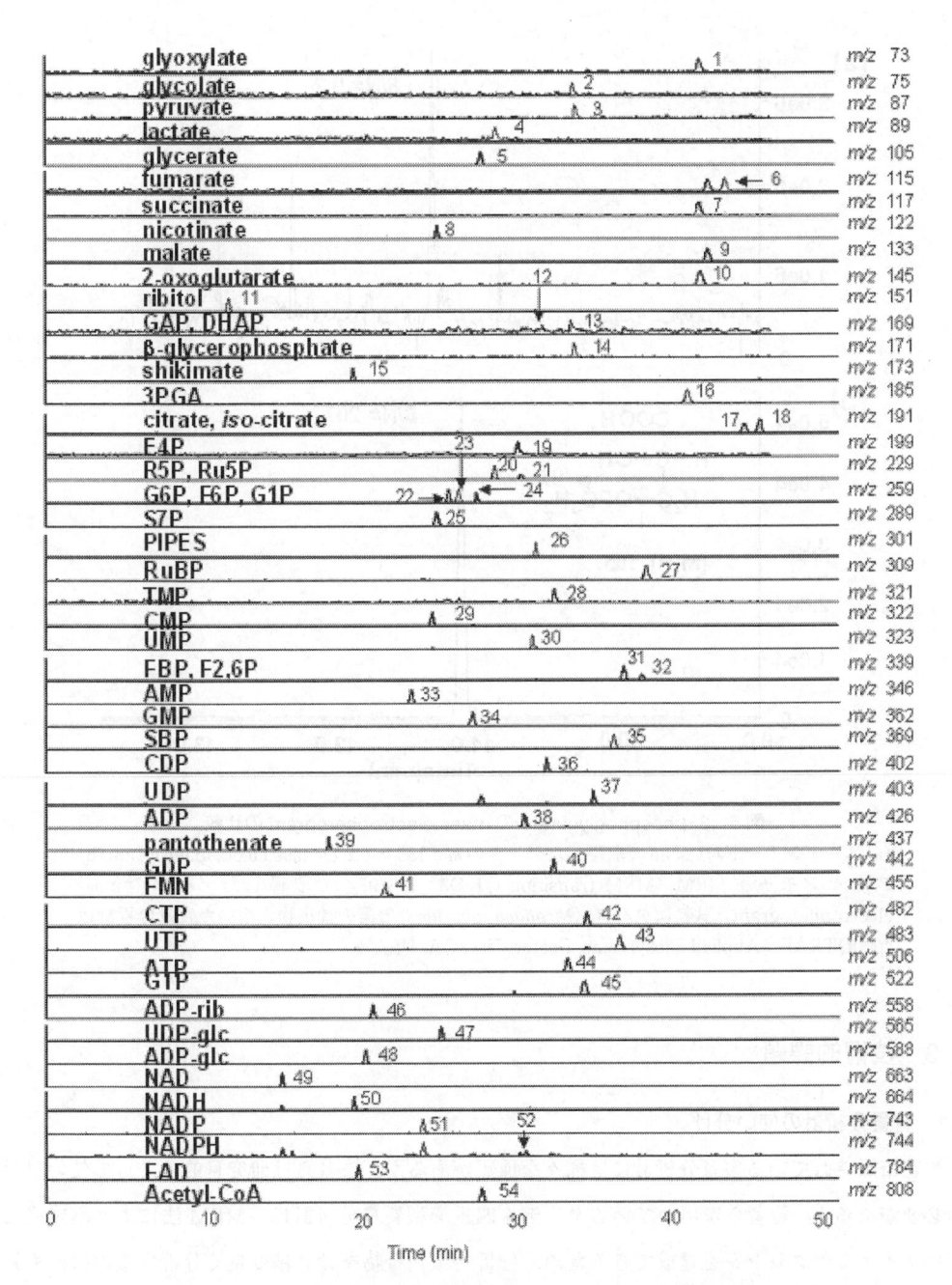

第3章 CE/MSによるアニオン性代謝産物解析システムの開発

図4 アニオン性代謝産物標準物質の mass electropherogram
分析条件は文献5を参照

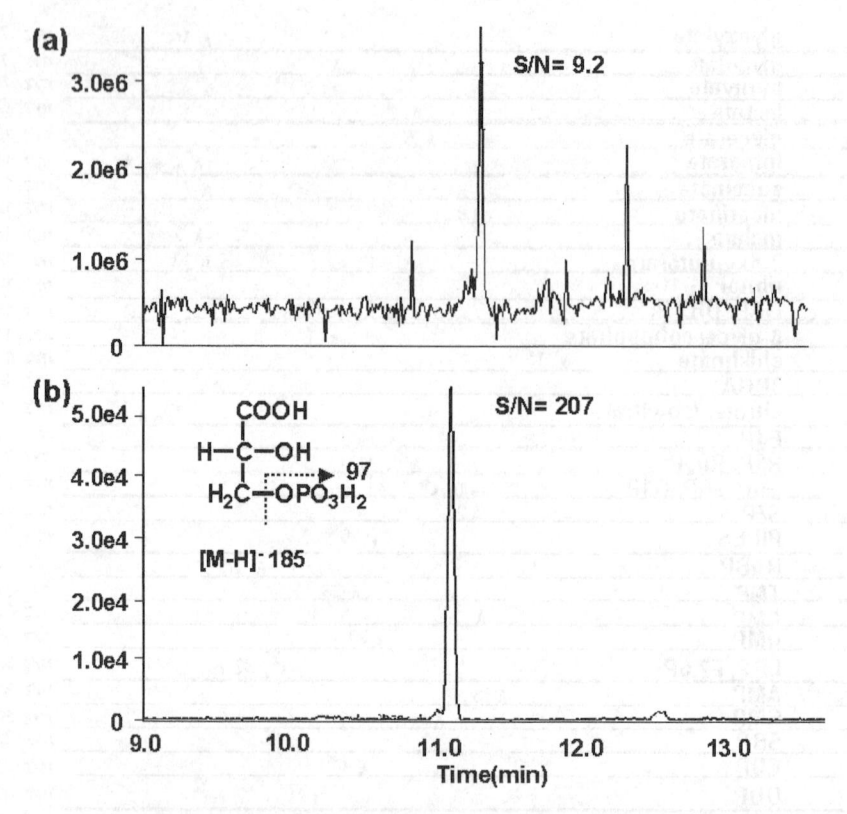

図5　3-phosphocerate の mass electropherogram の比較
(a)スキャンモード Q1 scan で取得したデータの m/z 185 ± 0.2 の mass electropherogram (b)スキャンモード MRM（MRM transition Q1/Q3, 185/97）で取得したデータの mass electropherogram。試料はタバコ（*Nicotiana tabacum*）の葉の抽出物。用いた質量分析計は 4000QTRAP（Applied Biosystems, Foster City, CA, USA）。

3　技術的課題

3.1　質量分析計の使い分け

現在市販されている質量分析計には様々な種類があるが，これらは研究目的によって使い分ける必要がある[7]。著者らが用いているタンデム四重極型質量分析計は，MRM 法により高感度と広いダイナミックレンジを達成できるため，分析対象化合物を絞り精度良く分析するのに最も適している。また，プロダクトイオンスキャンやニュートラルロススキャンなど様々なタイプのスキャンが可能で，特定の官能基を有する化合物のスクリーニングに有効である。ただし，標準物質溶液を分析し collision energy などのパラメータを最適化しなければ，MRM であっても感度良く分析することはできない。従って，標準物質が入手可能な化合物でなければ分析対象にすることが難しく，未知化合物のスクリーニングにはあまり適していない。また，スキャン速度が速

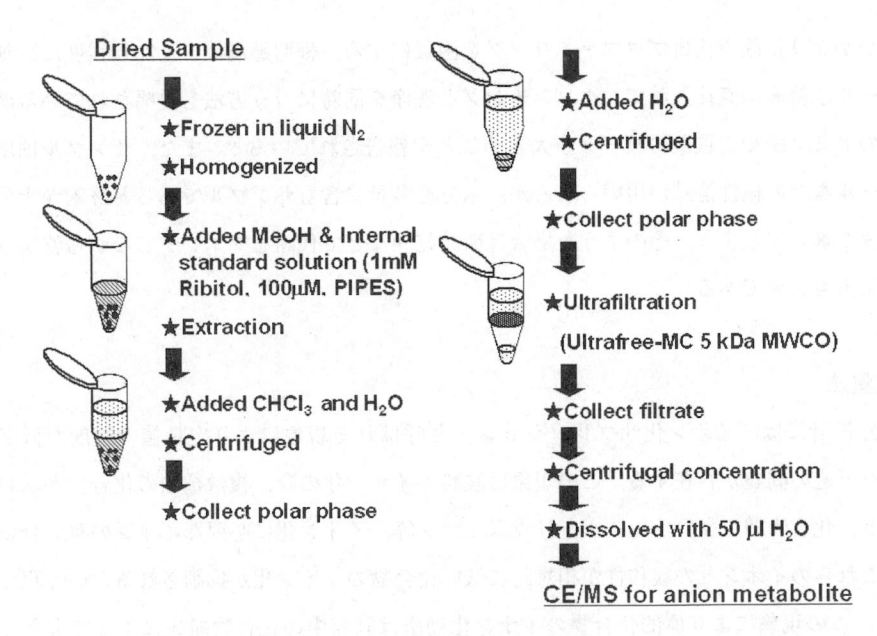

第3章　CE/MSによるアニオン性代謝産物解析システムの開発

図6　サンプル抽出，前処理法

くなく，データポイントが少なくなり，定量値の精度が低下する場合がある。その際には分析対象化合物の数を減らすなどして，一組の MRM transition をモニタリングする時間をできるだけ長くする等の工夫が必要である。最近ではスキャン速度が速い四重極型質量分析計も開発されているが，定量値の再現性やクロストーク（同時にモニタリングしている別の MRM transition のピークが検出される現象）には注意を払う必要がある。

飛行時間型質量分析計（TOF-MS）はダイナミックレンジが狭く定量にはあまり適していないが，スキャン速度が非常に速く，精密質量情報が得られる為，未知化合物のスクリーニングに非常に有用である[8]。TOF-MS の前方に四重極を接続した Q-TOF は MS/MS を行うことが可能であり，未知化合物の構造解析に非常に有用である[8]。

アニオン性低分子代謝産物を分析対象とした場合は上述の質量分析計が適しているが，オリゴヌクレオチドや酸性ペプチドなどのスクリーニング，構造解析にはイオントラップ型や FT-ICR-MS が有効であり，今後運用例が増えるものと思われる。

3.2　サンプル調製法

本稿で分析対象とした糖リン酸，ヌクレオチド類はターンオーバーが非常に速く，サンプリング時に瞬時にクエンチングを行わなければ，代謝が進んでしまい本来の代謝プロファイルを得ることができない。特に液体培地で培養した微生物や培養細胞は，培地と菌体の分離，菌体の洗浄

に時間がかかり正確な代謝プロファイリングを困難にする。細胞懸濁液を−20℃程度に冷却したメタノール水溶液に直接入れて，クエンチングと洗浄を同時に行う方法も提唱されているが，菌体からのアミノ酸や有機酸のリークが大きいことが報告されている[9]。また，サンプル抽出にはメタノールなどの極性溶媒が用いられるが，水分を多量に含むサンプルであると酵素が十分失活せず代謝が進んでしまう。そのような場合は凍結乾燥などで代謝をクエンチしながら乾燥させるなどの工夫も必要である。

3.3 定量法

質量分析計には「イオン化サプレッション」と呼ばれる現象により定量値の精度が低下するという不可避の問題が存在する。この現象は試料のイオン化の際，複数種類の化合物が試料に存在すると，化合物間でプロトン，ナトリウムイオン等，イオン化に必要なイオンの奪い合いが起こり，これらのイオンとの親和性が相対的に低い化合物のイオン化が抑制されるという現象である[10,11]。この現象により標的化合物のイオン化効率は試料中の化合物組成によって大きく変動し（マトリックスエフェクト），また，送液速度，溶媒中の夾雑物の組成，イオンソース環境等，種々の要因によっても変動するため，質量分析による定量は非常に困難を伴う。現段階で考えられる最も理想的な定量法は，全ての分析対象化合物に対して安定同位体標識化合物（ただし，重水素以外の安定同位体）を準備し，濃度既知の溶液を内部標準溶液として試料に添加し抽出，前処理を行い，CE/MS分析に供する方法である。しかしコストあるいは技術的な要因で全ての安定同位体標識化合物を入手するのは現実的に困難である。定量値がばらつく要因はイオン化以外にも，抽出効率，試料調製時の回収率，試料導入のばらつきなどが挙げられ，これらは通常無視できる大きさではなく，最低でも1種類の内部標準物質を抽出前に添加する内部標準法を用いる必要がある。

3.4 感度

感度改善はCE/MS法では特に重要な課題である。著者らの確立したCE/MSの検出限界は0.5～50 fmol程度であり，これは通常のLC/MSと同程度の値である。キャピラリーに導入される試料体積は数nlであるが，サンプルバイアルに試料溶液を最低でも10 μl程度注入しておかなければ，キャピラリーに試料溶液を導入することができない。結果，検出感度を濃度値に換算すると0.1～10 μM程度となり，さほど高い感度とはいえない。分析に必要なだけのボリューム（数nl）にまで濃縮し，これを全量キャピラリーに導入することができれば極めて微量な成分まで検出が可能となるが，現段階では技術的に困難である。CE/MSの感度を改善するための他の方法としてシースレスCE/MS法が注目されている[12～14]。通常CE/MSではイオン化を

第 3 章　CE/MS によるアニオン性代謝産物解析システムの開発

促進するため極性有機溶媒と添加剤を混合したシース液をキャピラリー先端で電解質と混合しスプレーさせる方法が採用されている。シース液を用いずに電解質だけでスプレーが可能となれば，脱溶媒すべき溶媒の量も削減できイオン化の効率が上がる。現状では汎用的であるとはいえないが，今後，開発が進み，より汎用的になることが期待される。

3.5　移動時間再現性

　CE/MS が GC/MS，LC/MS などの分析法と比べ汎用化が進んでいない要因の一つに，移動時間再現性が低く，分析の自動化が困難である点が挙げられる。移動時間再現性はキャピラリーの温度と内壁の状態，サンプルの精製度に大きく影響を受ける。キャピラリーを改良し，移動時間再現性を改善しようとする試みは数多く行われている。スルホン化キャピラリーもその一つである。しかし，GC ほどの堅牢性は未だ達成されていない。曽我教授らは CE 特有の移動時間のずれを補正するプログラムを作成し，CE/TOFMS の結果を自動でディファレンシャルディスプレイとして表示するソフトを開発している[8, 15]。このようなソフトの普及が CE/MS の汎用化の近道かもしれない。

4　おわりに

　近年，親水性相互作用液体クロマトグラフィーやイオンクロマトグラフィーの技術が発展し，糖リン酸，ヌクレオチドの分析が可能になってきたが[16, 17]，アニオン性代謝産物を網羅できるのは現在のところ CE/MS のみである。また，CE/MS は高速分離，高分離能を容易に達成することが可能である。感度や移動時間再現性など克服すべき技術的課題も存在するが，様々な特長を鑑みて，本手法が今後バイオサイエンスに大きく貢献していくものと考えられる。

文　　献

1)　H. Katayama, Y. Ishihama, N. Asakawa, *Anal. Chem.*, **70**, 5272-5277（1998）
2)　T. Soga, Y. Ueno, H. Naraoka, Y. Ohashi *et al.*, *Anal. Chem.*, **74**, 2233-2239（2002）
3)　T. Soga, Y. Ueno, H. Naraoka, K. Matsuda *et al.*, *Anal. Chem.*, **74**, 6224-6229（2002）
4)　T. Soga, Y. Ohashi, Y. Ueno, H. Naraoka *et al.*, *J. Proteome Res.*, **2**, 488-494（2003）
5)　K. Harada, E. Fukusaki, A. Kobayashi, *J. Biosci. Bioeng.*, **101**, 403-409（2006）
6)　S. Kodama, A. Yamamoto, H. Terashima, Y. Honda *et al.*, *Electrophoresis*, **26**, 4070-4078

(2005)
7) J. Ohnesorge, C. Neususs, H. Watzig, *Electrophoresis*, **26**, 3973-3987 (2005)
8) T. Soga, R. Baran, M. Suematsu, Y. Ueno *et al.*, *J. Biol. Chem.*, **281**, 16768-16776 (2006)
9) C. J. Bolten, P. Kiefer, F. Letisse, J. C. Portais *et al.*, *Anal. Chem.*, **79**, 3843-3849 (2007)
10) R. King, R. Bonfiglio, C. Fernandez-Metzler, C. Miller-Stein *et al.*, *J. Am. Soc. Mass Spectrom.*, **11**, 942-950 (2000)
11) C. Mueller, P. Schaefer, M. Stoertzel, S. Vogt *et al.*, *J. Chromatogr. B*, **773**, 47-52 (2002)
12) A. D. Zamfir, *J. Chromatogr. A*, **1159**, 2-13 (2007)
13) H. J. Issaq, G. M. Janini, K. C. Chan, T. D. Veenstra, *J. Chromatogr. A*, **1053**, 37-42 (2004)
14) Y. Ishihama, H. Katayama, N. Asakawa, Y. Oda, *Rapid Commun. Mass Spectrom.*, **16**, 913-918 (2002)
15) R. Baran, H. Kochi, N. Saito, M. Suematsu *et al.*, *BMC Bioinformatics*, **7**, 530 (2006)
16) J. C. van Dam, M. R. Eman, J. Frank, H. C. Lange *et al.*, *Analytica Chimica Acta*, **460**, 209-218 (2002)
17) H. Yoshida, T. Mizukoshi, K. Hirayama, H. Miyano, *J. Agric. Food Chem.*, **55**, 551-560 (2007)

第4章 超臨界流体クロマトグラフィー／質量分析による脂質プロファイリング

馬場健史*

1 はじめに

メタボロミクスとは，生体内に含まれる代謝産物を包括的にかつ網羅的に解析することにより，生体内での反応を全体的に把握可能にする技術・学問分野である。代謝物質はゲノム情報からの最終生成物であり，タンパク質とともに細胞内で活動する遺伝子の実体（表現型）である。したがって，細胞に密接に影響を及ぼしているメタボローム（全体代謝物質の総体）を調べることにより直接遺伝子の機能解析が可能であり，これまで，ゲノム解析が行われていない生物に対しても適用可能な技術として注目されている。メタボローム解析は，遺伝子の機能解析以外にも，シグナル伝達経路，タンパク質の機能などの解明，代謝異常やガンなどの病態の診断メカニズムの究明，あるいは，微生物発酵による医農薬品の高効率生産などに対しても有効な解決策を与えるものではないかと期待されている。

メタボロミクスにおいては，一般的に各代謝経路の構成成分である親水性の低分子代謝物が解析のターゲットになっている[1〜5]が，近年の研究で脂質がシグナル伝達に関与していることが明らかにされ，脂質も解析の対象にされるようになってきた[6〜9]。今後，さらに脂質のメタボロミクスを進めることにより，脂質の生体内での機能を把握でき，関連する遺伝子の機能を明らかにできるだけでなく，親水性の代謝物の解析だけでは理解できなかった複雑な生体内の代謝・反応機構の解析が可能になると思われる。

脂質の化学構造は比較的単純であるが，含有脂肪酸の多様性や構造異性体などを考慮に入れると10の3乗オーダーの種類が存在する。また，一般的に疎水性化合物とされているが，リン酸，糖などの極性の高い分子種が結合することによって極性が増加し，結果として脂質全体としては幅広い極性を示すことになる。それぞれの脂質を分離同定するためには非常に高度な分離分析技術を要する。これまで各種クロマトグラフィーを駆使して，各種の脂質の分析が行われてきた[10]。近年では検出に質量分析計を用いることにより，クロマトによる完全分離が困難な成分の解析や結合する個別分子種の同定まで可能になり，また，微量成分についても解析が行えるようになった[11, 12]。最近では，質量分析計の進化に伴ってさらに詳細な解析が可能な分析系が構

---

* Takeshi Bamba　大阪大学　大学院薬学研究科　助教

築され，これを用いて脂質メタボロミクスが進められている[13, 14]。しかし，スループット，糖脂質，中性脂質などの他の成分との一斉分析という点で，改良の余地を残している。メタボロミクスを進めていく上で，いかにして代謝物を漏れなく検出することができるかということは非常に重要な課題である。また，脂質メタボロミクスにおいては，包括的に脂質を分析することを目的とすべきであるがまだその手法は確立されていない。現在，Han らによって分離せずにインフュージョン導入により分析する手法の開発に力が入れられているが[8]，イオンサプレッションの問題[15, 16]等課題は多い。やはり，脂質を分離して分析することが重要である[9, 17]。そこで，著者らは，上記の問題に対応可能な新たな脂質の分離系として超臨界流体クロマトグラフィー／質量分析（SFC/MS）に注目しその適用を試みたので，その詳細について以下に紹介する。

2 超臨界流体クロマトグラフィー（SFC）とは？

超臨界流体は，臨界点の温度と圧力を越えた状態の流体である（図1）。気体の拡散性と液体の溶解性を有し，クロマトグラフィーにおける移動相として好ましい性質の流体である[18〜22]。低粘性であるためカラム背圧が低いことを利用して，高速モードでの分離やカラム長を伸ばすことにより分離能を向上させることが可能である。また，温度や背圧を変化，すなわち，移動相の状態を変化させることによりガスクロマトグラフィー（GC）や高速液体クロマトグラフィー（HPLC）にない幅広い分離モードを選択できる特徴を有する。また，通常 HPLC で使用する充填型カラムが使用でき，カラムや移動相に添加するモディファイヤーを選ぶことによって，種々の化合物の分離に適用可能である。二酸化炭素は，臨界圧力が 7.38MPa であり，臨界温度が 31.1℃ と比較的常温に近く，引火性や化学反応性がなく，純度の高いものが安価に手に入ることなどから，SFC に最もよく利用される。超臨界二酸化炭素（$SCCO_2$）はヘキサンに近い低極性であるが，メタノールのような極性有機溶媒をモディファイヤーとして添加することによって，

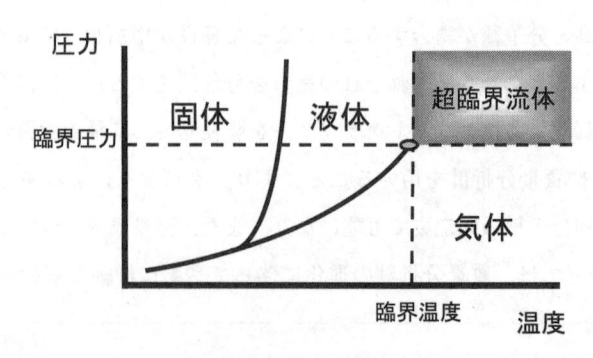

図1 物質の状態図

第4章　超臨界流体クロマトグラフィー／質量分析による脂質プロファイリング

移動相の極性を大きく変化させることが可能である。さらに，分取クロマトグラフィーの際に，超臨界流体に二酸化炭素を用いることによる実用上の利点がある。有害で可燃性の有機溶媒を大量に扱うわずらわしさがなく，また，溶出したフラクションを常圧に戻すと瞬時に二酸化炭素は蒸発するため，濃縮の手間が省ける。

これまで様々な化合物の分離分析においてSFCの適用が試みられている[23〜27]。著者らは，これまでに上記のSFCの特質を利用して，植物に存在する複雑な幾何異性類縁体の解析や分子量7000を越えるポリマーの分離に成功している[28, 29]。また，グリセリド，ステロール類，脂溶性ビタミン，脂肪酸などのSFCを用いた分析例が多数報告されており，疎水性化合物の分離分析におけるSFCの有用性が示されている[30〜32]。

3　SFC/MSによる脂質分析条件の検討

まず，各種脂質標準品を用いて，質量分析計のイオン化条件の検討を試みた。SFC/MS装置には，Berger SFC™ Analytixにシングル四重極型質量分析計（ZQ 2000, Waters）およびメイクアップポンプ（1100 Series Isocratic Pump, Agilent）を接続した図2に示すシステムを用いた。SFC/MS分析では移動相である$SCCO_2$が低極性であるため，主として疎水性の化合物が分析の対象になることが多く，一般的に大気圧化学イオン化法（atmospheric pressure chemical ionization: APCI）が用いられることが多い。しかし，本研究では，リン脂質のような極性脂質も対象となるため，エレクトロスプレーイオン化法（electrospray ionization: ESI）についても検討を行った。まず，SFCを介さずインフュージョン導入にてコーン電圧やキャピラリー電圧などのイオン化条件の検討を行った結果，ESIにおいて各種リン脂質，糖脂質，スフィンゴ脂質が良好に観測された。また，ジグリセリドやトリグリセリドのような非極性脂質においてもESI

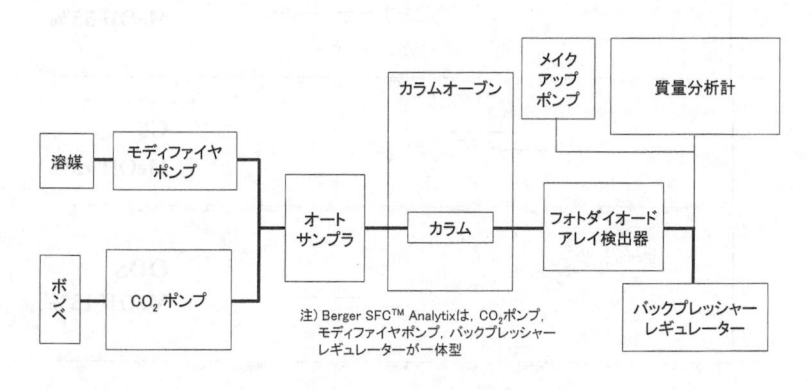

図2　SFC/MS構成図

により問題なくイオン化されることが確認できた。

次に，ホスファチジルコリン（phosphatidylcholine, PC）を用いて，SFCにおけるカラム，背圧，移動相の流量等の分離条件について検討した．まず，カラムについて検討した．順相，逆相の各種シリカゲル粒子充填型カラム（未修飾のシリカカラム，表面をアミノプロピル基により修飾したアミノカラム，シアノプロピル基により修飾したシアノカラム，フェニル基により修飾したフェニルカラム，オクチル基（C8）により修飾したC8カラム，そして，オクタデシル基（C18）により修飾したODSカラム）におけるPCの分離を比較した．移動相には，各カラムにおいてPCのリテンションが認められたSCCO$_2$/メタノール系を用いた．シリカカラム，アミノカラムのような順相系のカラムおよびシアノカラムでは各分子種ごとの分離能が低かった（図3）．しかし，フェニルカラム，C8カラム，ODSカラムのような逆相系カラムを用いた場合分子種による分離の傾向が見られ，特にODSカラムにおいては高い分離を示した（図3）．

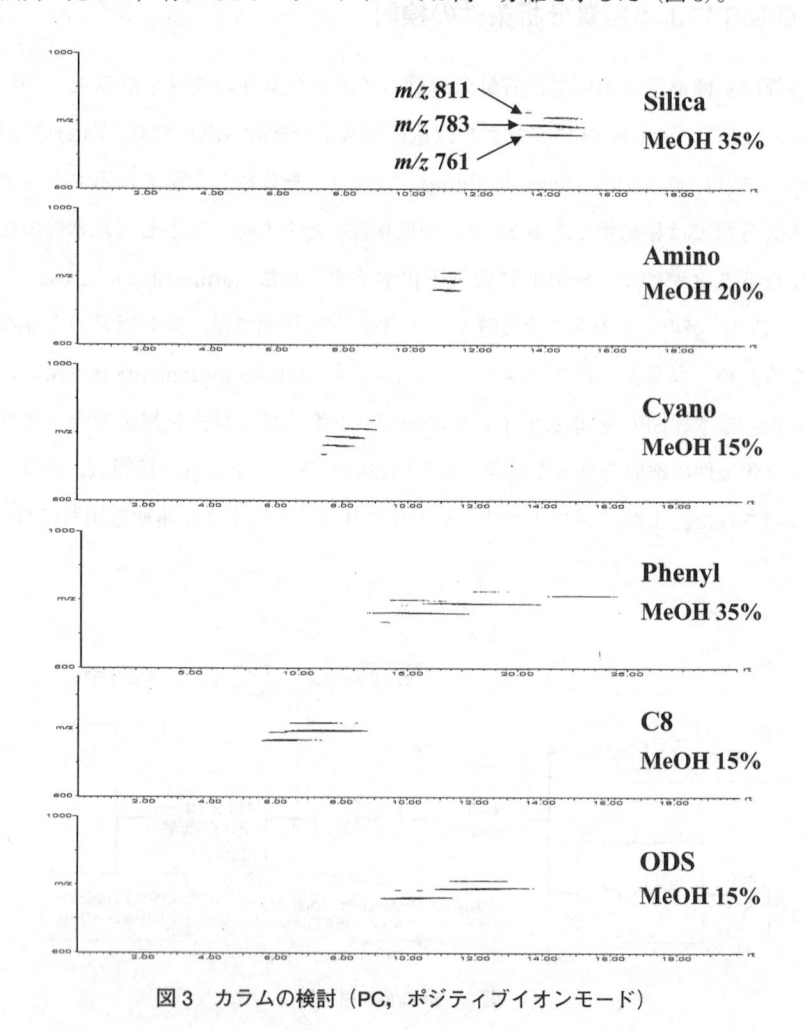

図3　カラムの検討（PC，ポジティブイオンモード）

第4章　超臨界流体クロマトグラフィー／質量分析による脂質プロファイリング

さらに，PC以外の脂質においても分析条件を検討した。ホスファチジルイノシトール（phosphatidylinositol: PI）について，同様の条件（移動相：SCCO$_2$/メタノール＝8/2から7/3に20分でリニアグラジエント，流速：3.0mL/min，背圧：10MPa）で，ODSカラムを用いて分析した。しかし，PIは検出されなかった。これまでにモディファイヤーに揮発性添加剤を加えることにより比較的極性の高い化合物でもSFCで分離分析可能になることが報告されている[33]。そこで，モディファイヤーのメタノールにギ酸アンモニウムを添加し再度分析を行った結果，PIが感度良く検出されるようになった。また，ギ酸アンモニウムを添加した場合のPCに対する影響を調べた結果，ギ酸アンモニウムを添加することにより，約390倍感度が上昇することがわかった。一方，ホスファチジン酸（phosphatidic acid: PA）については，同条件で分析を試みたが検出されなかった。そこで，ODSカラム以外のカラムについて再度検討した。その結果，シアノカラム，フェニルカラムを用いた場合にPAに由来するシグナルが良好に検出された。一方，アミノカラム，シリカカラムを用いた場合にはPAは検出されず，C8カラムにおいてはピークの形状が非常にブロードであった。

4　脂質混合物のSFC/MS分析

上記の結果をふまえ，次にシアノカラム，フェニルカラムおよびODSカラムを用いて表1に示す条件で脂質メタボロミクスにおいて解析の対象とされている14種の脂質［リン脂質；PC, PI, PA, phosphatidylethanolamine（PE），phosphatidylglycerol（PG），phosphatidylserine（PS），lysophosphatidylcholine（LPC），糖脂質；monogalactosyldiacylglycerol（MGDG），digalactosyldiacylglycerol（DGDG），中性脂質；diacylglycerol（DG），triacylglycerol（TG）そしてスフィンゴ脂質；sphingomyelin（SM），ceramid（Cer），cerebrosides（CB）］混合物の分析を試みた。まず，シアノカラムを用いて分析を行ったところ全ての脂質が検出され，LC/MS分析系[13]と比べてクラスごとの分離が良好であった（図4A，4B）。また，分析時間が10分余りと短く，さらに次の分析へ移るまでに必要な平衡化の時間も約1分程度と非常に短時間であった。ほとんどの脂質は，ポジティブイオンモードにおいてプロトン付加分子，または，アンモニウムイオン付加分子として検出された（図4A）。特に，中性脂質（TGおよびDG）は正イオンのみ検出された。一方，PAとPIについては，脱プロトン分子やギ酸イオン付加分子が検出されるネガティブイオンモードのほうが強く検出された（図4B）。なお，各脂質の同定は，表2に示す標準品を用いた分析におけるリテンションタイムならびにm/zをもとにして行った。次に，フェニルカラムを用いて同様に脂質混合物の分析を試みた。その結果，供したほとんどの脂質が3分以内に分離されずに溶出され，クラスごとの分離がされなかった。しかし，PC（23分），SM（25分），

表1 SFC/MS 分析条件

SFC conditions	
Oven temperature	：35℃
Flow rate	：3mL/min
Mobile phase	：carbon dioxide（99.99% grade）
Modifier	：methanol with 0.1%（w/w） ammonium formate（pH 6.4） 10%→30%, 20min
Back pressure	：10MPa
Mass spectrometry conditions	
Make up solvent	：methanol with 0.1%（w/w） ammonium formate（pH 6.4）
Make up flow	：0.1mL/min
Scan range	：m/z 300〜1200
Capillary voltage	：3.00kV
Cone voltage	：30V
Extractor voltage	：2.0V
RF lens voltage	：0.2V
Source temperature	：120℃

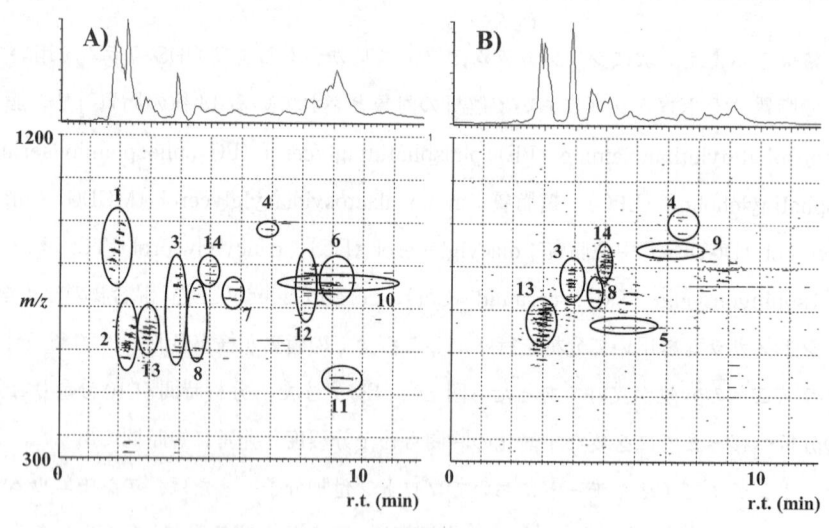

図4　シアノカラムによる脂質混合物の SFC/MS 分析
A) ポジティブイオンモード，B) ネガティブイオンモード

LPC（17分）といったコリンをポーラーヘッドとする化合物のみ保持時間が異なった。さらに，ODS カラムについても同様に分析を行った結果，シアノカラムに比べて分子種ごとの分離能が高く，当該条件においては特に TG において構成脂肪酸の鎖長の違いによる分離が認められた（図

第4章 超臨界流体クロマトグラフィー／質量分析による脂質プロファイリング

表2 各脂質の unique *m/z* と retention time（シアノカラム）

Lipid	Abbreviation	Unique *m/z*（Retention time: min）
Phophatidylcholine	PC	811(9.4), 789(9.0), 761(9.0)
Lysophosphatidylcholine	LPC	547(9.8), 525(9.7), 497(9.7)
Phosphatidylethanolamine	PE	791(5.6), 769(5.6), 745(5.5), 717(5.4)
Phosphatidylglycerol	PG	750(4.3), 606(4.3), 578(4.3)
Phosphatidylserin	PS	837(9.1), 791(8.6), 761(8.8)
Phosphatidylinositol	PI	886(6.4)
Phosphatidic acid	PA	702(6.1), 674(6.7)
Triacylglycerol	TG	951(2.2), 924(2.1), 902(2.0), 878(1.9), 852(1.8)
1,2-Diacylglycerol	1,2-DG	664(1.8), 639(2.4), 613(2.2), 606(2.3), 579(2.2)
1,3-Diacylglycerol	1,3-DG	664(1.8), 639(2.1), 613(2.0), 606(2.0), 579(2.0)
Monogalactosyldiacylglycerol	MGDG	782(4.2), 777(4.2), 627(4.3), 608(4.3), 598(4.2), 580(4.2)
Digalactosyldiacylglycerol	DGDG	960(7.4), 955(7.4)
Sphingomyelin	SM	836(8.4), 814(8.4), 754(8.3), 732(8.1)
Ceramid	Cer	659(3.3), 647(3.4), 633(3.1), 619(3.1), 565(3.3), 550(3.0)
Cerebroside	CB	835(4.8), 811(4.9), 793(4.9)

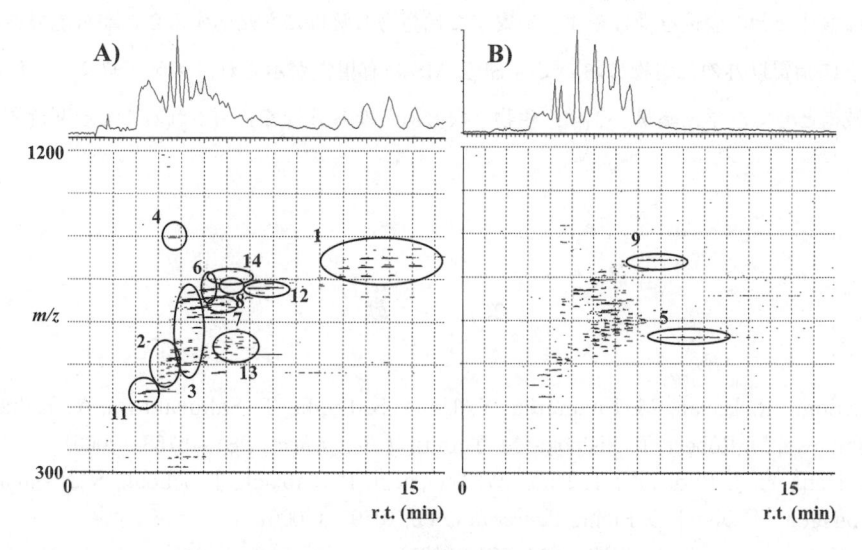

図5 ODS カラムによる脂質混合物の SFC/MS 分析
A) ポジティブイオンモード, B) ネガティブイオンモード

5A, 5B）。

　以上の結果から，全脂質を網羅的に解析したいときにはシアノカラムを，構成脂肪酸などの分

子種を詳細に解析したいときにはODSカラムを使用するといったように，目的に応じてカラムを使い分けることによりSFCの特徴を生かした効果的な解析ができることがわかった．

5 おわりに

　当該研究において構築したSFC/MSによる脂質分析系は，リン脂質，糖脂質，スフィンゴ脂質，中性脂質のような多種多様な構造および極性を有する脂質を，一度にしかも短時間で分析することが可能である．現在リピドミクスに一般的に用いられている，インフュージョン-ESI-MSおよびLC/ESI-MS/MS分析系と比べて，スループットおよび網羅性の点で優れていると言える．当該手法は，ハイスループットのフィンガープリンティング分析系としてスクリーニングなどに有用であるだけでなく，個々の成分の詳細なプロファイリングにも利用できるため，メタボロミクスの分析系として非常に有用な手法と言える．当該研究ではシングル四重極型の質量分析計を用いたが，MS/MS分析が可能な質量分析計を接続することにより，LC/ESI-MS/MS [8, 13]と同様のプリカーサーイオンスキャンやニュートラルロススキャンを用いたフラグメントイオン解析による詳細な構造解析も可能になる．さらに，超臨界流体抽出（Supercritical fluid extraction, SFE）とSFCをオンラインで接続したシステム [31, 34~36]を構築することにより，一般的な溶媒抽出では酸化などの変性を受けやすい不安定な代謝物の解析にも対応することが可能である．今後，さらに脂質以外の代謝物においてもSFC/MSの有用性が示され，メタボロミクスにおける有用な技術として医学，薬学，工学，生物学などあらゆる分野で利用されることを期待する．

文　　献

1) T. Soga, R. Baran, M. Suematsu, Y. Ueno, S. Ikeda, T. Sakurakawa, Y. Kakazu, T. Ishikawa, M. Robert, T. Nishioka, M. Tomita, *J. Biol. Chem.*, **281**, 16768 (2006)
2) C. Denkert, J. Budczies, T. Kind, W. Weichert, P. Tablack, J. Sehouli, S. Niesporek, D. Konsgen, M. Dietel, O. Fiehn, *Cancer Res.*, **66**, 10795 (2006)
3) T. Kuhara, *Mass Spectrom. Rev.*, **24**, 814 (2005)
4) S. G. Villas-Boas, J. F. Moxley, M. Akesson, G. Stephanopoulos, J. Nielsen, *Biochem. J.*, **388**, 669 (2005)
5) M. Y. Hirai, M. Yano, D. B. Goodenowe, S. Kanaya, T. Kimura, M. Awazuhara, M. Arita, T. Fujiwara, K. Saito, *Proc. Natl. Acad. Sci. USA*, **101**, 10205 (2004)
6) C. N. Serhan, *Prostaglandins Other Lipid Mediat.*, **77**, 4 (2005)

第4章　超臨界流体クロマトグラフィー／質量分析による脂質プロファイリング

7) M. Morris, S. M. Watkins, *Curr. Opin. Chem. Biol.*, **9**, 407 (2005)
8) X. Han, R. W. Gross, *J. Lipid Res.*, **44**, 1071 (2003)
9) M. R. Wenk, *Nat. Rev. Drug Discov.*, **4**, 594 (2005)
10) B. L. Peterson, B. S. Cummings, *Biomed. Chromatogr.*, **20**, 227 (2005)
11) X. Han, R. W. Gross, *Anal. Biochem.*, **295**, 88 (2001)
12) X. Han, R. W. Gross, *Proc. Natl. Acad. Sci. USA*, **91**, 10635 (1994)
13) T. Houjou, K. Yamatani, M. Imagawa, T. Shimizu, R. Taguchi., *Rapid Commun. Mass Spectrom.*, **19**, 654 (2005)
14) M. Ishida, T. Yamazaki, T. Houjou, M. Imagawa, A. Harada, K. Inoue and R. Taguchi, *Rapid Commun. Mass Spectrom.*, **18**, 2486 (2004)
15) C. Muller, P. Schafer, M. Stortzel, S. Vogt, W. Weinmann, *J. Chromatogr. B Analyt. Technol. Biomed. Life Sci.*, **773**, 47 (2002)
16) R. King, R. Bonfiglio, C. Fernandez-Metzler, C. Miller-Stein, T. Olah, *J. Am. Soc. Mass Spectrom.*, **11**, 942 (2000)
17) R. Taguchi, T. Houjou, H. Nakanishi, T. Yamazaki, M. Ishida, M. Imagawa, T. Shimizu, *J. Chromatogr. B Analyt. Technol. Biomed. Life Sci.*, **823**, 26 (2005)
18) F. P. Schmitz, E. Klesper, *J. Supercritical Fluids*, **3**, 29 (1990)
19) T. L. Chester, J. D. Pinkston and D. E. Raynie, *Anal. Chem.*, **66**, 106R (1994)
20) R. M. Smith, *J. Chromatogr. A*, **856**, 83 (1999)
21) K. Ute, Supercritical Fluid Chromatography of Polymers in Encyclopedia of Analytical Chemistry, ed. By R.A. Meyers, John Wiley & Sons, Inc., Chichester, p. 8034 (2000)
22) R. M. Smith（牧野圭祐監訳），超臨界流体クロマトグラフィー，廣川書店，東京 (2001)
23) T. A. Berger, *J. Chromatogr. A*, **785**, 3 (1997)
24) E. Lesellier, *J. Chromatogr. A*, **936**, 201 (2001)
25) C. Turner, J. W. King, L. Mathiasson, *J. Chromatogr. A*, **936**, 215 (2001)
26) F. J. Senorans, E. Ibanez, *Anal. Chim. Acta*, **465**, 131 (2002)
27) B. Bolanos, M. Greig, M. Ventura, W. Farrell, C. M. Aurigemma, H. Li, T. L. Quenzer, K. Tivel, J. M.R. Bylund, P. Tran, C. Pham, D. Phillipson, *Int. J. Mass Spectrom.*, **238**, 85 (2004)
28) T. Bamba, E. Fukusaki, S. Kajiyama, K. Ute, T. Kitayama, A. Kobayashi, *J. Chromatogr. A*, **995**, 203 (2003)
29) T. Bamba, E. Fukusaki, S. Kajiyama, K. Ute, T. Kitayama, A. Kobayashi, *Lipids*, **36**, 727 (2001)
30) E. Lesellier, *J. Chromatogr. A*, **936**, 201 (2001)
31) C. Turner, J. W. King, L. Mathiasson, *J. Chromatogr. A*, **936**, 215 (2001)
32) F. J. Senorans, E. Ibanez, *Anal. Chim. Acta*, **465**, 131 (2002)
33) J. D. Pinkston, D. T. Stanton, D. Wen, *J. Sep. Sci.*, **27**, 115 (2004)
34) F. Martial, J. Huguet and C. Bunel, *Polymer Int.*, **48**, 299 (1999)
35) K. J. Voorhees, A. A. Gharaibeh, B. Murugaverl, *J. Agric. Food Chem.*, **46**, 2353 (1998)
36) K. Sato, S. S. Sasaki, Y. Goda, T. Yamada, O. Nunomura, K. Ishikawa, T. Maitani T, *J. Agric. Food Chem.*, **47**, 4665 (1999)

第5章 フーリエ変換イオンサイクロトロン質量分析装置（FT-ICR MS）を用いたメタボリックプロファイリング解析

及川 彰*

1 序論

フーリエ変換イオンサイクロトロン質量分析装置（FT-ICR MS; Fourier Transform Ion Cyclotron Resonance Mass Spectrometer）は超高分解能・高精度・高感度を誇る質量分析装置である。その高い性能によって対象分子の質量を極めて精密かつ正確に検出することができる。元来は主にタンパク質やペプチドなどの高分子の構造解明のために用いられていた装置だが，近年メタボローム解析を含む低分子の分析にも使われるようになった。FT-ICR MS を用いたメタボローム解析では，液体クロマトグラフィーなどの分離過程を経ずに直接サンプルを質量分析装置に導入する（直接導入；direct infusion）方法が用いられることが多い。これは，FT-ICR MS の高分解能によって，僅かに質量が異なれば異なるピークとして検出できるためである。また直接導入することによって分離過程に必要な時間が省略できるため，ハイスループットな解析が可能となる。本章ではこの直接導入法を用いた手法について述べる。本章の前半では FT-ICR MS の原理やメタボローム解析における具体的な分析法を記し，後半では筆者の行った FT-ICR MS を用いたメタボリックプロファイリング解析について述べる。

2 FT-ICR MS による分析

2.1 FT-ICR MS の原理

FT-ICR MS におけるイオンの質量検出方法は他の質量分析装置と大きく異なる。ICR セルと呼ばれる直方体や円柱状の空間に導かれたイオンは，超伝導磁石の高い磁力の影響でサイクロトロン運動と呼ばれる回転運動を始める（図1）。この回転運動の周波数を ICR セルにある検出器で検出し，さらにこの回転周波数がイオンの電荷量に比例し質量に反比例する原理を用いて物質の質量を測定する。ICR セル内での検出時間を長く取れば微量のイオンでも高感度に検出することが可能で，また検出質量の精度も向上する。この独特な測定方法によって極めて高い分解能お

---

* Akira Oikawa ㈵理化学研究所 横浜研究所 植物科学研究センター メタボローム基盤研究グループ メタボローム解析研究チーム 研究員

第5章 フーリエ変換イオンサイクロトロン質量分析装置（FT-ICR MS）を用いたメタボリックプロファイリング解析

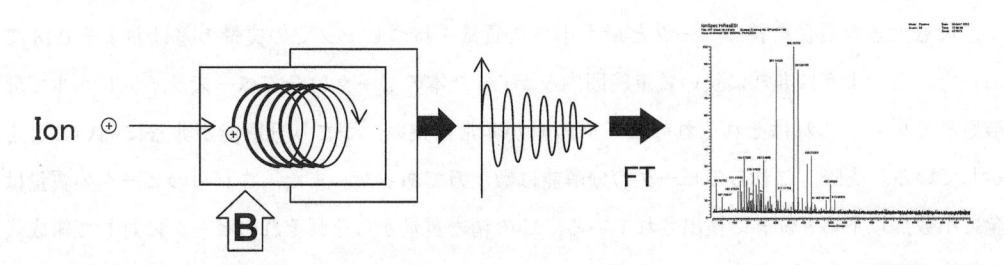

図1 FT-ICR MS の原理概略図
ICR セルに導入されたイオンは強力な磁場（B）の影響で回転運動（サイクロトロン運動）を始め，この周波数情報をフーリエ変換（FT）することによってイオンの m/z 値およびイオン強度が計算される。

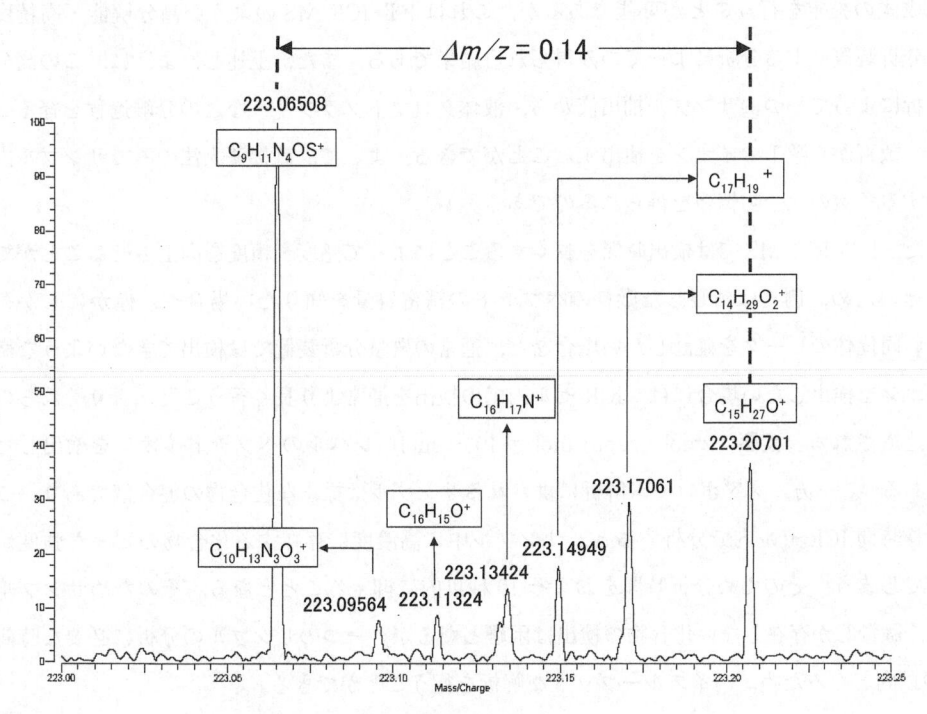

図2 FT-ICR MS 分析によるマススペクトル（拡大図）
それぞれのピークの精密 m/z 値から組成式が推測される。

よび質量精度，感度での分析が可能となる。なお，FT-ICR MS の詳細な原理については総説[1,2]を参考にされたい。

2.2 FT-ICR MS による分析

既に述べたように，FT-ICR MS による分析の特徴として超高分解能が挙げられる。図2に典型的な FT-ICR MS のマススペクトルの拡大図を示した。図中には7本のピークが認められる

が，最も大きな質量を持つピークと最も小さな質量を持つピークでの質量の差はおよそ0.14であった。このように非常に狭い質量範囲内ながら，7本のピークは全てベースラインレベルで分離されている。これはそれぞれのピークの幅が非常に狭い，つまり分解能が非常に高いことを示している。実際，これらのピークの分解能は数十万であった。また，これらのピークの質量は全て小数点以下第5位まで検出されている。この精密質量からそれぞれのピークに対して組成式の推定が可能である。例えば，一番質量の小さいピークの m/z 値は223.06508であるがこれに最も近い組成式は $C_9H_{11}N_4OS^+$ であった。このピークより質量が僅か0.0356大きいピーク（m/z = 223.09564）で推定された組成式は $C_{10}H_{13}N_3O_3^+$ であった。このようにして，全てのピークに対して組成式の推定を行うことが可能であるが，これはFT-ICR MSのような高分解能・高精度の質量分析装置による分析によってのみ得られる結果である。また，上述したように，この高分解能解析によって一つのサンプル抽出液から，液体クロマトグラフィーなどの分離過程を経ることなく，数百から数千のイオンを検出することができる。よって，直接導入法のみでサンプル内に存在する多数の化合物情報を得られるのである。

　また，FT-ICR MSでは検出時間を長くすることによって感度・精度を向上させることができる。そのため，例えば精製した微量のペプチドの精密質量を知りたい場合や，僅かにしか存在しない同位体のピークを確認したい場合など，通常の質量分析装置では検出できないような微量のイオンを検出したい場合には，ICRセル内での検出を通常より長く行うことによりそれらの目的は達成される。実際，zmol（zepto mol = 10^{-21} mol）レベルのペプチドイオンを検出した報告がある[3]。一方，メタボローム解析に供されるサンプルは様々な化合物の混合液であり，これらを長時間ICRセル内で分析すると，サンプル中に高濃度に存在する化合物のピーク強度が飽和してしまう。そのため分析時間をおよそ10秒以内に抑えることとなる。そのためサンプル中にごく微量しか存在しない化合物の検出は困難となるが，一つのサンプルの分析に必要な時間が30秒以内となるため，ハイスループットな解析を行うことができる。

3　FT-ICR MSを用いたメタボローム解析

3.1　メタボローム解析におけるFT-ICR MS

　メタボローム解析では，物理的・化学的性質にかかわらず全ての化合物をその分析範囲にすることが理想である。しかし実際は，化合物の分離条件などによって全ての化合物を網羅できていない。メタボローム解析で用いられている主要な手段である，ガスクロマトグラフィー質量分析装置（GC-MS）で分析される化合物は熱で揮発される必要が生じる。そのため，トリメチルシリル化などの煩雑な誘導体化反応を行う必要がある。また，液体クロマトグラフィーを用いた場

第 5 章　フーリエ変換イオンサイクロトロン質量分析装置（FT-ICR MS）を用いたメタボリックプロファイリング解析

合は，使用するカラムや溶媒によって対象となる化合物群が特定されてしまい，様々な化合物を分析するためにはいくつかの条件で分析を行わなければならない。さらに，近年メタボローム解析にも用いられつつあるキャピラリー電気泳動質量分析装置（CE-MS）は水溶性化合物のみを対象としている。一方，直接導入法では，イオン化される化合物であればその物理的・化学的性質に寄らず全て検出可能である。これは GC-MS などと比べ，直接導入法を用いたメタボローム解析の方が対象化合物の網羅性が高いことを表している。メタボローム解析で扱う化合物のほとんどは，エレクトロスプレーイオン化法（ESI）や大気圧化学イオン化法（APCI）でイオン化が可能であり，これらの方法は FT-ICR MS に接続可能であるため，対象化合物の網羅性の点から FT-ICR MS はメタボローム解析に有効な手法であると言える。

3.2　サンプル抽出および前処理

　上述したように FT-ICR MS を用いたメタボローム解析では対象化合物を限定しないため，サンプルの抽出には網羅的に化合物を抽出できるような溶媒が用いられる。例えば，100%メタノールを用いた抽出では疎水性・親水性にかかわらず多くの化合物を抽出することができると考えられる。より網羅性を高めるためには，Aharoni らが行ったように 50%メタノールと 100%アセトニトリルのように二種類の溶媒を用いて抽出を行うべきであろう[4]。また，直接導入法で行われるサンプルの前処理は非常に簡便であり，主に不溶物を除くための遠心分離かフィルター濾過のみである。よって，サンプル抽出および前処理も分析と同様，短時間で行うことが可能である。
　一方，FT-ICR MS は非常に高感度な分析手法であるため，特に直接導入法を用いる場合はコンタミネーションに注意しなければならない。なぜなら僅かな夾雑物も高感度に検出されてしまい，分析の感度などに大きな影響を与えてしまうからである。良く検出される夾雑物ピークはサンプルの抽出や前処理に用いるプラスチック製品からの可塑剤由来のものである。このため，できるだけプラスチック製品は避け，ガラス製品を用いる必要がある。筆者らは，FT-ICR MS を用いて分析する際にはバイアル瓶および微量分注器のチップに全てガラス製のものを用いた。

3.3　FT-ICR MS 分析

　メタボローム解析を FT-ICR MS を用いて行う際に問題となるのがデータの再現性と定量性である。FT-ICR MS では ICR セル内での検出時間を変えることによって，同じサンプルでも検出されるピークの感度を変化させることができるため，多数のサンプルを分析して再現性を得るためには検出時間を統一する必要がある。さらに，ICR セル内へ送り込まれるイオンの総数をできるだけ同じにするために，サンプル濃度を同等に保つ必要がある。近年開発された ICR セルの前段に Q ポール部を備えた MS では，ICR セルへ送られるイオンを Q ポール部にて制限で

きるため，サンプル濃度の高低にかかわらず再現性の高い分析が可能となっている。いずれにせよ，分析を行う際にデータの再現性を確認する必要があるだろう。

一方，FT-ICR MS を用いた分析で高い定量性を得ることは難しいと言える。なぜならば，上記したように ICR セル内で行われるイオンの検出は，検出時間やサンプル濃度によって大きく影響を受けるからである。しかし今後，Q ポール部を接続した FT-ICR MS などの機能の向上によっては，再現性の良い定量解析が可能となるであろう。

3.4 データ解析

FT-ICR MS は極めて高い分解能・感度でイオンを検出するため，一つのサンプルから得られる情報が膨大なものとなる。筆者らが行った実験では，モデル植物であるシロイヌナズナのメタノール抽出液の一回の分析で，1,000 以上のピークが検出された。それぞれのピークに含まれる情報は m/z 値とイオン強度だけであるが，メタボローム解析では比較的多数のサンプルを取り扱うため，合計すると膨大な情報量となってしまう。また，FT-ICR MS では極精密な質量を取り扱うため，それぞれの分析間における非常に僅かな分析誤差が m/z 値の差として検出されてしまう。これはサンプル間でピークを比較する際に煩わしい問題となる。以上のことから，FT-ICR MS を用いたメタボローム解析では，分析誤差の補正およびサンプル間でのピークの比較を自動的に行うことのできるデータ解析用ソフトウェアが必須となる。しかし，このようなソフトウェアは現在ほとんど存在しない。そのため筆者らは上記した機能を備えたソフトウェアの開発を行った[5]。図3にこのソフトウェア（Dr DMass）の機能を示した。まず，それぞれのサンプルに対して 10 回の繰り返し分析（スキャン）を行い，それぞれの分析間での m/z 値の誤差を内部標準物質（IMC; Internal Mass Calibrant）の m/z 値を用いて補正した。その後，10 回のスキャン間で m/z 値の近いピークを同一ピークと見なし（ピーク合わせ），さらに，検出されたイオン強度をそれぞれのスキャン中で最も大きく検出されたピークのイオン強度に対する相対値に変換した。次に，10 回のスキャンデータを平均し，これを各サンプルのデータとした。これら各サンプルのデータはサンプル間で比較され，ピーク合わせを行った。このソフトウェアではさらに，これらのデータに対して主成分解析などの多変量解析を行い，メタボローム情報を視覚化することが可能である。なお，このソフトウェアは奈良先端大学院大学の金谷教授と共に開発されたものであり，自由にダウンロード可能である（http://kanaya.naist.jp/DrDMASS/）。現在，多変量解析部分を強化した「Dr DMass+」が開発・公開されている。FT-ICR MS を用いたメタボローム解析を行ったものの，得られたデータを前に困惑されている研究者は一度このソフトウェアを試されることをお勧めしたい。

FT-ICR MS を用いたメタボローム解析では膨大な量のデータ（m/z 値およびイオン強度値）

第5章 フーリエ変換イオンサイクロトロン質量分析装置（FT-ICR MS）を用いたメタボリックプロファイリング解析

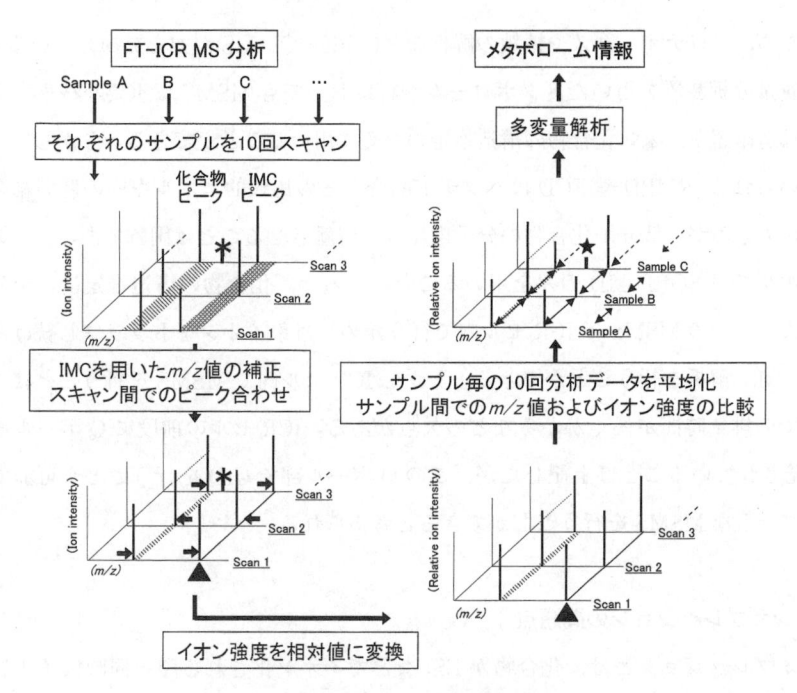

図3 DrDMass によるデータ解析の概念図

サンプル毎に10回分析されたデータは内部標準物質（IMC）のm/z値によって，検出された全イオンのm/z値が補正される。10回スキャン間のピーク合わせの後，イオン強度が相対値に変換される。この時，10回スキャンにおいて出現率が半分以下のピーク（*）は省かれる。その後，10回スキャンのデータは一つにまとめられ（平均化され）それぞれのサンプルのデータとなり，さらにサンプル間でのピーク合わせが行われる。星印（★）で示されたピークはあるサンプルに特異的なピークを示す。最後に，得られたメタボロームデータは多変量解析に供される。

を得ることになる。これを自動的に補正・解析するソフトウェアは必須である。今後，より精度の高い補正を行うことができ，かつ様々なデータ解析に応用可能なソフトウェアの開発が行われることが期待される。

3.5 MSMS 分析

FT-ICR MS がプロテオームの分野で良く用いられている理由の一つに，多彩な MSMS 法が使用可能であることが挙げられる。通常，質量分析で用いられる MSMS 法は窒素分子などを対象イオンに衝突させる CID（Collision Induced Dissociation）法である。FT-ICR MS では CID の一種である SORI-CID（Sustained Off-Resonance Irradiation-CID）法に加え，IRMPD（Infrared (IR) Multi-Photon Dissociation）法や ECD（Electron Capture Dissociation）法などが用いられる。これらの手法を用いることにより対象化合物はそれぞれ独特な開裂パターンを示すため，FT-ICR MS を用いた MSMS 分析はペプチドなどの化学構造の解析に非常に有力な手法と言え

る。そのため，プロテオミクスや糖鎖の解析などに FT-ICR MS が力を発揮している。

一方，質量分析装置を用いたメタボローム解析においても MSMS は重要な技術であり，既知化合物の構造確認や，未知化合物の構造推定のために用いることができる。しかし，プロテオミクスで用いられる IRMPD や ECD はペプチド結合などの比較的エネルギーの低い結合を解離させることができるが，低分子化合物の分子内結合を解離させることは困難である。そのためメタボローム解析では SORI-CID のみを用いることになるが，化合物の構造推定には十分であると言える。また，この MSMS は ICR セル内で行うため，対象イオンをトラップし続けることが可能であり，MS^n 解析を行うことができる。しかし ICR セル内で MSMS を行うことによって，次の分析までの排気時間が長くかかるなどの欠点がある。ICR セルの前段に Q ポール部を設ける MS が開発されていることは上記したが，この Q ポール部で CID を行うことが可能であり，ハイスループットな MSMS を行うことができると考えられる。

3.6 イオンサプレッションの問題点

イオンサプレッションとは，化合物が ESI などでイオン化される際，同時にイオン化される他の混在化合物によって対象化合物のイオン化が抑制され，検出感度の低下を起こす現象である。これは FT-ICR MS にかかわらず質量分析装置，特に直接導入法を用いる場合に必ず起こる問題である。近年，液体クロマトグラフィー／質量分析装置（LC-MS）で用いられる，イオンサプレッションを低減するカラムの開発が行われているが，直接導入法を用いる場合は同時にイオン化される化合物が多く存在するため，これを防ぐまたは低減することは非常に困難である。そこで，直接導入法を用いる場合は，イオンサプレッションが起こっている状態での安定した分析を行わなければならないことになる。そのためには，サンプル濃度の統一（混在する化合物の濃度をできるだけ同じにするため）や，可塑剤などのコンタミネーションの可能な限りの排除が求められる。また，得られたメタボローム情報は，処理区と対照区など一対一で比べるより，処理時間を変えて測る，または処理濃度を変えて測るなど多区間で比べた方がより信憑性の高い結果をもたらすと考えられる。

4 研究例－除草剤による代謝攪乱のメタボリックプロファイリング解析－

4.1 導入

以下に，筆者らが行った FT-ICR MS を用いたメタボリックプロファイリング解析の結果を示す[5]。サンプルは除草剤で処理されたシロイヌナズナである。除草剤はその作用機作が良く調べられている化合物であり，この処理による代謝の変化はある程度予想可能である。そのため，

第5章 フーリエ変換イオンサイクロトロン質量分析装置（FT-ICR MS）を用いたメタボリックプロファイリング解析

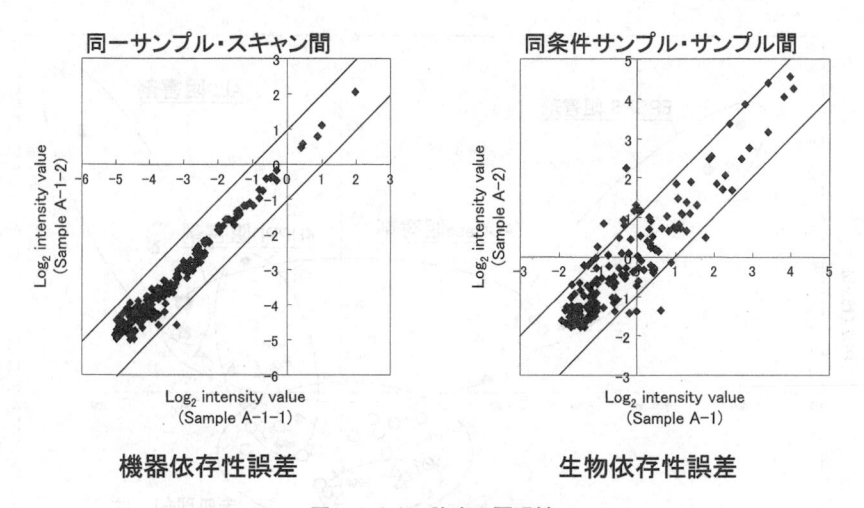

図4 イオン強度の再現性
同じサンプルのスキャン間（左図）と同条件下で育てたサンプル間（右図）でのイオン強度の再現性。両軸の値はイオン強度を対数値に変換したものである。

FT-ICR MSを用いたメタボローム解析のケーススタディーとして用いることにした。

4.2 方法

除草剤（EPSPS阻害剤1種類，ALS阻害剤3種類，4HPPD阻害剤2種類，ACCase阻害剤4種類）で処理したシロイヌナズナ植物体を100％メタノールで抽出し，フィルター濾過によって不溶物を除いた。これに内部標準物質を加え，適宜希釈した溶液を直接FT-ICR MSに導入し分析した。得られた結果は上述したデータ解析用ソフトウェア，DrDMassに供した。

4.3 結果

FT-ICR MSによって分析し，DrDMassによって解析されたデータのスキャン間およびサンプル間のデータの再現性を図4に示した。機器依存性誤差を調べるため，スキャン間でのイオン強度のばらつきを測定したところ，95％のイオンが1.46倍以内に収まる結果となった。一方，生物依存性の誤差を示すサンプル間でのイオン強度のばらつきを調べたところ，95％のイオンが2.4倍以内に収まった。これは過去にFT-ICR MSを用いたイチゴ果実のメタボローム解析の際に測定された分析誤差と同等であった[4]。よって，本研究ではメタボローム解析を行うに十分な再現性を持った分析ができていることが確かめられた。

それぞれの除草剤で処理されたシロイヌナズナ植物体は，除草剤の濃度依存的に生育が阻害される様子が観察された。ACCase阻害剤の一つであるシハロホップによる処理では，高濃度で処

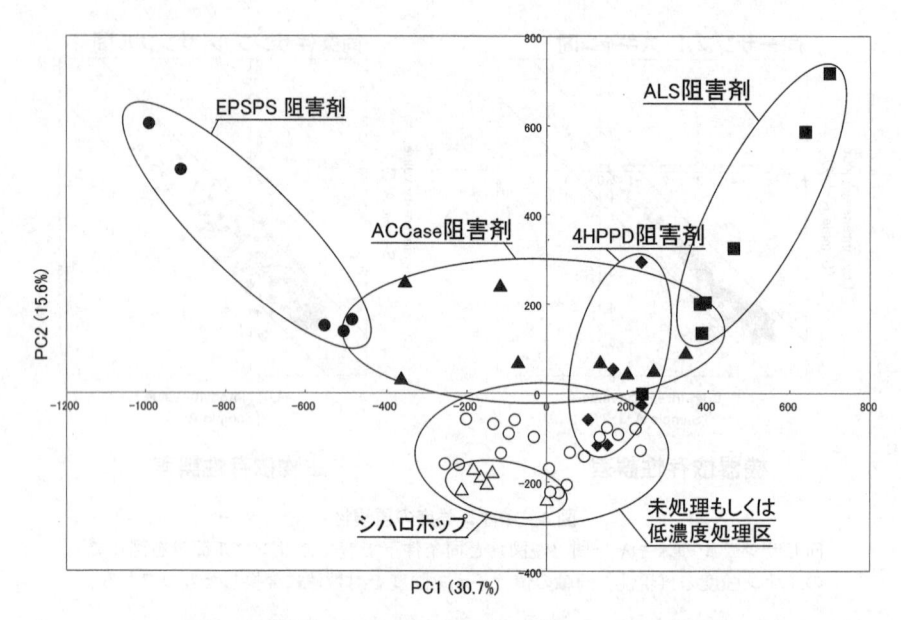

図5 除草剤処理によるメタボロームデータの主成分分析
各種除草剤で処理されたシロイヌナズナ植物体をFT-ICR MSで分析，DrDMassで解析した結果を主成分分析に供した。未処理もしくは低濃度処理区のシロイヌナズナのメタボロームデータは第二軸の負の領域に分布している（○）。一方，高濃度の除草剤で処理された植物のメタボロームデータは正領域に分布し，それぞれの作用機作によって別々の場所に分布した（EPSPS阻害剤；●，ALS阻害剤；■，4HPPD阻害剤；◆，ACCase阻害剤；▲）。シロイヌナズナの生育に影響を及ぼさなかったシハロホップを処理したときのメタボロームデータは未処理区と同じ場所に分布した（△）。

理してもシロイヌナズナの生育は阻害されなかった。シハロホップを含む全ての除草剤によって処理された植物体は，上記方法に従って抽出，前処理され，FT-ICR MSで分析された。

次に，得られた結果に対して主成分分析を行った（図5）。未処理区および低濃度の除草剤で処理された植物から得られたメタボロームデータは図の中央下付近に集まった。一方，高濃度の除草剤で処理された植物のメタボロームデータは，除草剤の作用機作，つまりターゲットの酵素の違いによって別々の場所に分布した。また，ALS阻害剤およびACCase阻害剤には異なる化学構造を持つ化合物が含まれていたが，これらで処理された植物のメタボロームデータは分離しなかった。さらに，シロイヌナズナの生育に影響を与えなかったシハロホップで処理された植物のメタボロームデータは処理濃度にかかわらず未処理区の近くに分布した。これらの結果は，除草剤によってそれぞれのターゲット酵素の活性が阻害され，代謝の変化が起こったことを示している。以上のことから，除草剤による植物の代謝の攪乱状況が，FT-ICR MSを用いた分析とDrDMassによるデータ解析によって明瞭に視覚化できることが分かった。

さらに，EPSPS阻害剤で処理したシロイヌナズナにおいて，253.01105のm/z値を持つイオン

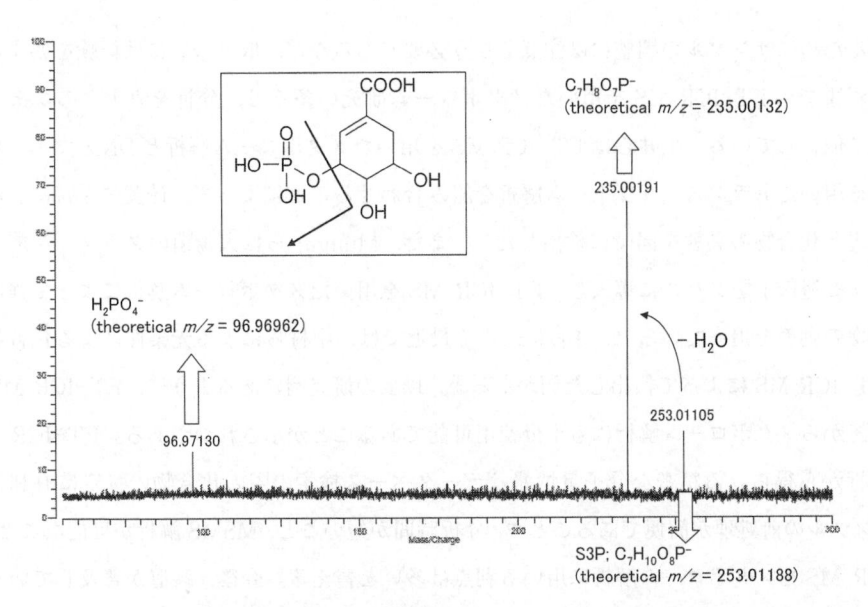

第 5 章　フーリエ変換イオンサイクロトロン質量分析装置（FT-ICR MS）を用いたメタボリックプロファイリング解析

図 6　EPSPS 阻害剤によって蓄積していたイオンの MSMS スペクトル
プリカーサーイオン（m/z = 253.01105）に加え，脱水によると考えられるイオン（m/z = 235.00191）と，リン酸由来と考えられるイオン（m/z = 96.97130）が検出された。

が特異的に蓄積していることが分かった。このイオンの由来の化合物を明らかにするため，化合物データベース検索および MSMS 解析を行った。まず，精密 m/z 値を用いて，主に植物由来の化合物のデータベースである KNApSAcK（http://kanaya.naist.jp/KNApSAcK/）を検索した結果，このイオンの候補化合物としてシキミ酸 3 リン酸（理論 m/z 値；253.01188）が挙げられた。次にこのイオンの構造を推定するために SORI-CID を用いた MSMS 解析を行った（図 6）。その結果，リン酸と考えられるイオン（検出 m/z 値；96.97130，理論 m/z 値；96.96962）が検出され，このイオンがシキミ酸 3 リン酸であることが強く示唆された。シキミ酸 3 リン酸は EPSPS 阻害剤が阻害する酵素（EPSPS）の基質であることから，本実験で検出されたイオンはシキミ酸 3 リン酸であると考えられた。

以上の結果から，FT-ICR MS を用いたメタボローム解析および DrDMass を用いたデータ解析によって，生体内の代謝の状況を視覚化でき，さらに，KNApSAcK データベースおよび MSMS 解析によって特定のイオンの構造推定も可能であることが明らかになった。

5　展望

FT-ICR MS は，近年価格が下がっているとは言え依然として高価な装置であり，超伝導を維持するための液体ヘリウムなど，多くの維持費もかかる。さらに，イオンを ICR セルに一定量

導入するためにサンプルの調整には注意を払う必要があるなど，取り扱いには経験を要する。結果，これまでのFT-ICR MSを用いたメタボローム研究の多くは，分析をカナダのフェノメノーム社に依頼している。平井らはFT-ICR MSを用いたメタボローム解析とDNAマイクロアレイ解析を用いたトランスクリプトーム解析を組み合わせることによって，硫黄欠乏時における遺伝子発現と化合物の動態を同時に検出した[6]。また，Mungurらは大腸菌のグルタミン酸デヒドロゲナーゼ遺伝子をタバコに導入し，FT-ICR MSを用いたメタボローム解析によって検出された化合物の動態を追っている[7]。さらに，ごく最近では，中村らによる光条件による化合物の変化をFT-ICR MSによって検出した例がある[8]。以上の研究例にあるように，FT-ICR MSはその高性能からメタボローム解析にも十分使用可能であることが示されつつある。FT-ICR MSによる分析から得られる精密な分子量情報はデータベース検索の際の化合物の特定に有利であるし，サンプルの前処理が簡便であることや，分析時間が短いこと，MSMS解析が可能なことなど，FT-ICR MSをメタボローム解析に用いる利点は多いと言える。今後，装置が普及していくに従って，FT-ICR MSを用いたメタボローム解析例が増えていくと考えられる。

現在，様々な形で次世代のFT-ICR MSの開発が進んでいる。例えば，超電導磁石を冷却するために液体ヘリウムではなく電気を用いて冷却するFT-ICR MSが開発されているが，これは維持費を軽減できる可能性を示している。また本章中で何度か述べた，ICRセルの前段にQポールを置く装置は最近のFT-ICR MSのスタンダードとなりつつある。さらに，磁場ではなく電場を用いてイオンをトラップするOrbi-Trapと呼ばれる装置も開発され，現在様々な分野での試験が進んでいる[9]。これらの開発によってFT-ICR MSを用いた研究はより加速するであろう。今後の報告が待たれるところである。

文　献

1) DG. Schmit, P. Grosche, H. Bandel, G. Jung, FTICR-Mass Spectrometry for High-Resolution Analysis in Combinatorial Chemistry, *Biotechnology and Bioengineering* (*Combinatorial Chemistry*), **71**, 149-161 (2001)
2) MP. Barrow, WI. Burkitt, PJ. Derrick, Principles of Fourier transform ion cyclotron resonance mass spectrometry and its application in structural biology, *Analyst*, **130**, 18-28 (2005)
3) ME. Belov, MV. Gorshkov, HR. Udseth, GA. Anderson, RD. Smith, Zeptomole-sensitivity electrospray ionization--Fourier transform ion cyclotron resonance mass spectrometry

of proteins, *Analytical Chemistry*, **72**, 2271-2279 (2000)
4) A. Aharoni, C.H.R. De Vos, H.A.Verhoeven, C.A. Maliepaard, G. Kruppa, R. Bino, D.B. Goodenowe, Nontargeted Metabolome Analysis by Use of Fourier Transform Ion Cyclotron Mass Spectrometry, *OMICS*, **6**, 217-234 (2002)
5) A. Oikawa, Y. Nakamura, T. Ogura, A. Kimura, H. Suzuki, N. Sakurai, Y. Shinbo, D. Shibata, S. Kanaya, D. Ohta, Clarification of pathway-specific inhibition by Fourier transform ion cyclotron resonance/mass spectrometry-based metabolic phenotyping studies, *Plant Physiology*, **142**, 398-413 (2006)
6) M.Y. Hirai, M. Klein, Y. Fujikawa, M. Yano, D.B. Goodenowe, Y. Yamazaki, S. Kanaya, Y. Nakamura, M. Kitayama, H. Suzuki, N. Sakurai, D. Shibata, J. Tokuhisa, M. Reichelt, J. Gershenzon, J. Papenbrock, K. Saito, Elucidation of Gene-to-Gene and Metabolite-to-Gene Networks in Arabidopsis by Integration of Metabolomics and Transcriptomics, *Journal of Biological Chemistry*, **280**, 25590-25595 (2005)
7) R. Mungur, A.D.M. Glass, D.B. Goodenowe, D.A. Lightfoot, Metabolite Fingerprinting in Transgenic *Nicotiana tabacum* Altered by the *Escherichia coli* Glutamate Dehydrogenase Gene, *Journal of Biomedicine and Biotechnology*, **2005**, 198-214 (2005)
8) Y. Nakamura, A. Kimura, H. Saga, A. Oikawa, Y. Shinbo, K. Kai, N. Sakurai, H. Suzuki, M. Kitayama, D. Shibata, S. Kanaya, D. Ohta, Differential metabolomics unraveling light/dark regulation of metabolic activities in Arabidopsis cell culture, Planta, in press
9) R. Breitling, A.R. Pitt, M.P. Barrett, Precision mapping of the metabolome, *Trends in Biotechnology*, **24**, 543-548 (2006)

第6章 LC-FT-ICR-MSによる未知代謝物のアノテーション

飯島陽子*

1 はじめに

　メタボロミクス研究を行ううえで，代謝物の定性（どのような代謝物であるか）とその定量（どれだけの量が生成・蓄積されているか）情報を含んだプロファイリングデータは必要不可欠である。メタボロミクス研究では，分析機器は質量分析計（MS）と核磁気共鳴分光計（NMR）が最も使用される検出器であるが，近年の著しい技術進歩によって，より高感度で高精密なデータ取得が可能になってきた。また，代謝物の定量に関する解析については，各代謝物について，多データ間でのアライメントやピークのデコンボリューションを自動でできるようなソフトウエアの開発も進み，多変量解析などメタボロミクス研究に必要な解析ソフトウエアも充実してきている。しかし一方で，代謝物の構造決定や同定といった定性についての手法の開発は，定量に比べるとかなり遅れているのが現状である。

　一般に代謝物の同定は，標準品を手に入れ，MSやUV吸収など各種スペクトル情報とクロマトグラフィー（GC，HPLCなど）やキャピラリー電気泳動（CE）の保持時間（または溶出時間）を比較することによって行われる。また標準品が手に入らない場合は，その代謝物を単離し，NMRおよびMS分析によって構造決定が可能となる。しかしながら，実際は市販している標準品には数に限りがあり，また単離するにしても構造決定には数百マイクログラム～数ミリグラム精製する必要があり，時間と労力がかかる。特に植物は，属・種によって多種多様な二次代謝物を生成し，その数は植物全体で約二十万あるといわれており[1]，全代謝物をこれらの方法で決定していくのは現実的ではない。既知の代謝物については，代謝物データベース（Pub Chem, KEGG, KNApSAcK, Dictionary of Natural Productなど）を用いた検索によって質量値や文献情報から代謝物を推定することが可能である。しかし，これらのデータベース情報も既知代謝物という前提の上に成り立っているので，"Unknown"と示される未知代謝物を必ずしも網羅するものではない。Fiehnらは，シロイヌナズナ葉から326代謝物を検出し，標準品による同定および代謝データベース検索で構造が推定できたのは約半数だけであると報告している[2]。同様に，

---

* Yoko Iijima　㈶かずさDNA研究所　産業基盤開発研究部　ゲノムバイテク研究室　特別研究員

第 6 章　LC-FT-ICR-MS による未知代謝物のアノテーション

Tikonov らは，GC-MS データ解析からトマトの揮発性成分として 322 種の代謝物を見出しているが，構造推定できたのは 100 成分に過ぎないとしている[3]。

　未知代謝物に簡易な ID 番号を割り当て，多変量解析を行うことは可能であるが，同定にいたらなくても化学的情報（組成式や MS フラグメント，部分構造など）を各未知代謝物に付加することができれば，生物的な意味を見出すことが可能になる。例えば，ある代謝系の中間代謝物の検出によって代謝パスウェイの解明への手がかりを得ることができる。また代謝物に化学的情報があれば，多サンプル間の代謝物データ比較によって代謝物相関や代謝動態の傾向を包括的に掴むこともできる。

　本章では，代謝物ピークに対し化学的情報を付加することを"アノテーション"と呼び，その手法と応用について紹介する。ここでいう化学的情報とは，組成式，MS フラグメントパターン，UV 吸収（λ max），既知文献情報を意味し，我々が最近構築した高速液体クロマトグラフィーフーリエ変換イオンサイクロトロン共鳴質量分析計（LC-FT-ICR-MS）を用いた未知代謝物へのアノテーション手法について解説する。さらにアノテーション情報から得られた知見や将来的な有用性についても記述したい。

2　未知代謝物のアノテーションにおける LC-FT-ICR-MS の有効性

　MS は，現在のメタボロミクス研究において最も主要な計測装置である。メタボロミクス研究では多検体サンプルについて代謝物を網羅的に比較分析するため，質量精度，感度，再現性，定量性，網羅性などの点でクオリティーの高い MS が求められる。FT-ICR-MS は他の機器に比べ，質量精度の面において非常に優位である。FT-ICR-MS はイオンのサイクロトロン運動（イオンが磁場の中で行う周期が一定の回転運動）を利用した MS で，超高分解能でのスペクトル測定が可能であるので高精密質量を得ることができる。分解能は基本的には磁石のサイズに依存し，7T（テスラ）で 1ppm（分解能 100,000）の精密精度で質量を得ることができ，最新では 15T の FT-ICR-MS が開発されている。ここでいう 1ppm というのは，m/z 500.0000 に対して，± 0.0005 の誤差で検出することができることを意味し，例えばメタン（CH_4）と酸素（O）の精密質量は m/z 16.031300 と m/z 15.99491 であるが，この違いを明らかにすることができる。また硫黄が含まれた成分の場合，精密質量を M とすると，硫黄同位体である ^{34}S を含むイオンは M + 1.9957 の位置に検出される。一方で ^{13}C 同位体が二つ入れ替わったイオンは M + 2.0066 に検出され，その差は 0.0109 であるが，その判別も可能である（図 1）。このように FT-ICR-MS による高精度質量分析を行うことで，各代謝物の元素組成を求めることが可能になる。ただしここで注意したいのは，FT-ICR-MS は分子量が大きくなるに従い分解能は小さくなっていくこと

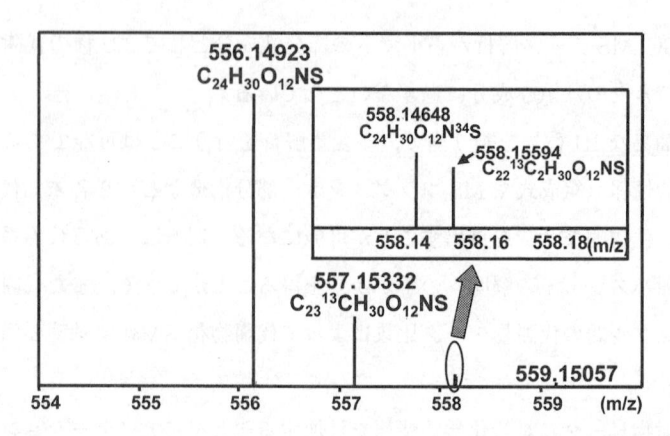

図1 FT-ICR-MS による ^{34}S 同位体イオンと ^{13}C 同位体イオンの判別

である。我々の場合は分解能 100,000 設定で分析した場合，含 S 化合物について m/z 881 まで判別可能であることを確認している。

メタボロミクス研究では，FT-ICR-MS は，ハイスループット性を生かし，直接サンプル抽出液をイオン源に導入するインフュージョン分析によって応用された例が多い。Aharoni らは，この手法を用いてイチゴの成熟中の代謝物変動について報告している[4]。同様に，インフュージョン分析による代謝フィンガープリンティングのサンプル間の比較によって，代謝物と遺伝子発現の相関を示した例[5,6]やバイオマーカー成分のスクリーニングに用いた例[7]などがある。しかしインフュージョン分析のデータは，全代謝物でのグローバルな変動を見るには非常に有用であるが，個々の代謝物情報を得ることを目的とする場合あまり適していない。例えば，同じ分子量を持つ構造異性体は一つのピークとして現れてしまう。また，同位体イオンや Na などの付加体イオン，イオン源で起こる一代謝物由来の複数のフラグメントイオンなどが全て検出される。その上，混合物であるので，ある代謝物量が非常に多く代謝物間の量的ダイナミックレンジが大きい場合，イオンサプレッションが起こり，微量な代謝物の MS 値は検出されなくなってしまう。

そこで我々は，FT-ICR-MS に HPLC を直結した LC-FT-ICR-MS（LTQ-FT，Thermo 社製）で代謝物アノテーションを行うこととした。本方法では，異性体は保持時間の違いにより別々に検出することができ，マスクロマトグラムのパターンの比較によって，同位体イオンや付加体イオン，イオン源で自動的に起こるフラグメントイオンの除去もできる。よって，本当に存在する代謝物の精密質量および元素組成式のみを選び出すことが可能となる。我々の研究室では，すでに LC-FT-ICR-MS を使ってミヤコグサのフラボノイド[8]やトマトのカルコン・フラバノン[9]などのターゲット分析を行い，検出された精密質量からの代謝物の同定や構造推定について報告しており，本機器の有効性を認めている。

第6章　LC-FT-ICR-MS による未知代謝物のアノテーション

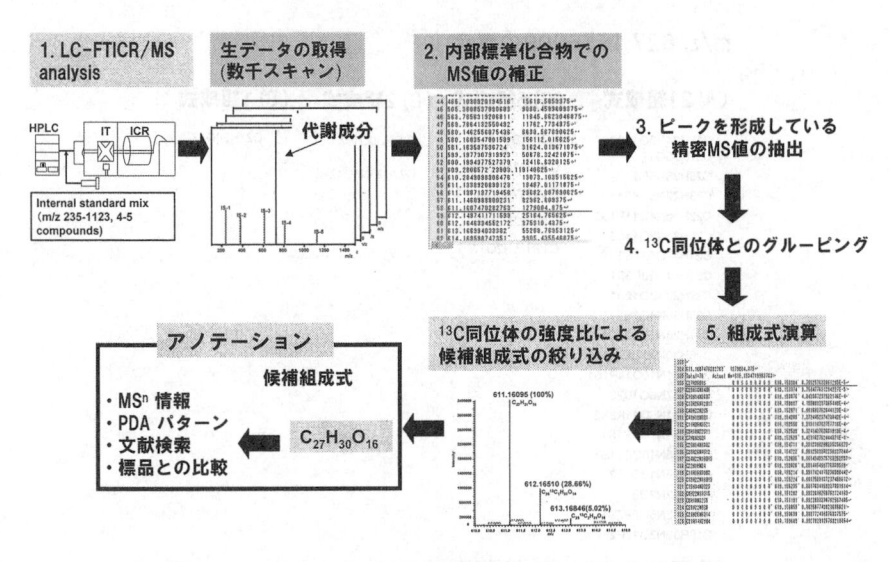

図2　LC-FTICR-MS による代謝物アノテーションスキーム

3　代謝物アノテーション方法

　アノテーションスキームを図2に示す。FT-ICR-MS の精度を維持するためには，メーカー推奨の外部キャリブレーションを行うことは言うまでもないことであるが，それでも分析時の機器の状態，キャリブレーションの状態によって精度にばらつきがでてしまう。そこでまず，より精密質量精度を上げることと，コンスタントに高精度を得ることを目的として内部キャリブレーション方法を用いた。本方法はすでに及川らが FT-ICR-MS データに採用しており，MS ずれの補正に非常に有効であることを報告している[7]。本手法を参考にして内部キャリブレーション用の標準品混合液を作成し，HPLC 出口でのポストカラム法によって一定速度で導入した。ここでは，サンプル由来の代謝物が標準品混合液でイオンサプレッションされないよう注意し，安定したイオンが検出される最低の濃度で混合液を導入した（図2-1）。次に，分析によって得られた全スキャンデータ中に検出された MS 値を，同一スキャン中に検出されたキャリブレーション標準品の MS 値で補正した（図2-2）。補正計算は，すでに公開されている DrDMASS（http://kanaya.aist-nara.ac.jp/DrDMASS/）プログラムで行った。65分の分析で，約3500のスキャンのデータが得られるので，一括補正できるようこのプログラムを改良して用いた。

　次に，連続3スキャン以上検出できたイオンを1ピークとし，独立したピーク群を全てデータから取り出した（図2-3）。この操作により，ノイズイオンやバックグラウンドイオンなどを除去することができた。次にこれらのピーク群を保持時間順に並べ，分子イオンピークとその＋1.0033に検出される $^{13}C_1$ 同位体イオンピークを確認し，これらをまとめて1ピークグループとし

m/z: 627.1556009の場合

(A) 21組成式	(B) 5組成式	(C) 2組成式	(D) 1組成式
C12H34N8O17S2	C27H30O17	C27H30O17	C27H30O17
C27H30O17	C22H27N8O12P1	C22H27N8O12P1	
C26H38N6S6	C13H37N6O16P3		
C33H22N8O4S1	C40H22N2O6		
C22H35N4O11P1S2	C19H36N2O17P2		
C20H38N2O14S3			
C23H47O5P1S6			
C21H41O13P3S1			
C22H27N8O12P1			
C33H30N4O3S3			
C41H26N2O1S2			
C26H30N10O1S4			
C14H31N10O14P1S1			
C13H37N6O16P3			
C14H41N6O11P3S2			
C30H31N2O9P1S1			
C15H35N10O9P1S3			
C25H26N10O6S2			
C40H22N2O6			
C24H32N6O8P2S1			
C19H36N2O17P2			

図3 アノテーションスキームに基づく候補組成式の絞り込み例
(A) C<96, H<183, N<11, O<46, P<7, S<6条件での精密質量値による候補組成式
(B) ^{34}S同位体イオンの有無による組成式絞込み
(C) ^{13}C同位体イオン強度による組成式絞りこみ
(D) MS/MSによる組成式絞込み

た（図2-4）。さらにピークグループ間を比較し，一代謝物から派生したと予想されるピークグループ（Na付加体，$^{13}C_2$同位体イオンなど）をまとめて一代謝物と想定した。1サンプルにつき最低3連で分析を行い，共通して抽出された代謝物イオンに対して，組成式演算を行った。

精密質量（1ppm誤差以内）と$^{13}C_1$同位体イオンの親イオンに対する強度比から組成式を求めた（図2-5）。m/z 100〜1500の範囲において計算に用いる元素組成範囲は，天然化合物データベースであるDictionary of Natural Product（DNP）に登録されている化合物組成式を参考にし，炭素数95，水素数182，酸素数45，窒素数10，硫黄数5，リン数6とした。リンについては，リン酸として計算することとした。この条件での網羅率は約95％であった。残り5％はハロゲン，金属を含む組成式，ペプチドと思われる組成式であった。

図3に，これらの条件による候補組成式の絞込効果を示した。精密質量値だけでなく，元素数の上限設定や，$^{13}C_1$同位体イオン強度によってかなり有効に組成式を絞り込むことができた。さらにMS/MS情報を利用することによって，一つの組成式に絞り込むことができる代謝物もあった。トマト果実の分析の場合，m/z 100〜1500までで，全ての代謝物について候補組成式は最大7個以下に絞り込むことができた。全体で890の代謝物に対し，474の代謝物に対して，単独組成式を付すことができた。

各代謝物のMS/MSは，イオントラップモードで自動取得し，λmaxは，HPLCのPDA

第6章　LC-FT-ICR-MS による未知代謝物のアノテーション

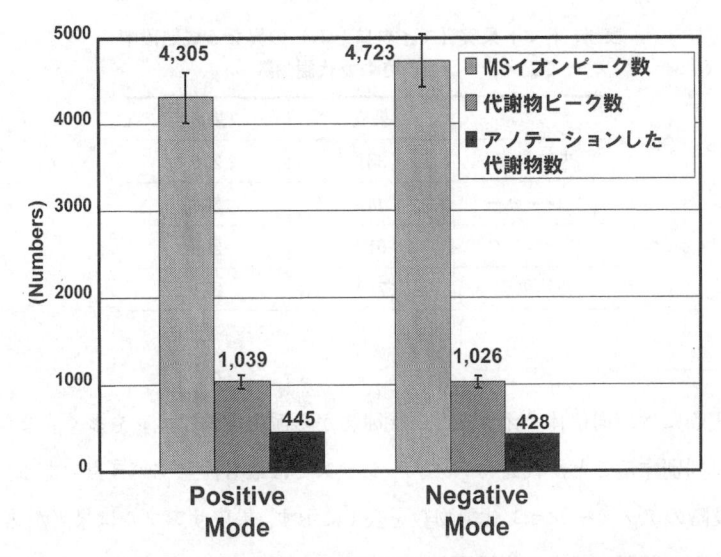

図4　LC-FT-ICR-MS 出力生データから得られた代謝物数（トマト完熟果実の果皮部）

検出器から自動取得した。文献検索は，KEGG（http://www.genome.jp/kegg/kegg2.html），PubChem（http://pubchem.ncbi.nlm.nih.gov/），DNP（http://www.chemnetbase.com/scripts/dnpweb.exe?welcome‒main），KNApSAcK（http://kanaya.naist.jp/KNApSAcK/），MotoDB（http://appliedbioinformatics.wur.nl/moto/）を用いて行った。

4　トマト果実における代謝物アノテーション例

我々は，矮性トマトであるマイクロトムを用いて，代謝物アノテーションを試みた。未熟果実（緑色），ブレーカー（黄色），ターニング（オレンジ色），完熟果実（赤色）の4成熟段階にサンプリングし，果皮と果肉に分けた。抽出はメタノールで行い，LC-FT-ICR-MS を用いて，ESI（エレクトロスプレーイオン化）によるポジティブ，ネガティブ両モードで分析した。得られたデータに対し，前節のアノテーションスキームで代謝物アノテーションを行った。完熟果実の果皮の抽出物を用いた生データからの代謝物ピークの絞り込みについて図4に示す。ESI ポジティブ，ネガティブモードいずれも，マスクロマトグラムによるピーク数は4,000以上検出された。そのうち，同位体イオン，付加体イオン，フラグメントイオン等のグループ化によって，約1,000に絞り込まれた。さらに，3連以上のサンプル分析によって代謝物ピークの再現性を確認し，最終的にはポジティブモードで445，ネガティブモードで428の代謝物について，アノテーションを付することができた。このように LC-FT-ICR-MS 分析での生データでは多くのピーク数が観

表1 トマト果実（マイクロトム）の異なる成熟段階でアノテーションされた代謝物数

	果皮	果肉
未熟果実	381	276
ブレーカー	449	300
ターニング	619	293
完熟果実	710	271

測されるが，実際には，同位体イオンなど一代謝物から派生するイオンも多く含まれ，これらのイオンを正確に判別することが代謝物アノテーションでは最も注意すべき点である。

成熟過程4段階のアノテーション代謝物数を表1に示す。果皮サンプルは果実が熟するに従い，代謝物数が増加し，代謝物組成が複雑になっていくことが分かった。果肉サンプルでは，果実の成熟に伴う代謝物数自体の変化はあまり見られなかった。しかし，果肉の場合は，未熟果実と完熟果実で共通代謝物は54％しかなく，未熟果実ですでに存在している代謝物が，成熟に伴って異なった代謝物へと代謝されることが考察できた。

5 代謝物アノテーション情報の応用―トマトフラボノイドの代謝―

トマト果実から得られた代謝物アノテーション情報を用い，70種のフラボノイド類を見出した。過去にトマトフラボノイドとして報告されているのは，21種のみであり[10]，今回アノテーションしたほとんどがトマトで初めて見出された代謝物であった。MS/MSで得たアグリコンイオンについて，さらにMS/MS/MS分析を行った。このMS/MS/MSパターンを市販のフラバノン，カルコン，フラボノール類のMS/MSパターンと比較することによって，アノテーションした70種中，58種のトマトフラボノイドについてアグリコン部を同定することができ，トマトフラボノイドは大きく分けて，ナリンゲニンカルコン，ナリンゲニン，エリオジクチオールカルコン，エリオジクチオール，ケルセチン，ケンフェロールの6種に分類することができた（図5）。そのうち，エリオジクチオール類はトマトで初めて確認できた代謝物であった[9]。

同一アグリコンを持つフラボノイド類について，組成式，MS/MS情報に基づいて構造を相互比較し，代謝パスウェイを推測した。カルコン・フラバノンの例を図6-(1)に示す。ナリンゲニンカルコン（NGC），ナリンゲニン（NG），エリオジクチオールカルコン（EDC），エリオジクチオール（ED）類，それぞれについて全て同一の代謝マップ上に表すことができた。また，ナリンゲニンとエリオジクチオールは，同じような代謝修飾を受けることも分かった。さらに果皮

第6章 LC-FT-ICR-MS による未知代謝物のアノテーション

ナリンゲニン
カルコン

ナリンゲニン

エリオジクチオール
カルコン

エリオジクチオール

ケンフェロール

ケルセチン

図5 MS/MS/MS 分析により同定したトマト果実中の主要フラボノイドアグリコン

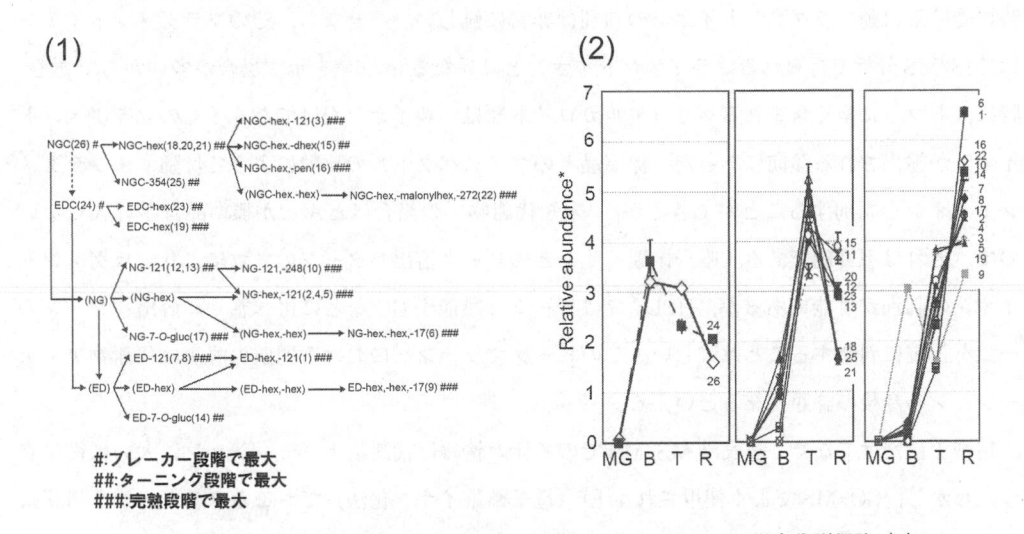

図6 アノテーションに基づくトマト果皮でのカルコン・フラバノン推定代謝経路（1）と成熟に伴う量的変化（2）
(Iijima ら，*J. Japan Soc. Hortic.Sci.* より転載)

\#：ブレーカー段階で最大
\#\#：ターニング段階で最大
\#\#\#：完熟段階で最大

中の各代謝物量について，成熟段階による変化を図6-(2) に示した。各代謝物間の量は大きく異なるため，それぞれの代謝物ピークについて，全サンプル（全組織（果皮および果肉），全成熟段階：未熟果実，ブレーカー，ターニング，完熟果実）のピークエリア値の平均を1としたときの，各サンプルでのピークエリア相対値を示している。いずれの代謝物も果皮に高蓄積していた。成熟に伴う量的変化では，ブレーカー，ターニング，完熟果実の各成熟段階で最大蓄積を示す三つのグループに大別された。ナリンゲニンカルコンやエリオジクチオールカルコンは成熟開始とともに増加し，成熟に伴って，段階的に配糖化などの修飾が進んでいくことが明らかになった。

71

このように未知代謝物でも，代謝物アノテーションによって化学的情報が付加できれば，互いに構造の関連する代謝物群を選び出すことが可能で，それに伴った定量分析によって，生物的な知見を得ることができるようになる。

6 今後の課題と展望

今回，我々は $^{13}C_1$ 同位体が確実に検出されているピークのみを代謝物としているので，サンプル濃度を濃くしたり注入サンプル量を増やせば，より多くの代謝物情報を得ることができるかもしれない。しかし，実際に生データ中で検出されるピークには各代謝物からの多くの派生イオン（同位体イオンなど）が含まれており，その真偽を見極める必要がある。特に，イオン化時に受ける自動フラグメントイオンの判別は非常に難しい。なぜなら，そのフラグメントイオンは，MS/MS分析で得られるフラグメントイオンとは異なるm/z値を示す場合が多いからである。特に，トマトに多く含まれるグリコアルカロイド類は，親イオンだけでなく多くのフラグメントイオンが検出される傾向にあった。標準品とのマススペクトルの比較によって付随するフラグメントイオンを判別することができるが，"未知代謝物"の場合ほとんどが標準品は手に入らないので，それは不可能である。唯一，親イオンとのピーク溶出パターンの一致によりフラグメントイオンの判別が可能であるが，HPLCではピーク分離能がGCなどに比べ悪く，溶出パターンの一致を正確に判断することは難しい。このピークマッチングにおける問題の解決は代謝物アノテーションの今後の課題となるといえる。

精密質量だけでなく，多段階MS/MSでのイオン情報は代謝物アノテーションに大いに役に立つ。しかし，GC-MSでよく使用されるEI（電子衝撃イオン化法）でおこるフラグメント情報に比べ，現在公開されているESI-MS/MSのライブラリーは圧倒的に少ない。今後，このライブラリーの充実によって，より正確な構造情報を含んだアノテーションを付すことができるようになると期待できる。

現在，特に植物研究では，様々な植物種においてゲノムリソースの整備が進んでいる。それに合わせて代謝物アノテーションを充実させることにより，代謝関連遺伝子を中心にした未知遺伝子の機能同定や，代謝メカニズムの解明に大きく役立つことが期待できる。また，代謝物アノテーションを利用した植物種間，栽培種間などでの包括的な"比較メタボローム"は，それぞれの種における代謝特性の解明や優良品種の選抜など育種の面においても広く貢献するものであるといえよう。

第6章　LC-FT-ICR-MSによる未知代謝物のアノテーション

文　献

1) R. Dixon and D. Strack, *Phytochemistry,* **62**, 815-816（2003）
2) O. Fiehn *et al., Nature Biotechnol.,* **18**, 1157-1161（2000）
3) Y. Tikunov *et al., Plant Physiol.,* **139**, 1125-1137（2005）
4) A. Aharoni *et al., Omics,* **6**, 217-234（2002）
5) M.Y. Hirai *et al., Proc. Natl. Acad. Sci. USA,* **101**, 10205-10210（2004）
6) T. Tohge *et al., Plant J.,* **42**, 218-235（2005）
7) A. Oikawa *et al., Plant Physiol.,* **142**, 398-413（2006）
8) H. Suzuki *et al., Phytochemistry,*（2007）in press
9) Y. Iijima *et al., J. Japan Soc. Hortic. Sci.,*（2007）in press
10) S. Moco *et al., Plant Physiol.,* **141**, 1205-1218（2006）

第7章　FT-NMRを用いたメタボリック・プロファイリング

根本　直*

　筆者らが主に行っている水素核1次元NMRスペクトルの統計解析による可視化解析は，網羅的な解析を目指すメタボロミクス手法の中では一風変わった標的物質を持たない解析法であり，網羅的というよりはむしろ包括的にスペクトルプロファイルを捉えることになるので，NMR-メタボリック・プロファイリング(NMR-MP)法と呼んでいる。この方法は，異常値の発見に優れ，「何かが起こっているどれか」を複雑なNMRスペクトルの解釈をすること無く見出すことができる強力な手法である。測定も簡便であるので，異常値の追跡，評価などにとても便利な方法と言える。また，標的を持たない解析法と言いつつ，予期せぬバイオマーカーやバイオマーカーの組合せを物質として検出することも時に可能である。物質未同定のまま，パターンそのものをフィンガープリントとして識別に利用することもできるので大変に応用範囲の広い手法である。

　混合物溶液NMRスペクトルの多変量解析法はすでに1970年代にコンセプトが提案され30年を超える歴史を持っているが，近年注目を集め出した理由の一つとしてコンピュータの演算能力の長足な進歩によるところが大きい。この解析手法はJ. K. Nicholson教授らのグループが精力的に進めているが，我が国でも，極めて早い時期に当時日本電子㈱に在籍していた藤田憲一博士らによって「グロスNMR法」として試みられていた。当時はフーリエ変換の計算の待ち時間にお茶や昼食の時間を挟むような時代であり，連続したFTと統計解析という高負荷計算を要求するグロスNMR法は残念ながら多くの人の注目を集めるには至らなかった。また，統計学では利便性の高い解析手法の一つに部分空間法解析があるが，その有名な一つである（略語は絶版旧車の名称でその英語としては意味不明な）SIMCA法はWatanabeのCLAFIC（CLAss-Featuring Information Compression）法をより統計的に精密・高度化した手法とも捉えることができる。その様な視点から見ると，実は我が国にはNMRスペクトルの統計解析についての歴史的素地が有ったと言える。しかし，本稿では文献を網羅してその歴史を追うのではなく，実際にNMR-MPを試みようとする読者に向けて筆者らが経験のある水素核1次元NMRスペクトルを用いたNMR-MPの実践的・実用的部分を書き進めたい。

＊　Tadashi Nemoto　㈵産業技術総合研究所　生物情報解析研究センター　主任研究員

第7章　FT-NMRを用いたメタボリック・プロファイリング

1　NMR-MP導入—何が必要か—

　NMR-MPを行うために必要なものは安定稼働しているFT-NMR装置と目的に合致したプローブ，精密温度調整装置と手馴れたオペレータ，そして解析用のソフトウエアである。

　安定稼働しているNMR装置というのはなかなか大変な事で，平均的NMRユーザにとって「安定稼働とは故障していないこと」であり分光計の状態を把握していないことも多い。測れれば良い，という状態の装置でNMR-MPを行おうとすると間違いなく困難に直面する。

　クライオマグネットの磁場の長期変動，取り付けてあるプローブのコイル長やその取り付け順序（いわゆるコイルの巻き順），分光計の仕様に加え，シムは高次の項まできちんと調整されているかなどは事前に把握しておくことが必要である。これらの事項，またこれから書く事項はFT-NMR装置の黎明期に言われたことであるが，1次元NMRスペクトルを利用するNMR-MPでは大変重要なので実用的観点から紙面を割くことをお許し願いたい。

　NMR分光計から新規導入するのであれば400〜600メガヘルツのセルフシールドマグネットと目的の核種に高感度を与える構成の磁場勾配コイル付きのプローブ，精密温調および自動化マクロを備えたデータステーションの導入をお薦めする。感度やその後に必要とされる可能性の高いDOSY測定などの発展的測定を考慮すると600MHz程度の装置はバランスが良いかもしれない。

　解析用のソフトウエアとしては，Microsoft Excel®のマクロから専用ソフトウエアまである程度の数が利用できる。現執筆時点でNMR-MPに利用できるのは，Excel®他，Bruker Biospin社のAmix-ToolsにBucket & Statisticsモジュールが存在しPCA，SIMCA，PLSなどを実行できる。日本電子データム社のAlice2 for Metabolome™（日本電子社取り扱い）は軽量で唯一高度なインタラクティブ・プロファイリングが可能である。標的定量型NMR-MPソフトウエアとしてChenomx社のNMR Suite（バリアン テクノロジーズ ジャパン リミテッド社とインフォコム社が取り扱い）が販売されている。統計解析専門ではUmetrics社のSIMCA-P＋がポピュラーである（インフォコム社取り扱い）。筆者らは主としてAlice2 for Metabolome™の開発版を利用してスペクトルを重視したインタラクティブ解析を行っている。

2　NMRの調整—良いデータセットを得るために—

　多数の人間がオペレーションする共用機器はシム調整が不完全である場合が多く，また長期にわたる超伝導磁場の緩やかな「流れ」によって分光計の基準周波数とずれが生じて，過去に良好であったシム値を格納したファイルが役に立たなくなってしまっているかもしれない。

しかし，これらのことは，わずかな努力で克服することができる。試料管の銘柄と試料量を常に一定にし，測定試料の素性を知っておくことである。その上で分光計を最良に調整すれば良い。ひどく調整が困難な時にはメーカーのエンジニアの助けを借りれば良い。その時には出来るだけエンジニアと同席する時間を持つことをお勧めする。ヘリウムの減少曲線をプロットしておくことと，マシンタイムが空いた時に磁場の安定度の測定も挟んでおくことはクライオマグネットの基本的な状態を知る上で良いことである。

　もしも水溶液系でNMR-MPを行おうとするならば，いわゆる水消し操作が必要となる。水消しがうまくいかない場合は主に二つの理由が考えられる。一つはシムのずれによる線形の不良であり，もう一つは中心周波数の追い込み不足である。いずれにしても，溶媒前飽和法などではいわゆる水の「叩きすぎ」に注意が必要である。前飽和パルスやスピンロックパルスの強度の上げ過ぎはいずれもスペクトルの質を落とす。尿や血漿などの混合物水溶液の測定ではシム調整と水消しは必須かつ表裏一体の所があるので項目を改めて記述する。また，注意を要するのは，近年のNMRデータ処理ソフトは非常に強力なので，質の低いFIDデータも一見使えるかのような「見せ方」をしてしまうことがある。素のFIDを見慣れること，素のFT後のスペクトルをチェックすることを怠ってはならない。注意深くできるだけ品質の良いデータを集めることが肝要である。

3　シム調整―プロファイリングに分解能は不要か？―

　NMR-MPではスペクトルを短冊に区切り面積積分する「バケット積分」（またはビニングという）をしてしまう。水素核で10ppmの観測幅として1つのバケットを0.04ppm刻みとすると，500MHz機では1バケットあたり20Hz，800MHz機では32Hzである。どうせ丸めてしまうのであれば分解能は要らないのでは？という素朴な疑問が生じよう。事実，グロスNMRを実践した藤田によれば分解能よりスループットを重視する意味でシム調整はほとんど重要ではないとのことであった。しかしながら結論から申せば「物質に迫ろうとするならシミングはさぼらない」ことである。多変量解析，いわゆるスペクトルのパターン認識では「いかに必要な情報を残して情報量を減らすか」がポイントである。しかし，その起点である生データ取得の時点で少々の手間を端折ったばかりに豊富な情報を取得せずに同じ時間をかけて貧弱なデータを集積することは愚かな行為である。後々の解析のために必ず高分解能のデータを取得しておくべきである。

　ちなみに筆者らは800MHz分光計でシムを徐々に変化させてPCAのスコアプロットを追跡してみたことがあるが，最新の分光計では明らかにプロットの位置に誤差を与える。ただし，その誤差が解析対象としている系に対してシビアなものかどうかは場合によるので「シムがどの程度

第7章　FT-NMRを用いたメタボリック・プロファイリング

悪化してもNMR-MP解析が可能か？」という質問には残念ながら断定的にお答えすることはできない。ただ，突然シムが変化したような場合は明らかに再測定したほうが良い。これは自動車や電車，地震や工事などによる外乱によってしばしば起こりうる事態である。再測定しても同じ位置近傍にデータがプロットされる場合は，その試料に限っては異常値（アウトライヤ）と判定し，それ以外の原因を考える必要がある。

　最近装置に触れ始めたユーザにとってシム調整に拘るのはもはや過去の事なのかもしれない。その理由として二つの主な理由が考えられよう。一つは「スペクトルが取れれば良い」というルーチンユーザがあまりシムに注意を払わずに積算回数でカバーしようとする傾向があること，もう一つは高感度な安定同位体標識法の確立とデジタル分解能の制限のあるタンパク質の多次元測定法の進展によって，シムはほどほどにあがっていればよろしい，という実用上の了解事項である。しかし，NMR-MPでは高分解能な1次元測定を行う必要があるのでぜひ基本に立ち戻って欲しい。

　超伝導FT-NMR分光計が出現して以降，シンプレックス・アルゴリズムを利用した自動シミング法が利用されてきたが，最近の分光計ではMRイメージング技術の転用である勾配磁場を利用したグラジエント・シミング機能を標準的に持つようになってきたので，割合と良いシム値がほぼ自動で得られるようになっている。ただ，グラジエント・シミング実行下では状況によってはアルゴリズム上発散してしまうこと，グラジエント・コイルに流し得る電流総量は電源容量を超えることはできないので，容量を使い切ってしまい最後までいくつかの項が追い込めない事態などが起こりうる。また，3軸グラジエント・コイルを装備したプローブでは問題が無いが，Z軸方向だけにコイルを装備している場合はXY平面に対してはグラジエント・シミングは全く無力であるので注意が必要である。

　この場面でも「試料液量を常に一定に保つこと」が効果を発揮する。グラジエント・パルスによる自動シミングが終了したあと，XY系のシムを慎重に動かしてさらに良い線形が得られるかチェックし，もしもXY系シムがずれている様であれば良い状態に調整した上で再びZ系シムを調整しなければならない。想像すれば分かるが，XY平面が傾いている場合のZ軸上のシム調整を粘ることは無意味である。

　筆者らはグラジエント・シミングのあとにZ1/Z2のみのシンプレックスによる自動調整をマクロ中に挟んでいる。

　蛇足だが，マニュアルでシミングを行う必要がある場面に出くわした場合のためにコツを伝授しておこう。手動でのシム調整では各シムコイルのクセを把握する様にすると良い。NMRのクライオスタットは限りなくワンオフ品に近いので，巻き上がった主コイルに対して超伝導シムコイルを当てて仕上げていく。加えてエンジニアやユーザが室温シムを調整することになる。シム

電流による磁界変化に対して静磁場は抵抗するからシムの応答はそれぞれのマグネットごとに，シムコイルごとによってまちまちだと思って良い。また，シム電流を変化させても応答が無い場合より，たとえ悪い方向への変化であっても敏感に応答する場合のほうがずっと良い状況である。

4 水信号消去操作

　NMR-MPで生体系試料を扱うときには巨大な水信号を消去する必要がある。試料温度に注意が必要である。大まかなシム調整などは試料温度が測定温度になる間に行うことができなくはないが，試料温度には細心の注意が必要である。また，水系の測定の常で試料のスピニングは行わない。

　混合物水溶液の巨大な水信号消去には様々な手法があるが，我々はもっとも簡単な溶媒前飽和を使っている。この方法はシムの確認にも使えて便利である。軽く水信号を「叩いて」みると，調整不良なシムが水信号の消え残りの姿としてはっきりと見ることができる。この状態ではほんのわずかなシムの変化にも極めて敏感になる。水信号消去にはグラジエント・パルスを用いたWatergate法を選んでもかまわないが，筆者らの多用する水素核800MHzの装置ではグラジエント分光による核スピンのデフォーカスとリフォーカスの微妙な差に起因すると見られるスペクトルの変調が極僅かに見られ，それに後述する「絶対値微分処理」を行うと疑似ピークを産生してしまう高磁場機特有の問題がある。また，Watergate法は中心周波数の両側に励起範囲を持ち，中心周波数直近と励起範囲の両端近辺では励起エネルギーが不足してスペクトルに変調を来すが，パラメータを測定ごとに変えたりしない限りおよそ大丈夫である。

　水信号消去に際して装置の事前設定操作上見逃している事は無いだろうか？　観測中心設定のための事前測定ファイルのデジタル分解能制限により分光計の持つ可能な周波数ステップを最大限に利用していない場合があり得るので注意する。この場合は手動で観測中心を微細に変更しながらFIDの面積と形状あるいはFTして得た水の線形を確認して水信号の消え具合を確かめる。もちろん位相回しを行うパルス系列の場合には，位相回しが一巡するまで積算を行った方が判り易い。こうして十分に調整されると溶媒飽和パルスの出力を絞ることができる。

　水信号の消去法を上達したければ，希薄なショ糖溶液試料を作製して練習すると良い。シミングも同時に上達し「良いシム」では驚くほどS/Nが向上し，見えなかった信号が立ち上がってくるのは感動的ですらある。

5 NMR-MP におけるデータポイント

NMR から得られる時間領域データに割り当てるデータポイントを決定するには，十分な量のデータポイントを与えた FID を取得して観察することから始める。FID が減衰しきってしまってからもデータを取り込み続けることは単にノイズを増やしているだけなので，それならば一定のポイント数までゼロフィルを行った方が良いスペクトルが得られる。

尿の場合，狭雑する高分子成分のため，低分子群混合物として想定されるより FID はかなり速く減衰するので，データポイントは実数部で 16k で十分である。ただし，分光計によってはコンプレックスとしてデータポイントを規定している場合があるのでその場合は 2 倍の 32k を指定する必要がある。また，酒類醸造品のエタノールの場合の様に多量に低分子成分が含まれる場合には FID はなかなか減衰しなくなる。その場合は，適当なウインドウ関数をかけるか，WET 法などで水信号消去と同時に該当する信号を消去する事を考える。FID の観察はどんな NMR 測定にも重要であり，FID の姿を見てその測定が「健全」かどうかを判定できるようになるべきである。観測パルスのフリップアングルはパルスプログラムの要求に一致させ，一定にする。そのためにはプローブの同調と整合を取る必要があるが，尿試料の場合，塩を含む上に濃度が変動するのでオートチューンのプローブヘッドを持たない筆者らにとって毎回完全に調整することは時間的に得策ではない。そこで 90°パルスを時々確認し，装置に無理がかからない程度に意識しておくことにしている。

6 NMR-MP 試料調製

試料調製も一定の手順を守るようにする。尿試料の場合は蓄尿と新鮮尿では質的に異なる。したがって，12 時間蓄尿での解析群の中では 1 時間尿は異常値（アウトライヤ）となる。NMR-MP では，試料の変質の過程の正確な一断面を集積しているというように考えると良い。試料の安定性，保存性については確かめておく必要がある。また，試料量が少ない場合，常に同率の希釈を行うことでプロファイリングを行うことができる。

図 1 は，1ヶ月ほど凍結保存したラット尿を再解凍し，手順を守って試料調製・再測定後，希釈して得た場合のスコアプロットである。測定は JEOL ECA800 分光計，プローブヘッドは Z 軸グラジエントコイル付 HCN 三核プローブ，精密温度調整下で行っている。R は再解凍して再試料調製後，直ちに再測定したもの，そのあとのデータ点に希釈倍率を示している。

この図で重要なことは以下の点である。まず，1ヶ月の凍結保存と再解凍は「この解析に限って」は問題は無い。また，数倍程度の希釈は「この解析に限って」は大きな問題を与えなさそうであ

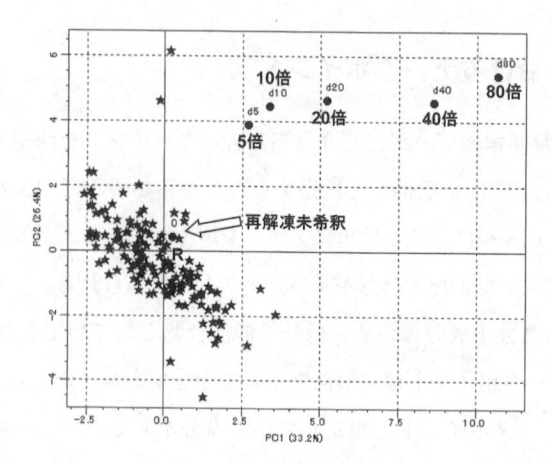

図1 ラット尿の希釈測定
凍結保存した尿試料をNMR試料として再調製・再測定したもの（R）から
80倍希釈までのNMRスペクトルについてPCAを行って得たスコアプロット

る。そして，もっとも重要なことは「希釈をいつも同倍率で行うのであれば，その統計空間周辺で解析が可能である」ことである。このことはNMR-MPがその過程で本質的にシステムブランクをキャンセルしてしまうことを意味している。したがって，エラーを含めたシステムブランクによるバイアスを常に一定にする意味でも精確な手順をくり返すことは大変に重要である。

基本的に希釈率の異なる試料を同一に扱うことはしないが筆者らラット尿の解析では3倍程度の希釈までであれば無希釈試料群と同時に扱えている。

7 NMR-MP自動測定

最近の分光計は自動測定マクロを備えていることが多い。大いに利用したいものだが，安定な同一試料をいくつかの試料管に準備してくり返し測定でその利用価値を見極めておく必要がある。この作業は例えば試料管の異常やローター（サンプルホルダ）の不良などを見極めるのにも利用できる。測定マクロは自分で組んでも良いしメーカーに依頼すると供給してくれる。

8 NMR-MPデータ処理

FIDは必要が有ればゼロフィルやローカットフィルタ，ウインドウ関数などで調整した後，FFTを行う。くり返すが，すべてのFIDについて同一の処理を施すことが必要である。ベースライン補正を行う必要がある場合には何故ベースラインにゆがみが生じているか検討し，FID

第7章　FT-NMR を用いたメタボリック・プロファイリング

取得の時点から改善の努力をすべきである。ゆがみやうねりは，FID の取り込み中のトランケーションエラーや溶媒前飽和パルスの強度が強すぎる，レシーバゲインの設定不良などがその理由である場合が多い。微妙な測定になると，装置の仕様によっては A/D コンバータの DC オフセットに悩まされることもある。温度コントロールの精度が不足している場合は根幹的な問題であるので精密温度調整は設置室であれ検出器であれ対策しなければならない。

　きれいな一連のデータセットがそろったら，標的型あるいは非標的型のどちらか，または両方の NMR-MP 解析を行う。

9　標的型 NMR-MP

　標的型 NMR-MP 解析は混合物スペクトルが単一物質のスペクトルの重ね合わせによって成り立っているとの前提で単一成分のスペクトルの合成と実スペクトルへのフィッティングにより標的物質の定量を行うことができる。したがって，スペクトルに変調がある場合はこの解析には向かない。標的物質をデータベースとして持っている必要があるが，生体に与えた摂動がどのように複数の主要な物質の増減に意味のある関与するのか定量的に一括把握することが可能である。欠点としては観測されるであろう物質をデータベースとして格納していなければならないことと，逐次解析なので時間がかかること，混合物溶液中の分子間相互作用により線形やケミカルシフトに不測の変化が現れた時に十分に追跡することができないことなどである。

　一方，薬物代謝実験などで，解析対象やその代謝物が尿中などに出てくる場合は自らデータを作成してデータベースとして利用することができる魅力的な方法である。じっくりと定量解析を行おうとするスペクトルを選定するために非標的型解析を先に行っておくことが実用的である。

10　非標的型 NMR-MP

　我々が利用している Alice2 for Metabolome™ を用いたインタラクティブな非標的型 NMR-MP 解析の手順や注意点を詳述する。

　まずはフーリエ変換して得たスペクトルを必要が有れば絶対値微分によって位相補正とベースライン補正をすることなく解析に耐える質のスペクトルを得る。絶対値微分は，図2に示すようにスペクトルの先鋭化と位相をそろえることに寄与するが，広幅な信号の情報が欠落するので，解析対象とする系ごとに適用の良否を検討する必要がある。

　スペクトルは 0.04ppm ごとの短冊に区切り，個々の短冊の内部にあるスペクトルの面積を積分して一連の数値を得る。1スペクトルの総積分値は既定値で 100 にノーマライズされている。

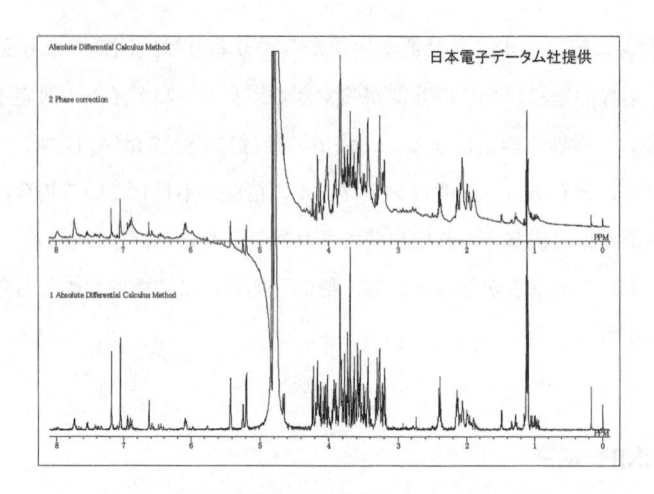

メタボロミクスの先端技術と応用

図2 絶対値微分処理を適用したスペクトル例
ピークの先鋭化と極めて平坦なベースラインが自動的に得られ，人為的誤差を排除するのに有効である。広幅な信号の情報が欠落していることに注意。

　バケット積分時に，例えばスペクトル上の二重線や三重線がバケットをまたいでしまう場合に悪影響は無いのかという疑問も生じるかもしれない。同一物質由来の信号は当該物質の増減によって同時に対応して変動する。対応するバケットへの応分の増減として数値の中に織り込まれているので解析可能な情報は実用上残っていると考えて良い。事実，特定信号が統計的な分離の原因になっている場合，バケット幅の変更に対しては鈍感である。

　バケット積分のステップについては，約200の変数を得るための便宜的ステップである。多くのスプレッドシートがかつて256カラムの制限があったせいで水素核1次元スペクトルの観測幅10ppmを255個までの変数にするのに妥当なステップとして0.04ppmが用いられている。しかしながら，人間の認識力はすばらしいもので，同一解析対照群のバケット積分のステップを変更して確かめると，かなり大胆に変化させても解析結果の大まかな傾向というのは維持されているものなので自分のデータを取得した時に確かめてみると良い。

　図3はあるデータの指紋領域のバケット幅を0.02，0.04，0.08ppmと変化させたものの比較である。基本的なデータの分布のパターンには大きな変化が無いことがお判りいただけるかと思う。

　こうして数値化された一つのスペクトルはプロット上で一つのデータ点として表される。多検体NMR測定から多数のデータ点を得て統計解析を行なって2～3次元のプロットとして再提示して検討する。多変量解析の基本的手法である主成分分析（Principal Component Analysis：PCA）は，数値化したスペクトルを変数としてその変数の数の軸を持つ空間で解析を行う。つまりバケットの数と軸の数は等しい。これらを軸に対応する数値（同じバケットに相当するスペクトルごとの数値である）を分散の多い順に2～3軸に射影して得られるのがスコアプロットで

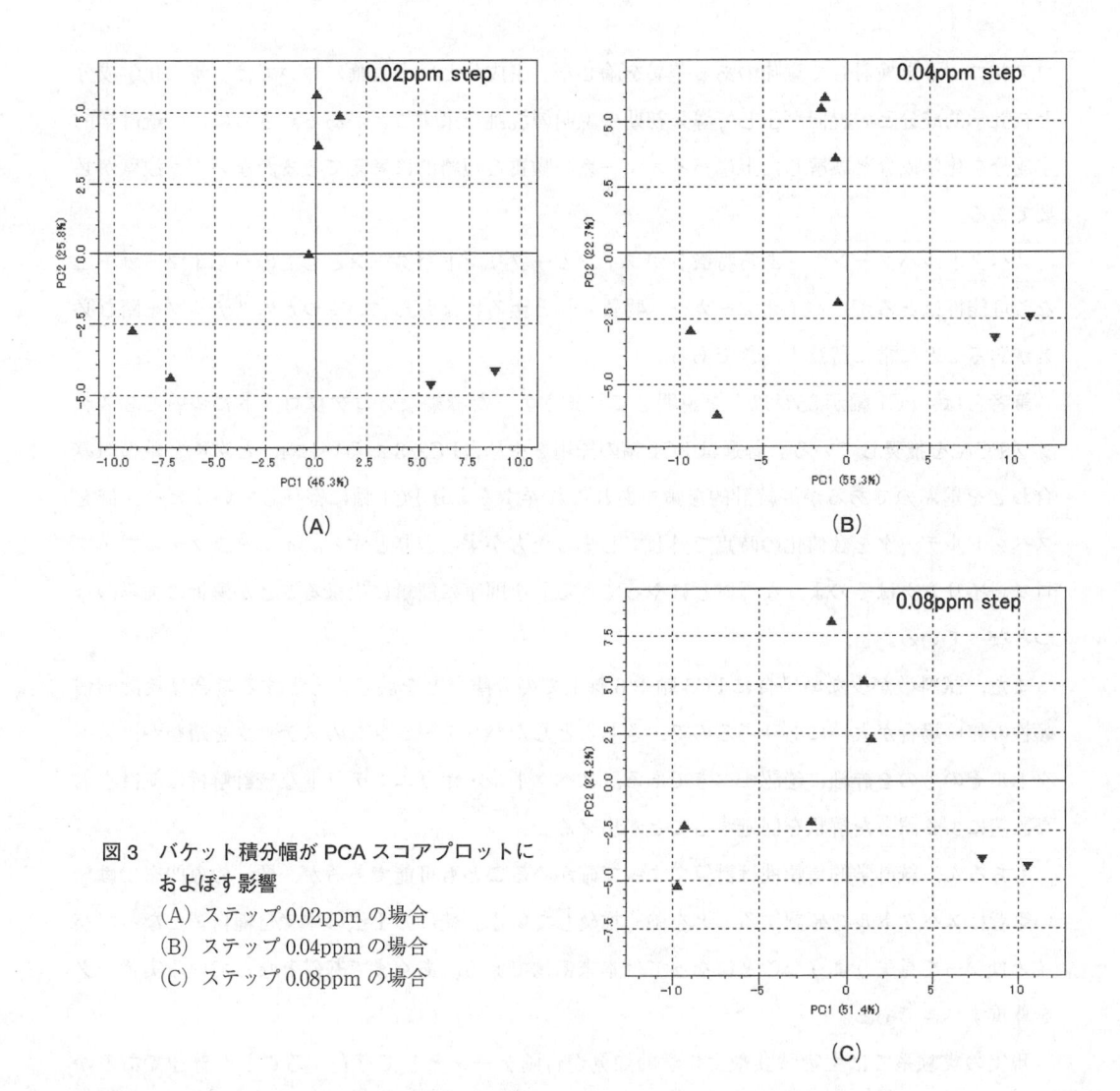

第7章 FT-NMRを用いたメタボリック・プロファイリング

図3 バケット積分幅がPCAスコアプロットにおよぼす影響
(A) ステップ0.02ppmの場合
(B) ステップ0.04ppmの場合
(C) ステップ0.08ppmの場合

ある。Alice2 for Metabolome™では，統計解析までの一連の作業を自動または半自動マクロとして実行した後，スコアとローディング，コントリビューションの各プロットとスペクトルを同時に相互に関連して表示・操作できる。標準的構成のPCの画面上から，データ点の削除，追加などの編集，対応するNMRスペクトルの表示と拡大，縮小・移動などを自在に操ることが出来，データ点を削除または追加すると即座に再解析され表示されるので解析者の思考を妨げない。また，生物試験結果や身体所見，生化学データといった全く概念の異なるデータをNMRスペクトルと付随して扱えるような仕組みになっており，既知の知見だけでなく，ふとした思いつきや仮説なども記述できる。

PCAでは，主成分1（PC1）から順にPC2，PC3という軸を選ぶことによって提示されるス

コアプロットを検討して意味のある差異を論じる。主成分という言葉については，時に化学成分と統計学的成分との混同が生じて導入初期の説明の混乱を来すことがある。さらには，統計学的主成分を化学成分と誤解した上にバイオマーカー物質と短絡的に考えてしまわないよう注意が必要である。

スペクトルパターンの「ある特徴」がフィンガープリントパターンとしてのバイオマーカーとなる可能性はあるが，バイオマーカー「物質」へと至るにはさらにいくつかのステップを踏む必要があることに常に留意すべきである。

筆者らは，PC1軸が85％以上を説明してしまうような極端なスコアプロットについて2ステップPCAを推奨している。普通はPC1軸の採用をやめ，PC2/3あるいは4，と次々と軸の組み合わせを選ぶのであるが，統計的な策をあれこれ弄するよりPC1軸に寄与しているピーク群をスペクトルデータを数値化の時点で外してしまった方がすっきりとする。インタラクティブ・プロファイリングはそのような「試しにやってみる」を即座に簡単に出来ることが解析の強みの一つとなっている。

また，試料数が少ない場合にPC5軸や6軸上での分離などを論じようとする場合は統計的信頼性の無い場合が大いにあり得るので，きちんとしたバリデーションのステップを踏むか，スペクトルそのものを詳細に確認すべきである。スペクトル・オリエンテッドな統計解析は統計学的な誤差による誤った解釈を回避することが出来る。

もちろん，統計学的信頼性は計算によって確かめることも可能であるが，数学の専門家では無い筆者はスペクトルを確認することを強く推奨している。統計の手法の中で自縄自縛となってバイオロジーを見失うようなことになっては本末転倒である。あくまで基礎となっている実データを尊重すべきである。

現実の実験系では生物試験や生化学的知見が付随データとして存在することが普通であるから，統計解析結果を解析中からバイオロジストやバイオケミストと一緒に眺めて討論することはとても意味がある。ウエット実験の担当者がアウトライヤとなったデータのアウトライヤたらしめた可能性を直ちに言い当てることもしばしばである。興味の対象となりうるアウトライヤであればそれを確かめるウエット実験を組めばよい。一方，興味の無いアウトライヤを解析から除外したい時には明確な理由を求めることが大変に重要である。都合の悪いと思えるデータ点を都合が悪いという印象だけで除外するようなことがあってはならない。

非標的型NMR-MP解析は，データベース非依存で，未知なる何かを発見する力に優れている。ただしこの種の統計解析は因果関係を説明できないので，どうしてその試料が異常値を示したのかを調べる第一のステップとしてNMRの専門家がスペクトル上に理由を求めることになる。すると時に特定物質の部分構造を示していると考えられる信号に遭遇することが良くある。

第7章 FT-NMRを用いたメタボリック・プロファイリング

非標的型NMR-MPから物質に迫る大切な糸口である。部分構造やマーカー信号が特定出来れば，NMR的にはDOSYやF2軸にデータポイントを十分に与えたTOCSY測定などで物質に迫る努力が出来る。もちろんNMRを離れて他の分析手段を選んだ方が有効な場合もあろう。質量分析などの他の分析手段に移行した後もNMR-MPのデータは参照し続けることになるので決して無駄にはならない。

この手法は，異常値の発見，試料の追跡・評価，バイオマーカー物質やバイオマーカーパターンの発見などの特徴に加え，全く予想だにしていなかったデータ間の相関を抽出することがある。データを量産するスタイルのメタボロミクス研究を開始するに際し，まずアタリをつけるために最初に試して見るのに適した方法とも言える。質量分析のTICに対して適用し，標的ピークを一括把握するためにも利用できよう。

非標的型NMR-MP解析は，メタボロミクス手法にとどまらず，物質材料・食品・医薬品製造の分野での品質管理や評価への応用が即時可能である。また，天然物化学分野で，混合物では活性が存在するが活性成分の精製を進めると失活してしまうような系に有用な技術となりうる，実に発展性の有る手法である。情報を縮約しつつ金鉱脈を掘り当てる，そんなイメージをNMR-MPは持っている。

以上，NMR-MPの導入と基礎を述べてきた。部分空間法の利用や応用に関しては機会をあらためるとして，本手法は少人数での実行に適しているので，ぜひ実践してみて頂きたい。筆者らは，インタラクティブなNMR-MP法の普及に向けて積極的な技術指導，共同研究を行っているのに加え，技術セミナーや相談も行っているので拙稿とともに利用して頂ければ幸いである。

第8章 メタボノミクスと NMR 技術開発

菊地 淳*

1 メタボノミクスとメタボロミクス

　今世紀のはじめにヒトゲノムの概要解読宣言がなされた事は記憶に新しいが，ゲノム解読競争の勝敗は，前世紀からのショットガン・ゲノム解析等の計測機器開発が重要な要因となっている[1]。特に Venter はオーム科学競争を牽引し，ベンチャー企業による高速ゲノム時代の始動，ショットガン・プロテオミクス[2]，海洋細菌群のメタゲノム解析等[3]，続々と新しいパラダイムを開拓している。プロテオーム研究は，ゲノム計測により急速に展開しており，ISI 社の文献検索で"proteom"の年代毎のヒット数を比較すると，前世紀末では年間数 100 件程度であったが 2006 年には 10 倍近くにも増大している（図1）。本稿で述べる NMR 法は単結晶 X 線回折と双

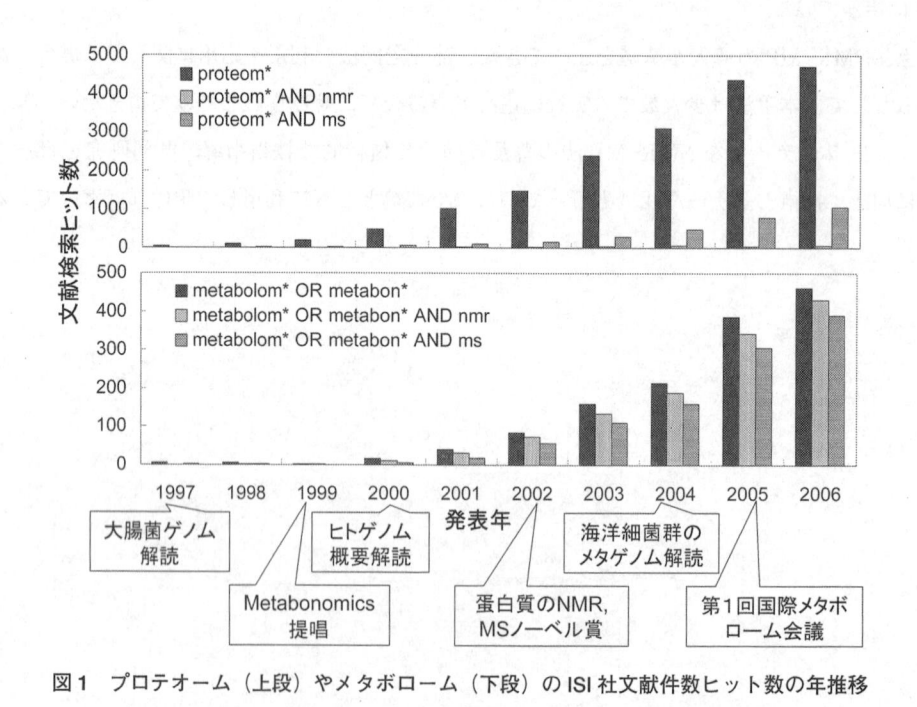

図1　プロテオーム（上段）やメタボローム（下段）の ISI 社文献件数ヒット数の年推移

---

* Jun Kikuchi　㈱理化学研究所　植物科学研究センター　ユニットリーダー，
　　名古屋大学　大学院生命農学研究科　客員教授

第8章 メタボノミクスとNMR技術開発

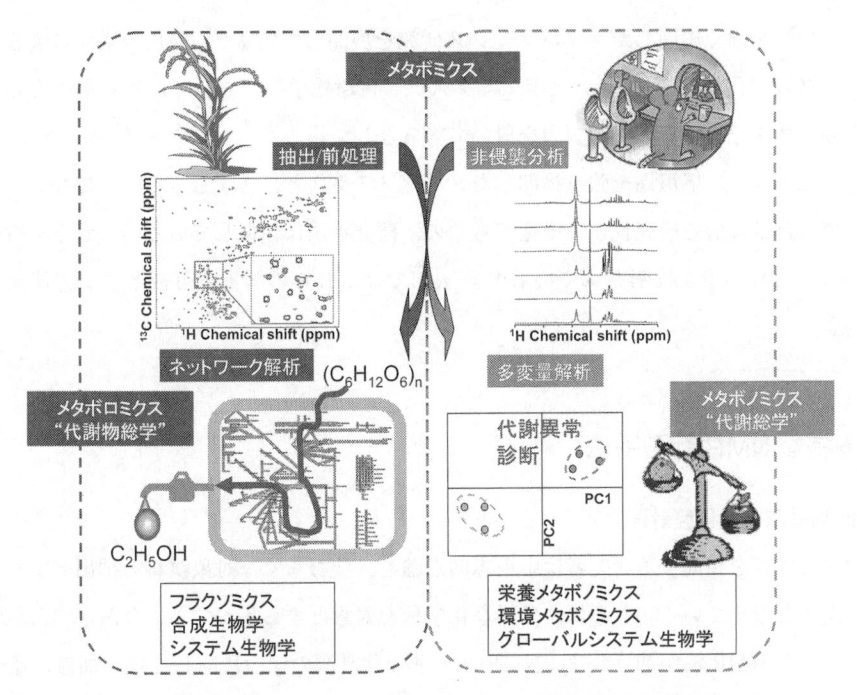

図2 メタボロミクス（左）とメタボノミクスの研究哲学・応用分野の違い

肩する技術として，（構造）プロテオミクスで活躍するはずであった[4]。しかし"nmr"を足しても検索数はごく僅かな伸びを示すに過ぎず，この間の計測技術開発が如何に疎かにされていたか[5]が伺える。一方で，MS法は種々の技術開発が進み2次元電気泳動と双肩するばかりでなく[6]，種々のイオン化，検出部の機器開発が，後のメタボローム解析にも活かされている[7]。他方，メタボローム研究の報告例は今世紀に入ってから順調に伸びており，後に述べるメタボノミクスの提唱時（1999年）[8]の"metabolom OR metabon"では僅か2件に過ぎなかったISI検索ヒット数が，第2回国際メタボローム会議が開催された2006年には500弱にも及んでいる。この検索で"nmr"を足したヒット数は9割を数え，"ms"を足した場合より多くヒットしている事が，NMR法の高い貢献[9]と計測技術に頼るメタボローム解析の側面を示している。

さて，このメタボノミクスとメタボロミクスという用語がメタボローム解析に使われているが[8]，これは研究哲学の違いを反映している（図2）。通常，メタボローム解析にはできるだけ多くの対象分子の同定とその（絶対）定量性が求められている。これがメタボロミクスであり，特に単細胞生物では将来的に，情報科学を駆使したシステム生物学[10]，合成生物学[11]への展開が待ち受けている事であろう。一方でメタボノミクスの提唱者，Nicholson博士はヒトをはじめとする多細胞生物の代謝が細胞間，臓器間，常在菌，飲食物との相互作用に強く左右されるため，これらの代謝活動の総体から得られる計測結果を基に，いち早くバイオマーカーに辿り着く手段

として，応用性を強く志向したメタボノミクス研究を展開している[8]。同氏の講演によると，メタボロミクスは"代謝物総学"，メタボノミクスは"代謝総学"であって，物質そのものより系の代謝変動全体を定量する事に主要因を置いているとしている[12]。

以上述べたように，応用性を強く指向したメタボノミクスと，必ずしもそうではないメタボロミクスとでは背景に潜む研究哲学こそ違うものの，研究手法は類似している。これらを統合してメタボミクスと呼ぶ事が提唱されている[13]。次節ではこれらの解析を可能とする方法論を概説する。

2 多様な NMR 計測手法

2.1 抽出物計測と非侵襲計測

メタボノミクスを指向する研究者は応用志向が強く，望むらくは対象試料を抽出せず，非侵襲計測をしたいと考えている。さらに，多様な化学種を対象とする事ができ，なおかつ再現性の高い計測法として NMR 法が選ばれる。NMR 法の非侵襲計測の側面に関しては，拙書に述べた[14]ので詳細は省くが，その後の進展については 4 項で述べる。非侵襲計測の際に留意すべき事は，pH の違いにより，若干化学シフトが変動する代謝産物が存在する事である[15]。多くの動物の体液は厳密に中性に保たれているため，この問題は少ないが，植物の液胞や動物の尿は pH が変動しやすい[16]。従って標準物質のデータベース[17]と同一の物理化学条件で試料を調整し，続いて NMR 計測を行う。NMR 法の場合は計測法が多彩である事に大きな特徴があり，用いるプローブにより溶液 NMR，高分解能（hr）マジック角回転（MAS）法，固体 NMR 法，磁気共鳴イメージング（MRI）法が大別されよう。

特に hr-MAS 法は臓器や種子等の試料を非侵襲的に計測できるため，頻繁にメタボノミクス研究で用いられる[18]。このような不均一試料の場合，^{1}H 密度の大部分を占める水の異方性を消去するとシグナルを先鋭化できる。溶液が少々不均一な程度なら通常の 15 Hz 程度の試料管回転でも良いが，双極子相互作用項に基づく異方性を消去する場合，静磁場に対して 54.7 度で傾けて 6〜12 kHz で高速回転させる必要がある[19]。このような手法で，あたかも抽出物かの如く臓器や種子等の不均一試料の高分解能スペクトルを得る方法が，hr-MAS 法である[14]。

2.2 観測核の選択

NMR 法の特徴は，原子核に選択的な情報を抽出できる点にある。周期律表に存在する殆どの元素核を観測できるが，核スピン $I = 0$ で核運動量を持たない核（原子番号・質量数共に偶数の"非偶偶核"）は観測できない[20]。一方，スピン $I = 1/2$ の場合と $I > 1/2$ の四重極核とでは実験の

第8章 メタボノミクスとNMR技術開発

方法論が大きく異なる[21]。生体系としては，前者では ^1H, ^{13}C, ^{15}N, ^{19}F, ^{31}P, ^{113}Cd といった核が用いられる。四重極核としてはイオンである ^{23}Na, ^{27}Al, ^{35}Cl, ^{37}Cl, ^{39}K, ^{133}Cs に加えて，^2H, ^{11}B, ^{14}N, ^{17}O, ^{33}S は共有結合に関わるため，主に代謝反応を追跡する目的で利用されている[22]。天然存在比が100%に近い ^1H, ^{31}P, ^{14}N といった核に対し，例えば ^{13}C は 1.1%，^{15}N は 0.4% しか存在しないため，これらの安定同位体を細胞中に取り込ませる事によって，代謝反応を選択的に観測する事ができる[23]。定同位体標識はその核を直接計測する目的のみでなく，スピン結合による間接的な効果を観測して代謝フラックスを追跡する目的にも用いられている[24]。

2.3 パルス系列の選択

前述のように，-omics 解析ではノンターゲットな一斉計測を目指すため，標識化や誘導体化等を経ずに試料を扱えれば，汎用性が高い方法であるとも言える。特に動植物に対する均一安定同位体標識化はまだ始まったばかりの技術であり，筆者ら以外でノウハウを有する研究グループは少ない。このような背景から，殆どの場合は 1D-^{1}H-NMR 法が用いられている[25]。他方，1D-NMR の場合は磁場強度を選ばない事[26]，1 回あたり数秒で計測できるため，積算を重ねる事でより低濃度の物質も観測可能な事からも多用されている。表1はメタボローム関連の研究で用いられる NMR パルス系列を一覧表としたものである（各パルス系列の詳細に関しては，成書をご参考戴きたい[19, 27, 28]）。

生体由来試料には多量の水が存在し，^1H 核検出法の場合には 4.7ppm 付近に巨大なシグナルとして観測されてしまうため，watergate, NOESY 等のパルス系列で抑制する事が必要である。さらに NMR 法の特徴を挙げると，cpmg（Car-Purcell-Meiboom-Gill：開発者の名の羅列）法，diffusion-edited 法や J-resolved 法を使い分ける事で，拡散速度に差のある低分子との高分子（例えば，血清中のリポ蛋白等）を区別して観測する事ができる[29]。

NMR 法のもう一つの特徴として，化学シフト以外にもスピン結合で代謝物の構造を決定できる事が挙げられる。2D-J-resolved 法や 2D-COSY（COrrelation SpectroscopY）法は ^1H-^1H 間のスピン結合定数の決定，あるいはスピン結合を介した相関スペクトルを得る事ができる方法で，さらに，ロングレンジの ^1H-^1H 間の相関解析を可能とする方法が 2D-TOCSY（TOtal Correlation Spectro scopY）法である[27]。

前項でも示したように，代謝物の中でもスピン I=1/2 であり，水素核に直接共有結合する核として ^{13}C, ^{15}N, ^{31}P がある。これらは直接観測すると感度が落ちるために，INEPT（Insensitive Nuclei Enhanced by Polarization Transfer）法の利用により磁気回転比の高い ^1H 核に磁化移動させ，感度上昇が可能となる。これを活用し，スピン 1/2 核 X との直接結合は HSQC（Hetero-nuclear Single Quantum Correlation）法により，さらにロングレンジの相関は目的とする H-

表1　メタボローム関連分野で用いられるNMRパルス系列
（＊STOCSY, SDOSYはパルス系列を変える計測法ではない事に注意）

パルス系列名	観測核	特徴
1D-watergate	^1H	溶媒消去能が高い
1D-NOESY	^1H	溶媒消去能が高く，シグナル定量性も高い
1D-cpmg	^1H	横緩和時間の長い，低分子の検出に向く
1D-diffusion edited	^1H	横緩和時間の短い，高分子の検出に向く
1D-J-resolved	^1H	横緩和時間の長い，低分子の検出に向く
1D-^{13}C-com	^{13}C	^{13}C-代謝フラックス解析に用いられる
2D-STOCSY	^1H-(^1H)	複数サンプル計測での統計的相関
2D-SDOSY	^1H-(^1H)	複数サンプル計測での拡散時間統計的相関
2D-J-resolved	^1H-J	TOCSY等で相関を得にくい代謝物向き
2D-COSY	^1H-^1H	Short-rangeでの$^3J_{HH}$相関法
2D-TOCSY	^1H-^1H	Long-rangeでの$^3J_{HH}$相関法
2D-HSQC	^1H-^{13}C	$^1J_{CH}$相関法，$^nJ_{CH}$や^{15}N，^{31}P等でも適用可
2D-^{13}C-ed. HSQC	^1H-^{13}C	$^1J_{CH}$相関法で，1,3級炭素と2級炭素を区別可
2D-HMBC	^1H-^{13}C	$^nJ_{CH}$相関法だが，HSQCでも同様の計測が可能
2D-HCACO	^1H-$^{13}C_{ali}$-$^{13}C'$	$^{13}C'$の帰属に有用だが高い^{13}C標識率必要
3D-HCCH-COSY	^1H-^{13}C-^{13}C-^1H	物質同定に有用だが高い^{13}C標識率必要
3D-TOCSY-HSQC	^1H-^1H-^{13}C	物質同定に有用で，^{13}C間の磁化移動が不要

X間のスピン結合値に合わせたINEPT磁化移動時間に設定したlong-range HSQC，あるいはHMBC（Hetero-nuclear Multiple Bond Correlation）を用いて計測する。なお，^1H核に直接結合しないカルボニル核は反応性が高く，後に述べる代謝フラックス解析で重要である。Long-range HSQC以外でも，HCACO法により$^1J_{CH}$（125〜165Hz），$^1J_{CC}$（35〜55Hz）の比較的大きなスピン結合値を活用した相関スペクトルが得られる[30]。他にも，シグナル帰属のためには3D-TOCSY-HSQC法，3D-HCCH-TOCSY法が有効であるが，特に後者では代謝物への高い安定同位体標識化が必要である。

　最後に挙げるNMR法の特徴として，非破壊的に計測するためMS法で頻繁に起こるイオンサプレッションのような効果が起こらず，再現性が高い事が挙げられる。この高再現性を利用して，（個体差）＞＞（分析誤差）の仮定の基に多くのサンプルを同一条件で計測し，後に統計解析する手法がSTOCSY（Statistical TOCSY）[31]あるいはS-DOSY（Statistical Diffusion-Ordered SpectroscopY）[32]法である。共にパルス系列を工夫した計測ではなく，多検体サンプルの統計的

第8章　メタボノミクスとNMR技術開発

解析手法に意義があり，本来なら3項に入れるべきかもしれないが，メタボノミクスに特有な考え方としてここに紹介をしておく。

2.4 NMRデータ解析法の実際

メタボローム解析では分析ターゲットをあらかじめ特定せず，計測データ中に含まれるすべてのシグナルを解析対象として，データから得られる情報の最大化を目指す[33]。いったんデータ・マトリクスを得ることができれば，さまざまなデータマイニングが可能となる利点があり，生物学研究への幅広い応用が拓けてくる。例えば代謝物間の協同的な変動等[34]，通常のターゲット分析では予期せぬ情報が得られる。

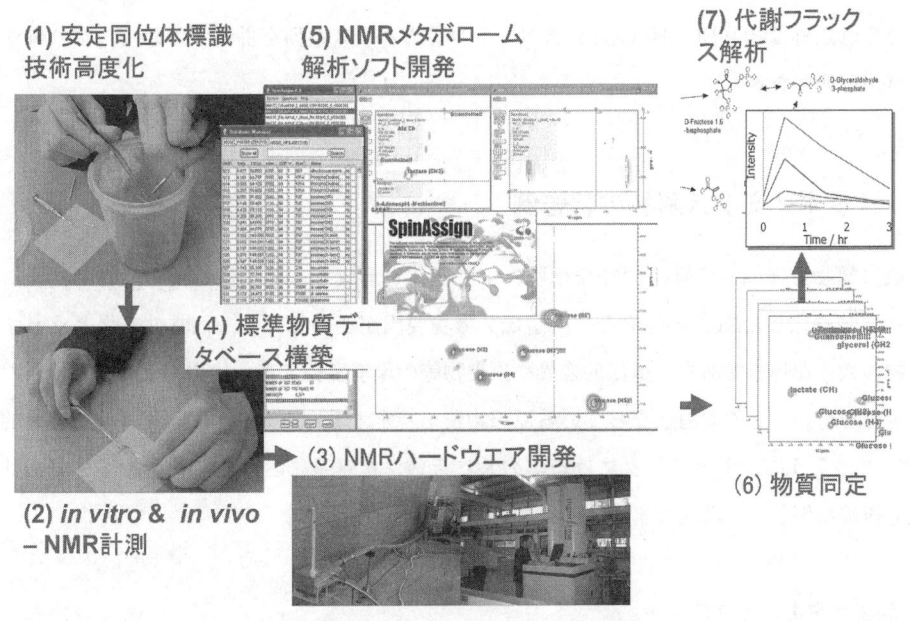

図3　筆者らの推進するNMRメタボミクス技術開発の流れ
本稿との対応は (1):2-2, 2-3, 2-4, 3-4, (2):2-1, 2-3, 4,
(3):4, (4, 5, 6):2-1, 2-4, (7):2-2, 2-3, 2-4, 3-4

従って2.3項のように多彩なNMRパルスシーケンスを使い分け，自由減衰振動（FID）データが得られたら，これをデータマイニング処理が可能なAsciiタイプのデジタルデータに変換する。市販ソフトは高価でもあり，NMRを用いたメタボローム解析が広く流通するためには，アカデミックが作成したフリーソフトが流通する事も重要であろう[35]。筆者らは，多次元NMRのデータ解析を開拓する事をオリジナリティーとしているため，比較的安価な多次元NMR向けFTソフトである，nmrPipeを利用している[34]。メタボノミクスのプロファイリング用には，

91

SpinProfile という自作の JAVA 言語プログラムを作成しており，これを実行する事で bin 型の Ascii データとし，通常のグラフ計算ソフトに読み込み解析を行う。この後のデータマイニングも市販プログラムは利用しておらず，筆者らの場合は無料でダウンロード可能な R プログラムの PCA，PLS-DA，HCA といったマクロを活用し，解析を行っている。

他方，冒頭で述べたメタボロミクス的解析を行う場合には，安定同位体標識した試料の多次元 NMR スペクトルと，上述の標準データベースとの比較を行う方針をとっている（図3）。筆者らは PRIMe (http://prime.psc.riken.jp) というデータベース・ツールサイトを作成・運用している。この目的では SpinAssign という自作の JAVA 言語プログラムを作成しており，同様に nmrPipe で FT した後のスペクトルを読み取り，^{13}C-HSQC スペクトルを中心として標準データベースとのマッチングを検討する。数百の交差シグナルのうち，1/2～1/3 程度はユニークに同定されるが，一方でそれ以外は 3D-HCCH-COSY スペクトル等のパルス系列を併用する事で，より確かな物質同定が可能となる。

3 メタボノミクス解析の報告例

一般に植物が機能的にほぼ同等な細胞により個体を形成するのに反して，動物は器官，組織によって特殊化した細胞を有する[12]。遺伝／環境要因が変動しても，恒常性を保とうとする事は生物の大きな特徴であり，遺伝的変異や摂食物等の環境変動により代謝バランスが崩れた際の相対定量を行い，その要因となっている原因物質を特定するのがメタボノミクス解析の目的である[18]。このようにメタボノミクスは現実の系に近い，複雑系における"代謝総学"であり，その最も極端な例として環境メタボノミクスから紹介する（図4）。

3.1 環境メタボノミクス

自然界では絶えず物質循環が行われており，生体を構成する元素やミネラル分についても，生態系が強く関わっている。海洋はバイオマスの物質循環にとって極めて重要であり，また今世紀に枯渇するであろう食糧の供給源として着目されており，特に栄養代謝の見地からのアプローチが望まれる[36]。海洋の物質循環は，動植物プランクトンを摂食する貝類に濃縮されて現れる。従って貝類組織の代謝プロファイリングは生存している海洋の栄養環境に強く依存しており，これを NMR 代謝プロファイリングで区分化できる[37]。欧州では深刻な海洋汚染により食用魚類の産地を提示する事が望まれており，NMR 代謝プロファイリングで品質管理を可能とする報告もある[38]。また，環境メタボノミクス研究のもう一つの目的は，汚染状況のモニタリングと生体への影響である。こうした観点ではミミズは良いマーカーとなる生物であり，重金属汚染された

第8章 メタボノミクスとNMR技術開発

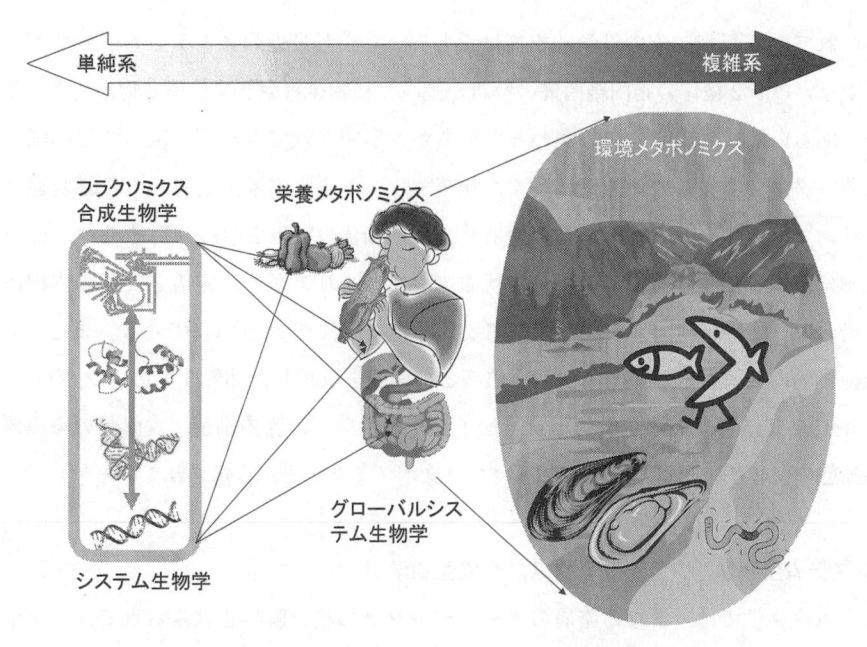

図4 本稿で取り扱うメタボノミクスの報告例
右にいくほど系の複雑さが増し，メタボノミクスの研究哲学から敢えて複雑な系から解説した。

イギリスの各土壌からサンプリングしたミミズ体液より，メタボノミクスで2価金属イオンのキレートとなり得るN-メチル-ヒスチジンがバイオマーカーとして同定されている[39]。一方でヒトの成育環境は人工的でこそあれ，飲水のミネラル分から食習慣に至るまで，各国で大きく異なる[40]。そこでINTERMAPプロジェクトでは世界中のヒトの尿を収集し，NMR代謝プロファイリングを遂行している。その第1報となる米国，中国，日本人の各300弱検体の尿の代謝プロファイリングでは，見事に各国の食習慣を反映した区分化が観測されている。例えば，日本人は魚類を多く摂食するため魚類の抗凍結物質TMAOが多く，また米国人は植物繊維食が少なく腸内細菌叢が大きく異なる事を反映して，より多様な芳香族化合物が検出されている[41]。

3.2 栄養メタボノミクス

栄養代謝はヒトの生活習慣病と密接に関係する研究分野であり[42]，食品業界にとってはヒトへの応用を志向したメタボノミクスのアウトカムの一つでもある[43]。例えば，乳児期から長鎖脂肪酸を摂食させたラットでは，コントロール食に比べてストレス応答に強いものの，代謝プロファイリングによる差が血清のリポ蛋白に現れるとしている[44]。一方でヒトの成人を用いた生活習慣の研究も遂行されており，菜食主義者と高蛋白食のグループとに明確な代謝プロファイリング差を観測している[45]。菜食は腸内細菌叢の変動を伴い，ヒトの自己免疫力向上に関与す

ると言われているが[46]、その科学的根拠は乏しい。しかし最近のメタゲノム解析で菜食主義者とそうでないヒト2検体の腸内細菌叢の解析が進み、植物繊維や2次代謝産物が如何に腸内細菌の定着、あるいは共生代謝に強く関わっているかが解明されてきた[47]。従って腸内細菌叢と絡めた栄養メタボノミクスの報告例は多く、無菌マウスへの腸内細菌定着時の代謝変動[48]、抗インシュリンマウスへの腸内細菌定着の効果[49]、腸内細菌の寄生虫への抑制効果[50]、hr-MAS非侵襲計測による各種腸管組織での部位別代謝プロファイリング[51]、定着させる腸内細菌を変動させた場合の、腸内細菌由来の胆汁酸や主要代謝物の比較[52]が行われている。また、その他にも遺伝型と腸内細菌の定着傾向・生活習慣病との関連を解析した哺乳類でのメタボロームQTL (Quantitative Trait of Loci：量的形質遺伝子座) 解析や[53]、腸内細菌、食餌等の環境要因による薬物動態の個体差を配慮した、ファーマコメタボノミクス法が報告されている[54]。

3.3 システム生物学，フラクソミクス，合成生物学

システム生物学では、異なる階層のオームデータとの統合解析を試みる点で、メタボノミクスのアプローチと異なる[10, 55]。既にメタボロームデータとトランスクリプトームデータとの融合は試みられてきたが[56]、最近ではプロテオームとの統合解析を行う試みが報告された[57]。これら従来の1D-NMR法を用いたメタボノミクスに加えて、代謝産物計測に多く用いられる^{13}C, ^{15}N核の低い天然存在比を100%にする事ができれば、前者で100倍、後者で250倍の存在量を観測する多次元NMR計測を導入できる。そこで、得られる数100の交差シグナルを基に、メタボロミクス的解析もが可能となり始めている。例えば、ディファレンシャル解析[23]、代謝物・代謝物相関解析[34]等が挙げられる。

なお、安定同位体標識した試料の^{1}H-^{13}Cの交差シグナルからは、代謝物質の量（シグナル強度）と^{13}C核の標識率（シグナル強度と^{13}C-^{13}C微細カップリング）の両方の情報が得られる。これは、細胞内において元から存在していた^{12}Cと、代謝活動により新たに生成された^{13}Cとを分けて計測・解析できる事を意味する。このような代謝の"流束"を解析する代謝フラックス法は、微生物や植物等を利用して有用物質を生産するために、重要な方法論であろう[24, 58]。今後は、合成生物学的アプローチとの融合により、植物バイオマスの生産、あるいはその分解によるエネルギー生産が可能になると期待される[59]。

4 計測機器開発の重要性

オーム科学の進展は、生命システムを構成する要素（遺伝子や蛋白質等）を無限個から有限個に限定する事を可能としている。この営みは、曖昧模糊とした生命科学を「暗黙知」から客観的・

第8章　メタボノミクスとNMR技術開発

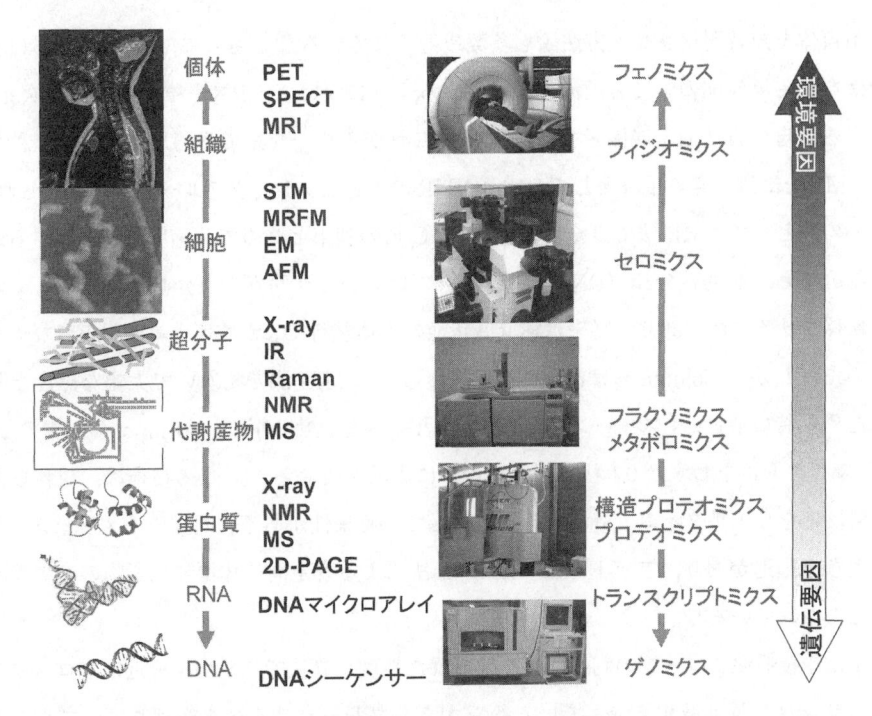

図5　生命の階層性に即して利用可能な計測機器と，各種階層に応じたオミクス解析

定量的な「形式知」の世界へと導く。その際に必要な技術は，日々刻々と移り変わる生体分子群の挙動に秘められた情報を客観的に"明示"する計測科学である[60]。

　従って，オーム科学の進展過程では，膨大な労力が計測技術の開発に注がれている。本項の主要課題である核磁気共鳴(NMR)法は，構造プロテオーム[4]での蛋白質立体構造・相互作用解析（高分解能NMR），メタボローム・フラクソーム[61]での代謝プロファイリング・フラックス解析（同），セローム[62]での非侵襲多細胞計測（MRFM（磁気共鳴力顕微鏡）），フィジオーム[63]での組織・器官の非侵襲計測（MRI（磁気共鳴イメージング））で貢献する可能性がある（図5）。NMR法は原子核さえ選べば気体・液体・固体のほぼすべての生体分子を観測する事ができ，分子内の電子状態，分子構造，物性，形態といった，実に幅広い対象を計測できる手法である。

　一方で，NMR法は低感度や高価格という大きな欠点があり，今後も計測対象を多様化していくためには①パルス系列やプロセス法といったソフト的な改善，②ハードウエアの改良，③他のエネルギー源の活用，といった計測技術開発を推進する必要がある。

　まず①の例として，積算の繰り返し時間を減らして単位時間あたりのS/N比を改善するSOFAST-HMQC法が報告され始めており[64]，今後の展開が期待される。また，紙面の都合で詳細は割愛するが，多次元NMR計測の際のデータポイント数を減らし，プロセス方法自体の工

夫で計測自体を短時間化させる方法論も多数報告されている[65]。さらに，Frydman らは化学シフトではなく磁場勾配の強度を周波数に対応するようにかけて，1スキャンのみで多次元 NMR を編集する独自の方法論を展開している[66,67]。これが不均一な系でも適用できれば，秒単位で多次元 NMR を計測できる手段として in vivo NMR の大きなブレークスルーになるかもしれない。

②，③の例として NMR 法で良く用いられる ^{13}C 核の利用と絡めて，感度上昇に関する最近の話題を紹介する。動的核分極（DNP）法は電子スピンからラジカルを介して，核スピンにエネルギー転移させる方法であり，従来は極低温状態の固体試料でしか感度上昇が得られないと考えられていた。しかし Golman らは溶液 NMR 法ならびに MRI 法で相次いで大幅な感度上昇を可能とした[68]。特に最近，1スキャン 2D-NMR 法と組み合わせる事で，90 nmol の尿素の 2D-^{15}N-HSQC スペクトルをわずか 0.1 秒で観測する事に成功している[67]。この技術は，数秒以内に起こる代謝反応をリアルタイムで計測する手段として，将来性がある。同様にイメージング技術において大きな躍進があり，ラットを用いた DNP 法による安定同位体標識代謝物のリアルタイム計測が報告されている[69]。

高磁場化や極低温プローブの利用は良く知られた感度上昇法であるが，最近はプローブの微小化によるサンプル量低減化も進んでいる[70]。大きなブレークスルーを挙げれば，プレート状のコイルに直接サンプルを載せる事で，同様に nmol オーダーの蛋白質が計測されている[71]。この技術を用いれば，将来的には DNA マイクロアレイのカセットの如く，コイル上に滴下したサンプルを多検体同時計測する事ができるかもしれない。

NMR 装置は高価格であるのも問題であるが，Pines らは，この難点を克服するための斬新な研究を展開している。特に，低磁場マグネットを用いて磁場外計測を可能としており，将来的には地磁気で NMR シグナルを取得する事も想定している[72]。また，検出法として非線形光磁気回転法を採用する事で，ハードウエアの価格を将来的に 1/1000 程度にまで下げる事も想定している[73]。このように，NMR を積極的に利用する研究者は，躍進する NMR 装置の革命を横に見ながら，計測科学が生命科学のブレークスルーを担う事を夢見ている事も大きな特徴である。

文　献

1) J. C. Venter *et al.*, *Science*, **291**, 1304 (2001)
2) J. M. Nagy *et al.*, *Drug News Perspect.*, **15** (9), 601 (2002); S. D. Patterson *et al.*, *Nat Genet*, **33** Suppl, 311 (2003)

第8章 メタボノミクスとNMR技術開発

3) J. C. Venter *et al., Science,* **304**, 66 (2004)
4) S. Yokoyama *et al., Nat Struct Biol,* **7** Suppl, 943 (2000); A. Yee *et al., Proc Natl Acad Sci U S A,* **99**, 1825 (2002); S. Yokoyama, *Curr Opin Chem Biol,* **7**, 39 (2003)
5) D. Cyranoski, *Nature,* **443**, 382 (2006); H. Yokota, T. Okamura, Y. Ohtani, T. Kuriyama, M. Takahashi, T. Horiuchi, J. Kikuchi, S. Yokoyama & H. Maeda, *Adv. Cryo Eng.,* **49**, 1826 (2004); T. Kiyoshi *et al., IEE Trans. Appl. Supercond,* **14**, 1608 (2004)
6) R. Aebersold *et al., Nature,* **422**, 198 (2003)
7) E. M. Lenz *et al., J Proteome Res,* **6**, 443 (2007); 松田史夫, 及川彰, 草野都, 菊地淳, 斉藤和季, 化学と生物, in press (2007)
8) J. K. Nicholson *et al., Xenobiotica,* **29**, 1181 (1999)
9) D. G. Robertson *et al., Toxicol Sci,* **57**, 326 (2000); J. T. Brindle *et al., Nat Med,* **8**, 1439 (2002); J. C. Lindon *et al., Anal Chem,* **75**, 384A (2003); J. L. Griffin, *Philos Trans R Soc Lond B Biol Sci,* **359**, 857 (2004); P. Krishnan *et al., J Exp Bot,* **56**, 255 (2005); M. Betz *et al., Curr Opin Chem Biol,* **10**, 219 (2006); J. L. Ward *et al., FEBS. J.,* **274**, 1126 (2007)
10) F. J. Bruggeman *et al., Trends Microbiol,* **15**, 45 (2007)
11) K. E. Tyo *et al., Trends Biotechnol,* **25**, 132 (2007)
12) J. K. Nicholson *et al., Nat Rev Drug Discov,* **1**, 153 (2002)
13) I. Pelczer, *Curr Opin Drug Discov Devel,* **8**, 127 (2005)
14) 菊地淳, 赤嶺健二, 分光研究, **55**, 320 (2006)
15) J. Kikuchi *et al., Methods Mol Biol,* **358**, 273 (2007)
16) O. Cloarec *et al., Anal Chem,* **77**, 517 (2005)
17) D. S. Wishart *et al., Nucleic Acids Res,* **35** (Database issue), D521 (2007)
18) J. C. Lindon *et al., FEBS J.,* **274**, 1140 (2007)
19) 日本化学会編, NMR・ESR. 丸善 (2006)
20) ベッカー著, 斉藤肇・神藤平三郎訳編, 高分解能NMR, 東京化学同人 (1983)
21) 阿久津秀雄, 河野敬一編, 多核NMR―自然を複眼で見る―, 廣川書店 (1999)
22) 斉藤肇, 森島勲編, 高分解能NMR―基礎と新しい展開―, 東京化学同人 (1987)
23) J. Kikuchi *et al., Plant Cell Physiol,* **45**, 1099 (2004)
24) Y. Sekiyama *et al., Phytochemistry,* **68**, 2320 (2007)
25) K. H. Ott *et al., Methods Mol Biol,* **358**, 247 (2007)
26) H. C. Bertram *et al., Anal Chem,* in press (2007)
27) クラリッジ著, 竹内敬人・西川美希訳編, 有機化学のための高分解能NMRテクニック, 講談社 (2004)
28) 大島泰郎, 西村善文, 横山茂之, 中村春木編, 構造プロテオミクス―蛋白質ネットワークの構造生物学―, 共立出版 (2002)
29) J. C. Lindon *et al., Pharmacogenomics,* **6**, 691 (2005)
30) 阿久津秀雄, 嶋田一夫, 鈴木栄一郎, 西村善文編, NMR分光法 原理から応用まで, 学会出版センター (2003)
31) O. Cloarec *et al., Anal Chem,* **77**, 1282 (2005)
32) L. M. Smith *et al., Anal Chem,* **79**, 5682 (2007)

33) E. Holmes *et al.*, *Analyst*, **127**, 1549 (2002)
34) C. Tian *et al.*, *J. Biol. chem.*, **282**, 18532 (2007).
35) Q. Zhao *et al.*, *Bioinformatics*, **22**, 2562 (2006)
36) S. M. Porter, *Science*, **316**, 1302 (2007); M. J. Follows *et al.*, *Science*, **315**, 1843 (2007); C. von Mering *et al.*, *Science*, **315**, 1126 (2007)
37) M. R. Viant *et al.*, *Environ Sci Technol*, **37**, 4982 (2003)
38) M. R. Viant, *Marine Ecology-Progress Series*, **332**, 301 (2007); M. Aursand *et al.*, *J Agric Food Chem*, **55**, 38 (2007)
39) J. G. Bundy *et al.*, *FEBS Lett*, **521**, 115 (2002); J. G. Bundy *et al.*, *Ecotoxicology*, **13**, 797 (2004)
40) C. M. Slupsky *et al.*, *Anal Chem*, in press (2007)
41) M. E. Dumas *et al.*, *Anal Chem*, **78**, 2199 (2006)
42) M. Kussmann *et al.*, *J Biotechnol*, **124**, 758 (2006); M. J. Rist *et al.*, *Trends Biotechnol*, **24**, 172 (2006); J. B. German *et al.*, *J Nutr*, **133**, 4260 (2003)
43) S. Rezzi *et al.*, *J Proteome Res*, **6**, 513 (2007)
44) Y. Wang *et al.*, *J Proteome Res*, **5**, 1535 (2006)
45) C. Stella *et al.*, *J Proteome Res*, **5**, 2780 (2006)
46) J. L. Sonnenburg *et al.*, *Nat Immunol*, **5**, 569 (2004); F. Backhed *et al.*, *Science*, **307**, 1915 (2005)
47) S. R. Gill *et al.*, *Science*, **312**, 1355 (2006); R. E. Ley *et al.*, *Nature*, **444**, 1022 (2006); E. D. Sonnenburg *et al.*, *Proc Natl Acad Sci U S A*, **103**, 8834 (2006); J. L. Sonnenburg *et al.*, *PLoS Biol*, **4**, e413 (2006)
48) A. W. Nicholls *et al.*, *Chem Res Toxicol*, **16**, 1395 (2003)
49) M. E. Dumas *et al.*, *Proc Natl Acad Sci U S A*, **103**, 12511 (2006)
50) F. P. Martin *et al.*, *J Proteome Res*, **5**, 2185 (2006)
51) Y. Wang *et al.*, *J Proteome Res*, in press (2007)
52) F. P. Martin *et al.*, *Mol Syst Biol*, **3**, 112 (2007)
53) M. E. Dumas *et al.*, *Nat Genet*, **39**, 666 (2007)
54) T. A. Clayton *et al.*, *Nature*, **440**, 1073 (2006)
55) A. Cornish-Bowden *et al.*, *Proteomics*, **7**, 839 (2007); D. A. Drubin *et al.*, *Genes Dev*, **21**, 242 (2007)
56) J. Roncalli *et al.*, *J Mol Cell Cardiol*, **42**, 526 (2007); A. Stegmann *et al.*, *Physiol Genomics*, **27**, 141 (2006)
57) M. Rantalainen *et al.*, *J Proteome Res*, **5**, 2642 (2006)
58) K. Sanford *et al.*, *Curr Opin Microbiol*, **5**, 318 (2002); F. C. de Macedo, *Quimica Nova*, **30**, 116 (2007); T. Szyperski, *Q Rev Biophys*, **31**, 41 (1998); W. van Winden *et al.*, *Metab Eng*, **3**, 322 (2001); W. Wiechert, *Metab Eng*, **3**, 195 (2001); G. Sriram *et al.*, *Plant Physiol*, **136**, 3043 (2004)
59) V. Thiemann *et al.*, *Appl Microbiol Biotechnol*, **72**, 60 (2006); Y. H. Zhang *et al.*, *PLoS ONE*, **2**, e456 (2007)
60) S. Thangadurai, *Anal Sci*, **20**, 595 (2004)
61) Q. Z. Wang *et al.*, *Appl Microbiol Biotechnol*, **70**, 151 (2006); E. J. Smid *et al.*, *Curr Opin Biotechnol*, **16**, 190 (2005); S. Y. Lee *et al.*, *Trends Biotechnol*, **23**, 349 (2005)

第8章 メタボノミクスとNMR技術開発

62) J. L. Stilwell *et al.*, *Methods Mol Biol*, **356**, 353 (2007); D. L. Taylor, *Methods Mol Biol*, **356**, 3 (2007)
63) P. J. Hunter *et al.*, *Nat Rev Mol Cell Biol*, **4**, 237 (2003); E. J. Crampin *et al.*, *Exp Physiol*, **89**, 1 (2004); P. Hunter *et al.*, *Physiology* (*Bethesda*), **20**, 316 (2005)
64) P. Schanda *et al.*, *J Biomol NMR*, **33**, 199 (2005); M. Gal *et al.*, *J Am Chem Soc*, **129**, 1372 (2007); P. Schanda *et al.*, *Proc Natl Acad Sci U S A*, **104**, 11257 (2007)
65) R. Freeman *et al.*, *J Biomol NMR*, **27**, 101 (2003); E. Kupce *et al.*, *J Am Chem Soc*, **126**, 6429 (2004); D. Marion, *J Biomol NMR*, **32**, 141 (2005)
66) M. Gal *et al.*, *J Am Chem Soc*, **128**, 951 (2006)
67) L. Frydman *et al.*, *Nat Physics*, **3**, 415 (2007)
68) J. H. Ardenkjaer-Larsen *et al.*, *Proc Natl Acad Sci U S A*, **100**, 10158 (2003); K. Golman *et al.*, *Proc Natl Acad Sci U S A*, **100**, 10435 (2003); E. Johansson *et al.*, *Magn Reson Med*, **51**, 464 (2004); E. Johansson *et al.*, *Magn Reson Med*, **52**, 1043 (2004); K. Golman *et al.*, *Cancer Res*, **66**, 10855 (2006); M. Ishii *et al.*, *Magn Reson Med*, **57**, 459 (2007)
69) K. Golman *et al.*, *Proc Natl Acad Sci U S A*, **103**, 11270 (2006)
70) A. F. McDowell *et al.*, *J Magn Reson*, in press (2007); D. Sakellariou *et al.*, *Nature*, **447**, 694 (2007)
71) Y. Maguire *et al.*, *Proc Natl Acad Sci U S A*, **104**, 9198 (2007)
72) C. A. Meriles *et al.*, *Science*, **293**, 82 (2001); D. Sakellariou *et al.*, *Comptes Rendus Physique*, **5**, 337 (2004); J. Perlo *et al.*, *Science*, **308**, 1279 (2005)
73) S. J. Xu *et al.*, *Proc Natl Acad Sci U S A*, **103**, 12668 (2006)

第9章　脂質メタボロミクスとその応用

中西広樹[*1], 田口　良[*2]

1　はじめに

　脂質はエネルギー源や生体膜の構成成分として広く知られているが，その他にも生理活性脂質としての機能，さらにはタンパク質の翻訳後修飾などの様々な機能を有している．興味深いことは，これらの機能が一連の脂質代謝制御の中で行われていることである．例えば，生体膜の主要な構成成分の一つであるグリセロリン脂質は，ホスホリパーゼA2の働きにより脂肪酸とリゾリン脂質に分解され，それぞれからエイコサノイドやリン脂質性のシグナル分子が産生される．エイコサノイドや遊離脂肪酸の一部はβ酸化されエネルギー源になったり，アシルトランスフェラーゼによってリゾリン脂質に再エステル化されたりする．また，エネルギー源であるコレステロールや中性脂質からもシグナル分子は産生される．

　著者らが研究課題としている質量分析計（Mass Spectrometry；MS）を用いた脂質メタボローム解析（リピドーム解析ともいう）では，このように生体内で目まぐるしく代謝回転している脂質を個々で捉えるのではなく，包括的に組織全体で捉えることで生体機能を解明することを目指している．しかし，恒常的に変動していく代謝分子を解析するには，いくつかの条件を満たさなければいけない．まず一つは，測定対象とする代謝分子群を生体からどのようにして回収率よく安定に抽出するか，次にこの分子群にどのような測定法を適用するかである．最も難しいのは得られた情報からどのようにして分子を同定し，その量的変化を可視化するかである．これらには多くの知識，経験とそれを基にした大量データ処理のための解析ツールが必要とされる．本稿では，著者らが用いている脂質メタボローム解析手法と同定のための検索ツール，さらには最近開発した酸化脂肪酸の包括的測定方法について，その原理と特性を解説するとともに，生体試料の前処理などの関連技術についても紹介する．

[*1]　Hiroki Nakanishi　東京大学　大学院医学系研究科　メタボローム寄付講座　研究員
[*2]　Ryo Taguchi　東京大学　大学院医学系研究科　メタボローム寄付講座　客員教授

第9章 脂質メタボロミクスとその応用

2 脂質メタボローム解析法

質量分析計を用いたメタボローム解析[1,2)]では，測定したい対象物の範囲をどのように設定するかで試料前処理とLC条件が異なってくる。それ故に，測定したい対象物がどのような化学的性質を持つかを十分に理解した上で実験を始めなければいけない。

脂質の分析が難しいのは，脂溶性物性であるために扱いにくいという点と，非常に多くの構造類似体が存在するという点にある。例えば，グリセロリン脂質はグリセロールを骨格とし，脂肪鎖と極性基を持つ。極性基の種類により PC (phosphatidyl choline)，PE (phoaphatidyl ethanolamine) などのクラスに分類され，sn-1 の脂肪鎖の結合様式によりアシル型，アルキル型，アルケニル型（プラズマローゲンともいう）などのサブクラスに分類される。また，脂肪鎖の鎖長や不飽和度により多くの分子種が存在する。

以下に著者らが実際に用いている脂質解析手法と，その解析データに対応した検索ツールについて解説する。なお，本稿で用いているLCの応用例はすべて RPLC (Reverse Phase LC) を使用している。

2.1 グローバル解析法

グローバル解析法は，個々の研究課程において少なくとも一度は適用されるべき手法であり，一定の抽出条件でLCにより分離されてくる分子群にフォーカスをあてた包括的解析である。しかし一度に多くの分子が検出されるため，ある程度の経験がなければ分子の同定にいたるまでは難しい。初心者でも簡単にできる解析方法として，分離溶出してきた分子を質量電荷比と溶出時間による擬似的2次元マップで表示する方法がある（図1）。この解析法は，どのような分子群が溶出しているかをその位置から容易に推定することができ，なおかつイオン強度を色の濃淡で表示するため比較対象サンプル間での差スペクトルを取ることで変動分子を見つけやすくターゲットを絞り込むのに適している。ただし，サンプル間の標準化を正しく行わなければ誤った同定を生む危険性があるので注意が必要である。また，ある程度スキャン速度が速く質量精度の高い質量分析計で実用性が発揮されるデータディペンデントイオンスキャン法を用いれば，プレカーサーイオン分析と同時にイオン強度の高い順に自動 MS/MS 分析することで複数のプロダクトイオンの情報も得ることができる[3)]。これにより，プレカーサーイオンだけでは同定できない分子もプロダクトイオンの情報から同定が可能となる。一方で，MS/MS 分析のできないシングル質量分析計でもイオン化の際にかける電圧を制御することでインソースコリジョンを利用したプロダクトイオンの情報を得る（MS/MS 分析ではないため安定したプロダクトイオンは得られにくい）ことができ，おおよその分子種の推定が目的であれば十分に実用可能である。

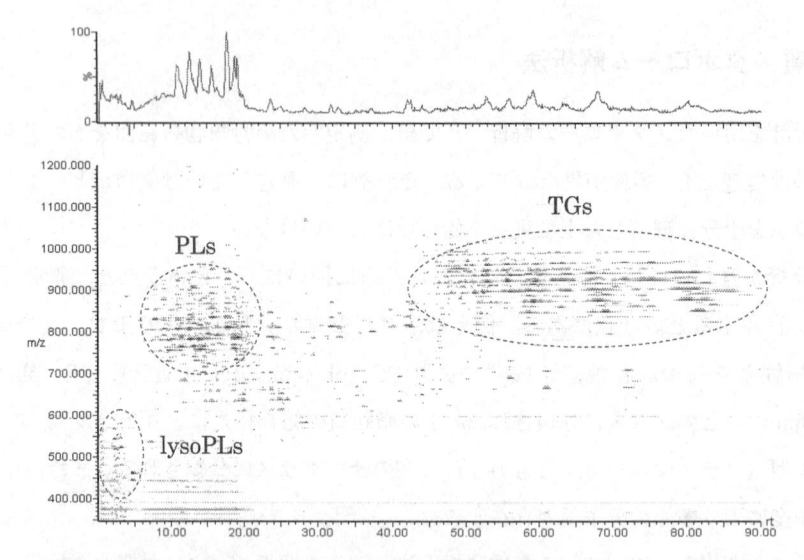

図1 RPLC（逆相）-MSを用いたラット肝臓由来脂質の2次元マップ分析
縦軸は m/z，横軸は溶出時間，色の濃淡はピークの強度を示す。膨大な数の分子種を溶出時間と質量によって分離できる。rt：保持時間
測定はウォーターズ社製のLCT（Q-TOF）の正イオンモードで行った。

2.2 グループ特異的解析法

　第2の手法は，三連四重極型質量分析計（triple-stage quadropole MS；TSQMS）のMS/MS分析を利用したグループ特異的同定法であり，プレカーサーイオンスキャン（precursor ion scanning）やニュートラルロススキャン（neutral loss scanning）を用いて，ある特定のフラグメントイオンや特定のニュートラルロスを持つプレカーサーイオンのみをすべて検出する方法である。著者らはこの測定法をリン脂質解析に応用して，LCを用いずに脂質混合物サンプルから極性基特異的検出として「total lipid, PC, PE, PS, PG, PI」を，脂肪酸特異的検出として「total lipid, 16：0, 16：1, 18：0, 18：1, 18：2, 18：3, 20：3, 20：4, 20：5, 22：4, 22：5, 22：6」（対象サンプルによってスキャンする極性基または脂肪酸は変える）を各1サイクル5分程度で測定し，1サンプルの主要リン脂質の同定をわずか10分程度で行っている（図2）[4〜6]。2つの方法の利点は，LCを用いなくても主成分のおおよその同定が可能な点である。最近ではLCと組み合わせることで一度に得られる同定数を大幅に増加させての測定も行っている。ただし，この手法は簡便かつ迅速な測定法であるが，使用できる質量分析計が限られているなどの難点もある。

2.3 個別分子特異的解析法

　第3の手法は，選択的反応モニタリング（selected reaction monitoring；SRMまたはmultiple

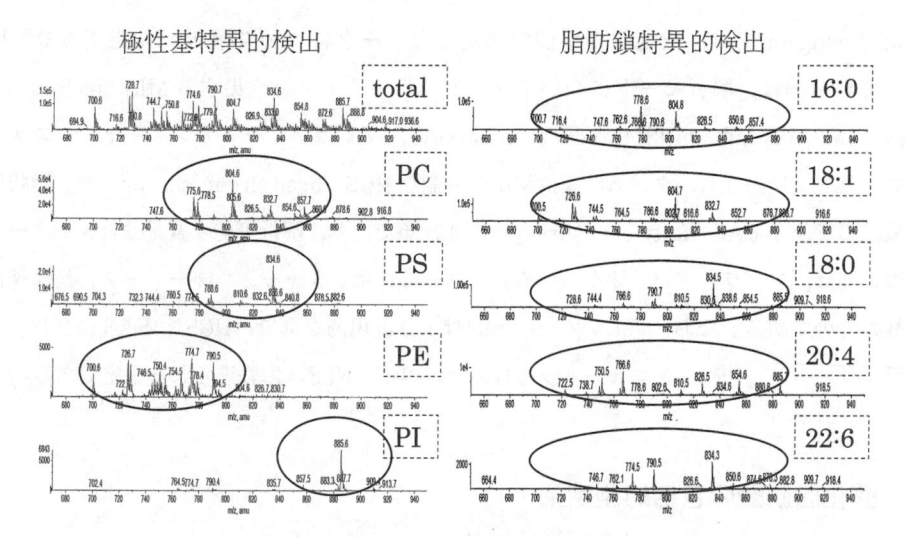

第9章 脂質メタボロミクスとその応用

図2 グループ特異的解析法
LC分離しなくても，プレカーサーイオンスキャンやニュートラルロススキャンを用いて混合物中から各リン脂質クラスのピークを検出することができる。
測定はアプライドバイオシステム社製の4000Q-TRAPの負イオンモードで行った。

reaction monitoring；MRM）と呼ばれ，特定のクラス内の特定分子種分子を対象とした個別かつ特異的同定法である。これもTSQMSでのみ可能な手法で，特定のm/zを持つプレカーサーイオンとそこから生じた特徴的なプロダクトイオンのm/zの組み合わせを用いてスキャンするため，高いシグナル／ノイズ（S/N）比が得られ，定量法としても用いることができる。元来この手法は，標準試料があるものに対して定量的に解析することを目的とした解析手段であるが，著者らはこの手法が個別分子特異的な高感度検出法であるのを活かし，標準試料が入手できない分子であっても，類似構造物からプレカーサーイオンとプロダクトイオンを理論的に予測し仮想データベースを作ることで拡張MRMとして網羅性を加味した手法として用いている。

2.4 データ解析法

　質量分析は一度に多くのm/z値の情報を得ることができるが，それ故にそれぞれの代謝分子を効率よく同定する検索ツールが必要とされる。著者らはそれぞれの解析データに対応したデータベースと検索エンジンを公開している（http://lipidsearch.jp）。この検索ツールではm/z値とイオン強度のテーブルを貼り付けて行う検索と，測定データファイルを指定し読み込ませて行う検索の2種類を用意している。さらに，この検索ツールとLipid Navigator（測定データファイルを解析することのできるツール，三井情報㈱との共同により開発）とを一体化させることにより自動解析が可能な検索ツールとして改良した。

Lipid Navigator では，数種類の手法で測定したデータについて解析が可能である．現在適応しているのは，解析モードについてプレカーサーイオンを検出する MIS（molecular ion survey），MS/MS などの PIS（product ion survey），プレカーサーイオンスキャンやニュートラルロススキャンのうち，クラス特異的検出の可能な HGS（head group survey）や，脂肪酸特異的検出の可能な FAS（fatty acyl survey）の 4 種類であり，解析可能な質量分析メーカーの機器については，アプライドバイオシステムズ，サーモフィッシャー，ウォーターズ，島津製作所の 4 社のものである．なお，新しいバージョンはより汎用的な形で，HGS と FAS はプレカーサーイオンサーベイ（PRS）とニュートラルロスサーベイ（NLS）に整理される予定である．

3　酸化脂肪酸の包括的測定系

細胞内で微量に生じた過酸化水素やスーパーオキサイドなどの活性酸素種が様々な細胞応答のシグナル分子となることは知られているが，シグナルの実行分子や生成部位，生成酵素，調節酵素に関してはほとんど明らかになっていない．その中で，脂質酸化は酵素的・非酵素的に複雑なプロセスを経て起こり，不安定な多種の分子を生成する．しかし，これら数多く存在する酸化脂質の中から生理活性を持つ分子や疾患などの原因となる障害性に働く分子を分離・同定することは非常に困難である．著者らは，その中で様々な疾患や生理機能に関わる脂質メディエーターであるプロスタグランジン（prostaglandin；PG）やロイコトリエン（leukotriene；LT）などのアラキドン酸代謝物と最近新たな生理活性脂質として注目されている $\omega 3$ 系の多価不飽和脂肪酸であるエイコサペンタエン酸（eicosapentaenoic acid；EPA）[7～9] やドコサヘキサエン酸（docosahexaenoic acid；DHA）[7, 10] の酸化代謝物に着目して，質量分析計を用いた酸化脂肪酸の包括的測定系を開発した．これまでエイコサノイドなどの各酸化脂肪酸の定量は ELISA を用いて測定されているが，ELISA は簡便で高感度という利点がある一方，コストがかかり頻繁に多用できないこと，特異的な抗体が存在しないものは測定できないこと等の欠点もある．著者らが行っている質量分析計を用いた測定は，最初の初期費用（質量分析計一式）こそかかるが，その後は低コストでさらに一度に数十種類もの酸化脂肪酸を一斉に定量できるといった利点がある．ここでは，実際に行っている測定方法をサンプルの前処理なども含めて紹介する．

3.1　固相抽出法によるサンプル前処理

生体組織や培養細胞から脂質を抽出する際には，メタノール（組織量に応じる）で組織をホモジナイズした後，エイコサノイド内部標準（重水素標識）を添加・撹拌し，氷上でおよそ 1～2 時間程度抽出を行っている．メタノール溶解画分を塩酸含有水（pH 3 以下）で 10 倍希釈した後，

第9章 脂質メタボロミクスとその応用

例）臓器からの酸化脂肪酸画分の抽出
↓ 内部標準（LTB4-d4）添加後,
　　メタノール中でホモジナイズ
↓ 0.1 N塩酸含有水（pH 3以下）で10倍希釈
Sep-pak C18カートリッジ
平衡化
↓ メタノール（20 ml）, 水（20 ml）
サンプル添加
↓ 水で洗浄（20 ml）
抽出
↓ 1. ヘキサン（10 ml）
↓ 2. ギ酸メチル（10 ml）
↓ 3. メタノール（10 ml）

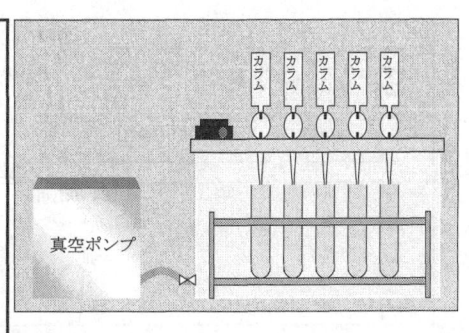

図3　固相抽出法の模式図
固相抽出法はカラムを用いた簡便な抽出方法であり詳細は本文参照とする。図は著者らが使っているエキストラクションマニホールド（Waters社製）の簡略図。

すぐさま Waters 社製の sep-pak C18 カートリッジに添加し，洗浄の後抽出操作に移る（図3）。抽出は3段階で行い，まずヘキサンで組織中に多い中性脂質やコレステロールを除去し，その後ギ酸メチル溶媒で酸化脂肪酸画分を溶出，最後にメタノールでカラムにまだ残っているリン脂質などを溶出する。各溶媒で溶出した画分は窒素ガスで溶媒除去後，メタノールに再溶解し分析する。すぐに分析しない時は－80℃で保存しておく。

3.2　酸化脂肪酸同定法

カルボキシル基（-COOH）を共通構造として持つ酸化脂肪酸は，負イオンモード（negative ion mode）の ESI（electrospray ionization）では脱プロトンにより容易に［M-H］$^-$イオンを生じる。酸化脂肪酸のような低分子化合物を高い精度で定量的に測定するには MRM 法が有効な解析手法となる[11]。前述したように MRM は, 2つの四重極質量分離部をコリジョンセル（collision cell；衝突室）を挟んで直列に接続した構成を持つ三連四重極質量分析計でのみ可能な測定法で，第一の質量分離部（Q1）で選択した特定の m/z を持つプレカーサーイオンをコリジョンセル内（q2）で不活性ガス分子（窒素ガスやアルゴンガスなど）と衝突させ，生じたフラグメントイオンを第二の質量分離部（Q3）で分析する。つまり，Q1 と Q3 はともにスキャン動作を行わず（したがってスペクトルは得られない），それぞれ特定の m/z を選択的に通過させるマスフィルタとして固定される。例えば Q1：m/z 351, Q3：m/z 271 に固定することで構造特異的な分子として PGE2, PGD2 をモニタすることができる。また，Q3 を m/z 195 に変えることで PGE2 と Q1：m/z 351 が同じである LTB4-20hydroxy を，Q3：m/z 195 のまま Q1 を m/z 335 にすることで LTB4 を特異的にモニタすることができる（図4）。著者らは一度の MRM でおよそ70種類

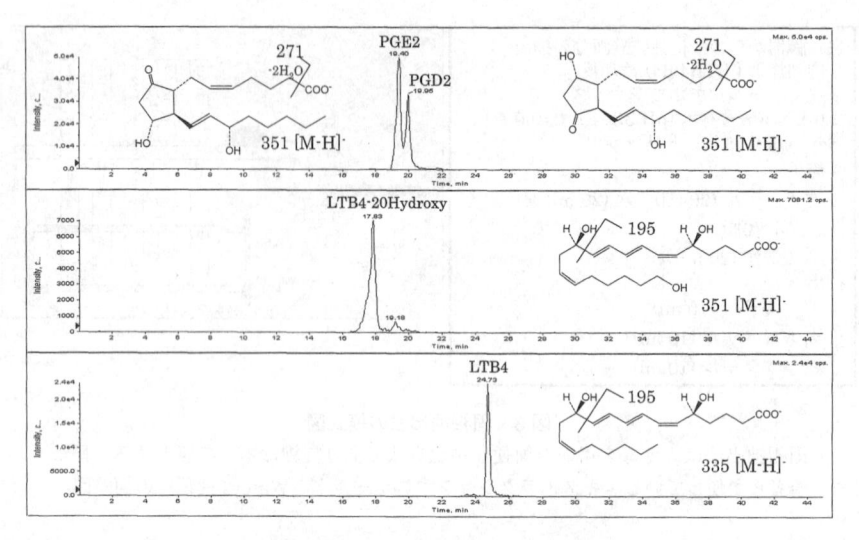

図4 MRMによる酸化脂肪酸の同定法
MRMは特定のm/zを持つプレカーサーイオンとそこから生じた特徴的なプロダクトイオンのm/zの組み合わせを用いてスキャンする定量性の高い検出モードである。図はPGE2, PGD2, LTB4-20HydroxyとLTB4の測定例を示す。

以上の酸化脂肪酸を測定している。

3.3 MRMの利点とLCによる分離の意義

PGE2とPGD2は水酸基とケト基の位置が異なる構造異性体であるため非常に類似したMS/MSフラグメントパターンを示す。そのためMRMによって区別されず，LCの保持時間による識別が必須になる。各酸化脂肪酸のモノハイドロキシ体とエポキシ体も同様の問題上，LCでの分離が余儀なくされる。一方で，水酸基の位置が異なる構造異性体であるモノハイドロキシ体にはLCの保持時間がほとんど違わないものも存在するが，特徴的フラグメントが異なるためMRMで同定可能となる（図5）。

また，LCで分離する最大の利点はイオン化抑制の問題である。ESIでは電圧の印加された液滴中に含まれる目的以外の成分の種類および濃度により目的化合物のイオン化効率は容易に影響され，感度だけでなく定量精度も悪化する。LC分離によりESIの欠点であるイオン化抑制がある程度回避され，感度と定量精度の向上が期待できる。すなわち，ある程度のイオン化抑制を回避さえできれば，一部の構造異性体を除きLCで分離できなくてもMRMの特異性から定量を目的とした高感度測定が可能になる。

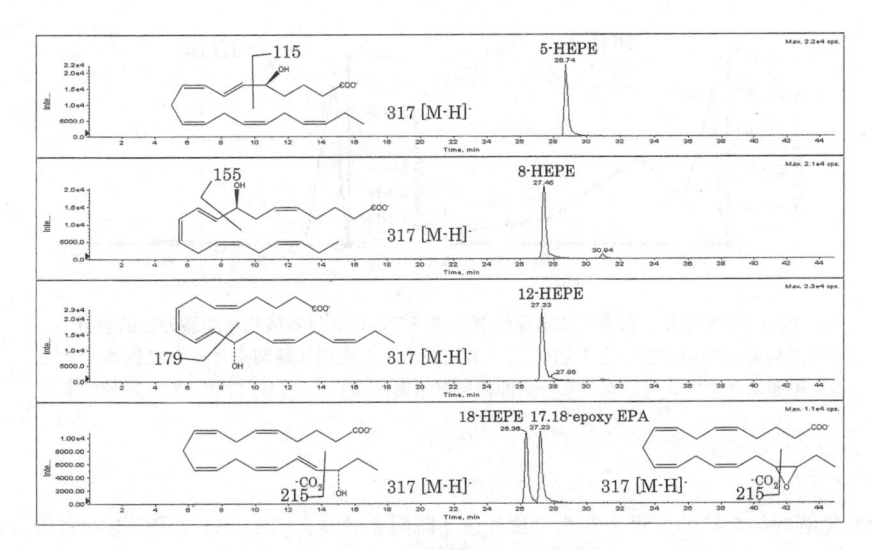

第9章 脂質メタボロミクスとその応用

図5 MRMの特異性とLC分離
特徴的フラグメントを用いることでLCの保持時間が変わらないものもMRMによる同定が可能になる。またLCにより構造異性体であるモノハイドロキシ体とエポキシ体が分離される。

3.4 内部標準法による定量と検出限界

MRMの定量はクロマトグラムのピーク面積を用いて行う。各種内部標準品を用いて検量線を作成し，未知試料中の酸化脂肪酸量を計算する。内部標準品がないものは，類似構造物の内部標準品を用いて半定量的に計算する。著者らが行っている拡張MRMによる包括的解析の場合，1回の測定対象分子数が多いため，一度にすべての分子を定量することは難しい。そのため，サンプル前処理で添加しておいた重水素標識されたエイコサノイド内部標準を用いて回収率や測定時のインジェクション量，イオン化抑制などの誤差を補正し，変動解析後必要に応じて定量を行っている。定量域はイオン化効率などの違いから分子によって多少の誤差は生じるものの概ね5～5000pgオンカラム程度得られており，この検出感度はELISAと比較しても遜色ないものと著者らは考えている。なお，定量域の上限はMSよりもむしろカラムのキャリーオーバーの問題が制限要因となっている。

3.5 急性腹膜炎モデルの酸化脂肪酸解析

前述した解析方法の生体試料への適用例として，急性腹膜炎モデルにおける腹腔内洗浄液より抽出した酸化脂肪酸を解析した結果を紹介する。

C57BL/6Jマウスにザイモサン1 mg/mL（PBS溶解）を腹腔内投与し，急性腹膜炎モデルを作成した。ザイモサン投与後0, 2, 4, 12, 24, 48, 72時間の腹腔内洗浄液を回収後，2～4時間にかけて炎症の指標となる好中球の増加を確認した。固相抽出法により抽出した酸化脂肪酸を

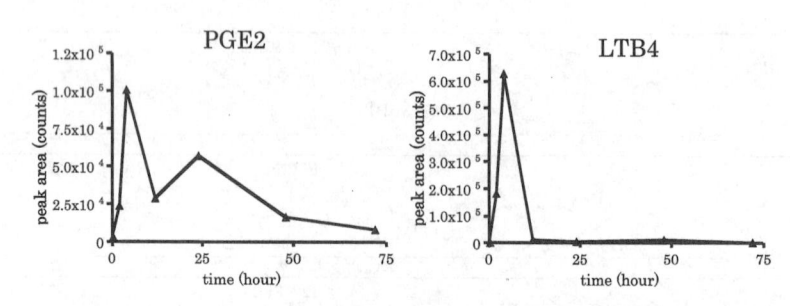

図6 ザイモサン投与による急性腹膜炎モデルにおける酸化脂肪酸の変動解析
マウス腹腔内中のPGE2とLTB4量の増減が急性炎症期4時間をピークに観察できた。
図の縦軸はクロマトグラムのピーク面積を重水素標識したLTB4で補正した数値である。

質量分析で解析した結果，ザイモサン投与後4時間をピークにLTB4やPGE2などの炎症性メディエーター量の増加が認められた（図6）。

現在，炎症性メディエーターのみならず炎症収束期に増加してくる抗炎症性メディエーターも含めて解析中であり，詳細は別の機会に紹介させていただくが，本手法が単独の酸化脂肪酸を定量するだけでは分からなかった複雑な病態・生理機能の解明に役立つことを期待している。

4 新しい手法

LC-MS/MS法を用いた組織中の脂質の包括的解析が進む一方で，分子機能をより明らかにするために分子の局在を見ることの必要性が高まってきている。生体組織や細胞の形態変化などは，顕微鏡を使うことで容易に観測することができるが，その構成成分までを測定することはできない。そこで近年開発され注目を集めているのが，分子分布を可視化することができるイメージングマススペクトロメトリー（質量顕微鏡法）である[12, 13]。この技法は，試料表面上で生成するイオンの質量電荷比を測定することで，1〜100μmの面分解能で分子の分布図を得ることができる。すなわち，顕微鏡で観察した場所の質量分析をすることが可能で，生体組織や細胞の形態情報のみならず，構成成分の情報まで同時に観測することができる。これにより，組織全体ではわかりづらかった変化も正常部位と病変部位の局所で比較することなどで構成分子にどのような変化が起こっているかなどを知ることができる。しかし，イメージングマススペクトロメトリーは主要成分の分析にこそ使えるが，微量成分の分析となると面分解能や感度の向上，測定時間の短縮などの課題も残されており，今後の発展が期待される。現在，著者らはすでに遺伝子解析やプロテオーム解析で使われているレーザーマイクロダイセクションを用いて組織切片から目的の部位のみを切り出し，そこから脂質を抽出することでエレクトロスプレーイオン化による様々な

LC-MS/MS 法を用いた局在分子の測定を試みており，今後イメージングマススペクトロメトリーと併用することでより局所での分子メカニズムの解明につながると考えている。

5 おわりに

　脂質のように多様なミクロヘテロジェネティー（微細な構造上の相違）を持つ代謝分子には，多くの未解明な部分が存在する。本稿では，我々が取り組んでいる脂質メタボローム解析についていくつかの測定方法とその適用例を概説してきた。著者らの研究室では，これまで様々な脂質代謝物に合わせた同定・解析の自動化に取り組んできており，ようやく微量生体サンプルを対象とした解析が可能となってきた。酸化脂肪酸の測定もその一つであり，ここにイメージングマススペクトロメトリーやレーザーマイクロダイセクション等の分子の局在を見ることのできる新しい手法が加わることで，今後加速度的に酸化代謝物を含めた多くの未知脂質代謝物の生理機能や病態への関与が明らかになってくることが期待される。

　本稿におけるザイモサン投与による急性腹膜炎モデルの作成に関して共同研究者の東京大学大学院薬学研究科衛生化学教室の有田誠先生と磯部洋輔君に深く感謝します。また，様々な脂質解析法の確立は多くの当研究室の諸先輩方ならびに研究員・学生によるものである。

文　　献

1) 原田健一ら編，生命科学のためのマススペクトロメトリー，講談社サイエンティフィク，214-230（2002）
2) 田口良，メタボローム研究の最前線（富田勝ら編，シュプリンガー・フェアラーク東京），143-152（2003）
3) T. Houjou, *et al., Rapid Commun. Mass Spectrom.*, **19**, 654-666（2005）
4) M. Ishida, *et al., J. Mass Spectrom. Soc. Jpn.*, **49**, 150-160（2001）
5) T. Houjou, *et al., Rapid Commun. Mass Spectrom.*, **18**, 3123-3130（2004）
6) R. Taguchi, *et al., J. Chromatogr. B*, **823**, 26-36（2005）
7) C.N. Serhan, *et al., Prostaglandins Other Lipid Mediat.*, **73**, 155-172（2004）
8) M. Arita, *et al., J. Exp. Med.*, **201**, 713-722（2005）
9) Lu. Yan, *et al., Rapid Commun. Mass Spectrom.*, **21**, 7-22（2007）
10) V.L. Marcheselli, *et al., J. Biol. Chem.*, **278**, 43807-438176（2003）

11) Y. Kita, *et al.*, *Anal. Biochem.*, **342**, 134-143 (2005)
12) Y. Sugiura, *et al.*, *Anal. Chem.*, **78**, 8227-8235 (2006)
13) S. Shimma, *et al.*, *J. Chromatogr. B*, **855**, 98-103 (2007)

第2編　情報処理技術

第２編　情報処理運用技術

第10章　メタボロミクスデータ解析のための基礎統計学

川瀬雅也*

　これまでの章で見てきたように，メタボロミクスデータの解析は多数のデータについて多数の変数を用いて進められなければならない．しかも，ここのデータ間には，所謂，個体差に相当するものが存在するため，統計的な取り扱いが不可欠となる．本章では，メタボロミクスデータ解析に必要な多変量解析の基礎を解説する．本来なら，1変量の統計学を詳しく解説してから多変量解析に話を移すべきであるが，本書の性格から，統計学の原理というよりも，統計手法を使う上で陥りやすい誤りとその回避法に重点を置き話を進めたいと考えている．各手法の原理を知りたい場合は，章末の参考書をご覧いただきたい．

1　統計学の基礎

　統計学とは，文字通り多数のデータの振る舞いを統べる基準を計る学問である．統計学には記述統計学と推計統計学があり，メタボロミクスで必要なのは後者の統計学である．これから，推計統計学の基本を見ていくが，その前に，読者に是非，知っていただきたい事がある．統計学は，単なる道具であり，使い方を誤れば，得られた数字は何の意味もなさない．つまり，統計のユーザーは，その計算法よりも，出てくる結果を正確に吟味できる能力を持つ事が大切になる．統計解析で得た結果を金科玉条のごとく，盲目的に信じる事は，統計学の本来の利用法ではない事だけを十分に，理解していただきたい．

　統計学の基本は，データの分布である．興味の対象全体を母集団といい，実際には母集団を調査する事は不可能な場合が多く，そこから1部を抽出し，データとする．このデータを標本という．自然界では多くの母集団はガウス分布をとる事が知られており，まず，ガウス分布について説明する．19世紀のドイツの数学者ガウスは，三角測量の誤差を検討しているときに，その分布が図1のような左右対称の山形になることに気が付いた．その後，多くの現象，例えば，身長，体重などのデータ，血液検査値や所得等，がこの分布に従うことが分かってきた．この分布を正規分布もしくはガウス分布と呼ぶ．平均値（μ）と標準偏差（σ）の正規分布を$N(\mu, \sigma^2)$と表し，

＊　Masaya Kawase　大阪大谷大学　薬学部　教授

図1 正規分布

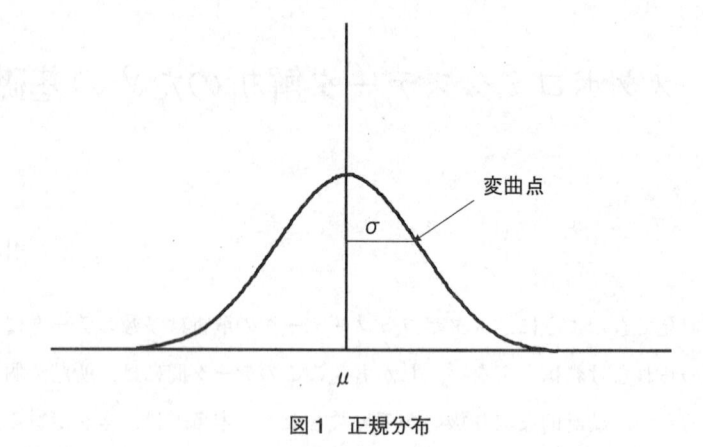

次式で定義される。

$$N(\mu, \sigma^2) = \frac{1}{\sigma\sqrt{2\pi}} e^{-\frac{(x-\mu)^2}{2\sigma^2}}$$

正規分布の性質をもう少し，詳しく説明すると，標準偏差（σ）はちょうど，正規分布曲線の変曲点の値となる。また，正規分布をとる母集団では，

① μ±σの範囲に構成要素の 68.26%
② μ±2σの範囲に構成要素の 95.44%
③ μ±3σの範囲に構成要素の 99.73%

が含まれる。そして，標準偏差の 2 乗（σ^2）を分散と呼ぶ。また，$N(0, 1^2)$ を標準正規分布と呼ぶ。次に，ある分布をとる母集団があるとする。この母集団から無作為に n 個の標本を抽出し，その平均 $\bar{x}$ をとる。

$$\bar{x} = \frac{\sum_i x_i}{n} \quad (x_i は，標本 i の値)$$

十分大きな標本数を用い，平均の分布をとると，$N(\mu, \sigma^2/n)$ に従うことが知られている（中心極限定理）。$N(\mu, \sigma^2/n)$ の平均を 0，標準偏差（σ^2/n）を 1 となるように調整する方が，後々，使いやすく，このようにして作られた分布を t-分布という。

分散と標準偏差が正規分布に従うと考えられる母集団，もしくは，そこから得られた標本集団の性質を表す基本的な量であり，基本統計量と呼ばれている。基本統計量には，この他に平均（標本平均ともいう）がある。平均を求める式は以下の通りである。

第10章 メタボロミクスデータ解析のための基礎統計学

$$\bar{x} = \frac{\sum_i x_i}{n} \quad (x_i は，標本 i の値)$$

である。分散と標準偏差は次のようにして求まる。分散はデータの広がりを表す重要な量であり，計算法と共に，その意味するところを十分理解しておく必要のある量である。

分散や標準偏差を求めるとき，集めた標本についての分散・標準偏差を求めるのか，集めた標本から，その母集団の分散・標準偏差を推定するのかで，計算方法が異なってくる。前者を標本分散・標本標準偏差と呼び，後者を不偏分散・不偏標準偏差と呼ぶ。

$$標本分散 = \frac{\sum_i (x_i - \bar{x})^2}{n} \qquad 不偏分散 = \frac{\sum_i (x_i - \bar{x})^2}{n-1}$$

$$標本標準偏差 = \sqrt{基本分散} \qquad 不偏標準偏差 = \sqrt{不偏分散}$$

ここで，(n-1) は自由度と呼ばれる。ここまでの量は，一般的な表計算ソフトを使えば簡単に求めることができる。後で紹介する R などのソフトでも求めることができる。一番注意しなければならないのは，解析に当たり不偏量を使うべきなのかどうかの判断である。多くの場合は不偏量を使っていれば間違いはないが，時には標本量を使うべき場合もある。この判断は，ケースバイケースで判断すべきであるので，解析の際に思い出していただければと思う次第である。

続いて，本来なら仮説検定・分散分析に話を移すべきであるが，メタボロミクスでは，ほとんど使われないので，この部分は統計学の教科書に任せ，多変量解析に話を移したいと思う。

2 多変量解析

多変量解析には，推測のための手法である重回帰分析や部分最小二乗法（PLS）と，分類のための手法である主成分分析（PCA）・因子分析・クラスター分析・判別分析や自己組織化マップ（SOM）などがある。これらについて，順に見ていくことにする。

2.1 回帰分析

回帰分析は，多変量データ（$y, x_1, x_2, \cdots, x_n$）において，ある変量を他の変量の関数として，次のように表し，変量間の関係を調べる方法である。

$$y = f(x_1, x_2, \cdots, x_n)$$

変量が2つの場合を単回帰分析，変量が3つ以上の場合を重回帰分析と呼ぶ。

回帰分析は，上記のように分類上は多数の種類があるが，上の関数 f（回帰式）はどの型の回帰であっても，最小二乗法により求めることが可能である。

最小二乗法とは，どんな方法かを理解するため，まず，実測値と回帰式から算出される予測値の関係を調べてみる。当然のことながら，実測値と予測値が一致することはめったになく，差が生じる。この差を残差と呼ぶ。残差の平方和 Q を残差平方和と呼ぶ。回帰式が，最もよく変量間の関係を説明できるようにするには，この残差平方和 Q を最小にしなければならない。逆に言えば，「残差平方和 Q が最小になるように求められた回帰式が，変量間の関係を，最も上手く説明している」と，言うことがいえる。大抵の場合，回帰式は各変量に係数を掛けたものの和として表すことができる。つまり，

$$y = au + bv + cw + \cdots + d$$

である。実測値を y_i とし，このときの各変量の値を $(u_i, v_i, w_i, \cdots)$ とすると y_i に含まれる残差 ε_i は，次のようになる。

$$\varepsilon_i = y_i - (au_i + bv_i + cw_i + \cdots)$$

このような関係にあるとき，Q を最小にするような係数 $(a, b, c, \cdots, d)$ を求めるには d 以外の係数で Q を偏微分した値が全て 0 となる係数 $(a, b, c, \cdots)$ の組を求めればいいことになる。つまり，変分法を用いればいいわけである。つまり，d 以外の係数で次のように Q を変微分し，

$$\frac{\partial Q}{\partial a} = 0$$

$$\frac{\partial Q}{\partial b} = 0$$

$$\frac{\partial Q}{\partial c} = 0$$

$$\vdots$$

この結果をまとめた次の行列方程式を解けばよい。

$$\begin{pmatrix} s_u^2 & s_{uv} & s_{uw} & \cdots \\ s_{uv} & s_v^2 & s_{vw} & \cdots \\ s_{uw} & s_{vw} & s_w^2 & \cdots \\ \vdots & \vdots & \vdots & \ddots \end{pmatrix} \begin{pmatrix} a \\ b \\ c \\ \vdots \end{pmatrix} = \begin{pmatrix} s_{uy} \\ s_{vy} \\ s_{wy} \\ \vdots \end{pmatrix}$$

このときに共分散を計算する必要があり，例えば，x と z の共分散は，

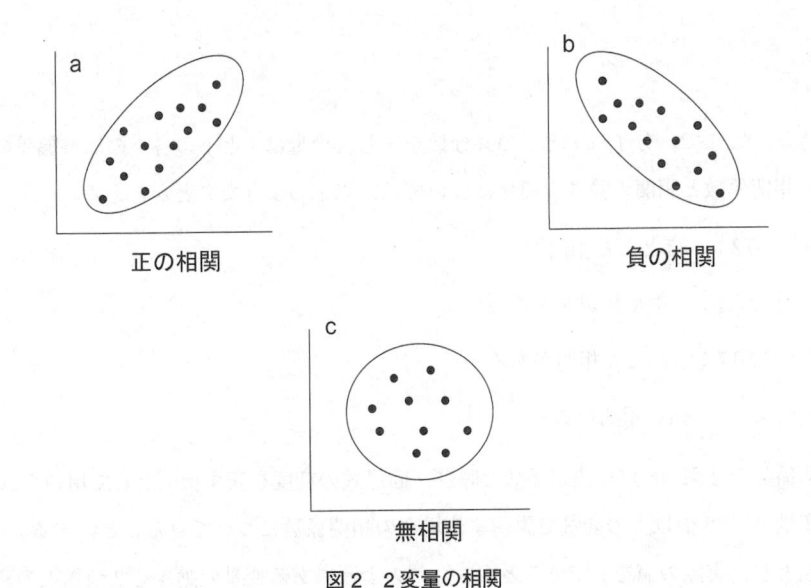

第10章 メタボロミクスデータ解析のための基礎統計学

図2 2変量の相関

$$s_{xz} = \frac{\sum_i (x_i - \bar{x})(z_i - \bar{z})}{n-1}$$

となる。$\bar{x}$, $\bar{z}$ はそれぞれ変量 x と z の平均である。n は標本数である。

詳しい計算法は省略するが，一般的な連立方程式の解法により重回帰式を得る事ができる。また，回帰式の精度の評価に重要なパラメータに相関係数・決定係数がある。

2.1.1 相関係数

回帰分析を行なう対象となるデータは，変量間に何らかの関わり（相関関係）が認められるデータである。図2を見ていただきたい。この図は，2変量の場合を記したものであり，その各変量の値を座標の値として，平面上にプロットしたものである。一方の変量が増加すると他方の変量も増加する a の場合を"正の相関"があるという。この逆で，一方の変量が増加すると他方の変量が減少する b のような場合を"負の相関"があるという。これら a, b いずれの場合も，回帰分析の対象となる。これに対して，c のように，両変量の値の変動の間に，何の関連も見られないような場合は，"相関がない"，もしくは"無相関"と呼ばれる。

定性的には，散布図を書いてみて，その様子から判断できるが，定量的には，どのようにすればいいのか。この回答は，相関係数を求めることで，定量的議論ができるわけである。

今，変量 A と変量 B の組があるとする。変量 A と変量 B の値を各々 x, y とし，変量 B の動きを変量 A で説明する場合を考える。変量 A，B 間の相関係数（r）は，

$$r = \frac{s_{xy}}{s_x s_y}$$

で計算できる。ここで，分子は x と y の共分散を表し，分母は x と y の各々の標準偏差の積を表している。相関係数と相関の強さの関係については，以下のようなことが言える。

$0 \leq |r| < 0.2$： ほとんど相関がない

$0.2 \leq |r| < 0.4$： やや相関がある

$0.4 \leq |r| < 0.7$： かなり相関がある

$0.7 \leq |r| \leq 1$： 強い相関がある

また，相関係数の2乗（r^2）を決定係数と呼び，回帰式の精度を表す指標として用いられる。

次に，変量Aを2つ以上の変量で説明する場合の相関係数について見ることにする。$\hat{y}$ を変量Aの予測値とし，実際の値を y であるとする。このようにある変量の動きを2つ以上の変量で説明する場合の相関係数を重相関係数（R）と呼び，次式により求めることができる。

$$R = \frac{s_{y\hat{y}}}{s_y s_{\hat{y}}}$$

上記の2変量の場合と同じく，分子は実際の値と予測値との共分散，分母は実際の値の標準偏差と予測値の標準偏差の積である。R の値の解釈も，上記の r と同様である。R の二乗である R^2 も決定係数と呼ばれる。

2.1.2 重回帰分析の実際

重回帰分析はデータセットにおいて，変量が3つ以上あり，その内の一つの変量の動きを，残りの変量で説明したい場合に用いられる。もちろん，全ての場合に，重回帰分析が有効であるという意味ではなく，重回帰分析ではなく，他の多変量解析手法が有効である場合も多々あるので，「何を解析するか，そのためにはどの手法が適切か」を解析者が，まず，十分に理解していることが必須であることは言うまでもない。

重回帰分析では，ある変量（目的変量と呼ぶ）の動きを他の残りの変量（説明変量と呼ぶ）の線形結合で説明する手法である。目的変量（y）を，説明変量（$u, v, w, \cdots$）で説明する場合，次の等式が結果として得られる。

$$y = au + bv + cw + \cdots + d$$

ここで，a, b, c は係数（偏回帰係数と呼ぶ）であり，d は定数である。偏回帰係数が大きければ，その説明変量の寄与が大きいと判断できる。偏回帰係数は，先に説明した最小二乗法により求めることができる。また，定数 d は，全ての偏回帰係数を求めた後，目的変量と説明変数の平均値

を偏回帰係数の値と共に，先に説明した通り回帰式に代入することで求めることが出来る。

重回帰分析の精度（当てはまりのよさ）は，決定係数で評価できる。しかし，重回帰分析において決定係数を使う上での注意が必要である。それは，「決定係数は説明変量の数が増えると自然と値が大きくなる」という欠点を持っている点に注意しなければならないことである。つまり，ある目的変量の値を2つの説明変量で説明するよりも3つの説明変量で説明する方が，決定係数が大きくなり，精度が見かけ上，高くなるということを意味している。しかし，説明変量の数が増えれば増えるほど，本当は何が重要なファクターなのかが見えにくくなってくる。そこで，この決定係数の欠点を改善するために，自由度調整済み決定係数が提案されている。決定係数を R^2，データの大きさを n，説明変数の数を k とすると，自由度調整済み決定係数 $\hat{R}^2$ は以下のようにして求めることができる。

$$\hat{R}^2 = 1 - \frac{n-1}{n-k-1}(1-R^2)$$

この係数を用いることで，精度に関しては正当な評価を行なうことができる。

重回帰分析では，度々出会うことであるが，説明変量の単位やスケールが全ての変量で揃っていない場合がある。先の例を使うと，u の単位が％で，v の単位が mg，w の単位が μM というようなことが度々起こる可能性がある。このような場合，偏回帰係数の大小関係から各説明変量の寄与を単純に評価することができない。そこで，重回帰分析では，説明変量の単位やスケールが異なる場合，データの標準化を行なう必要がある。説明変量 u の i 番目の値を u_i として，その標準化された値を U_i とする。U_i は次式により求めることができる。

$$U_i = \frac{u_i - \bar{u}}{s_u}$$

s_u は説明変量 u の標準偏差，$\bar{u}$ は説明変量 u の平均値である。データを標準化してはじめて偏回帰係数の大小関係を用いた議論の意味が出てくることに留意願いたい。

最後に，もう一つ重回帰分析を行なう上で注意が必要な事項がある。説明変量を選ぶ際に，互いに相関が強いものを共に説明変量として採用すると，解析結果が歪んだものとなり正当な評価が下せなくなる。この問題を多重共線性の問題と呼んでいる。多重共線性のある説明変量を採用してしまうと，決定係数が高くなり，精度が上ったように見えるので，見逃されがちとなり，解析時に十分な注意が必要である。対策としては，まず，説明変量間の相関係数を調べて，強い相関性を示す変量の組み合わせがあれば，一方だけを説明変量として採用することで多重共線性の問題を回避することができる。

2.1.3　回帰式の検定

実際に，解析結果として得られた回帰式が，目的変量の説明に有用なのか有用でないのかを，

解析の仕上げとして検定する必要がある。この検定は分散分析により行われる。

帰無仮説 H_0 は，回帰式は予測の役に立たない

対立仮説 H_1 は，回帰式は予測の役に立たないとは言えない

である。有意水準を α として検定する。

標本数（データセット数）を n，説明変量の数を p とする。

$$V_{\hat{y}} = \frac{\sum_i (\hat{y}_i - \bar{y})^2}{p}$$

$$V_\varepsilon = \frac{\sum_i \varepsilon_i^2}{n-p-1}$$

を求める。ここで，$\hat{y}_i$ は i 番目の標本の予測値を，$\bar{y}$ は実測値の平均値を表している。ε_i は，最小二乗法のところで説明した i 番目の標本における残差である。$V_{\hat{y}}$ を回帰分散，V_ε を残差分散という。この検定における検定統計量は，

$$F = \frac{V_{\hat{y}}}{V_\varepsilon}$$

であり，この統計量は自由度 $(p, n-p-1)$ の F 分布に従うことが知られている。つまり，F の値が有意水準 α・自由度 $(p, n-p-1)$ の F 分布のパーセント点の値よりも大きければ帰無仮説が棄却され，求めた回帰式が有効であると検定される。

以上の説明にあるように，回帰分析の仕上げは，回帰式の検定であり，回帰式が得られたことで安心するのではなく，検定で有効性を確認することを忘れてはいけない。

2.1.4 部分最小二乗法（PLS）

重回帰分析における多重共線性の問題や説明変量がデータ数に比べて多い場合に見かけ上，決定係数が大きくなる問題を解決する方法として考え出されたのが部分最小二乗法（PLS法）である。PLS法の特徴は，説明変量から，後で説明する主成分分析などを用いて小数の潜在変数を作り出す点にある。この少数の潜在変数を用いて回帰分析を行なうのがPLS回帰法である。

潜在変数を作る段階で相関の強い変量がまとめられるため，多重共線性の問題が解決されるわけである。説明変量の数も潜在変数にまとめるので，回帰に用いる変量の数も減り，決定係数が見かけ上，大きくなる事が回避される。

潜在変数（T）は，説明変量（x_i）の線形結合で作られる。

$$T_j = \sum_i w_{ji} x_{ji} \qquad \|W\| = \sqrt{\sum_i w_{ji}^2} = 1$$

となる．重み（W）のノルムが1という条件下で目的変量のベクトルと潜在変数のベクトルの内積が最大（つまり共分散が最大）となるように重みを決める．この決定法は，後で説明する主成分分析の中で用いるラグランジュの未定乗数法による．

PLS回帰は，上記のように後で説明する主成分分析と同じ考え方で潜在変数を作成し，この潜在変数を用いて重回帰分析を行う方法である．基本的には重回帰分析と主成分分析の理解があれば，原理の理解としては十分である．主成分分析の項を見ていただければ分かるが，一般に潜在変数ベクトル同士は直交していない．潜在変数ベクトル同士が直交するようにすれば，通常のアルゴリズムよりも潜在変数の作る空間での共分散が大きくなり，少数の潜在変数の組み合わせで多くのデータを説明することが出来る場合がある．このような観点で作られたのがOPLSである．また，PLSで作られる潜在変数を用いて，これも後で説明する判別分析を行う方法がPLS-DAである．メタボロミクスではPLS，OPLS，PLS-DA，OPLS-DAなどの方法がよく使われる．

これら4つのPLSの応用法は，線形手法であるが，線形手法だけでは説明の出来ない場合もあり，非線形のQPLSやKernel PLSなどが開発されている．必要に応じて適した方法を選択する必要がある．

PLS，QPLSは船津らの開発したChemish（http://www.cheminfonavi.co.jp/chemish/）に装備されており，Kernel PLSはフリーソフトR中に装備されている．この他の手法は，ネットワーク上を調べればアルゴリズムなどが散見されるので，これを参考にすれば，比較的容易に組むことが可能である．

また，同じような考え方で変量間の関係あるいは変量の寄与をより明確に解析する手法として共分散構造解析などもある．共分散構造解析については，フリーソフト付の書籍（http://ssl.ohmsha.co.jp/cgi-bin/menu.cgi?ISBN = 4-274-06551-0）もあるので，必要な場合に試してみることが出来る．共分散構造解析とPLSの違いは，前者が変量間の関係を解析者が設定し潜在変数の数を決めるのに対して，後者は，ソフトが決める点にある．

PLSのより詳細なアルゴリズムについては，既に絶版になってしまっているが，宮下芳勝・佐々木愼一著「ケモメトリックス－化学パターン認識と多変量解析」（共立出版）に詳しくあり，この本に勝る記載は今のところ見られない．是非，図書館などでご一読いただきたい．

2.2 主成分分析

主成分分析は多数のデータを説明するため，得られた変量を合成して，全体を説明するのに適した小数の変量を作り出す分析法である．主成分分析では，データの分布の分散が最大となるように得られた多くの変量を合成して数個の説明変量を作り出し，分析を行なっていく．

どのようにして分散が最大となる変量を合成するのか．この方法について見ていくことにする．

今, n個のデータがあり, 各々にm種類の変量 $\{x_1, x_2, \cdots, x_m\}$ が観測されているとする。つまり, $S_i(i=1, 2, \cdots, n)$ というサンプルにおいて $\{x_{ij} | i=1, 2, \cdots, n ; j=1, 2, \cdots, m\}$ という変量が観測されているわけである。主成分uが上記のm種の変量の線形結合で与えられるとする。

$$u = a_1 x_1 + a_2 x_2 + \cdots + a_m x_m$$

主成分分析は, データの分散を最大にする成分としてuを求めるわけであるので, uの分散を計算することにする。uの分散をs_u^2とすると,

$$s_u^2 = \frac{1}{n-1}\sum_i^n (u_i - \bar{u})^2 = \frac{1}{n-1}\sum_i^n \sum_j^m a_j^2 (x_{ij} - \bar{x}_j)^2$$

となる。係数は以下の条件を満たし,

$$\sum_j a_j^2 = 1$$

s_u^2を最大にしなければならない。ラグランジュの未定乗数法により係数を求める。

$$L = s_u^2 - \lambda \left(\sum_j a_j^2 - 1 \right)$$

係数をベクトル$a = (a_1, a_2, \cdots, a_m)$とし, 各変量間の分散・共分散行列を$S$とすると, 連立方程式は,

$$Sa^t = \lambda a^t$$

となり, 固有値問題に帰着される。この解を大きな方から$\lambda_1, \lambda_2\cdots$とする。最大の$\lambda_1$の与える主成分を第1主成分, λ_2の与える主成分を第2主成分と呼ぶ。以下同様である。何番目の主成分までを考える必要があるかについては各主成分の寄与率を第1主成分から順に足して行き, その合計(累積寄与率と呼ぶ)の値が0.8を超えるまでを考慮すればよい。第i主成分の寄与率は, 第i主成分の分散値を各変量の分散の和で割ったものと定義され, 累積寄与率は第i主成分までを全て足したものと定義される。

$$\text{第}i\text{主成分の寄与率} = C_i = \frac{s_{u_i}^2}{\sum_i s_{x_i}^2} \qquad i\text{番目までの累積寄与率} = \sum_j^i C_j$$

次に, 主成分が決まるということは, 各変量の係数が決まることでもあり, 係数が決まれば, その主成分の下での各データ(サンプル)の値を求めることができる。この値を主成分得点と呼ぶ。この得点を全てのデータについて計算し, 平面状にプロットすることで視覚化して分類に用いる

第10章　メタボロミクスデータ解析のための基礎統計学

ことができる。主成分分析も先にあげた Chemish や R で計算を行なうことが可能であり，高価なソフトの購入の必要はない。

2.3　因子分析

先に見た，主成分分析は変量の合成によりデータを説明するための座標軸を決める手法であった。つまり，主成分分析の座標軸は，変量の合成であるため，それ自体の解釈に自由度があり論理を構成しやすい反面，その解釈の根拠に弱さもあり慎重さも要求される。この点は，本書では取り上げないが，数量化理論第3類やコレスポンデンス分析と共通している。これに対し，因子分析は，まず，データの説明のための小数の因子（共通因子）を設定する。共通因子の設定は，解析者の腕の見せ所である。実際の，因子分析では，因子数の設定だけで進むが，数を設定するということは，具体的な共通因子の想定無しではできないので，事実上，共通因子を設定していることになることに留意いただきたい。詳しい計算法は章末の参考書に譲るが，得られる結果は設定した共通因子の得点であり，主成分分析のときと同じように取り扱うことができる。

また，因子分析の特徴として，主成分分析では許されない解の調整，つまり，解の座標軸の回転が許されている。この調整法の一つがバリマックス法である。バリマックス法により解を調整することで，非常に因子間の差をはっきりと示すことが可能となる。

2.4　判別分析

判別分析は数的な変量データから質的データを分類する手法である。判別分析においてよく利用される方法は，線形判別関数による方法とマハラビノス距離による方法である。

線形判別関数による分析では，データは直線もしくは平面で分割される。簡単のために2つの変量で判別を行なうものとする。今，n 個のデータがあり，これを A, B 2 組に分ける問題を考える。判別に用いる変量を x, y とする。直線 $ax+by+c=0$（分割直線）により，データが n_A 個と n_B 個に分割されたとする。

$$n_A + n_B = n$$

である。i 番目のデータの xy 平面上での座標を (x_i, y_i) とする。また，この座標を用いた

$$w_i = ax_i + by_i + c$$

を，i 番目のデータの判別得点という。この得点の正負でデータがどちらのグループに入るかを判別するわけである。

データ全体の分散を s^2 とする。グループ A および B の分散を各々 s_a^2, s_b^2 とする。全データ

の平均を $\bar{w}$, グループAおよびBの平均を各々 $\bar{w}_A$, $\bar{w}_B$ とする。

$$S_T = S_1 + S_2 = (n-1)s^2$$

$$S_1 = n_A(\bar{w}_A - \bar{w})^2 + n_B(\bar{w}_B - \bar{w})^2$$

$$S_2 = (n_A - 1)s_a^2 + (n_B - 1)s_b^2$$

が得られる。S_1 はグループ間の距離，S_2 はグループ内の稠密度を表している。

線形判別モデルを用いる手法では，S_1 を最大にするような分割直線を求めるようにする。この方法は，

$$F = \frac{S_1}{S_2}$$

の最大値を求めることになる。これは，最小二乗法の項でも出てきた変分法を用いて計算する。

$$\frac{\partial F}{\partial a} = \frac{\partial F}{\partial b} = 0$$

より，各係数が求まる。定数 c は A，B の各グループの平均座標の中点を分割関数が通るとして求める。つまり，分割関数が座標 $(\frac{\bar{x}_A + \bar{x}_B}{2}, \frac{\bar{y}_A + \bar{y}_B}{2})$ を通るとするわけである。このようにして求めた分割直線より，各データの判別得点を計算し，どちらのグループに入るかを決定するわけである。

次に，マハラビノス距離による方法について説明する。マハラビノス距離とはインドの数学者マハラビノスが考案した数学的距離であり，判別分析において重要な距離である。

1変量（x）の場合のマハラビノス距離（D）は，データが正規分布に従うことを前提に，次のように定義される。

$$D^2 = \frac{(x-m)^2}{s_x^2}$$

ここで，分子の x はデータの値，m はデータの平均値，分母はデータの不偏分散を表す。また，2変量（x，y）の場合は，

$$D^2 = \begin{pmatrix} x - m_x & y - m_y \end{pmatrix} \begin{pmatrix} s_x^2 & s_{xy} \\ s_{xy} & s_y^2 \end{pmatrix} \begin{pmatrix} x - m_x \\ x - m_y \end{pmatrix}$$

第10章 メタボロミクスデータ解析のための基礎統計学

となる。変量数が増加しても，2変量の場合と同じく，実測値とその平均値の差のベクトル $A = (x_1 - m_1 \ x_2 - m_2 \cdots x_n - m_n)$ と変量間の分散共分散行列 B を用いて，

$$D^2 = AB^{-1}A'$$

と，定義される。では，マハラビノス距離とは何を意味しているのかというと，この距離が大きいほど，集団の中心から離れる，言い換えれば，そのグループに属する確率が低くなることを意味している。つまり，判別分析においては，データはマハラビノス距離の短い方のグループに属すると判断されることになる。マハラビノス距離による判別では，グループ間の境界は，先程の，線形判別モデルとは異なり，曲線もしくは曲面となる。

判別分析においては，当然のことながら判断にミスが出ることもある。どの程度のミスが出るかを評価することも重要な事項である。このような評価において用いられる指標が，判別的中率と誤判別率である。この両者には，

(判別的中率) ＝ 1 －(誤判別率)

という，関係がある。判別的中率の定義は，

$$(\text{判別的中率}) = \frac{\text{正しく判別されたデータ数}}{\text{全データ数}}$$

である。この値が0.9以上なら，よい判別が行なわれたと考えてよいことになる。

因子分析と判別分析はRに組み込まれており，高価なソフトを購入しなくても解析を行なうことが可能である。

2.5 クラスター分析

クラスター分析とは，雑多なデータ中で，互いに類似したものを集めてクラスターを作ることで分類を行なおうとする手法である。クラスター分析には，階層的な方法と非階層的な方法の2種類がある。階層的な方法では，図3に示すようなデンドログラムが描かれる。

クラスター分析では，まず，データ間の非類似度が求められる。非類似度は，データ間の距離と考えられ，幾つかの定義がなされている。各距離の定義を次に説明する。距離を求めるためのデータの構成は，次の通りである。変量が $x_i:(i = 1, 2, \cdots, n)$，サンプルが m 個のデータを考える。サンプル i の変量 k における数値を x_{ik} とすると，サンプル i と j の変量 k における距離は，

① ユークリッド平方距離

$$D^2 = \sum_k \left(x_{ik} - x_{jk} \right)^2$$

図3 デンドログラムの例

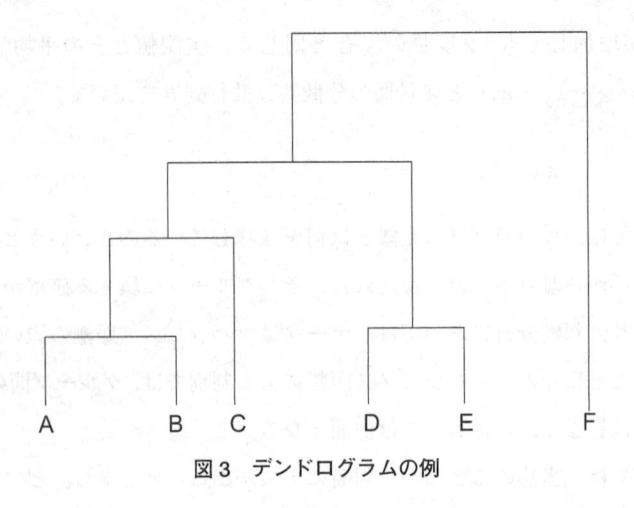

② 標準化ユークリッド距離

$$D^2 = \frac{\sum_k (x_{ik} - x_{jk})^2}{s_k^2}$$

分母は変量kでの分散である。

③ ミンコフスキー距離

$$D = \left\{ \sum_m |x_{im} - x_{jm}|^k \right\}^{-k}$$

k = 2とすればユークリッド距離となる。

この他に,判別分析でも出てきたマハラビノス距離も用いられる。

続いて,図3のようなデンドログラムを作っていく段階で,幾つかのデータがまとめられ,1グループ(クラスター)となる。このクラスターと他のクラスターもしくはデータとの間の距離を定義する必要が生じてくる。今,クラスターAとBがあり,この2つからクラスターCが作られたとする。クラスターCとクラスターXとの距離を定義してみる。この定義にも幾つかあるが代表的な2つの定義をここでは紹介する。クラスター間の距離をD_{ij}と標記する。ここで,i, jは距離を算出する対象のクラスター名である。

① 最短距離法

$$D_{CX} = \min(D_{AX}, D_{BX})$$

第10章　メタボロミクスデータ解析のための基礎統計学

この定義は，それぞれのクラスターに含まれるデータ間の距離全てを求め，その中で最小の値をとることを意味している。

② 最長距離法

$$D_{CX} = \max(D_{AX}, D_{BX})$$

この定義は，それぞれのクラスターに含まれるデータ間の距離全てを求め，その中で最大の値をとることを意味している。

以上の距離を用いて，データを分類することで，データの構造や，データの特徴を抽出することが出来る。

2.6　自己組織化マップ（SOM）

データを解析する際に，類似のデータをまとめるクラスター分析がある。最近，他変量のデータを効率よくクラスターにまとめる方法として，自己組織化マップ（SOM）が注目されている。まず，SOMの簡単な原理を紹介しておく。

自己組織化マップ（Self Organizing Map；SOM）は，高次元の入力データの類似関係を主として2次元のマップ上に投影する教師なし分類手法である。

N個のM次元データ，$x_k = \{x_1, x_2, \cdots x_M\}$（$k = 1, \cdots N$）の各データの類似について検討する場合を考える。はじめに，データを投影する対象となるマップを準備する。マップは$d \times l$の格子状になっており格子の数は，データ数と用途に応じて解析者が決める必要がある。

このマップの各格子点の上には，解析するデータと同じ次元の参照ベクトル$m_i = \{m_1, m_2, \cdots m_M\}$が準備される。各$m_i$の格子点状の位置を表す2次元ベクトルとして$r_i = (s, t)$（$s = 1 \cdots d, t = 1 \cdots l$）を定義する。

この最初の時点では，各参照ベクトルのデータは乱数で構成されている。このマップを，データに対応した形に学習させていくのが次の段階である。

この段階では，以下のステップが繰り返される。繰り返しの回数を$t = 1, 2, \cdots, T$と置くとt回目の計算では，

(1) 1つの入力データx_kをこのマップ上の全ての参照ベクトルm_i^tと比較し，そのユークリッド距離$\|x - m_i^t\|$が最も小さくなる格子点を決定する。この格子点をcとすると，

$$\|x_k - m_c^t\| = \min\{\|x_k - m_i^t\|\}$$

(2) 格子点cを中心とし，マップ上の距離が近い格子点の持つ参照ベクトルmが，データx_kと近い値になるように，以下の式を用いて学習させる。

$$mi_i^{t+1} = m_i^t + h_{ci}^t [x - m_i^t]$$

この h_{ci}^t は近傍関数と呼ばれ，格子間のマップ上の距離 $\|r_c - r_i\|$ と，計算回数 t で定義される。$\|r_c - r_i\|$ が大きい c から離れた格子では h_{ci}^t が0になり学習が行われない。また計算回数が大きくなると，h_{ci}^t が0になり，計算が収束する。h_{ci}^t には幾かの式が提案されており，そのうち2つを紹介すると，

① c からの位置が一定の範囲 N_c に含まれる格子の参照ベクトルに同程度学習させる方法で，

$$h_{ci}^t = \alpha(t) \ i \in N_c^t, \ h_{ci}^t = 0 \ i \notin N_c^t \ (0 < \alpha(t) < 1)$$

となる。$\alpha(t)$ は t の増加と共に単調減少し0に近づく。N_c^t の範囲も同様に小さくなる。

② 比較的，汎用されている関数で，ガウス関数を用いた以下の式で定義される。

$$h_{ci}^t = \alpha(t) \exp\left(\frac{-\|r_c - r_i\|^2}{2R(t)^2}\right)$$

$\alpha(t)$ は学習率と呼ばれる値で，$R(t)$ は上記の N_c^t と同様に学習させる範囲を定義する値である $\alpha(t)$ および $R(t)$ は回数 t の増加に応じて単調に減少する。

(3) 上記 (1)，(2) の手順を n 個のデータ x について行い，1サイクルとする。

　以上の手順で，構築されたマップの参照ベクトル m_i^T と各データを比較し，$\|x - m_i^T\|$ が最も小さくなる格子点上に，データをプロットしていくと，類似のデータが，近くの格子点に集まった結果のマップが得られる。

　この手順により得られたマップを検討して，各データの解析に用いるわけである。

　SOMを実際に使用する場合の最も大事な注意事項はマップの大きさである。どの程度のマップにするかで，得られる結果が大きく異なる。そのため，幾つかのマップを作製して，どの大きさが適当かを検討する必要がある。

　SOMは開発者のKohonenがフリーでソフトを配布しており，最近，その解説書も日本語に翻訳された。章末の参考書をご覧いただきたい。Windowsで動くソフトも配布されており，誰でも使うことができるようになっている。

3　まとめ

　メタボロミクスで用いる統計解析法について解説を行ってきたが，最後に，一番重要なことをまとめてみたい。

第10章　メタボロミクスデータ解析のための基礎統計学

　統計解析法は，非常に重要であるが，その結果は単なる数値処理の結果であることを忘れてはならない。結果を金科玉条のごとく振り回して議論を進めるのではなく，得た結果を，別の観点から十分に吟味し，得た統計解析の結果に矛盾がないことを確かめた上で，解析結果を活用する心構えが大切である。

　そのためには，ここに記載した程度の各方法の原理と特徴は知っておいてほしいと思うしだいである。また，全てに万能の解析法もないことを十分に理解いただきたい。

文　　献

1) 森真，田中ゆかり，なっとくする統計，講談社（2003）
2) 石村貞夫，すぐわかる統計解析，東京図書（1993）
3) 前野昌弘，三国彰，図解でわかる統計解析，日本実業出版（2000）
4) 涌井良幸，涌井貞美，図解でわかる回帰分析，日本実業出版（2002）
5) 涌井良幸，涌井貞美，図解でわかる多変量解析，日本実業出版（2001）
6) 木下栄蔵，多変量解析入門，近代科学社（1995）
7) 朝野煕彦，入門多変量解析の実際，講談社サイエンティフィック（2000）
8) Kohonen 著，徳高平蔵 他監，自己組織化マップ（改訂版），シュプリンガー・ジャパン（2005）

第11章　生物種-代謝物関係データベース：KNApSAcK

真保陽子[*1,2], 高橋弘喜[*1], 田中健一[*1], 草場 亮[*1], Md.Altaf-Ul-Amin[*1],
Aziza Kawsar Parvin[*1], 旭 弘子[*3], 平井 晶[*1,2], 黒川 顕[*1], 金谷重彦[*1,2]

1　はじめに

　現在，約500種の生物のゲノム塩基配列が明らかにされている。これらのゲノム情報の計算機処理の必要性からバイオインフォマティクス研究がはじまり，ゲノム情報に基づいた生体分子を要素と規定することにより生物をシステムとして記述する研究へと展開されている。生命を分子レベルでシステムとして理解するためには，RNA・DNA・代謝物質などの生体物質を要素として，基質-生成物，発現制御関係などの要素間の関係を解明する必要があり，細胞全体あるいは組織全体についての要素間の関係を理解するためには網羅的かつ悉皆的に要素間の関係を記述しかつ推定することが必要とされるため情報科学の役割はきわめて重要である。生命システムの普遍性および多様性を理解するためには，膨大なゲノム情報はもとより，実験技術の進歩に伴うポストゲノム解析により集積する様々で大量な分子生物学データ（インタラクトーム，トランスクリプトーム，メタボローム）を統合し，信頼性の高い要素間の関係を推定する試みが重要となる。遺伝情報の流れに従ったこれらのオーム研究の関係（図1）に示されているように，生物の表現型（フェノーム）をいかにゲノム情報に基づいた要素により説明するかがゲノムサイエンスの課題ともいえる。ここで，注目すべき点は，分子レベルとしての表現型の記述としてのメタボロームの役割である。ゲノムサイエンスにおいて生物学と化学を融合することはきわめて意義深いことを示している。現に，この数年の間に，生物学と化学を融合しケミカルバイオロジーという新たな分野が進展しつつある。生体分子を要素として生命システムを記述するためには，トランスクリプトーム解析においては遺伝子の発現プロファイルによる類似性を把握することが必要とされる。また，同様にメタボローム解析においても細胞内で協調して存在する生体小分子を把握し代謝経

[*1]　奈良先端科学技術大学院大学　情報科学研究科　情報生命科学専攻　比較ゲノム学講座
[*2]　JST-BIRD 研究員
[*3]　バイオテクノロジー開発技術研究組合　研究員

Yoko Shimbo, Hiroki Takahashi, Kenichi Tanaka, Ryo Kusaba, Md.Altaf-Ul-Amin,
Aziza Kawsar Parvin, Hiroko Asahi, Aki Hirai, Ken Kurokawa, Shigehiko Kanaya　教授

第 11 章　生物種-代謝物関係データベース：KNApSAcK

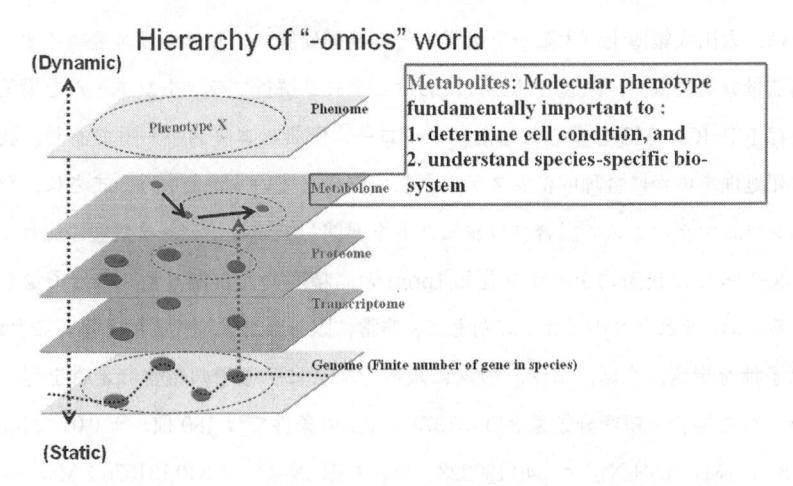

図1　オミックス研究の階層

路との関係を細胞全体あるいは組織全体について理解することが必要とされる。また，遺伝子の発現情報と各々の生体小分子量との関係を把握することは，種々の外的環境に対する生物の適応過程を理解するためにも重要となる。これらの大量な高精度分解能データの内容を体系的に把握するためには要素間ネットワーク解析を含む多変量解析法が重要な役割を果たしつつある。このことを踏まえて，本解説では，代謝物データベースに関するメタボローム解析を中心としたバイオインフォマティクス技術について紹介する。

　植物界全体における代謝物の種類は数十万種（Pichersky and Gang, 2000）と推定されており，そのうち約 50,000 種については構造決定がなされていると報告されている（Luca and Pierre, 2000）。生物種固有あるいは共通の代謝経路を推定する，あるいは，種々の機器分析から網羅的に測定されたスペクトルデータから代謝経路を推定するには生物種-代謝物関係データベースを構築することがメタボローム解析の効率化を図るために必要とされる。そこで，我々の研究室では，生物種-代謝物関係データベース KNApSAcK の開発を進めている。現在，KNApSAcK データベースには，20,000 種類の代謝物について，42,000 生物種-代謝物関係が蓄積されており，このデータベースを用いた種固有の代謝物解析についても紹介する。

2　メタボローム・バイオインフォマティクス（スペクトル解析）

　メタボローム解析において，組織・細胞におけるメタボライトを種々の分析機器により測定することにより測定結果をスペクトルデータとして得る。このスペクトルデータの情報処理がまずはじめにメタボローム解析におけるバイオインフォマティクスとして必要とされる。我々

の研究室では，太田大策博士（大阪府立大学）との共同研究によりフーリエ変換イオンサイクロトロン共鳴質量分析装置（FT-ICR-MS）におけるデータ解析プラットフォームを構築した。太田大策博士はFT-ICR-MSを中心としたメタボローム解析のエキスパートであり，我々の研究室はその情報処理をいかに合理的にシステムとして開発していくかという，まさに，分子生物学とバイオインフォマティクスの融合プロジェクトを展開している。データ処理の流れを図2に示す。FT-ICR-MSでは代謝物をイオン化し1ppmの高精度で代謝物イオンの分子量を測定することができるため，それぞれのイオンに対して，非常に限られた候補代謝物を得ることができる。例えば，原子種を炭素，水素，窒素，酸素に限った場合に，原子の結合に矛盾を起こさぬように分子式を求めた場合，精密分子量340.131073 ± 0.1の条件では180種，± 0.01では18種，± 0.001では3個（Mw($C_2H_8N_{22}$) = 340.130228；Mw($C_5H_{16}N_{12}O$) = 340.131576；Mw($C_{20}H_{20}O_5$) = 340.131073）となり，1/1000分子量の精度で分子量を決定できれば，候補分子式は3個にまで絞り込むことが可能となる。さらに後述するKNApSAcKデータベース検索における既知代謝物として得られる分子式は，$C_{20}H_{20}O_5$のみであるので，1/1000分子量の精度で分子量が得られれば，一意に候補分子式を得ることができ，さらに生物種-代謝物の関係を整理しておけば，対象とその周辺の生物種での候補代謝物の推定が容易となる。生物の組織あるいは細胞全体をFT-ICR-MSで測定をした場合に，一サンプルあたり数百から数千のピーク（精密分子量ごとの定量データ）を得ることができるため，各々のピークと対応した候補分子式あるいは候補代謝物を迅速に得ることができれば，これらの化学構造情報に基づいた細胞・組織全体の代謝の解釈が容易になる。また，機器分析で得られるデータは実験データであるために一定の変動がそれぞれの精密分子量データに含まれる。この変動を考慮して，複数のサンプル間を比較するためのピーク間の対応づけを行うことができれば，多変量解析などのデータ解析により，実験間の代謝プロファイルの相違を解析することが迅速に達成されることになる。

これらの課題を克服しハイスループットでデータ処理を可能とした解析システムを構築した（図2, DrDMASS+）。このシステムでは，まずはじめに，組織・細胞について測定されたマススペクトルの精密分子量を内部標準物質における精密分子量を用いて実測値を理想値へと変換する（(i) Peak Correction）。続いて，補正された質量値をもとに複数のサンプルにおいて，精密分子量をもとにスペクトルピークの対応づけを行う（(ii) Multivariate data processing）。このようにして，サンプルごとのそれぞれの精密分子量における定量データが行列として表現されるため，サンプル間の類似性を比較解析することが可能となる。そこでサンプル間の類似性の評価として主成分分析およびBL-SOM（(iii) Unsupervised Learning），さらには，表現型などの外的基準を代謝プロファイルにより説明するための定量数理モデル構築のアルゴリズムとしてPartial Least Square（PLS）法（(iv) Supervised Learning）をDrDMASS+に搭載した。ま

第11章 生物種-代謝物関係データベース：KNApSAcK

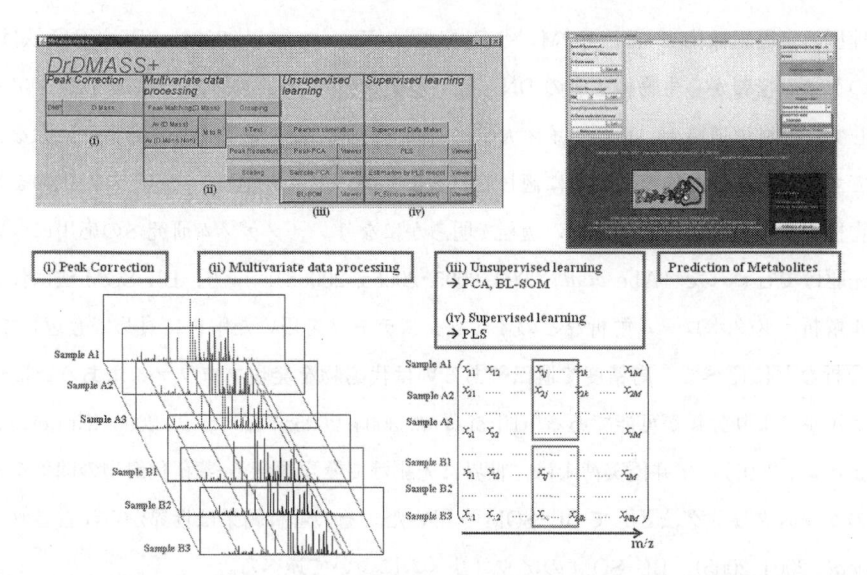

図2 FT-ICR-MSデータ処理プラットフォーム（DrDMASS＋）と生物種-代謝関係データベース

た，KNApSAcK検索システムにおいて直接，FT-ICR-MSにおけるスペクトルデータから候補構造を直接得ることができる．まさに，FT-ICR-MSにより測定された異なったサンプルに対するデータを主成分分析あるいはBL-SOMを用い比較解析し，精密質量における候補代謝物の情報を迅速に得ることが可能となった．DrDMASS＋を用いた解析例はOikawa et al.（2006），Nakamura et al.（2007），Suzuki et al.（2007）により示されている．Oikawa et al.（2006）は，農薬投与に伴った代謝物プロファイリングの比較を主成分分析により検討し農薬投与による代謝の影響の説明に成功した．また，Nakamura et al.（2007）は，代謝プロファイリングにより光の有無による植物体の蓄積物の有意な差を得ることに成功している．このように，生体混合サンプルをもとに代謝物を迅速に推定する一連のプロセスにおける要素技術開発により代謝プロファイリングの迅速かつ悉皆的解析が可能となった．次節では，BL-SOMの代謝プロファイル解析への適用例を示す．

3 一括処理型の自己組織化法（BL-SOM）

自己組織化法（SOM）は多変量からなるデータに基づいて対象を高精度に分類する方法である．記憶のメカニズムを想定しデータの入力順序により解析結果が異なるというオリジナルの自己組織化法のアイデアは，バイオインフォマティクスにおけるデータ解析には必ずしも適さない．そこで，我々の研究グループでは，データの入力順序に依存しない形式の自己組織化法を開発し

一括処理型の自己組織化法(BL-SOM)と名づけた(Kanaya *et al.*, 2001)。BL-SOM法は,非常に大量のゲノム情報から生物種固有のDNA配列特徴を検討するためのクラスタリングアルゴリズムとして,池村淑道博士(長浜バイオ大学)と共同開発した方法であり,非常に巨大なデータにおいても対象の高分解能での分類に適していることが,ゲノム配列が決定された生物を対象とした生物種固有の塩基配列特徴解析の過程で明らかになり,メタゲノム研究への応用についても世界に先駆けて行われた(Abe *et al.*, 2003, 2005, 2006a, 2006b)。一方,BL-SOM法は代謝プロファイル解析,メタボローム解析などのオミックスデータを用いた解析に対しても適しており,主成分分析などに比べて,高精度で遺伝子あるいは代謝物を発現プロファイルあるいは代謝物プロファイルにより分類が可能である(Hirai *et al.*, 2004, 2005; Yano *et al.*, 2006; Kim *et al.*, 2007; Morioka *et al.*, 2007)。平井優美博士は,世界に先駆けて発現遺伝子-蓄積代謝物の関係を把握するためのクラスタリング法としてBL-SOMを用いた。その解析結果は世界から注目されている(Hirai *et al.*, 2004, 2005)。BL-SOMのアルゴリズムについて述べる。

N個の遺伝子においてM種類の実験条件における発現量を測定した場合に,発現プロファイル・データはN×Mの行列により表現することができる。

$$X = \begin{pmatrix} x_{11} & x_{12} & \cdots & x_{1t} & \cdots & x_{1M} \\ x_{21} & x_{22} & \cdots & x_{2t} & \cdots & x_{2M} \\ \cdots & \cdots & & \cdots & & \cdots \\ x_{s1} & x_{s2} & \cdots & x_{st} & \cdots & x_{sM} \\ \cdots & \cdots & & \cdots & & \cdots \\ x_{N1} & x_{N2} & \cdots & x_{Nt} & \cdots & x_{NM} \end{pmatrix} \quad (1)$$

この行列をもとに遺伝子を発現量データの類似性により分類する。いま,s番目遺伝子についての発現プロファイルは,式(2)によりM次元のベクトルにより表現することができる。

$$x_s = (x_{s1}, x_{s2}, \cdots, x_{st}, \cdots, x_{sM}) \quad (2)$$

ここで,x_{st}はs番目の遺伝子におけるt番目の実験における発現量を意味する。いま,M次元空間における遺伝子の分布は,模式的に図3aにより図示することができる。すなわち,N個の遺伝子が,M次元空間に散布されることとなる。このM次元空間の中の遺伝子の分布を最もよく反映するように代表ベクトルを配置する。ただし,この代表ベクトルは二次元格子上に関連づけられて配置されているものとする(図3b)。

まずはじめに通常のSOMについて説明する。ij番目初期代表ベクトルをw_{ij}により表現する。ここで,初期代表ベクトルは二つの下つき文字iとjにより二次元格子上に関連づけられて配置されることを意味する。すなわち,w_{ij}に直接関連づけられている代表ベクトルはw_{i-1j}, w_{i+1j}, w_{ij-1},

第 11 章　生物種-代謝物関係データベース：KNApSAcK

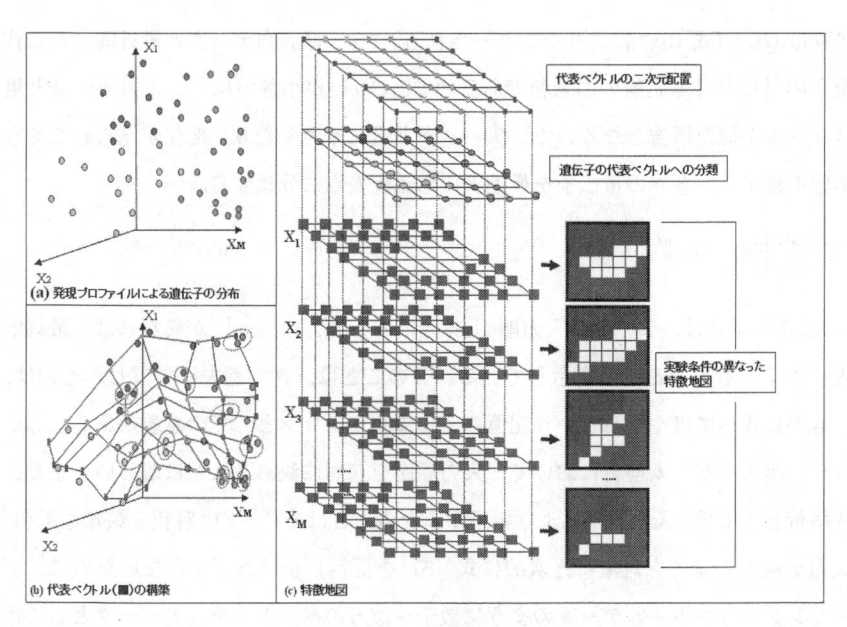

図 3　BL-SOM の概念図
（カラー口絵参照）

w_{ij+1} となる。通常初期ベクトルはランダム値をそれぞれの要素に割り当てることにより設定される。続いて，二つのパラメータ $\alpha(r)$ と $\beta(r)$ により，これらの代表ベクトルを以下の競合学習により更新する。$\alpha(r)$ は0から1の間の値を有するパラメータであり，代表ベクトルを入力ベクトルに近づけるためのものであり，$\beta(r)$ は正の整数を有し，変更する代表ベクトルの範囲を決めるためのパラメータである。これらの二つのパラメータは学習が進むに従って小さな値となるように設定する。

　M 次元空間内で任意の入力ベクトル x_s と最も近隣にある代表ベクトルを選択する。これを $w_{i'j'}$ とする。この代表点の格子の位置 $i'j'$ をもとに変更すべき代表ベクトルを式 (3) および式 (4) により決定する。

$$i' - \beta(r) \leq i \leq i' + \beta(r) \tag{3}$$

$$j' - \beta(r) \leq j \leq j' + \beta(r) \tag{4}$$

式 (3) および式 (4) の条件を満たす代表ベクトルを式 (5) により更新する。

$$w_{ij}^{(new)} = w_{ij} + \alpha(r)(x_s - w_{ij}) \tag{5}$$

学習の過程は $Q(r)$（式 (6)）によりモニターされる。$Q(r)$ は入力データと最近隣にある代表ベクトルの全ての対における距離の二乗和であるので，$Q(r)$ が小さいほど，入力データと更新された代表ベクトルが似た構造となるので，$Q(r)$ が非常に小さくなり，変化が見られなくなったところで学習を終了し，各々の遺伝子を最近隣にある代表点に分類する。

$$Q(r) = \sum_{s=1}^{N} \left\{ \left\| x_s - w_{i'j'} \right\|^2 \right\} \tag{6}$$

式 (5) による学習は，データの入力順 $\{x_1, x_2, \cdots, x_s, \cdots, x_N\}$ が異なれば，最終的に得られる代表ベクトルも異なることを示している。このことは，遠い過去に学習したものは，最近，学習したものに比べてぼやけるという記憶のシミュレーションとしての意義がある。しかし，ゲノムならびにポストゲノム解析において，入力順序を適切に決めることは難しい。また，一般的な多変量解析としては，入力順序により結果が異なることは，データの解釈を煩雑なものとする。また，入力データの全てを対象に逐次的に式 (5) を更新しなければならないために，ゲノムデータ，トランスクリプトームデータのように数千～数万のベクトルを入力データとして用いる場合には，この学習の過程が困難になる。そこで，入力順序の影響を除去し，学習過程を効率化するアルゴリズムを考案した。BL-SOM においては，初期値を主成分分析により設定し，入力ベクトルを代表ベクトルに分類するプロセスと代表ベクトルを更新するプロセスを完全に切り離すことにより学習順の影響を除去し，並列化による学習の効率化を図った。以下に BL-SOM のアルゴリズムを説明する。

3.1 初期ベクトルの設定

初期代表ベクトルを主成分分析法により決定する。いま，M 次元空間に分布する N 個の遺伝子からなる行列（式 (1)）をもとに主成分分析を行い，分散の最も大きな二つの軸を第 1 主成分軸ならびに第 2 主成分軸と呼ぶ。これら二つの主成分ベクトルを b_1 ならびに b_2 とする。主成分第 1 軸および第 2 軸にそって，それぞれ I および J 個からなる合計 $I \times J$ 個の代表点を等間隔に配置する。ここで ij 番目の代表ベクトル（w_{ij}）を式 (7) により表す。

$$w_{ij} = x_{av} + \frac{5\sigma_1}{I}\left[b_1\left(i - \frac{I}{2}\right) + b_2\left(j - \frac{J}{2}\right)\right] \tag{7}$$

ここで，I は，便宜上，主成分第 1 軸の標準偏差の 5 倍の範囲で設定した。また，J は，主成分第 1 軸と第 2 軸の分散の比 $(\sigma_2/\sigma_1) \times I$ に最も近い整数により規定した。式 (7) における x_{av} は入力データの平均値ベクトルである。

第 11 章　生物種-代謝物関係データベース：KNApSAcK

3.2　入力ベクトルの分類

k 番目の入力ベクトル x_k と M 次元空間において最近隣にある代表ベクトルを $w_{i'j'}$ とする。入力ベクトル x_k を

$$i' - \beta(r) \leq i \leq i' + \beta(r) \tag{8}$$

ならびに

$$j' - \beta(r) \leq j \leq j' + \beta(r) \tag{9}$$

を満たす集合 S_{ij} に分類する。全ての入力ベクトル x_k ($k = 1, 2, \cdots, N$) について式 (8) および式 (9) に従って分類を行い、集合 S_{ij} を構築する。

3.3　代表ベクトルの更新

集合 S_{ij} の構築が完了した後、式 (10) により代表ベクトルの更新を行う。

$$w_{ij}^{(new)} = w_{ij} + \alpha(r) \left(\frac{\sum_{x_k \in S_{ij}} x_k}{N_{ij}} - w_{ij} \right) \tag{10}$$

二つのパラメータの設定は Kohonen SOM と同様の方法で設定する。ここで r は、全ての入力ベクトル x_k ($k = 1, 2, \cdots, N$) が集合 S_{ij} に分類されるごとにインクリメントされる。これらの二つのパラメータは、暫定的には、式 (11) および式 (12) のように規定した。ここで、重要なことは、二つのパラメータは共に学習回数（エポック）が増えるに従って減少することである。すなわち、はじめは、大幅に代表ベクトルを変化させ、徐々に最適値へと収束させることとなる。

$$\alpha(r) = \max\{0.01, \alpha(1)(1 - r/T)\} \tag{11}$$

$$\beta(r) = \max\{0, \beta(1) - r\} \tag{12}$$

なお、学習過程は、Kohonen SOM と同様に式 (6) によりモニターする。すなわち、$Q(r)$ が十分小さくなるまで、ステップ (ii) と (iii) を繰り返す。$Q(r)$ が十分小さくなったら学習を終了し、各々の遺伝子を最近隣にある代表点に分類する。

学習過程が終了し、各々の遺伝子を最近隣にある代表点に分類することにより類似の発現プロファイルを有する遺伝子群を得ることができる。代表ベクトルは二次元格子上に配置されているので、配置のトポロジーにより二次元に代表点を配置することができる（図 3c 最上段）。このことにより、M 次元データをトポロジカルな意味で 2 次元にすることにより、人間の目で二次元

地図としてデータの分布を把握することが可能となる。続いて，遺伝子を最近隣の代表点に分類する（図3cの2段目）。発現プロファイルにおいて類似である遺伝子が同一の代表点に分類されているので，近い代表点に分類されている遺伝子における発現プロファイル間には高い類似性があることになる。さらに，M種の実験それぞれについて，各々の代表点に分類された遺伝子の全てが平均以上の時に赤色，全てが平均未満のときには青色として，代表点を塗り分ける（図3cの3段目から最終段）。このように色分けをした図を特徴地図（Feature Map）と呼ぶ。それぞれの実験と対応したM枚の図を比較することにより，発現プロファイルにより実験条件の類似性を検討することが可能となる。このようにして，非線形写像による高分離能で，発現プロファイルの類似性から遺伝子および実験条件の両方をそれぞれ分類することができることが自己組織化法の最大の特徴である。

4 トランスクリプトームおよびメタボロームデータの統合的な解析

細胞や組織全体のトランスクリプトームとメタボロームデータを統合的に自己組織化法（BL-SOM）を用いて解析した例を以下に示す。硫黄が欠乏した状態における植物の遺伝子発現量ならびに代謝物量の時系列データの統合的な解析をした結果を図4に示す。硫黄は植物にとって必須の栄養素であり，硫黄が欠乏すると成長阻害や葉のクロロシス（葉緑素が欠けて黄～白色化する症状）などが起こる。過度の栄養欠乏では枯死してしまうが，ある程度の欠乏状態には適応して生育できる。栄養欠乏状態への適応に関係する遺伝子類の発現の制御ネットワークが解明されれば，そのネットワークを人為的に操作することで，より過酷な栄養欠乏状態に耐性のある植物を作出することが可能と考えられる。硫酸イオンを含む通常培地で3週間栽培したシロイヌナズナを通常培地または硫酸イオンを含まない培地に移し替え，さらに3，6，12，24，48，168時間，栽培を続けて，根と葉の各器官から得られた遺伝子発現データをもとに2種類の器官における6個の時系列データ，すなわち12個の要素を持つベクトルで各々の遺伝子の発現プロファイル，ならびに代謝物量のプロファイルを数値化し解析に用いた。代謝物量については，FT-ICR-MS（フーリエ変換イオンサイクロトロン共鳴質量分析法）により測定された精密分子量ごとの定量データを解析に用いた。図4における特徴地図において，硫黄欠乏状態で12～24時間の間で根および葉の両方で特徴地図の構成が大きく変化している。この時間帯において遺伝子全体の発現量，ならびに代謝物全体における組織内量が有意に変化することが統計的方法からも明らかとなった。図4下の中央図では12時間目ならびに24時間目における特徴地図の差分を表している。我々が開発したBL-SOMでは，任意の2枚の特徴地図間の差分を新たな特徴地図として表現できる。このことにより，各ステージ間で有意に発現量が変化する遺伝子が探索可能

第11章　生物種-代謝物関係データベース：KNApSAcK

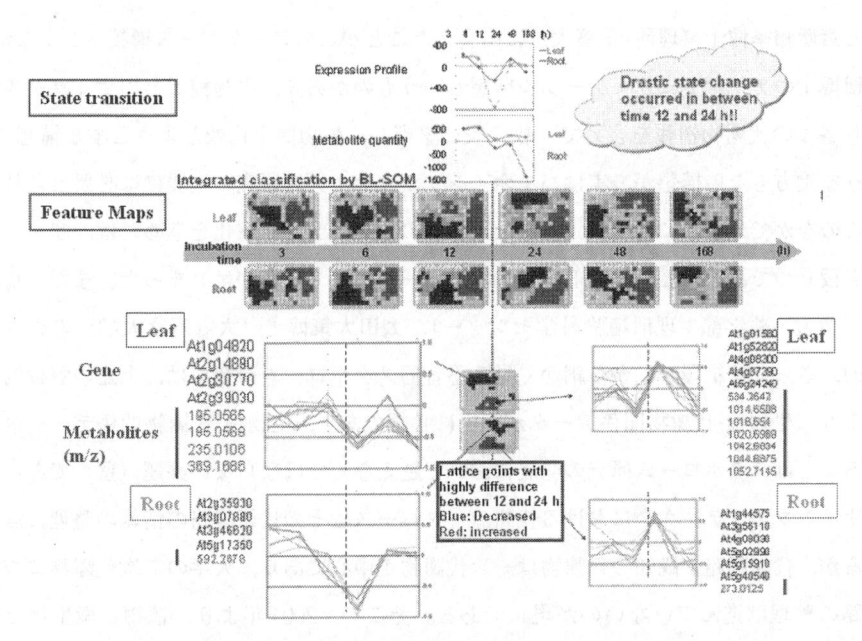

図4　硫黄欠乏下における植物の遺伝子発現量と代謝物量の時系列データの SOM 解析
（データは千葉大学・薬学部・斎藤和季研究室より提供された）

となる。その一例として，葉において 12 ～ 24 時間の間で発現量に有意な差が得られた遺伝子は At1g04820, At2g14890, At2g30770, At2g39030 であり，有意な量的変化が見られた代謝物の分子量は，195.0565, 195.0569, 235.0106, 369.1888 である。これらの遺伝子の発現量と代謝物の定量プロファイルは，協調していることが図より読み取れる。このように BL-SOM により，遺伝子発現ファイルと代謝量プロファイルデータをもとに細胞内の遺伝子発現量と協調した代謝物を体系的に整理することが可能となった。なお，KNApSAcK による検索を行うことで精密分子量と対応した候補代謝物を得ることができる（第2節参照）。

5　生物種-代謝物関係データベース KNApSAcK

現在までに，構造の決定された代謝物は約 50,000 種であると推定されている。これらの代謝物をデータベース化しておけば，生物種固有の代謝物の推定，さらには代謝経路予測の基盤データとして役に立つ。まさに，分子生物学あるいは生化学の問題を情報科学により体系化すべき問題である。しかし，実際にはこのような融合研究は進みにくい。いままでに報告されている生物種-代謝物の関係を体系化し知識発見に応用しようなどという途方もないことをやろうという発想の研究者はそうはいないからである。このような状況の中で，柴田大輔博士（かずさ DNA 研

究所）と斎藤和季博士（理研，千葉大）に出会えたことがこのデータベース構築へとつながった。柴田大輔博士のアイデアにザ・テーブル構想というものがあり，生物種ごとのオミックス情報はもとより各々の代謝物情報を含めて一枚の表に整理し，生物間を比較しようとする構想である。このような途方もない構想が，実はバイオインフォマティクス研究の進展には必要とされるのである。このなかで，過去に構造決定された天然物の知識のデジタル化を進めれば，ザ・テーブル構想にも役立つであろうと考えてKNApSAcKデータベース構築がはじまった。また，斎藤和季博士（千葉大・薬学部；理研植物科学センター），太田大策博士（大阪府立大学）のグループでは網羅的，さらには網羅してかつ細かく見る悉皆的メタボローム研究では，上述の解析例からもわかるように生物種-代謝物関係データが解析に必須であり，生物種-代謝物関係データベースを構築することはメタボローム研究の発展において越えなくてはならない課題（壁）である。世界のバイオインフォマティクスにおける代謝データベースはその代謝経路の情報の整理に焦点をあてているが，代謝経路が既知の代謝物は一次代謝物が中心であり，大半の二次代謝物についての代謝経路の整理は進んでいないのが現状である。そこで，2004年より，植物と微生物を中心に生物種-代謝物の関係について文献情報をもとに整理することを開始し，KNApSAcKと名づけた（Shinbo et al., 2006a, 2006b）。本データベースはケミカルバイオロジーの分野においても紹介されている（Kikuchi et al., 2006）。また，本データベースをもとに有田正規博士（東大・新領域）により代謝経路を考慮した分類システムの構築も進められている。このようにKNApSAcKデータベースは種々の研究目的で利用されるようになった（Yonekura-Sakakibara et al., 2007; Oikawa et al., 2006; Nakamura et al., 2007）。2007年9月12日現在で，約20,000代謝物について42,000対の代謝物と検出された生物種の関係が整理されている。メタボローム研究としての利用についてはすでに第2節で説明したので，ここでは，生物種固有の代謝物の推定解析についてイソフラボノイドを例に説明する。KNApSAcKデータベースでは，フラボノイド-イソフラボノイド類について約7,000代謝物のデータベース化が完了しており，生物種固有の代謝物の探索が可能となっている。フラボノイド-イソフラボノイド類の一種であるイソフラボン類については，マメ目（Fabales）について814対，クサスギカズラ目（Asparagales）については75対，バラ目（Rosales）については12対の順で総計13種の分類目で992対の生物種-代謝物の関係についてデータベースへの登録を完了した。イソフラボン類を母格に持つ代謝物について，マメ目（Fabales）について814対とクサスギカズラ目75対に注目し，二つの生物目の間でイソフラボンを母核とした置換パターンに有意な差があることをPLS法により得ることができた（図5）。図5の左右には，PLSスコアが最小および最大それぞれの5つの代謝物を配置した。これらは，クサスギカズラ目およびマメ目それぞれに最も固有の代謝物であるとPLS法により推定されたこととなり，明らかに異なった置換様式であることが図5より読み取れる。クサスギカ

第11章 生物種-代謝物関係データベース：KNApSAcK

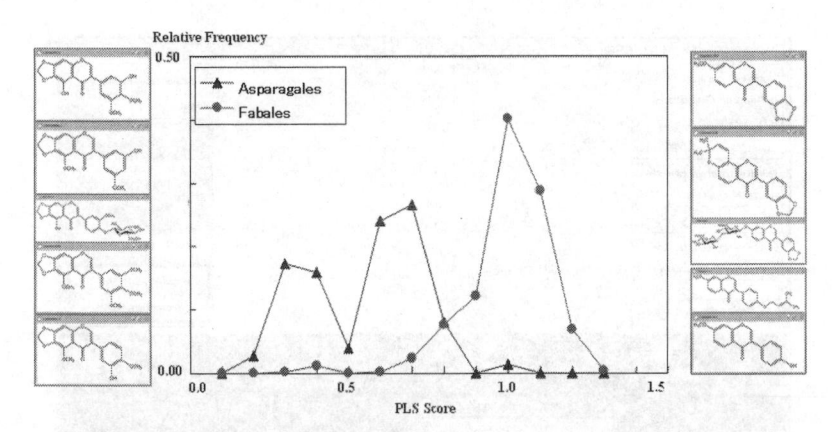

図5 PLS法によるイソフラボンの置換基パターンによる目レベルのメタボライトの分類
それぞれの代謝物を置換基の有無をビット列で多変量により表現し，マメ目に属する代謝物を1，クサスギカズラ目に属する代謝物を0としてPLSモデルを構築した。最大スコアを有する代謝物（マメ目に固有の代謝物）を頻度グラフの右側に，最小スコアを有する代謝物（クサスギカズラ目固有の代謝物）を頻度グラフの左側に構造式で示した。

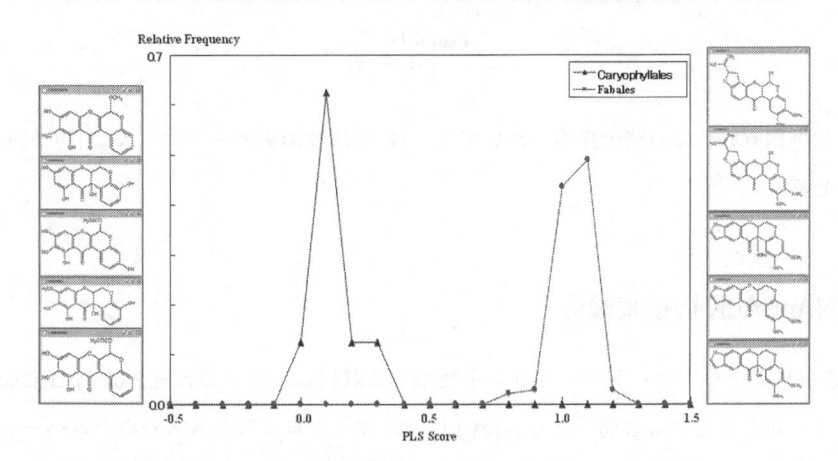

図6 PLS法によるロテノイドの置換基パターンによる目レベルのメタボライトの分類
それぞれの代謝物を置換基の有無をビット列で多変量により表現し，マメ目に属する代謝物を1，Caryophyllales目に属する代謝物を0としてPLSモデルを構築した。最大スコアを有する代謝物（マメ目に固有の代謝物）を頻度グラフの右側に，最小スコアを有する代謝物（Caryophyllales目固有の代謝物）を頻度グラフの左側に構造式で示した。

ズラ目で固有の置換特異性があることを数理解析的に明らかにすることができ，それぞれの目には特異的置換反応を示す代謝経路が存在することが示唆されたことになる。マメ目の145対，Caryophyllales目の8対の生物種-代謝物の関係に基づいたロテノイド母核における置換パターンにおいても二つの生物目の間で置換パターンに有意な差があることがPLS法により示された（図6）。ここで抽出された代謝物をもとに，種固有の代謝経路を推定することが今後の課題となる。

メタボロミクスの先端技術と応用

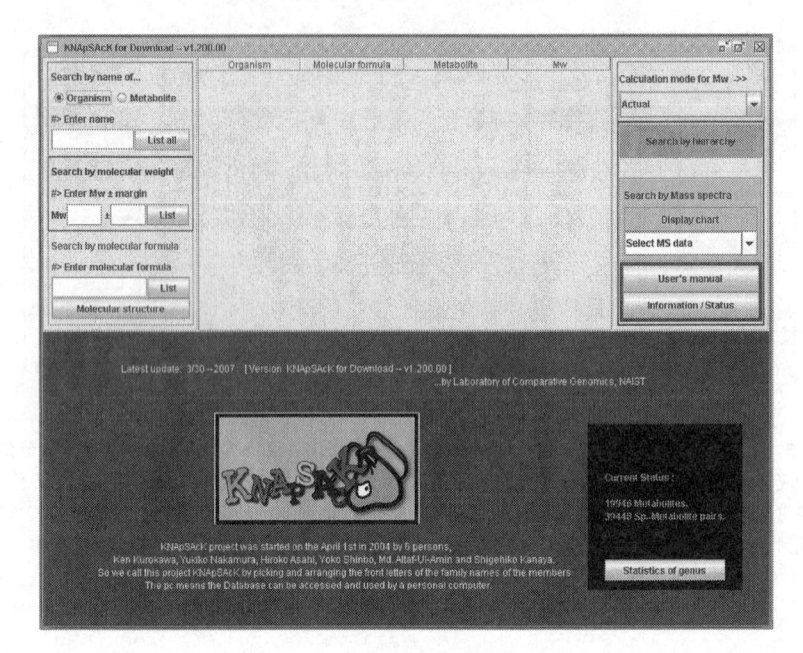

Panel 1a
（カラー口絵参照）

このように種固有の代謝経路の探索において生物種-代謝物関係データベースは不可欠のデータベースである。

6　KNApSAcK の検索機能

　KNApSAcK のダウンロードバージョンを使用する際には，コンピュータに Java j2sdk-1.4.2 がインストールされている必要がある（Java はサンマイクロシステムズのホームページからダウンロードができる ;http://jp.sun.com/）。

　KNApSAcK ダウンロードサイト http://kanaya.aist-nara.ac.jp/KNApSAcK/ からソフトをダウンロードし解凍すると，KNApSAcK_database フォルダが得られる。このフォルダ内は 2 つのフォルダ（spectrum data, taxonomic files）と 2 つのファイル（KNApSAcK.jar, KNApSAcK.gif）から構成される。KNApSAcK.jar をクリックするとソフトが起動する（ただし，インターネットに接続する必要がある）。

6.1　検索方法

　Panel 1a が KNApSAcK のメインウィンドウの，パネル右下には現在の化合物数と化合物-生物種のデータ数が表示される。statistics of genus をクリックすると，それぞれの科（family）に

第11章　生物種-代謝物関係データベース：KNApSAcK

SuperKingdom	Kingdom	Order	Family	# of genus	# of Metabolites
Archaea					
	****	Methanobacteriales	Methanobacteriaceae	1	7
	****	Methanococcales	Methanococcaceae	1	6
Bacteria					
	****	****	****	1	3
	****	Actinomycetales	Micrococcaceae	1	3
	****	Actinomycetales	Micromonosporaceae	2	5
	****	Actinomycetales	Nocardiaceae	1	4
	****	Actinomycetales	Nocardiopsaceae	1	2
	****	Actinomycetales	Pseudonocardiaceae	2	5
	****	Actinomycetales	Streptomycetaceae	1	197
	****	Actinomycetales	Thermomonosporaceae	1	1
	****	Bacillales	Alicyclobacillaceae	1	10
	****	Bacillales	Bacillaceae	1	16
	****	Bacillales	Staphylococcaceae	1	1

Panel 1b

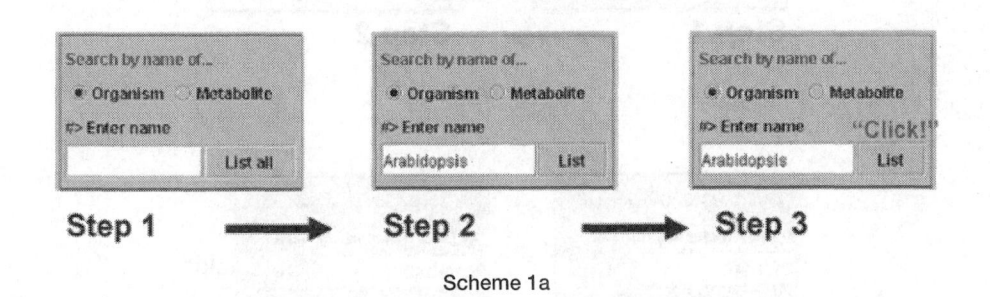

Step 1 → Step 2 → Step 3

Scheme 1a

おいての統計情報が表示され，含まれている属（genus）の数と化合物数を知ることができる（Panel 1b）。

6.1.1　化合物名，生物種名からの検索（パネル左・赤枠）

化合物名，生物種名からの検索では，大文字，小文字の区別は無視されている。生物種は学名で入力する必要がある。

（1a）　生物名からの検索

Organism をチェックし（Step 1 in Scheme 1a），生物種名を入力し（Step 2）次に「List」をクリックする（Step 3）。入力した文字にマッチした生物種に関する情報（化合物名，分子式，分子量，文献等）が中央パネルに表示される。KNApSAcK は部分一致検索が可能であり，生物名の入力の際に名前の全てを入力しなくてもよい（Arabidop と入力すると，Arabidop を含む生物種名である Arabidopsis thaliana 等が検索結果として表示される）。

（1b）　化合物名からの検索

Metabolite をチェックし（Step 1 in Scheme 1b），化合物の名前を入力し（Step 2）次に「List」をクリックする（Step 3）。入力した文字と一致した化合物に関する情報（生物種名，分子式，分子量，文献等）が中央パネルに表示される。生物名からの検索と同様に，KNApSAcK は部分

Scheme 1b

Scheme 2

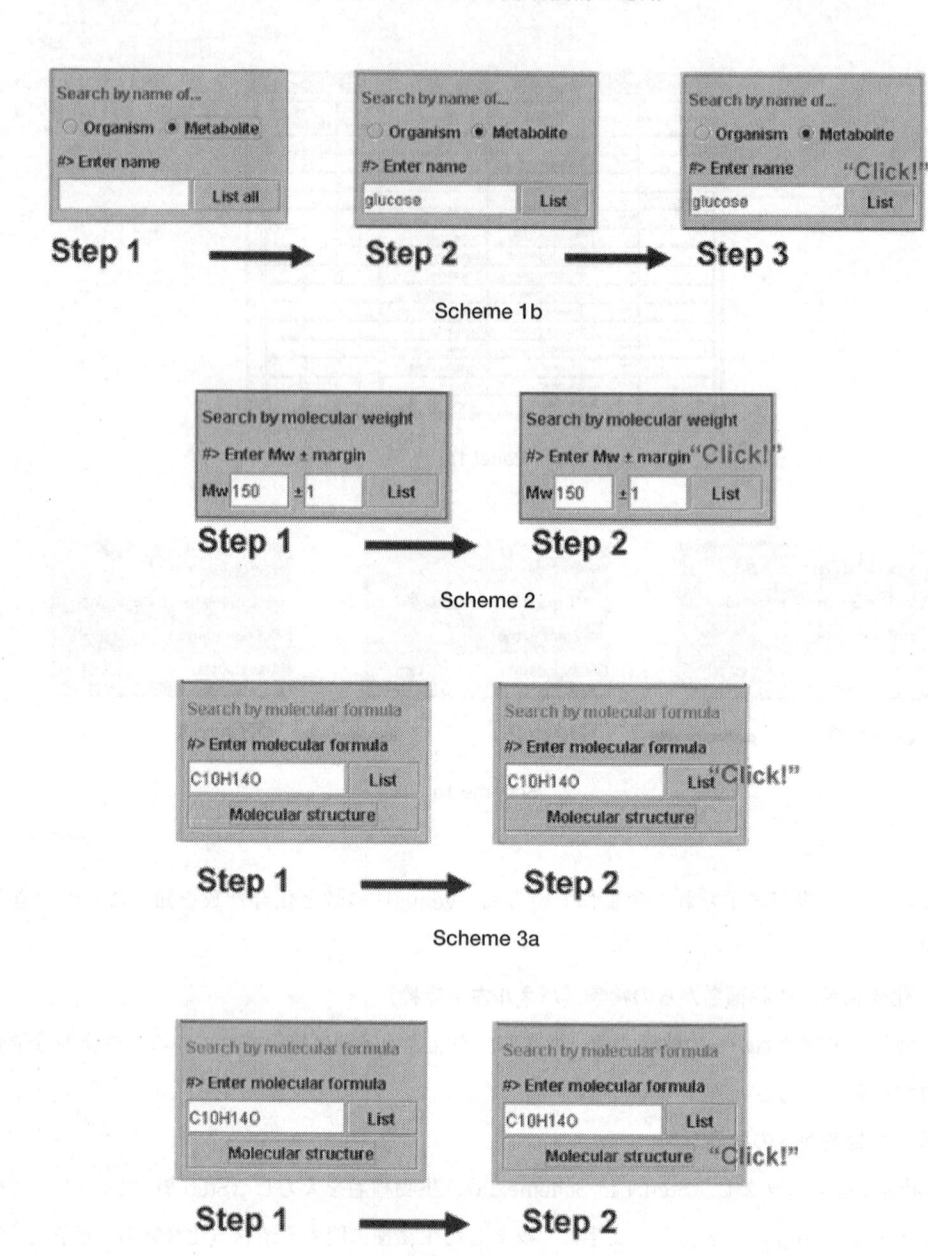

Scheme 3a

Scheme 3b

一致検索が可能である。

(2) 分子量からの検索（パネル左・青枠）

分子量を入力し（Scheme 2での150）とその許容範囲（1）を入力し，「List」をクリックすると，指定された分子量の範囲を満たす代謝物が中央パネルに表示される。

第11章　生物種-代謝物関係データベース：KNApSAcK

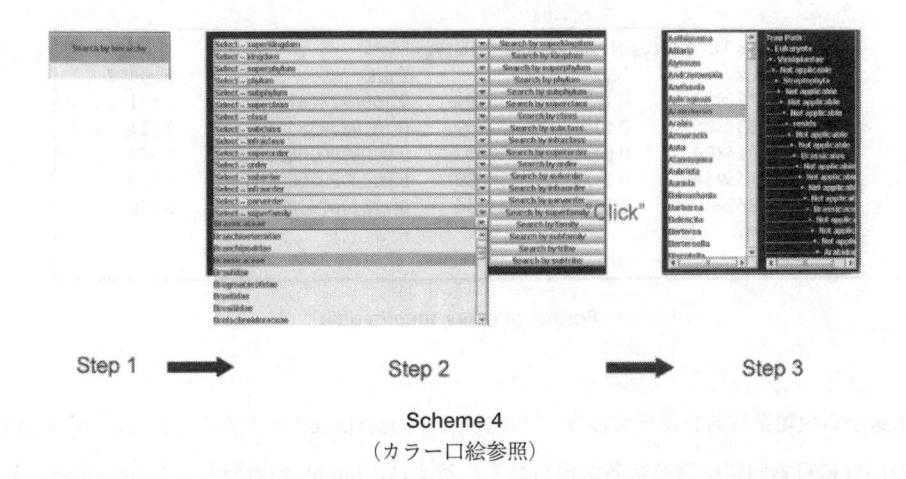

Step 1 → Step 2 → Step 3

Scheme 4
（カラー口絵参照）

Panel 2

(3) 分子式からの検索（パネル左・緑枠）

分子式を入力し（Step 1 in Scheme 3a）Listをクリックする（Step 2）。入力した分子式を持つ化合物が中央パネルに表示される。

分子式を入力した後，「Molecular structure」をクリックすると，入力した分子量を持つ構造式一覧が別ウィンドウで表示される。

(4) 生物階層からの検索

パネル右にあるピンクの枠（Scheme 4 の Step 1）「Search by hierarchy」をクリックすると，各生物階層名が表示される。階層を選択しクリックすると，その階層に含まれている生物系統名が表示される（Step 2）。そのうちの一つを選択し「Search by …」をクリックすると，選択した系統が持つ属名がパネル右下に表示される。属名を選択すると（Step 3）化合物名や分子量といった情報が中央パネルに表示される。なお，生物系統データは NCBI (ftp://ftp.ncbi.nih.gov/pub/taxonomy/) に基づく。

```
:Arabidopsis T87 14days-Negative mode Scaling
:Mean_Mass          Light                 Dark                  Light_2
72.991712720809     0.149765559139204     0.166692818745594     0.151......
73.657442634306     0.106314886454242     0.101988933554578     0.104 ....
95.021470016800     0.087191317809083     0.000000000000000     0.095......
95.312902956934     0.133837666739480     0.000000000000000     0.115......
109.483583624006    0.198405127144166     0.298106748007966     0.200 ....
...... m/z           ......                ......
......               ......                ......
```

Format of mass spectra data

各階層から生物系統名を選択すると,「Search by superkingdom」から「Search by subtribe」までの部分に自動的に生物系統名が振られる。例えば, family の階層から Brassicaceae を選択した場合, order, subclass, phylum, kingdom, superkingdom の表示が「Brassicales」,「rosides」,「Streptophyta」,「Viridiplanta」,「Eukaryota」と自動で表示される。

(5) マススペクトル解析結果からの検索

[マススペクトルデータの形式]

タブ区切りのテキストファイルを作成する。1行目はコメント行で「:」ではじめる必要があり, 2行目は実験名を入れる行で「:Mean_Mass」ではじめる。ファイルの1列目は m/z を, 2列目以降は実験で得られた m/z を入力する。以下は1行目のコメント行に「:Arabidopsis T87 14days-Negative mode Scaling」を, 2行目には「:Mean_Mass」に続きタブ区切りで「Light」,「Dark」,「Light_2」と3つの実験名を入力した例である。3行目以下は m/z が入力されている。

マススペクトル解析結果のファイルを KNApSAcK_database フォルダ内にある spectrum data フォルダの中に保存する。KNApSAcK.jar をクリックしてソフトを立ち上げ, Display chart の「Select MS data」をクリックし, 表示させたい実験名を選択すると, 解析結果のチャートがパネル下半分に表示される (Panel 3)。

スペクトルデータは同時に3つまで表示することができ, それぞれ別の色で表示される (赤, 青, 緑)。3つのデータのうち前面表示するデータは Panel 3 の A の部分で選択できる。ファイル内の全ての質量はパネル左に表示される (C)。リスト内の質量を選択するとパネル上段のチャートにある黒のポインターが選択した質量の位置に移動する。また, 黒のポインター位置の拡大図をチャートの下段 (B) に示す。質量を選択する際には前後の範囲を設定することができ (D), その範囲内に分子量を持つ化合物のリストが中央パネルに表示される。

実験で使用したイオンを考慮した分子量にするには「Actual」をクリックし [Actual + NH$_4$]$^+$, [Actual + K]$^+$, [Actual + Na]$^+$, [Actual + H]$^+$, [Actual − H]$^-$ から使用したイオンを選択する。例えば m/z 値, 95.02147002 に対し, [Actual − H]$^-$ を選択するとイオン化を考慮して

第11章　生物種-代謝物関係データベース：KNApSAcK

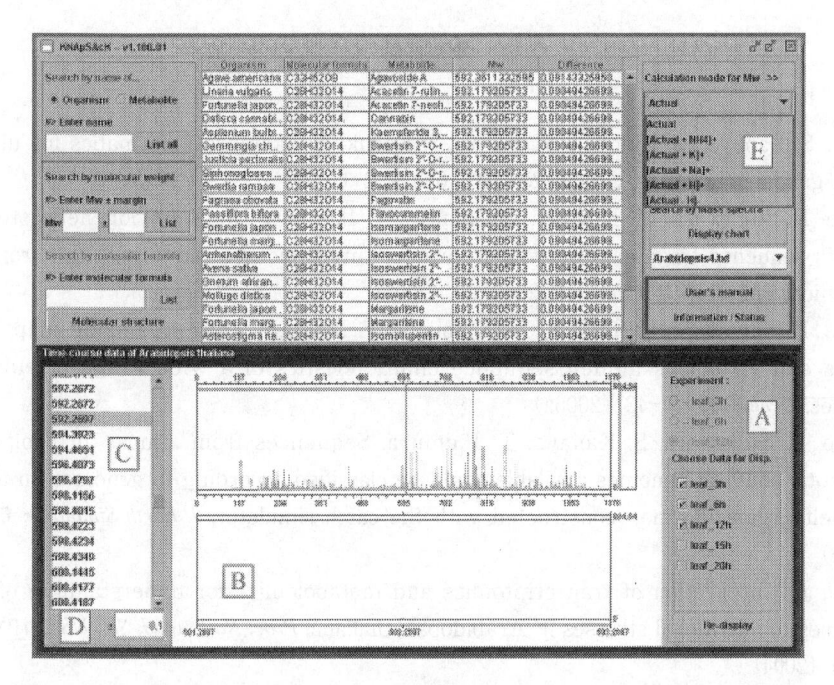

Panel 3
（カラー口絵参照）

96.0292951019 = 95.02147002 + 1.0078250319（水素のモノアイソトピック質量）となる。化合物等の情報は96.0292951019を基準に表示される。

7　ソフトウエアのダウンロード

DrDMASSソフトウエアはhttp://kanaya.naist.jp/DrDMASS/，代謝物-生物種関係データベース検索システムKNApSAcKは，http://kanaya.aist-nara.ac.jp/KNApSAcK/，BL-SOMについてはhttp://kanaya.naist.jp/SOM/より無償でダウンロードできる。

謝辞

本研究の一部は，NEDO植物の物質生産プロセス制御基盤技術開発「植物代謝産物に関する統合データベース開発ならびにデータマイニング」，奈良県地域結集研究開発プログラム「大和茶のメタボリックプロファイリングを利用した最適栽培・加工技術開発」，科学技術振興機構，バイオインフォマティクス推進事業「メタボロームMSスペクトル統合データベースの開発」により遂行された。ここに記して感謝します。

参考文献

- T. Abe, S. Kanaya, M. Kinouch, Y. Ichiba, T. Kozuki, T. Ikemura, Informatics for unvailing hidden genome signature, *Genome Res.*, **13**, 693-702 (2003)
- T. Abe, H. Sugawara, M. Kinouch, S. Kanaya, T. Ikemura, Novel phylogenetic studies of genomic sequence fragments derived from uncultured microbe mixtures in environmental and clinical samples, *DNA Res.*, **12**, 281-290 (2005)
- T. Abe, H. Sugawara, S. Kanaya, M. Kinouchi, T. Ikemura, Self-organizing map (SOM) unveils and visualizes hidden sequence characteristics of a wide range of eukaryote genomes, *Gene*, **365**, 27-43 (2006a)
- T. Abe, H. Sugawara, S. Kanaya, T. Ikemura, Sequences from almost all prokaryotic, eukaryotic andviral genomes available could be classified according to genomes on a large-scale self-organizing map constructed with the earth simulator, *J. Earth Simulator*, **6**, 17-23 (2006b)
- Hirai *et al.*, Integration of transcriptomics and metabolomics for understanding of global responses to nutritional stresses in Arabidopsis thaliana, *Proc. Natl. Acad. Sci. USA*, **101**, 10205-10210 (2004)
- Hirai, Elucidation of gene-to-gene and metabolite-to-gene neworks in Arabidopsis by integration of metabolomics and transcriptomics, *J. Biol. Chem.*, **280**, 25590-25595 (2005)
- S. Kanaya, M. Kinouchi, T. Abe, Y. Kudo, Y. Yamada, T. Nishi, H. Mori, T. Ikemura, Analysis of codon usage diversity for bacterial genes with a self-organizing map (SOM) : characterization of horizontally transferred genes with emphasis on the E. coli O157 genome., *Gene*, **276**, 89-99 (2001)
- K. Kikuchi, H. Kakeya, A bridge between chemistry and biology, *Nature, Chem. Biol*, **2**, 392-394 (2006)
- J.K. Kim, T. Bamba, K. Harada, E. Fukusaki, A. Kobayashi, Time-course metabolic profiling in Arabidopsis thaliana cell cultures after salt stress treatment, *J. Exp. Botany*, **58**, 415-424 (2007)
- V.D. Luca, B.S. Pierre, The cell and developmental biology of alkalid biosynthesis, *Trend Plant Sci.*, **5**, 168-173 (2000)
- R. Morioka, S. Kanaya, M. Hirai, M. Yano, N. Ogasawara, K. Saito, Predicting state transitions in the transcriptome and metabolome using a linear dynamical system model., *BMC Bioinformatics*, **8**, 343 (2007)
- Y. Nakamura, A. Kimura, H. Saga, A. Oikawa, Y. Shinbo, K. Kai, N. Sakurai, H. Suzuki, M. Kitayama, D. Shibata, S. Kanaya, D. Ohta, Differential metabolomics unraveling light/dark regulation of metabolic activities in Arabidopsis cell culture, *Planta* (in press, 2007)
- A. Oikawa, Y. Nakamura, T. Ogura, A. Kimura, H. Suzuki, N. Sakurai, Y. Shinbo, D. Shibata, S. Kanaya, D. Ohta, Clarification of pathway-specific inhibition by Fourier transform ion cyclotron resonance/mass spectrometry-based metabolic phenotyping studies., *Plant Physiol.*, **142**, 398-413 (2006)

第 11 章　生物種-代謝物関係データベース：KNApSAcK

- E. Pichersky, D.R. Gang, Genetics and biochemistry of secondary metabolites in plants, an evolutionary perspective, 5, 439-445（2000）
- Y. Shinbo, Y. Nakaumra, Md. Altaf-Ul-Amin, H. Asahi, K. Kurokawa, M. Arita, K. Saito, D. Ohta, D. Shibata, S. Kanaya, KNApSAcK, A comprehensive species-metabolite relationship database, *Biotechnol. Agric. Forestry,* **57**, 166-181（2006a）
- Y. Shinbo, S. Sakaguchi, Y. Nakamura, Md. Altaf-Ul-Amin, K. Kurokawa, K. Funatsu, S. Kanaya, Species-metabolite Database（KNApSAcK）: Elucidating Diversity of Flavonoids, *J. Comput. Aided Chem.,* **7**, 94-101（2006b）
- H. Suzuki, R. Sasaki, Y. Ogata, Y. Nakamura, N. Sakurai, M. Kitajima, H. Takayama, S. Kanaya, K. Aoki, D. Shibata, K. Saito, Metabolic profiling of favonoids in Litus japonicus using liquid chromatography Fourier transform ion cyclotron resonance mass spectrometry, *Phytochemistry*（doi:10.1016/j.phytochem.2007.06.017）
- M. Yano, S. Kanaya, Md.Altaf-Ul-Amin, K. Kurokawa, M. Yokota-Hirai, and K. Saito, Integrated data mining of transcriptome and metabolome based on BL-SOM, *J. Comput. Aided Chem.,* **7**, 125-136（2006）
- K. Yonekura-Sakakibara, T. Tohge, R. Niida, K. Saito, Identification of a flavonol 7-O-Rhamnosylransferase gene determining flavonoid pattern in Arabidopsis by Transcriptome coexpression analysis and reverse genetics, *J.Biol. Chem.,* **282**, 14932-14941（2007）

第12章 メタボロミクスの理解に有用な代謝マップビューアー・代謝経路データベース

時松敏明*

1 はじめに

　質量分析計をはじめとする分析技術が劇的な発展をとげたことにより，生体内の代謝産物を網羅的に解析することが可能になりメタボローム研究の分野が急速に発展してきた。メタボロミクス研究ではゲノミクス研究やプロテオミクス研究と同様に大量のデータが生成され，これらの分野と同様に大量のデータを適切に解釈するためにはバイオインフォマティクスが重要になる。メタボロームデータの解析あるいはメタボロームデータとトランスクリプトームデータやプロテオームデータとの統合的解析には，様々なバイオインフォマティクスの手法が用いられる。メタボロームデータは生体内に存在する代謝産物情報の集積であり，それらの代謝産物がどのように代謝されていくかを明らかにすることやある刺激を与えたときに代謝がどのように変化するかを解析することはメタボロミクス研究のひとつの大きな目的である。このような解析を行う上で，既存の代謝経路情報の蓄積である代謝経路データベースや解析情報を代謝系路上で表示・解析する代謝マップビューアーは必須の情報のひとつである。

　現在，生物全般の代謝経路および個別生物種の代謝経路を調べるためのデータベースや，メタボロミクスデータやトランスクリプトームデータやプロテオームデータなどの他のオミックスデータとメタボロームデータとの代謝経路上での統合的な解析に使用可能な様々な代謝マップビューアーが公開されている。これらの代謝パスウェイツールは，それぞれにパスウェイ情報の内容や取り扱えるデータの種類に特徴があるので，自分の解析の目的に合わせて適切に選択して利用するのが望ましい。本稿では，これらのメタボロミクス研究のための代謝経路の調査や解析のために有用な代謝マップビューアーや代謝経路データベースのいくつかについて，利用する上での特徴を概説する。これらのツールは日進月歩で進化をしており，また紙幅の都合上紹介できるツールの数および内容には限界があるので，個々のツールの詳細や最新の状況についてはNARのDatabse Issueなどの最新の文献や個々のツールのWebページを確認していただきたい。

　＊　Toshiaki Tokimatsu　京都大学　化学研究所　バイオインフォマティクスセンター　助教

第 12 章　メタボロミクスの理解に有用な代謝マップビューアー・代謝経路データベース

2　個別の代謝マップビューアー・代謝マップデータベースの紹介

2.1　KEGG（http://www.genome.jp/KEGG/）[1]
2.1.1　KEGG の特徴

KEGG：生命情報統合データベースは，ゲノム情報を元に生命システムを理解するためのリファレンスデータベースである。KEGG データベースは 1995 年より京都大学化学研究所金久研究室により構築され，現在も金久研究室（京都大学化学研究所バイオインフォマティクスセンターおよび東京大学医科学研究所ヒトゲノム解析センター）により維持・更新されている。KEGG データベースは，ゲノム情報（KEGG GENES），代謝産物・医薬品・生体内反応などのケミカル情報（KEGG LIGAND），生体の分子間相互作用や反応ネットワークに関するパスウェイ情報（KEGG PATHWAY），および生体に関する様々なオブジェクトの階層関係（KEGG BRITE）から構成されている。KEGG データベースの思想は，生命システム全般に共通するフレームワークを提供することにある。2007 年 7 月現在，Release 43.0 がリリースされている。

本稿の対象である代謝経路マップに関する部分は KEGG PATHWAY である。KEGG PATHWAY は，代謝や，細胞プロセス，ヒトの病気などをタンパク質間相互作用ネットワークとして表現したパスウェイマップであり，これらのパスウェイ情報は 3 階層に分類されており，第 1 階層では，代謝，遺伝情報処理，環境情報処理，細胞プロセス，ヒトの病気に分類されており，第 2 階層ではそれぞれについてさらに詳細に分類がされている。

2.1.2　KEGG PATHWAY の機能

KEGG は利用法が書籍として出版されるような大きなデータベースであり，詳細に機能を記すのは困難である。ここでは，KEGG PATHWAY に関する概要を記す。機能の詳細については，成書[2] などを参照していただきたい。

（1）　レファレンスパスウェイの閲覧

KEGG PATHWAY のトップページでは，リファレンスパスウェイのリストを閲覧することができる。レファレンスパスウェイは，生物種を限定せずに既知の生化学的な知見に基づき描画された代謝経路マップである。リファレンスパスウェイ上の代謝産物，酵素情報などの情報は KEGG LIGAND データベースの情報にリンクしており，代謝産物，酵素情報などの詳細を閲覧することができる。

（2）　生物種固有のパスウェイの閲覧

KEGG リファレンスマップの上部のプルダウンウィンドウから生物種を選択することにより，生物種固有のパスウェイを閲覧することができる。このとき，パスウェイ上で選択した生物種に存在する遺伝子には淡緑色の色がつき，色がついたボックスをクリックすると選択した生物種に

おける当該反応の遺伝子情報を見ることができる。KEGG では，KAAS[3]という KEGG 自動アノテーションサーバを用いてゲノム情報あるいは EST コンティグの配列情報を元に KEGG 独自のオントロジーである KO を用いて自動的にパスウェイにアサインしており，生物種固有のパスウェイ情報はこれが元になっている。

KEGG GENES には，700 種類以上の生物のゲノム（GENES），ドラフトゲノム（DGENES，真核生物のみ），EST コンティグ（EGENES，主に植物）の遺伝子カタログの情報が存在しており，その一覧は KEGG ORGANISM（http://www.genome.jp/kegg/catalog/org_list.html）のページから見ることができる。生物種名の KEGG の生物種コード（GENES は 3 文字，DGENES は d で始まる 4 文字，EGENES は e で始まる 4 文字）をクリックすると，目的の生物種のゲノムや EST に関する詳細情報を見ることができ，PATHWAY を選択すると当該の生物種にかかわる代謝経路マップ情報を見ることができる。

(3) KEGG API を利用したプログラムからの利用

KEGG では，KEGG API というプログラムなどから KEGG を利用するための Web サービスが用意されている。KEGG API を利用することにより，KEGG データベースから情報を取得したり検索をしたり，KEGG PATHWAY への色付けを行ったり様々な操作を行うことができる。詳細については，Web で公開されている KEGG API のリファレンスマニュアルを参照していただきたい。

2.2 BioCyc（http://biocyc.org/）および関連のパスウェイデータベースについて[4〜7]

2.2.1 BioCyc の概要と特徴

BioCyc は SRI International により Web 上で公開されている大腸菌をはじめとする様々な生物種の代謝経路と遺伝子情報からなる PATHWAY/Genome Database（PGDB）である。2007 年 8 月現在，Version 11.5 が公開されており，大腸菌をはじめとする 370 種の個別生物種の PGDB および 600 種以上の生物種の実験的に確かめられた代謝経路と酵素の情報を収集した DB である MetaCyc からなる 371 の PGDB が公開されている。これらのデータベースは，キュレーションの程度により Tier1 Database から Tier3 Database までの 3 階層に分類される。Tier1 Database は，専門家の手により文献ベースで詳細にキュレーションされたデータベースであり，EcoCyc（*Estherichia coli* K12），MetaCyc（600 種以上の生物種の代謝経路と酵素の情報）がこのカテゴリに含まれる。BioCyc Open Chemical Database は化合物情報のデータベースであり，PGDB ではないが，データベースとしては Tier1 に含まれる。Tier2 のデータベースは，PGDB 生成プログラムにより生物種の PGDB を生成した後，文献ベースによるキュレーションを行ったデータベースである。Tier2 Database には HumanCyc（*Homo sapience*）をはじめとする 20 生物種のデ

第12章　メタボロミクスの理解に有用な代謝マップビューアー・代謝経路データベース

ータベースが含まれる。Tier3 Database は PGDB 生成プログラムにより生成され，キュレーションをされていない PGDB であり，349 生物種の PGDB が含まれる。生物種の詳細は BioCyc のウェブページにリストされている。

　SRI は BioCyc の PGDB を構築しサービスを提供するツールとして PATHWAY Tools を開発している（2007年1月現在 Version11.0）。PATHWAY Tools はライセンスされており，TAIR（The Arabidopsis Information Resource）の AraCyc のように BioCyc 以外の機関で PATHWAY Tools を用いて PGDB が公開されている生物種も存在する。これらのデータベースに関しては，それぞれの研究機関によりデータのキュレーションがされており，BioCyc と同等の解析機能を利用することができる。BioCyc の Web ページ上で紹介されている外部機関で作成されている PGDB のリストを表1に示す。酵母などの種々の微生物や主要なモデル植物について外部機関から PGDB が提供されている。

　BioCyc の代謝マップは，個別の代謝経路情報のマップと細胞を模した当該の生物種で既知の代謝全体を表示する鳥瞰マップの二種類からできており，鳥瞰マップからは個別のマップに飛ぶことができるようになっている。また，鳥瞰マップは，Omics Viewer を用いることにより遺伝子発現データ，プロテオミクスデータ，メタボロミクスデータを比較表示することができる。

2.2.2　BioCyc の機能

　BioCyc の PGDB の詳細な使用法については，BioCyc の Web ページに解説がある。Web ページ（http://biocyc.org/webinar.shtml）には BioCyc について説明をしているインストラクションビデオもあり，BioCyc の概要およびオミックスデータの比較機能の詳細について映像で見ることができる。ここでは，BioCyc 内にある PGDB の機能の概略を紹介する。

（1）　パスウェイ情報の閲覧

　BioCyc のパスウェイは代謝経路の機能などにより多段階の階層構造に分類されている。また，細胞の形を模してその中にパスウェイがダイアグラム上に表示された Birds-eye マップが存在する。個別の代謝経路は，パスウェイをブラウズする，Birds-eye マップから目的のパスウェイをクリックして飛ぶなどの方法で閲覧することができる。個別のパスウェイは，化合物名や遺伝子名などのテキストと矢印によるチャートマップにより構成されており，個々のパスウェイには注釈が付与されており，そのパスウェイが実験的に確認されたものか，計算機的に求められたものであるかの情報やパスウェイの研究の経緯などを知ることができる。パスウェイは遺伝子情報の表示，化合物構造式の表示の有無などにより5段階の詳細度があり切り替えて表示することが可能である。また，代謝産物名，酵素名，遺伝子，EC 番号などをクリックすることによりそれらについての詳細情報を得ることができる。

表1 SRI以外の組織で公開されているPGDB（Pathway/Genome Database）

PGDB	生物種	URL	組織
<植物のPGDB>			
AraCyc	*Arabidopsis thaliana*	http://www.arabidopsis.org/biocyc/index.jsp	S. Rhee, Department of Plant Biology, Carnegie Institution, USA
MedicCyc	*Medicago truncatula*	http://www.noble.org/mediccyc/	Samuel Roberts Noble Foundation, USA
RiceCyc	*Oryza sativa*	http://www.gramene.org/pathway/	Gramene curators, Cornell U. and CSHL
SolCyc	*Solanum lycopersicum* *Solanum tuberosum*	http://solcyc.sgn.cornell.edu/LYCO/server.html	Sol Genomics Network, USA
<微生物のPGDB>			
CvioCyc	*Chromobacterium violaceum*	http://cviocyc.intelab.ufsc.br/	Artiva Maria Goudel, Federal University of Santa Catarina, Brazil
CryptoCyc	*Cryptosporidium parvum* Iowa *Cyrptosporidium hominis* TU502	http://cryptocyc.cryptodb.org/	Cryptosporidium Genome Resources
DictyCyc	*Dictyostelium discoideum*	http://dictybase.org/Dicty_Info/dictycyc_info.html	dictyBase, Northwestern U., USA
LacPlantCyc	*Lactobacillus plantarum* WCFS1	http://www.lacplantcyc.nl/	F. H. J. van Enckevort, CMBI, The Netherlands
LeishCyc	*Leishmania major* Friedlin	http://www.leishcyc.org/	Bio21 Institute, University of Melbourne, Australia
MicroScope	PGDBs for 60 Genomes	http://www.genoscope.cns.fr/agc/microscope/	C. Medigue, Genoscope, France
PATRIC	*Brucella suis* 1330 *Coxiella burnetii* RSA 493 *Rickettsia typhi* str. Wilmington	https://patric.vbi.vt.edu/	PathoSystems Resource Integration Center, Virginia Bioinformatics Institute, USA
PseudoCyc	*Pseudomonas aeruginosa*	http://v2.pseudomonas.com:1555/	F. Brinkman, Pseudomonas Genome Project, Simon Fraser U., Canada
RetliDB	*Rhizobium etli*	http://kinich.ccg.unam.mx:1555/RETLI/server.html	Center for Genomic Sciences, Mexico
ScoCyc	*Streptomyces coelicolor* A3（2）	http://scocyc.jic.bbsrc.ac.uk:1555/	V. Armendarez, G. Chandra, M. Bibb, John Innes Centre, UK
Yeast Biochemical Pathways	*Saccharomyces cerevisiae*	http://pathway.yeastgenome.org/biocyc/	SGD curators, Stanford U., USA
<動物のPGDB>			
MouseCyc	*Mus musculus*	http://mousecyc.jax.org:8000/	C. Bult, Jackson Laboratory, USA
<その他のPGDB>			
TBestDB	Taxonomically Broad EST Database	http://tbestdb.bcm.umontreal.ca/searches/welcome.php	TBestDB Group, Canada

第12章　メタボロミクスの理解に有用な代謝マップビューアー・代謝経路データベース

(2) Birds-eye マップへの Omics データの表示

前記のように，BioCyc では細胞の形を模した鳥瞰図タイプの Birds-eye マップが存在する。ユーザーは OmicsViewer という機能を用いて，ユーザー自身のオミックスデータを鳥瞰マップ上に表示することができる。オミックスデータとしては，トランスクリプトームデータ，プロテオームデータ，メタボロームデータなどの様々なデータを表示することができる。また，複数ポイントの経時変化のデータを扱うこともできる。鳥瞰マップの構造上，遺伝子パラログのデータを個別に閲覧できるようにはなっていない。

2.3　MapMan（http://gabi.rzpd.de/projects/MapMan/）[8～10]

2.3.1　MapMan の特徴

MapMan は Max-Plank-Institute of Molecular Plant Physiology から公開されている，代謝やそのほかのパスウェイダイヤグラム上にオミックスデータを表示することができるユーザー主導型のツールである。本稿で紹介している他のパスウェイツールはすべて Web ベースのツールであるが，MapMan は JAVA ベースのマルチプラットフォーム（Windows, MacOSX, Linux, Unix）のソフトウェアで，手元のパソコンにインストールしてスタンドアロンで使用する。2007年9月現在，Version 2.1.1 が公開されている。MapMan の主要な特徴としては，ユーザー主導型というとおりパスウェイマップをユーザー自身が作成して MapMan を利用することが可能である。

本ツールは植物研究機関で開発されており，提供されているパスウェイマップはシロイヌナズナの Affimetrix22K アレイに適応した情報であるが，マメ科モデル植物のタルウマゴヤシ（*Medicago truncatula*）のマップ情報も公開している。

2.3.2　MapMan の機能

MapMan の使用法については，Web 上に詳細なオンラインマニュアルと印刷用の PDF 版マニュアルが存在する。また，ユーザー主導型ツールとしては JAVA ベースのアプリケーションでインストールして使用するツールであるが，サンプルデータセットを見ることができる Web ベースのソフトウェアも公開されており，実際に使用感を確認することができる。MapMan の主要な機能は下記のとおりである。機能の詳細については前記のマニュアルおよび Web ベースのビューアーで確認していただきたい。

(1) オミックスデータの表示

物質代謝パスウェイやシグナルパスウェイなどの代謝パスウェイ上にマイクロアレイのデータやメタボローム解析のデータを色付けして表示することが可能である。MapMan のパスウェイマップは，個別の反応経路を矢印でつなぎ合わせたいわゆる代謝マップというよりは，代謝のカ

テゴリに遺伝子や代謝産物を分類して，カテゴリごとの遺伝子や代謝産物の変化を一覧する目的のビジュアルマップが多い（いわゆる代謝マップももちろん存在する）。そのため，デフォルトで提供されているパスウェイとしては，個別の代謝パスウェイについて反応ごとに詳細に見るというよりは，代謝グループの中でどの代謝グループが変動しているかを概観するのに適している。また，提供されているカテゴリごとのビジュアルマップでは，アレイ用のマップとメタボロームデータ用のマップは別々に作成されている。

(2) 代謝パスウェイマップの作成

MapMan は，ユーザー主導型のツールであり，新しいマッピング用のマッピングファイルやパスウェイのイメージファイルを作成し所定のフォルダーに置くことにより，研究対象の生物種用の遺伝子マッピングや研究対象のパスウェイのパスウェイマップを作成して MapMan 上で使用することが可能である。詳細な作成方法については，Web で公開されているマニュアルを作成していただきたい。

2.4　KaPPA-View2（http://kpv.kazusa.or.jp/kappa-view/）[11～13]

2.4.1　KaPPA-View2 の特徴

KaPPA-View は，マイクロアレイ実験などで得られたトランスクリプトーム解析のデータとメタボローム解析のデータを代謝経路マップ上に投影して見ることができる Web ベースのツールである（2005 年 1 月公開）。KaPPA-View は現在シロイヌナズナの遺伝子に対応しており，Scalable Vector Graphic（SVG）形式の手書きで描画された 130 の代謝経路マップを公開している。これらの代謝マップは，代謝経路を元に階層分類されており，最上層の鳥瞰インジケーターマップとカテゴリーマップの 2 種類のマップでは，遺伝子発現データと代謝産物データの変化をインジケーター表示できるようになっており，植物全体あるいは植物の代謝カテゴリの中でどの代謝経路が変化したかという情報を一目で見ることができる。マップ類を SVG 形式で作成しているため解析データを表示したパスウェイマップをベクトル画像で保存することができ，保存画像を SVG 形式のファイルを編集可能なグラフィックソフト（Adobe Illustrator など）で編集してプレゼンテーションに利用できるのが，KaPPA-View の大きな特徴である。2006 年 11 月には，遺伝子発現共発現性ネットワークを代謝経路上に図示する機能をはじめとするいくつかの機能追加により解析機能が強化された新しいバージョンが，KaPPA-View2 としてリリースされた。現在，シロイヌナズナ以外の植物種の遺伝子に対応するための新しいバージョン（KaPPA-View3）の開発が進められている。

2.4.2　KaPPA-View の機能

KaPPA-View の使用法の詳細については Web 上に英文の Online Help が公開されている（印

第 12 章　メタボロミクスの理解に有用な代謝マップビューアー・代謝経路データベース

刷用の PDF 版マニュアルも公開されている（英文））。KaPPA-View の代謝マップは SVG 形式で描画されており，代謝経路マップを参照するためには Adobe 社が無償で提供している SVG Viewer をインストールする必要がある。

　KaPPA-View の主要な解析機能として，(1) トランスクリプトームデータとメタボロームデータを代謝経路マップ上で比較して描画する，(2) 代謝マップ上に遺伝子の発現相関共発現ネットワーク情報を描画する，の 2 つの機能があり，これに加えて (3) 代謝経路マップの閲覧をすることができる。以下に個々の機能の概要について説明をする。詳細な使用法については，Online Help あるいはマニュアルを参照していただきたい。

(1)　トランスクリプトームデータ，メタボロームデータの代謝経路マップ上での比較

　KaPPA-View の代謝経路マップは，KEGG，AraCyc などの既存代謝経路データベースの代謝経路情報や文献情報をベースに植物研究の専門家によるキュレーションを加え，SVG 形式の 130 枚の代謝経路パスウェイマップにまとめたものである。これらの代謝経路マップは，代謝産物の炭素フローを元に 3 段階の階層に分類されている。個別の代謝マップについては，遺伝子，反応経路，代謝産物が SVG 画像で図示されている。一方，分類の上位階層においては，トランスクリプトームとメタボロームのデータ用のインジケーターが用意されている。KaPPA-View では Web ページから所定の書式で用意したシロイヌナズナのトランスクリプトームデータやメタボロームデータのデータセットを与えることにより，それらのデータを代謝経路マップ上で色彩表示することができる。色彩表示は個別の代謝マップ上では個別の代謝産物や遺伝子上に表示され個別の代謝経路でどの部分がどのように変化したかを見ることができる。一方，上位の分類インジケーターマップでは個別マップの色変化の情報が集計されインジケーター上に棒グラフ表示され，分類カテゴリ内の変化を一目で一覧することができる。KaPPA-View では，酵素反応に複数のパラログが存在する場合，パラログそれぞれに個別にボックスが与えられているので，ある反応でそれぞれのパラログがどのような挙動をするかを一目で見ることができる。

(2)　代謝マップ上への遺伝子発現相関共発現ネットワーク情報の描画

　遺伝子発現相関共発現ネットワーク解析は，発現パターンの類似度の高い遺伝子同士をネットワーク化して解析する手法である。共発現ネットワークの情報により協調して働いている可能性の高い遺伝子クラスタの情報を得ることができる。KaPPA-View2 では，このような遺伝子発現共相関ネットワーク情報を代謝経路マップ上に描画することができる。このことにより，メタボローム情報，トランスクリプトーム情報，遺伝子発現共相関の情報を一つの代謝経路マップ上で見ることができる。遺伝子発現共相関ネットワークの情報は，シロイヌナズナの遺伝子発現共相関ネットワークのデータベースである ATTED-II（http://www.atted.bio.titech.ac.jp/）[14]のデータを表示することが可能である。

(3) 代謝マップの閲覧

KaPPA-View上の代謝マップは，代謝経路情報の閲覧やSVG代謝マップとしてプレゼンテーションに使用することも可能である。また，代謝経路マップ上の代謝産物，酵素反応，遺伝子について，オブジェクトをクリックすることにより詳細情報を閲覧することも可能である。

3 おわりに

本稿では，メタボロミクスの理解に有用な代謝マップビューアーや代謝経路データベースについて概説した。代謝マップ関係のデータベースやビューアーは，開発する研究者の興味対象・目的により多数のものが存在しており，現在も新規開発・更新されている。本稿で紹介したものはそのうちの一部にすぎないが，本稿が代謝マップビューアーを使用するメタボローム研究者にとって目的の研究のために有用なツールを探す参考になれば幸いである。

文　　献

1) M. Kanehisa *et al., Nucleic Acids Res.,* **34**, D354 (2006)
2) 金久實 編，ゲノムネットのデータベース利用法 第3版，共立出版 (1996)
3) Y. Moriya *et al., Nucleic Acids Res.,* **35**, W182 (2007)
4) P. D. Karp *et al., Nucleic Acids Res.,* **33**, 6083 (2005)
5) I. M. Keseler *et al., Nucleic Acids Res.,* **33**, D334 (2005)
6) R. Caspi *et al., Nucleic Acids Res.,* **34**, D511 (2006)
7) S. M. Paley and P.D. Karp, *Nucleic Acids Res.,* **34**, 3771 (2006)
8) O. Thimm *et al., Plant J.,* **37**, 914 (2004)
9) B. Usadel *et al., Plant Physiol.,* **138**, 1195 (2005)
10) V. Tellstrom *et al., Plant Physiol.,* **143**, 825 (2007)
11) T. Tokimatsu *et al., Plant Physiol.,* **138**, 1289 (2005)
12) T. Tokimatsu *et al., Biotechnology in Agriculture and Forestry,* **57**, p.155, Springer-Verlag (2006)
13) N. Sakurai and D. Shibata, *J. Pestic. Sci.,* **31**, 293 (2006)
14) T. Obayashi *et al., Nucleic Acids Res.,* **35**, D863 (2007)

第13章 微生物の代謝シミュレーション

石井伸佳*

1 はじめに

　微生物の機能向上を狙う場合，遺伝子工学的に代謝系の一部を増強もしくは欠如させる手法がよく用いられる。しかし，こうした改変の結果，細胞全体に現れる影響は現状では予測不能であり，思わぬ現象が障害となって目的とする効果を得られないことも多い。このような問題への一つの解決策として期待されるのがコンピュータシミュレーションの活用である。シミュレーションによって微生物の挙動を精密に計算できるようになれば，代謝経路のある部分の改変がどのような影響を及ぼすかを予め見積もった上で実際の作業に着手できるようになり，試行錯誤の削減につながる。あるいは，予想通りの実験結果が得られなかったとき，原因の推定の助けとなる。更に技術が進展すれば，シミュレーションの支援によって目的とする物質生産を行うのに最適な代謝経路を設計し，「設計図」に基づいて微生物を改良すること，すなわち微生物の Computer Aided Design（CAD）[1]が実現されるかもしれない。本稿では，微生物のモデリングについての従来の様々な試みや，最近発表された幾つかの大規模な代謝シミュレーションについて概説した上で，代謝モデリングの現状の課題と，各種の計測技術の発展を踏まえた今後の展望を示したい。

2 各種の微生物モデル

　数理モデルには数学的抽象化の方法や程度に応じて様々な表現がある。幾つかの文献[2,3]を参考に微生物のモデルを分類すると表1のようになる。

　まず，「動的／静的」について述べる。「動的」というのは「時間と共に値が動く」という意味であり，各種の状態量の時間微分，すなわち速度式で表現されるモデルを指す。一方，時間の要素を考えないものは「静的モデル」と呼ばれる。微生物では，連続培養[4]によって定常状態，すなわち培養液中の化合物濃度や菌体の比増殖速度が一定で時間的な変化が見られない状態を作る事が可能である。このとき，代謝反応の化学量論のみから構築された静的モデルを適用して代謝経路上の流束分布を求められる（これを代謝流束解析または代謝フラックス解析と呼ぶ）[5]。

＊　Nobuyoshi Ishii　慶應義塾大学　先端生命科学研究所　研究員

表1 微生物モデルの種類

モデルの種類		着目点
dynamic（動的）	static（静的）	時間的変化
physical（物理）	non-physical（非物理）	現象論的知見
theoretical（理論的）	empirical（経験的）	物理化学的理論
unstructured（非構造化）	structured（構造化）	細胞／細胞集団の内部情報
lumped-parameter system（集中定数系）	distributed-parameter system（分布定数系）	パラメータの均一性
deterministic（決定論的）	stochastic（確率論的）	毎試行時の同一性

次に「物理／非物理」であるが，物理モデルとは，対象に関する何らかの知見を元に，その対象に特有な数式とパラメータを用いて作成されるものである．例えば，Monodは微生物の比増殖速度が培養液の基質濃度のMichaelis-Menten型関数として表現できる事を見出した[4]．微生物の増殖に特有な数式なので，Monod式を用いたモデルは「物理モデル」である．非物理モデルとは，対象をブラックボックスとして扱い，対象に対する入出力関係のみから，汎用的な数式を適用してパラメータを求めるものである．ステップ入力に対する応答から伝達関数を同定したり[6]，時系列データに対して自己回帰モデルやニューラルネットワークを適用するもの[7]がこれにあたる．ただし，細胞現象の入出力関係は非常に複雑であり，また，十分な数の入出力データが得られないことが多い．したがって，微生物では物理モデルの適用が主流である[3]．

物理化学的な理論による根拠を持つモデルは「理論モデル」である．理論は不明であるが，実験による観察から一定の関係性が認められる現象を数式で表現した「経験式」（「実験式」とも呼ばれる）によって作成されるのが「経験モデル」である．例えば，酵素反応のMichaelis-Menten式は素反応の反応速度論的な知見を元に組み立てられた理論モデルであるが，前述のMonod式は特に理論的な根拠を持たない経験モデルである．一般に，理論モデル／経験モデルは物理モデル／非物理モデルとほぼ同義として用いられることが多いが，微生物モデリングの世界では，Monod式のように経験モデルであっても物理モデルと呼ぶこともあるようである．

「非構造化／構造化」とは，微生物細胞の内部構造に関する表現を含むかどうかを指す．すなわち，基質の取り込みや代謝系の個々の反応ステップ，遺伝子発現やシグナル伝達などのメカニズムに関する記述を持たず，細胞のマクロな挙動のみを表現するのが非構造化モデルである．非構造化モデルは，多くの場合，比速度[3]と呼ばれる単位細胞重量あたりの速度を用いて作成される．このタイプのモデルは非常に多数が報告されている．これに対し，構造化モデルでは細胞内の現象に関する記述を含む．例えば，遺伝子発現機構を取り入れて*Monascus purpureus*による

第13章 微生物の代謝シミュレーション

α-ガラクトシダーゼの生産を表現するモデルが提案されている[8]。あるいは，パン酵母について，複数の総括的な代謝反応量論式を利用して菌体濃度を推定できるモデルが報告されている[9]。これらは簡単な構造化モデルの一種といえるだろう。

「非構造化/構造化」はモデルを構成するメカニズムの均一性の観点からの分類であるが，パラメータの均一性の観点からの分類として「集中定数系/分布定数系」がある。例えば，ある酵素反応速度式のパラメータを細胞内で全て均一とみなすなら「集中定数系モデル」である。これに対し，酵素の局在を考慮してパラメータ（最大反応速度など）を細胞内の空間的な位置に応じて変化させるようなモデルは「分布定数系モデル」といえる。

なお，以上は単一の細胞に着目しての説明だが，細胞集団全体に着目したときも「非構造化/構造化」「集中定数系/分布定数系」という分類は成り立つ。例えば，抗生物質グラミシジンSを生産する *Bacillus brevis* について，細胞集団内に未成熟細胞と成熟細胞が存在し，基質の摂取速度は未成熟細胞の発生速度，グラミシジンSの生産速度は成熟細胞の発生速度に依存するというモデルが提唱されている[10]。これは細胞集団内に構造の存在を認める構造化モデルといって良いだろう。分布定数系の例としては細胞集団内の菌齢分布を考慮したモデル[11]がある。例えば酵母によるα-ケトアジピン酸を基質としてのリジン生産で菌齢分布モデルが報告されている[12]。

最後に「決定論的/確率論的モデル」について述べる。代謝反応のように多数の分子によって反応が進行する場合，個々の分子の確率的な挙動は平均化され，一定の条件の下であれば常に同じ結果が得られるとみなせる。このような現象に対し，何回計算を行っても常に同じ結果が得られるようにモデル化を行うのが決定論的モデリングである。これに対し，例えば，RNAポリメラーゼとDNAによる転写開始複合体の形成のように，少数の分子によって進行する反応では，各分子の確率的な挙動が無視できない。このような現象は，システムの確率的な性質に応じて計算のたびに結果が変動するような確率論的モデルを適用するのが妥当であろう。確率論的なモデルとしては，*Escherichia coli* のβ-ガラクトシダーゼの発現をGillespieアルゴリズムによって表現した例がある[13]。なお，代謝反応は「多数の分子」によって進行すると述べたが，例えば *E. coli* では，細胞内で代謝物質濃度が$1\mu M$とすると，細胞1個あたりに含まれる分子数は約280個となり（細胞体積を4.69×10^{-16} L[14]）として計算），必ずしも多数とはいえない。代謝反応についても確率論的モデルの適用が好ましいケースがあるかもしれない。

3 微生物代謝の構造化モデル

以上，微生物モデル化の様々な方法と実例について紹介したが，過去，産業的な応用で成功

を収めてきたのはほとんどが非構造化・集中定数系モデル，すなわち，菌体構成成分の変化や菌体集団内のパラメータの分布を考えないモデルである。このようなモデルは菌体集団の最も荒い近似であるにもかかわらず，かなり良く菌体集団の挙動を再現できることが多い。非構造化・集中定数系モデルの商業的な微生物プラントへの実際の導入例としては，呼吸商を指標としたパン酵母の培養制御が知られる[15]。また，活性汚泥のように，多数の菌種で構成され，多種の基質を処理するような系でさえも非構造化・集中定数系モデルで扱える。International Water Association（IWA）によってまとめられた活性汚泥の数式モデル群[16]は浄化槽の設計に用いられている。

しかし，本稿の最初に述べたような高度な用途への利用を図るならば，少なくとも細胞内のメカニズムにまで踏み込んだ構造化モデルが必要であろう。微生物の構造化モデル自体はかなり古くから作成されてきた。幾つかは既に言及したが，更に多くの要素を含むモデルも発表されている。例えば，Weinbergらの *E. coli* モデルは，アミノ酸や核酸，細胞壁前駆体のプール形成と，そこからのDNA，RNA，タンパク質，細胞壁の合成を含む[17]。Hallらは *Saccharomyces cerevisiae* のエネルギー代謝と細胞周期を統合したモデルを報告している[18]。Domachらの *E. coli* モデルは，グルコースとアンモニウムイオンの輸送，高分子前駆体と高分子の合成などを含み，細胞の組成，サイズ，形状などの変化を計算できる[19]。Jeongらの *Bacillus subtilis* のモデルは，核酸などの代謝を含み，バッチ培養における指数増殖期から定常期への推移を計算できる[20]。ただし，これらのモデルでは，いずれも代謝経路が大幅に省略・抽象化されている。

これに対し，近年の各種微生物の全ゲノム解読や，代謝データベースの充実，分析手段の発達，および計算を実行するコンピュータの高性能化や計算技術の改良を背景として，より完全に代謝系をモデル化する試みが行われるようになってきた。

詳細な代謝経路を含むものとしては，主として静的モデルが作成されている。Pramanikらは，*E. coli* について300の反応からなる化学量論モデルを作成した[21]。このモデルでは，好気培養での代謝流束の実験結果を正確に予測できた。また，Palssonらは，COnstraint-Based Reconstruction and Analysis（COBRA）と称する手法により，微生物の"ゲノム規模"の静的モデルを作成している[22]。Constraintとは，反応の化学量論（物質収支），酵素の最大反応速度などを意味する。熱力学的に不可逆な反応であれば流束が非負という制約も加わる。このような制約の下で，微生物が取りうる定常状態の範囲が定まる。Reconstructionは，ゲノム情報などを元に代謝反応の化学量論を再構築する作業を意味する。彼らは *E. coli* MG1655について，増殖速度を最大化するという目的関数のもとで予測された基質（酢酸）取り込み速度が実際に実験値と一致するのを確認した[23]。また，予測が不正確な場合，長期間培養して適応進化させればモデルから予測された増殖速度を達成できることを示した[24]。最近では，より理論的に熱力学的

な制約を取り入れたり[25]，実験で得られた代謝流束解析の結果と比較して最も妥当な解を与える目的関数を検討する[26]など，予測精度の更なる向上が試みられている。

静的モデルは代謝反応の化学量論のみが分かっていれば作成できるが，反面，基本的に物質濃度の情報を用いないため，フィードバック阻害による代謝の調節や正確な熱力学的制約といった重要な要素が無視されている。これらの要素を考慮し，より現実的な代謝系の挙動を調べるためには，代謝系を構成する酵素の反応速度式を組み込んだ動的モデルが有効と考えられる。微生物代謝の詳細な動的モデルとしては，Rizziらによる *S. cerevisiae* の中心炭素代謝モデルが挙げられる[27]。このモデルには細胞質とミトコンドリアの2つのコンパートメントが含まれており，前者で解糖系，後者でクエン酸回路と呼吸鎖の反応を計算する。代謝反応は一部，まとめられており，反応速度式の数は20である。これらの反応速度式に含まれる多数のパラメータは，細胞内代謝産物の時系列データを用いてフィッティングされた。また，Chassagnoleらは，Rizziらと同様の手法で *E. coli* の中心炭素代謝モデルを構築した[28]。このモデルはグルコース取り込み系と解糖系とペントースリン酸経路，およびこれらの経路と接続された幾つかの前駆体合成系について，30の反応速度式を有する。その他，比較的多くの代謝反応を含む動的モデルとしては，*E. coli* の中心炭素代謝系[29]，*E. coli* のスレオニン合成系[30]，*S. cerevisiae* の解糖系[31]，*Lactococcus lactis* の解糖系[32]などが報告されている。また，代謝反応を多く含むわけではないが，Gillesらは *E. coli* のカタボライト抑制に関する詳細なモデルを発表している[33]。

以上に紹介したように，大規模な動的モデルのほとんどは特定の代謝系に対象が限定されており，着目した代謝物質の遷移状態は表現できるものの，多くの代謝活動の連携した結果としての菌体のマクロな挙動を再現するには到っていないのが現状である。全細胞的な大規模モデリングの試みとしてはTomitaらによる「仮想細胞」がある[34]。彼らは，*Mycoplasma genitalium* の遺伝子セットを元に，細胞の自己維持のために必要最低限と考えられる127個の遺伝子を抽出し，シミュレータ「E-Cell」上で仮想細胞モデルを構築した。このモデルは基質の取り込み系，エネルギー代謝や脂質合成系に加え，遺伝子の転写・翻訳系までも含む。Tomitaらはその後，"Whole-cell simulation"[35,36]を目標に掲げて研究を続けている。また，GoryaninとDeminらも，*E. coli* の動的な全細胞モデルの実現を目指している[37]。

4 動的モデリングにおける酵素反応速度式の問題

代謝反応を逐一，明示的に記述した動的モデルを作成しようとすると，問題となるのは酵素反応速度式の表現法である。代謝反応で最も多く見られる「基質や生成物が複数の可逆反応」を正確に表現しようとすると，反応機構に応じて様々な速度式となり，必要なパラメータ数も多

い[38]。しかし，文献で報告されている酵素反応速度論的パラメータの実験値は，大半が，単純な1基質不可逆のMichaelis-Menten式を仮定して見かけのKmを求めたもので，反応機構まで同定して全てのパラメータを測定した例は稀である。とはいえ，多数の酵素について膨大な実験を行い反応機構や詳細なパラメータを調べるのは難しい。そこで，反応速度式は汎用的な形式を用い，測定した代謝物質濃度の時系列データを再現するようにパラメータをチューニングしてモデルを構築することが行われている。汎用速度式としては，S-system[39]，Generalized Mass Action（GMA）[39]，Linear-logarithmic（lin-log）[40]，Multiplicative Michaelis-Menten[41, 42]，Generalized Hill[43]など，様々なタイプが提案されている。モデル化例としては，S-systemによる *Aspergillus niger* のクエン酸生産[44]やGMAによる *S. cerevisiae* のスフィンゴ脂質代謝[45]，lin-log kineticsによる *Corynebacterium glutamicum* のバリン／ロイシン生産[46]などがある。

　汎用速度式を用いたモデリングは簡便だが，系に含まれる物質数が増大すると，結局，パラメータ探索空間が著しく広大になるという難点がある。また，この手法で得られるのはあくまでも「経験モデル」であり，基本的に外挿性（汎化能力）は無い。したがって，やはり，可能であれば，個々の酵素について正確な反応速度式を調べた上で，反応速度論的試験によって得られたパラメータを適用すべきであろう。ただし，*in vitro* の試験で得られたパラメータで *in vivo* の反応を表現できるかという問題は残る。酵素反応速度論的実験のハイスループット化と，*vivo* の環境をよく再現できるような *vitro* の試験系の開発が今後の課題だろう[47]。

5 マルチオミクスデータの利用

　21世紀に入ってから，メタボロミクスやプロテオミクスなど各種の網羅的測定法は目覚しい進歩を遂げている。また，安定同位体を含む基質を用いることで，幾何学的に複雑な代謝系についてもフラクソーム（ある代謝系に含まれる全ての代謝経路の代謝流束解析値のセット）を得られるようになってきた[48]。これら複数の「オミクス」技術を統合して得られた「マルチオミクスデータ」を利用することで，前節までに挙げた様々な問題を克服し，大規模で精密な代謝モデルを実現できる可能性がある。まず，静的モデリングへの利用を考えると，例えば，モデル化する代謝系に含まれる全ての代謝物質の細胞内濃度が分かれば，反応のGibbs自由エネルギー差を計算して反応方向を厳密に判定できる。ただし，代謝物質の多くは電解質なので，活量の計算に配慮が必要である[49]。また，モデル中の全ての酵素について，たとえ詳細な反応速度論的パラメータは不明でもkcat（酵素1分子あたりの最大反応速度）さえ分かっていれば，全酵素の細胞内濃度測定値より各経路の酵素反応速度の上限を正確に与えられる。こうした情報を同時に用いれば，代謝流束解析の妥当性を格段に増すことができるはずである。また，COBRAにおい

第13章 微生物の代謝シミュレーション

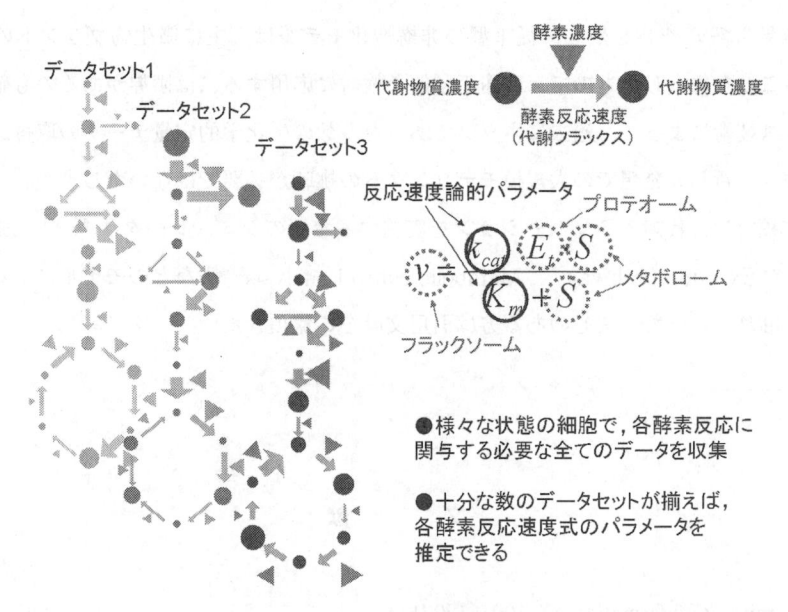

図1 マルチオミクスデータを用いた酵素反応速度式パラメータ推定　概念図

て，より現実的な制約条件を設定するのに役立つと考えられる。動的モデリングにとってもマルチオミクスデータは有用である。メタボロームは，それだけでも代謝物質濃度の時系列データを用いた従来型のモデリングに利用できる[50]が，並行して他のオミクスデータも取得することで更に威力を発揮すると考えられる。すなわち，代謝系の各酵素の酵素反応速度式が与えられており，代謝物質濃度・酵素濃度・酵素反応速度（代謝流束解析値）データのセットが必要な数だけ得られれば，原理的には反応速度式に含まれる全てのパラメータを決めることが可能なはずである（図1）[51]。

最近，筆者の研究所において，$E.\ coli$ の野生株や多数の一遺伝子欠損株を種々の希釈率で連続培養したときのマルチオミクスデータが収集された[52]。メタボロームはキャピラリ電気泳動／飛行時間型質量分析計[53]，プロテオームはタンパク質をプロテアーゼ処理して得られたペプチド断片を液体クロマトグラフ質量分析計で定量する手法[52]によって測定された。加えて，フラクソームも取得されている。今後，これら多数のデータセットを用いて $E.\ coli$ の中心炭素代謝系のモデルが構築される予定であり，図1の手法の実用性が評価されることになるだろう。

6　おわりに

モデルには適度で現実的な複雑さを要求すべきであり，徒に詳細なモデルを追及すべきではな

いという意見も多い[54]。しかし，従来型の非構造化モデルは，主に微生物プラントの設計や制御に用いることを想定したもので，代謝工学的な検討に応用するには限界があるのも確かであろう。オミクス技術によって，過去にネックであった多数の生化学的定量データの取得が可能となってきた現在，新しい発想での大規模モデリングへの挑戦が必要ではないだろうか。

なお，本稿では，代謝シミュレーションを実施するためのシミュレータ[36, 55, 56]，Elementary flux mode や Extreme pathway[57]，Metabolic control analysis[5, 58]などのモデルによる解析手法については触れなかった。関心のある方は引用文献をご覧頂きたい。

文　　献

1) M. Tomita, *Bioinformatics*, **17**, 1091 (2001)
2) H. W. Blanch, *Chem. Eng. Commun.*, **8**, 181 (1981)
3) 塩谷捨明，発酵工学 20 世紀の歩み，日本生物工学会 p.33 (2000)
4) 合葉修一ほか，生物化学工学 反応速度論，科学技術社 (1975)
5) G. N. Stephanopoulos *et al.*, 代謝工学—原理と方法論，東京電機大学出版局 (2002)
6) N. D. P. Dang *et al.*, *J. Ferment. Technol.*, **53**, 885 (1975)
7) A. R. Mirzai *et al.*, *IEE Conf. Publ.* (*Inst. Electr. Eng.*), 844 (1991)
8) T. Imanaka *et al.*, *J. Ferment. Technol.*, **50**, 633 (1972)
9) D. W. Zabriskie *et al.*, *AIChE J.*, **24**, 138 (1978)
10) H. W. Blanch *et al.*, *Biotechnol. Bioeng.*, **13**, 843 (1971)
11) M. A. Henson, *Curr. Opin. Biotechnol.*, **14**, 460 (2003)
12) P. Shu, *J. Biochem. Microbiol. Tech. Eng.*, **3**, 95 (1961)
13) A. M. Kierzek, *Bioinformatics*, **18**, 470 (2002)
14) F. C. Neidhardt *et al.*, Escherichia coli and Salmonella 2nd Ed., p.13, Amer. Society for Microbiology (1996)
15) S. Aiba *et al.*, *Biotechnol. Bioeng.*, **18**, 1001 (1976)
16) M. Henze *et al.*, Activated sludge models ASM1, ASM2, ASM2d and ASM3, IWA Publishing (2000)
17) R. Weinberg *et al.*, *Int. J. Biomed. Comput.*, **2**, 95 (1971)
18) R. J. Hall *et al.*, *Biotechnol. Bioeng.*, **23**, 1763 (1981)
19) M. M. Domach *et al.*, *Biotechnol. Bioeng.*, **26**, 203 (1984)
20) J. W. Jeong *et al.*, *Biotechnol. Bioeng.*, **35**, 160 (1990)
21) J. Pramanik *et al.*, *Biotechnol. Bioeng.*, **56**, 398 (1997)
22) N. D. Price *et al.*, *Nat. Rev. Microbiol.*, **2**, 886 (2004)
23) J. S. Edwards *et al.*, *Nat. Biotechnol.*, **19**, 125 (2001)

24) R. U. Ibarra *et al.*, *Nature*, **420**, 186 (2002)
25) A. M. Feist *et al.*, *Mol. Syst. Biol.*, **3**, 121 (2007)
26) R. Schuetz *et al.*, *Mol. Syst. Biol.*, **3**, 119 (2007)
27) M. Rizzi *et al.*, *Biotechnol. Bioeng.*, **55**, 592 (1997)
28) C. Chassagnole *et al.*, *Biotechnol. Bioeng.*, **79**, 53 (2002)
29) J. Hurlebaus *et al.*, *In Silico Biol.*, **2**, 467 (2002)
30) C. Chassagnole *et al.*, *Biochem. J.*, **356**, 415 (2001)
31) F. Hynne *et al.*, *Biophys. Chem.*, **94**, 121 (2001)
32) M. H. Hoefnagel *et al.*, *Microbiology*, **148**, 1003 (2002)
33) K. Bettenbrock *et al.*, *J. Biol. Chem.*, **281** (5), 2578-2584 (2006)
34) M. Tomita *et al.*, *Bioinformatics*, **15**, 72 (1999)
35) M. Tomita, *Trends Biotechnol.*, **19**, 205 (2001)
36) N. Ishii *et al.*, *J. Biotechnol.*, **113**, 281 (2004)
37) I. Goryanin *et al.*, Metabolic engineering in the post genomic era, p.321 (2004)
38) I. H. Segel, Enzyme kinetics, John Wiley & Sons, Inc. (1975)
39) 白石文秀, バイオケミカルシステム理論とその応用, 産業図書 (2006)
40) J. J. Heijnen, *Biotechnol. Bioeng.*, **91**, 534 (2005)
41) J. D. Varner, *Biotechnol. Bioeng.*, **69**, 664 (2000)
42) D. Degenring *et al.*, *J. Process Cont.*, **14**, 729 (2004)
43) V. Likhoshvai *et al.*, *J. Bioinform. Comput. Biol.*, **5**, 521 (2007)
44) F. Alvarez-Vasquez *et al.*, *Biotechnol. Bioeng.*, **70**, 82 (2000)
45) F. Alvarez-Vasquez *et al.*, *Nature*, **433**, 425 (2005)
46) J. B. Magnus *et al.*, *Biotechnol. Prog.*, **22**, 1071 (2006)
47) N. Ishii *et al.*, *FEBS Lett.*, **581**, 413 (2007)
48) C. Wittmann, *Microb. Cell Fact.*, **6**, 6 (2007)
49) T. Maskow *et al.*, *Biotechnol. Bioeng.*, **92**, 223 (2005)
50) A. Buchholz *et al.*, *Biomol. Eng.*, **19**, 5 (2002)
51) N. Ishii *et al.*, 6th International Conference on Systems Biology Book of Abstracts, p.176 (2005)
52) N. Ishii *et al.*, *Science*, **316**, 593 (2007)
53) T. Soga *et al.*, *J. Biol. Chem.*, **281**, 16768 (2006)
54) 海野肇ほか, バイオプロセス工学 計測と制御, 講談社サイエンティフィク p.62 (1996)
55) R. Alves *et al.*, *Nat. Biotechnol.*, **24**, 667 (2006)
56) S. Y. Lee *et al.*, *Trends Biotechnol.*, **23**, 349 (2005)
57) S. Klamt *et al.*, *Trends Biotechnol.*, **21**, 64 (2003)
58) W. Wiechert, *J. Biotechnol.*, **94**, 37 (2002)

第3編　生命科学への応用

第3編　生命科学への応用

第14章　メタボロームデータを用いた代謝フラックス解析

清水　浩[*1]，古澤　力[*2]，白井智量[*3]

1　^{13}C標識を用いた代謝フラックス解析

細胞の代謝の状態を議論する場合には代謝物質の濃度のプロファイルすなわちメタボロームデータをベースにして，代謝反応の大きさ（代謝フラックス）を解析（代謝フラックス解析：Metabolic Flux Analysis（MFA））することが重要である。異なる環境間や異なる生物種，株間において，代謝フラックスを比較解析することは，生物の生理状態の違いを代謝という側面から理解することにつながると考えられる。MFAにより，培養プロセスにおける細胞状態の理解[1]や分子育種[2]を行うことができる。MFAは*Eschericia coli*[3]，*Bacillus subtilis*[4]や*Corynebacterium glutamicum*[5]など幅広い有用物質生産菌に用いられてきた。

代謝経路中は，多くの可逆反応，補充経路を含んでおり，微生物生産を高度化させるためには，これらの反応の活性化状態を詳細に調べる必要がある。図1に示すような代謝経路のフラックス

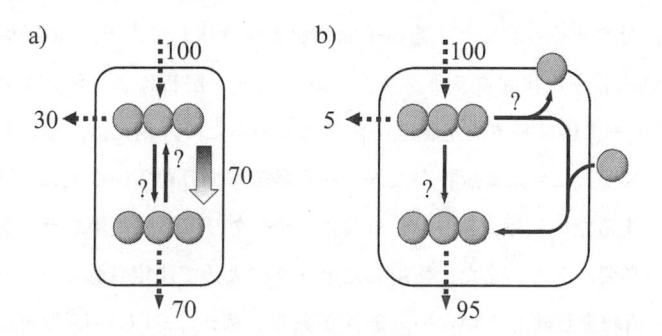

図1　可逆反応および分岐を含む経路についてのフラックス分配
点線の矢印は細胞外で測定できる物質の生産又は消費速度，実線の矢印は細胞内フラックスを表す。ブロック矢印は正味の（ネット）フラックスを表す。細胞外代謝産物測定にもとづいたフラックス解析方法では，可逆反応量（a），分岐比（b）をそれぞれ求めることはできない。

---

*1　Hiroshi Shimizu　大阪大学　大学院情報科学研究科　バイオ情報工学専攻　教授
*2　Chikara Furusawa　大阪大学　大学院情報科学研究科　バイオ情報工学専攻　准教授
*3　Tomokazu Shirai　㈶地球環境産業技術研究機構　微生物研究グループ　研究員

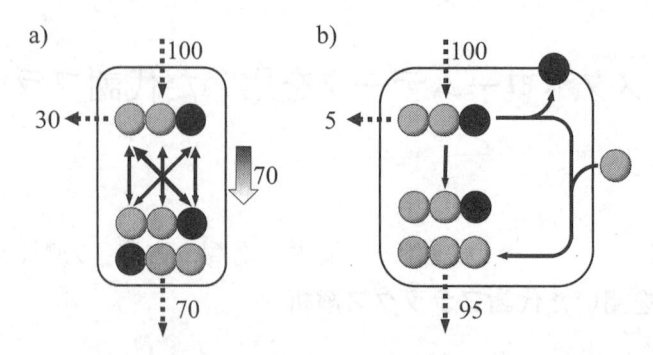

図2 炭素原子の移動を考慮した代謝経路のフラックス
灰色は ^{12}C を，黒は同位体である ^{13}C 原子を表す。^{13}C 標識化合物を使用することで，可逆反応量（a），分岐比（b）を決定することが可能となる（矢印の説明：図1を参照）。

を，細胞外の代謝産物の生成・消費速度の観測だけで決定することはできない。こういった複雑な経路のフラックスを知るために，^{13}C 標識された基質を代謝させ，細胞内の ^{13}C 標識をメタボロームにおいてトレースし，フラックス解析を行う必要がある。図2に示したように炭素原子の移動をトレースすることで可逆反応や分岐などを含む経路のフラックス解析が可能となる。このようなフラックス解析法は ^{13}C MFA と呼ばれる。細胞内代謝産物の ^{13}C 標識の存在比（ラベリングパターン）をガスクロマトグラフィー質量分析（GC-MS）や核磁気共鳴（NMR）を用いて測定する。

　細胞内代謝産物間の分子の収支と炭素原子間の収支を考慮して，モデルを構築し，^{13}C 標識の存在比分析値を説明しうる代謝フラックスをコンピュータ解析により決定する。しかし，GC-MSやNMR分析データには必ず測定誤差が含まれているため，例えば，それらの実験誤差が小さくてもフラックス解析に与える影響が大きくなる場合もあり得る。ゆえに，細胞内代謝フラックスを正確に決定するためには，GC-MSやNMRデータの実験誤差がフラックス解析結果に与える影響を調べる必要がある。また，使用したデータによって決定されたフラックス解析が必ずしも全ての ^{13}C の情報を反映していない可能性がある。例えば，GC-MS分析によって得られたデータは物質の質量を表しているだけであるし，NMR分析によって得られたデータは，^{13}C に対する隣の炭素（^{12}C か ^{13}C か）の情報を表しているに過ぎない。^{13}C MFAに用いたモデルおよびその解析結果は，実験によって得られた ^{13}C のラベリングパターンを，他の独立な分析で得られたデータと比較し検証することが望まれる。

　本章では，GC-MS分析データを用いた精密な ^{13}C MFA方法について述べる。また，二種のコリネ型細菌である増殖期における ^{13}C MFAを行った例を通して，^{13}C MFA結果の精度を検証する方法について述べる。ここでは，GC-MSデータの測定誤差によってどの程度フラックスが

第14章 メタボロームデータを用いた代謝フラックス解析

変化するのかを調べ，さらに，NMR 分析データを用いて GC-MS データのみを用いて決定されたフラックスを検証する方法について述べる。最後に，これらの解析から，*C. glutamicum* および *C. efficiens* の代謝の特性の違いについて議論する[6]。

2　GC-MS および NMR 分析のためのサンプル調製

フラックス解析のための培養は，炭素源として用いるグルコースに一定の割合で 6 つの炭素全てが ^{13}C 標識された［U-^{13}C］グルコースを混合する方法で実験を行った（第一位のポジションのみを標識した［1-^{13}C］グルコースもよく用いられる）。定常状態が得られたのち，増殖中期に菌体を回収する。アミノ酸中に取り込まれた ^{13}C 標識から代謝フラックスを決定する方法は以下のとおりである。回収した菌体に 6M HCl を入れ，105℃で 18～24 時間，細胞構成成分であるタンパク質の加水分解を行う。加水分解されたタンパク質はアミノ酸となるが，システインおよびトリプトファンは容易に酸化され破壊されるのでデータには用いることができない。また，グルタミン，および，アスパラギンは脱アミノ化され，グルタミン酸，および，アスパラギン酸になる。タンパク質加水分解によって生じたアミノ酸をイオン交換クロマトグラフィーによって精製する。手順として，強酸イオン交換樹脂を用い，pH 2.3 に調製した酢酸中（0.2M）に乾固させたアミノ酸を溶解し，アプライする。

その後，pH 12 に調製したトリエチルアミン（0.2M）でアミノ酸を溶出させ，精製する。精製したサンプルを再び乾固させ，0.1M 重水素塩酸（DCl）800μL に溶かし NMR 分析用サンプルとする。GC-MS 分析については精製したアミノ酸を誘導化反応させる。乾固させたサンプルに *N*-(*tert*-butyldimethylsilyl（TBDMS））-*N*-methyl-trifluoroacetamide（MTBSTFA）を 50μL，dimethylformamide を 50μL（アルギニンなどのアミノ基を含む側差を持つアミノ酸を分析したい場合はアセトニトリルを用いる）をそれぞれ添加し，80℃で 1 時間反応させる。その後，サンプル 1μL を GC-MS にアプライする。

3　GC-MS 分析条件

ここで示す GC-MS 分析は，InertCap1MS キャピラリーカラム（25m × 0.25mm × 0.25μm；GL Science, Japan）をセットした Shimadzu GC-17A ガスクロマトグラフおよび JMS-AMSUN200HS 質量分析器（JEOL Co., Japan）を用いたものである。分析条件は以下のように設定した。1.0mL/min ヘリウムガス，スプリット比 1：20，GC オーブン：150℃で 5 分保持し，その後 3℃/min で 180℃まで，さらに 10℃/min で 280℃まで上昇させ，5 分保持する。一サン

プルあたりの分析時間は 30 分である。質量分析器：インターフェイス 250℃，イオン源 200℃，電子衝撃電圧（EI voltage）70eV とする。定量性のある GC-MS データ取得のためには selected ion monitoring（SIM）モードを用いる。誘導体化アミノ酸分析においては主に四種類のイオンフラグメントが測定される（[M-15]，[M-57]，[M-159]，[302]）。ここでは，全てのアミノ酸分析に対して，スペクトル強度が高い [M-57] および [M-159] のイオンフラグメントを測定する。

　GC による物質の分離の際，同一物質内においても高い質量数を持つものほど早い時間でカラムから溶出されてくる[7]。正確な GC-MS データを取得するためには，各物質ピークの一点だけにおいてのマススペクトルを取るのではなく（ピークトップ法），物質が検出される範囲において全てのマススペクトルを積分によって取得する必要があると考えられる（積分法）。積分法に加え，マススペクトルのノイズを差し引くことによりデータ取得を行うことで測定精度を上昇させることができる。それぞれのマスデータ（m_j）は以下の式を用いて計算することができる。

$$m_j = \frac{\sum_{i=0}^{n}(I_{ij} - I_{ij}noise)}{\sum_{j=0}^{k}(\sum_{i=0}^{n}I_{ij} - I_{ij}noise)} \tag{1}$$

ここで $I, i, j, n, k, Inoise$ はそれぞれ，マススペクトル強度，スキャン番号，イオンフラグメント，スキャン数，イオンフラグメント数および，それぞれのイオンフラグメントのノイズを表している。^{13}C MFA に用いる GC-MS データは，アミノ酸骨格中の ^{13}C の情報だけが反映されたものでなくてはならない。つまり誘導化アミノ酸にはアミノ酸炭素原子の他に，水素，酸素，窒素，ケイ素および TBDMS 体中の炭素原子らの同位体によりマススペクトルが変化する。したがって，これら天然同位体の影響（天然存在比の影響）を差し引くことによって[8]，アミノ酸骨格中の ^{13}C の情報だけが反映された GC-MS データを計算する[6]。

4　NMR 分析条件

　NMR 分析は 30℃ で 400MHz 以上の精度を持つ分析装置を用いて行われることが多い。本稿で示すデータは 400MHz の分析装置を用い，二次元 NMR 分析を行ったものである（Carbon-detected two-dimensional ^1H-^{13}C heteronuclear correlation spectroscopy（COSY））[9]。用いたパルスシーケンスは ^1H-^{13}C 間のカップリングを起こさず，ゆえに ^1H-^{13}C 間のカップリングは ^{13}C-^{13}C 間のカップリングに影響を与えないことが知られている。ゼロフィリング（データポイント数をデジタル処理によって増やすこと）以前のデータ取得については，t_1 軸（^1H 側）につ

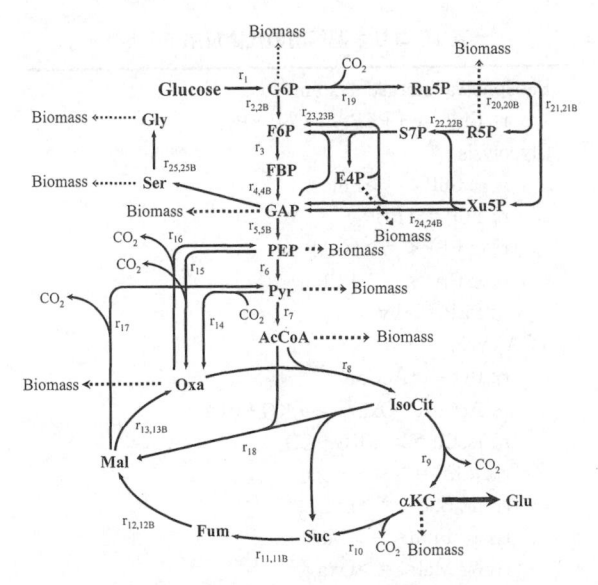

第14章　メタボロームデータを用いた代謝フラックス解析

図3　^{13}C MFA に使用したコリネ型細菌の代謝モデル
点線で示した矢印は細胞生合成フラックスを表す。この代謝経路内には一方向反応と可逆反応が存在する。可逆反応が存在する経路については r_{2B}, r_{4B} のように 'B' を付けて表示した（表1も参照のこと）。各中間代謝物から合成されるアミノ酸は次の通りである。GAP: Ser, Gly; PEP: Phe, Tyr; Pyr: Ala, Val, Leu, Ile; AcCoA: Leu; αKG: Glu, Gln, Pro, Arg; Oxa: Asp, Asn, Met, Thr, Ile; R5P: His; E4P: Phe, Tyr。

いては256, t_2 軸（^{13}C 側）については2048ポイントで行う。スキャン間の待ち時間は1.5秒とし，積算回数は256回で行う。NMR 分析では注目した ^{13}C と隣り合った C の情報が得られる。singlet (I_s), doublet (I_{d1}, I_{d2}), double doublet (I_{dd}), そして triplet (I_t) となるようなスペクトルが観測される。これらのピーク面積比は，それぞれのカップリングの割合を表しているので，それらを計算することで NMR データを取得する。

5　代謝フラックス解析のためのモデル構築

図3に C. glutamicum の中央代謝経路に注目したモデルを示す。このモデルでは解糖系，TCA サイクルおよびペントースリン酸経路からなる。さらに，補充経路については，ホスホエノールピルビン酸カルボキシラーゼ（PEPc），ピルビン酸カルボキラーゼ（Pc），PEP カルボキシキナーゼ（PEPck），およびリンゴ酸酵素（ME）の存在が知られている。中央代謝経路からアミノ酸を除く菌体構成成分への各炭素フラックスは文献に示されている値を用いた[10]。アミノ酸へのフラックスについては GC-MS 分析によって算出した。グルコース消費量を100とした場合の各中間代謝産物からの菌体生合成フラックスは次のようになった。G6P：1.0, R5P：5.6, E4P：

表1 コリネ型細菌の代謝反応モデル

Phosphotransferase system
 r_1: Glucose + PEP = >G6P + Pyr
Glycolysis
 $r_{2, 2B}$: G6P< = >F6P
 r_3: F6P = >FBP
 $r_{4, 4B}$: FBP< = >2GAP
 $r_{5, 5B}$: GAP< = >PEP
 r_6: PEP = >Pyr
TCA cycle
 r_7: Pyr = >AcCoA
 r_8: AcCoA + Oxa = >αKG + CO_2
 r_9: IsoCit = >αKG + CO_2
 r_{10}: αKG = >Suc + CO_2
 $r_{11, 11B}$: Suc< = >Fum
 $r_{12, 12B}$: Fum< = >Mal
 $r_{13, 13B}$: Mal< = >Oxa
Anaplerotic pathway
 r_{14}: Pyr + CO_2 = >Oxa
 r_{15}: PEP + CO_2 = >Oxa
 r_{16}: Oxa = >PEP + CO_2
 r_{17}: Mal = >Pyr + CO_2
Glyoxylate shunt
 r_{18}: IsoCit + AcCoA = >Suc + Mal
Pentose phosphate pathway
 r_{19}: G6P = >Ru5P + CO_2
 $r_{20, 20B}$: Ru5P< = >R5P
 $r_{21, 21B}$: Ru5P< = >Xu5P
 $r_{22, 22B}$: R5P + Xu5P< = >GAP + S7P
 $r_{23, 23B}$: GAP + S7P< = >F6P + E4P
 $r_{24, 24B}$: Xu5P + E4P< = >F6P + GAP
C1 metabolism
 $r_{25, 25B}$: Ser + THF< = >Gly + 5,10-methylene-THF

略語：THF, tetrahydrofolate。

1.4, GAP：4.0, PEP：3.2, Pyr：20.6, AcCoA：33.8, αKG：8.3, Oxa：9.3。さらに，本研究ではセリン（Ser）-グリシン（Gly）間のC1代謝をモデルに組み入れた。これらのモデルにおける代謝反応式を表1に示す[6, 11]。

6　^{13}C フラックス解析（^{13}C MFA）方法

^{13}C MFAにおいて細胞内代謝物の濃度は定常状態（単位時間当たりの濃度変化が無い）にあ

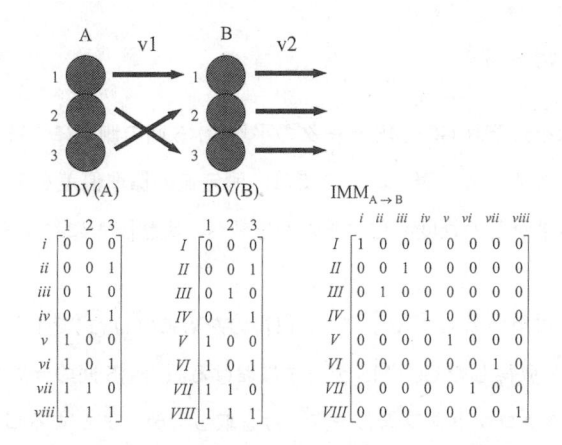

第14章　メタボロームデータを用いた代謝フラックス解析

$$v1*(IMM_{A \to B} * IDV(A)) - v2*IDV(B) = 0$$

図4　炭素原子の移動を考慮に入れた物質収支式構築の例

AからBへの反応があり，Bの炭素原子に関する物質収支式を考える。A，Bがそれぞれ三つの炭素原子から構成される場合，$^{12}C(0)$か$^{13}C(1)$かのパターンはそれぞれ8通り考えられ，IDVは各パターンの存在割合を表す（IDV(A)，(B)は共に8×1のベクトル）。BのそれぞれのIDVがAのどのIDVから成り立つのか（IMM）を考慮する。つまり$IMM_{A \to B}$の一行目，つまりはBのIDVの一行目（I）のラベリングパターン（000）になるためには，AのIDVは（000）（i）だけである。また$IMM_{A \to B}$の二行目（Bの（II））については，炭素移動から考えるとAのIDVの（010）（iii）から作られる。このように$IMM_{A \to B}$を構築することで，物質Bの炭素原子に関する物質収支式が構築できる。

ると仮定する[5]。近年の研究においても，細胞内中間代謝産物間の反応は非常に速く，それゆえに非常に短時間で定常状態に達すると考えられている[12]。この仮定に基づいて，全ての中間代謝産物における物質収支式を構築した。さらに，各中間代謝産物の^{13}Cラベリングパターンを表した（IDV）及び，炭素原子の移動の様子を記述する方法であるIMMを利用し[13]，全ての中間代謝産物中の炭素原子に関する収支式も構築した（図4）。この分子間（18個）だけでなく炭素原子間（632個）における全物質収支式（計650個）を用いて，非線形最小二乗法の一つであるレーベンベルグ-マルカート法を用いてコンピュータ計算によりフラックスを算出した[14]。計算用ソフトはMatlab ver 6.0（The Math Works, USA）を使用した。

7　測定データの誤差に対する ^{13}C MFA の精度解析

GC-MS分析によって取得されたデータには，測定誤差が含まれる。そのため，^{13}C MFA結果の精度を評価するべきである。この精度を評価するために，以下の式(2)に示すような，実際に実験で求められた測定誤差を付加したGC-MSデータを人工的に作成する。

$$artificial = m + SD \times \eta \tag{2}$$

ここで，m, SD, η はそれぞれ GC-MS データの平均値，5回の測定によって算出された標準偏差（表2）および，ガウスノイズを表す．ここでは，測定値の標準偏差を用いて人工的なデータを作成し，^{13}C MFA 結果がどの程度変化するのかを調べ，実験誤差に対する ^{13}C MFA 結果の精度を評価した．

　我々は，^{13}C MFA に用いる GC-MS データ取得のために（1）式で示されるような積分法を用いた．積分法を用いて取得した GC-MS データにおける誤差（5回のサンプル測定による標準偏差／平均値）は，ガスクロマトグラムの一点だけを取ってデータとするピークトップ法よりも小さいことが確認された．C. glutamicum における GC-MS データの例を，表2に示す．GC-MS データの実験誤差は，特にフェニルアラニン（Phe）とヒスチジン（His）については，先行研究よりも小さくなった[15]．それ以外のアミノ酸についても，測定誤差は Klapa らのものと小さいかまたは同じであった．我々は GC-MS の測定誤差が3％以下およびデータ値が0.06以上のものを二種のコリネ型細菌の ^{13}C MFA に用いることとした．この閾値の設定については，コンピュータ計算に基づいて，数百通りの人工的な GC-MS データからフラックスが正確に決まるかを検討した結果，得られたものである．

8　決定されたフラックスの精度

　コリネ型細菌の代謝反応モデルおよびそれぞれの中間代謝物の炭素原子間の物質収支式を用いて，C. glutamicum および C. efficiens の増殖期におけるフラックス分配比を決定した．本研究において，GC-MS や NMR 分析のためのサンプルは比増殖速度一定である増殖期中期に回収したものであるため，培養中の細胞内代謝フラックスは定常状態にあると考えた．C. glutamicum について，積分法によって取得された GC-MS データを用いた ^{13}C MFA 結果の例を図5に示す．推定されたフラックスを議論するため，各々の推定されたフラックスの精度を，GC-MS 測定誤差に対して調べた．ここでは，推定されたフラックスが，表2に示すような実験誤差（GC-MS 測定の標準偏差（SDs））によってどの程度変化するのかを計算することによって調べた．F6P と E4P（Ketolase 2）間のフラックス（r23(B)，r24(B)）の分散値（CV 値）は6.9％，リンゴ酸とフマル酸間（r12(B)）で19.7％，さらにグリオキシル酸経路（r18）においては0％となった．また，補充経路の内 Pc（r14）と PEPc（r15）に触媒される反応のフラックス分配は，それぞれ決定することができなかったが，これらそれぞれの補充経路反応を一つとみなした場合（PEP/Pyr → Oxa），誤差は3.3％となって精度良く決定されることがわかった．解糖系における

第14章　メタボロームデータを用いた代謝フラックス解析

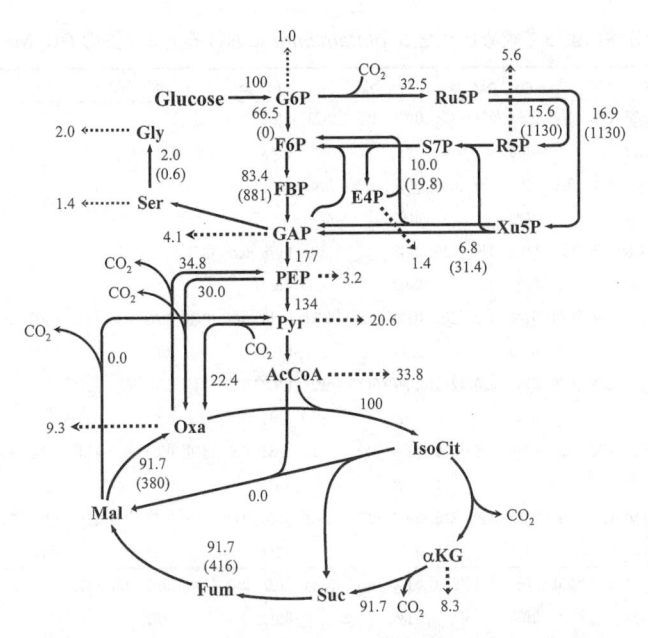

図5 *C. glutamicum* の増殖期における代謝フラックス結果
値は全てネット（正味）フラックスを表す。カッコ内の値は可逆反応を持つ経路のバックフラックスを表す。全てのフラックスはグルコースの消費速度を100とした場合の分配比を表す。

FBPとGAP間のバックフラックス（r4B）のCV値は，比較的大きかった。以上より，決定されたフラックスは，Pyr→Oxa，PEP→OxaおよびGAP→FBPを除いて，GC-MSデータの測定誤差に対して正確であることがわかった。

9　NMR分析データによる ^{13}C MFA結果の検証

GC-MSデータを用いて決定された ^{13}C MFA結果がその他の測定データと矛盾していないかを確かめる必要がある。さらにGC-MSデータからコリネ型細菌にはC1代謝の活性があると判断し，モデルに組み入れた。この判断が正当であるかということも，検証する必要がある。我々は今回，^{13}C MFAには使用しなかったNMRデータを用いて，推定したフラックスの検証を行った。二種のコリネ型細菌の ^{13}C MFA結果から，アミノ酸のNMRデータを計算することができる。この計算結果と実験で得られたNMR分析データとを比較した。GC-MSデータを用いたフラックス解析結果がNMRデータを上手く説明していることがわかった。一例として *C. glutamicum* における結果を表3に示す。*C. glutamicum* において，本研究で考慮したフラックスモデルを使用した場合，NMRデータの実験値と計算値とのずれの合計は0.42であった。対して，

表2 積分法によって求められた *C. glutamicum* におけるアミノ酸のGC-MSデータ

			m_0	SD		m_1	SD		m_2	SD		m_3	SD		m_4	SD		m_5	SD		m_6	SD	
M-57	Ala	measured	0.827	0.36	[0.44]	0.058	0.21	[3.58]	0.026	0.26	[10.23]	0.089	0.10	[1.14]									
		estimated	0.812			0.070			0.030			0.088											
	Gly	measured	0.842	0.30	[0.36]	0.059	0.39	[6.60]	0.099	0.12	[1.20]												
		estimated	0.834			0.069			0.097														
	Ser	measured	0.798	0.26	[0.33]	0.081	0.10	[1.19]	0.043	0.52	[12.0]	0.078	0.29	[3.77]									
		estimated	0.799			0.084			0.038			0.079											
	Phe	measured	0.526	0.48	[0.94]	0.144	0.32	[2.09]	0.106	0.29	[2.37]	0.110	0.07	[0.60]	0.069	0.16	[2.88]	0.023	3.00	[5.97]	0.013	0.04	[3.00]
		estimated	0.536			0.140			0.111			0.102			0.070			0.021			0.013		
	Asp	measured	0.720	0.22	[0.30]	0.147	0.30	[2.04]	0.097	0.07	[0.92]	0.053	0.08	[1.46]	0.008	0.02	[2.68]						
		estimated	0.708			0.145			0.097			0.045			0.005								
	Glu	measured	0.637	0.16	[0.25]	0.179	0.45	[2.53]	0.139	0.22	[1.61]	0.032	0.08	[2.50]	0.011	0.01	[1.13]	0.002	0.01	[5.97]			
		estimated	0.631			0.163			0.159			0.035			0.010			0.002					
	His	measured	0.630	0.61	[0.96]	0.170	0.49	[2.86]	0.073	0.26	[3.35]	0.066	0.14	[2.09]	0.026	0.26	[9.97]	0.031	0.23	[7.44]	0.005	0.23	[42.1]
		estimated	0.639			0.171			0.070			0.052			0.015			0.045			0.007		
M-159	Val	measured	0.724	0.37	[0.51]	0.067	0.34	[5.09]	0.174	0.03	[0.14]	0.022	0.03	[1.50]	0.013	0.01	[0.95]						
		estimated	0.713			0.079			0.186			0.010			0.012								
	Leu	measured	0.638	0.29	[0.46]	0.150	0.32	[2.11]	0.164	0.09	[0.53]	0.032	0.08	[2.58]	0.013	0.05	[3.85]	0.003	0.02	[6.89]			
		estimated	0.619			0.163			0.172			0.033			0.012			0.002					
	Ile	measured	0.634	0.30	[0.48]	0.154	0.26	[1.71]	0.164	0.09	[0.57]	0.034	0.02	[0.63]	0.012	0.01	[1.02]	0.003	0.02	[6.30]			
		estimated	0.631			0.163			0.159			0.035			0.010			0.002					
	Pro	measured	0.682	0.23	[0.34]	0.145	0.29	[2.01]	0.147	0.08	[0.56]	0.019	0.02	[1.28]	0.008	0.03	[3.73]						
		estimated	0.665			0.172			0.137			0.020			0.006								
	Ser	measured	0.837	0.31	[0.37]	0.065	0.49	[7.61]	0.098	0.18	[1.82]												
		estimated	0.831			0.072			0.097														
	Phe	measured	0.556	0.36	[0.65]	0.125	0.16	[1.30]	0.163	0.10	[0.62]	0.067	0.06	[0.91]	0.057	0.07	[1.16]	0.016	0.09	[5.27]	0.012	0.08	[6.74]
		estimated	0.558			0.128			0.163			0.051			0.069			0.014			0.015		

SD(%):標準偏差。[ ]内の値は SD/measured で得られる測定誤差(%)。下線で示した値を ^{13}C MFA に使用した。

GlyとSer間のC1代謝を考慮に入れなかったフラックスモデルを用いた場合はその値は大きくなった（0.98）。*C. efficiens* においても同様に検証を行い同じ結果を得た。このことからC1代謝をモデルに組み入れたことが二種のコリネ型細菌において，^{13}C MFA の精度を向上させたことを強く示唆している。さらに，上手く説明された両菌株のNMRデータが異なっていることから，二種のコリネ型細菌の細胞内フラックスが異なっていることを強く示していた。

10 二種のコリネ型細菌の ^{13}C MFA

代謝モデルの構築に始まり，原子間での物質収支式を用いた代謝フラックスの推定，そして実

第14章 メタボロームデータを用いた代謝フラックス解析

表3 *C. glutamicum* の C1 代謝を考慮に入れたモデルにおける NMR 分析結果の測定値と計算値

Amino acid	Pre.		I_s	I_{d1}	I_{d2}	I_{dd}	I_t
Ser C2	GAP C2	measured	0.13	0.09	0.13	0.65	
		estimated	0.13	0.14	0.13	0.60	
Ser C3	GAP C3	measured	0.25	0.75			
		estimated	0.27	0.73			
Ala C2	Pyr C2	measured	0.12	0.06	0.14	0.69	
		estimated	0.12	0.06	0.15	0.69	
Ala C3	Pyr C3	measured	0.19	0.81			
		estimated	0.18	0.82			
Val C4	Pyr C3	measured	0.18	0.82			
		estimated	0.18	0.82			
Leu C5	Pyr C3	measured	0.18	0.82			
		estimated	0.18	0.82			
Asp C2	Oxa C2	measured	0.27	0.32	0.14	0.27	
		estimated	0.26	0.34	0.16	0.23	
Thr C3	Oxa C3	measured	0.34	0.58			0.08
		estimated	0.27	0.60			0.13
Thr C4	Oxa C4	measured	0.63	0.37			
		estimated	0.42	0.58			
Glu C3	α KG C3	measured	0.51	0.49			n.d.
		estimated	0.52	0.42			0.05
Glu C4	α KG C4	measured	0.16	0.04	0.70	0.10	
		estimated	0.16	0.02	0.71	0.11	
Arg C5	α KG C5	measured	0.19	0.81			
		estimated	0.18	0.82			
Sum of residue		0.42					

Sum of residue は計算値と測定値の差の絶対値の合計を表す。
略語：Pre., precursor of amino acid; n.d., not detected。

験誤差に対する推定精度の評価，計算には使用しなかった独立なデータ（NMR データ）を用いた，フラックス推定結果の検証を通して，二種の菌株の細胞内フラックスの比較解析を行うことができた．結果を表4に示す．*C. glutamicum* の増殖期においては，G6P 分岐点におけるペントースリン酸経路へのフラックス分配比が，リジン生産菌よりも小さくなった．解糖系上流部のバック

表4 *C. glutamicum* および *C. efficiens* の細胞内代謝フラックス

Reaction pathway		*C. glutamicum*	*C. efficiens*
Glycolysis	G6P<=>F6P ($r_{2, 2B}$)	66.5(0.0)	89.5(1.4)
	F6P=>FBP (r_3)	83.4	90.6
	FBP<=>2GAP ($r_{4, 4B}$)	83.4(881)	90.6(1173)
	GAP<=>PEP ($r_{5, 5B}$)	176	173(1173)
TCA cycle	PEP/Pyr=>AcCoA (r_6, r_7)	134	134
	AcCoA+Oxa=>αKG+CO_2 (r_8)	100	99
	IsoCit=>αKG+CO_2 (r_9)	100	99
	αKG=>Suc+CO_2 (r_{10})	91.7	91.9
	Suc<=>Fum ($r_{11, 11B}$)	91.7(561)	91.9(416)
	Fum<=>Mal ($r_{12, 12B}$)	91.7(561)	91.9(416)
	Mal<=>Oxa ($r_{13, 13B}$)	91.7(765)	91.9(444)
Anaplerosis	(PEP/Pyr)+CO_2=>Oxa ($r_{14}+r_{15}$)	52.4	81.4
	Oxa=>PEP+CO_2 (r_{16})	34.8	63.8
	Mal=>Pyr+CO_2 (r_{17})	0.0	0.0
Glyoxylate shunt	IsoCit+AcCoA=>Suc+Mal (r_{18})	0.0	0.0
Pentose phosphate pathway	G6P=>Ru5P+CO_2 (r_{19})	32.5	10.9
	Ru5P<=>R5P ($r_{20, 20B}$)	15.6(1130)	4.0(520)
	Ru5P<=>Xu5P ($r_{21, 21B}$)	16.9(1130)	2.5(520)
	R5P+Xu5P<=>GAP+S7P ($r_{22, 22B}$)	10.0(19.8)	2.8(5.2)
	GAP+S7P<=>F6P+E4P ($r_{23, 23B}$)	10.0(19.8)	2.8(5.2)
	Xu5P+E4P<=>F6P+GAP ($r_{24, 24B}$)	6.8(31.4)	0.1(14.5)
C1 metabolism	Ser+THF<=>Gly+methylene-THF ($r_{25, 25B}$)	2.0(0.6)	2.0(0.9)

値はグルコース消費を100とした場合のそれぞれの分配比を表す。
括弧内の値は各代謝反応のうち可逆反応を持つものの値。

フラックス（F6P→G6P）は不活性であった。対して，下流部（PEP→FBP）については活性があった。また，ペントースリン酸経路や，TCAサイクル後半部（Suc→Oxa）についてもバックフラックスは大きかった。補充経路反応の一つと考えられているグリオキシル酸経路やリンゴ酸酵素（ME）に触媒される経路（Mal→Pyr）の活性は両菌株とも検出されなかった。

*C. efficiens*において，ペントースリン酸経路へのフラックス分配は*C. glutamicum*よりも小さかった。グリオキシル酸経路やリンゴ酸酵素による反応は*C. glutamicum*と同じく不活性であったが，その他の補充経路反応については*C. glutamicum*よりも活性が高いことがわかった。

第14章　メタボロームデータを用いた代謝フラックス解析

11　まとめ

本章ではメタボロミクスデータにおいて細胞に取り込ませた ^{13}C 標識をトレースし，代謝フラックス解析を高精度に行う方法（^{13}C MFA）について述べた。まず，正確に ^{13}C MFA を行うために，(1)式に示すように，GC-MS データのノイズを差し引くことを考慮に入れた積分法により，測定誤差を小さくすることが可能である。得られた GC-MS データを用いて，図3に示した代謝モデルから ^{13}C MFA を行った。

得られた結果については，測定データ（GC-MS データ）の誤差に対する ^{13}C MFA 結果の誤差を評価する必要がある。例えば，図3に示すように，r_{14}：Pyr → Oxa および r_{15}：PEP → Oxa のフラックスがそれぞれ 30，22 であっても，それらの CV 値が 41.2 および 51.9％であったことから，これら二つの補充経路におけるフラックスが決定できていないことを示している。PEP/Pyr 間の炭素原子の移動を考えれば容易にわかることであるが，もしリンゴ酸酵素（ME）による反応（r_{17}：Mal → Pyr）が不活性であれば，Pyr は PEP からしか生成されず，そのために Pyr と PEP の ^{13}C のラベリングパターン（IDV）は同じになる。つまり，r_{14}：Pyr → Oxa および r_{15}：PEP → Oxa のどちらの反応がどれだけ起こっても Oxa の IDV に違いが生じない。よってこの二つのフラックスを決定することはできない。一方，これらの反応を一つと考えると精度良く決定された（CV：3.3％）。リンゴ酸酵素（ME）の活性があるような場合は[11,16]，これら二つのフラックスを個々に決定することができ，グルタミン酸生産に対する補充経路の重要性を議論できると考えられる。Tween40 によるグルタミン酸生産においては，r_{14}：Pyr → Oxa が r_{15}：PEP → Oxa より重要に変化することが確認された[11]。

次に，GC-MS データに基づいて決定したフラックスが，解析には使用していない NMR 測定データと矛盾がないかを検証した。その結果，推定された NMR データが実験値と一致した。特に，Gly と Ser 間の C1 代謝を，フラックス解析のためのモデルに組み込んだことの有効性が NMR データにより検証された。

文　　献

1) N. Takiguchi *et al., Biotechnol. Bioeng.*, **55**, 170（1997）
2) E. Adachi E. *et al., J. Ferment. Bioeng.*, **86**, 284-289（1998）
3) J. Zhao and K. Shimizu, *J. Biotechnol.*, **101**, 101（2003）

4) M. Dauner *et al., Biotechnol. Bioeng.*, **76**, 144 (2001)
5) JJ. Vallino and G. Stephanopoulos, *Biotechnol. Bioeng.*, **41**, 633 (1993)
6) T. Shirai *et al., J. Biosci. and Bioeng.*, **102**, 413 (2006)
7) M. Dauner and U. Sauer, *Biotechnol. Prog.*, **16**, 642-649 (2000)
8) W.A., van Winden *et al., Biotechnol. Bioeng.*, **80**, 477 (2002)
9) T. Szyperski, *Eur. J. Biochem.*, **232**, 433 (1995)
10) A. Marx *et al., Biotechnol. Bioeng.*, **49**, 111 (1996)
11) T. Shirai *et al., Microbial Cell Factories*, **6**, 19 (2007)
12) T. Soga *et al., J. Proteom. Res.*, **2**, 488-494 (2003)
13) K. Schmidt *et al., Biotechnol. Bioeng.*, **55**, 831 (1997)
14) W. Wiechert *et al., Biotechnol. Bioeng.*, **55**, 118 (1997)
15) M. Klapa *et al., Eur. J. Biochem.*, **270** (2003)
16) V. F. Wendisch *et al., J. Bacteriol.*, **182**, 3088 (2000)

第 15 章　*in vivo* 同位体標識による網羅的代謝物ターンオーバー解析

原田和生[*1]，福﨑英一郎[*2]

1　はじめに

　急速に発展を遂げているメタボロミクスは生体内に含まれる代謝産物の蓄積量を網羅的に解析する学問領域である。検体にある摂動（遺伝子の改変や培養条件の変化など）を与えた際に代謝産物のプロファイルがどのように変化するかを調べることは興味深いことであるが，単にこのような解析だけで「代謝がどのように変動したか」を議論することは困難な場合が多い。「代謝がどのように変動したか」という問いに対しては「○○の経路が活性化（もしくは不活性化）した」という回答が最も適切であろう。この代謝経路の活性化度を代謝産物蓄積量の変動だけで厳密に議論することは難しい。従って，通常は mRNA の転写量やタンパク質の翻訳量などといった遺伝子の発現量データ，あるいは注目している代謝経路の酵素活性を *in vitro* で解析したデータとを組み合わせて議論されることが多い。しかし，遺伝子発現に関しては転写後修飾，あるいは翻訳後修飾などの影響により，代謝経路の活性化度とそのまま相関するとは限らない。酵素活性についても *in vivo* での代謝反応速度は基質や生成物の濃度により変化するので，実際の代謝の活性化度を反映しているとは限らない。つまり *in vivo* における代謝経路の活性化度を直接的に知るためには代謝経路を流れる化合物量すなわち代謝フラックスの情報を得る必要がある[1, 2]。

　代謝フラックス解析で得られたフラックス情報は以下のような事に活用する事が期待できる。代謝経路の活性化度を明らかにすることができ，代謝ネットワークの制御，調節機構の解明につなげることができる。あらゆる生物機能は代謝活性に付随して発揮されると考えられるため，生体内の生理状態を最も明確に示すパラメータとして代謝フラックス情報を利用することができる。また，遺伝子改変などを通じて目的代謝産物の増産を目指す代謝工学において，改変すべき反応段階の合理的な選定が可能となる。その他にも様々な活用法が考えられる。

[*1]　Kazuo Harada　大阪大学　大学院工学研究科　生命先端工学専攻　特任研究員
[*2]　Eiichiro Fukusaki　大阪大学　大学院工学研究科　生命先端工学専攻　教授

2 代謝フラックス解析の現状

従来から放射性あるいは安定同位体標識した前駆体を取り込ませ，特定の代謝経路に焦点を絞り代謝フラックスを測定する研究はなされてきたが，解糖系，TCA回路，ペントースリン酸経路などを含めたネットワークレベルでの代謝フラックス解析は高度な技術が必要となる。近年の代謝フラックス解析では安定同位体標識した化合物をプローブとして用い，「定常状態法」もしくは「動的ラベル化法」を用いた解析を行うのが主流である[1]。定常状態法はStephanopoulosらが微生物一次代謝ネットワークのフラックス解析法として確立している手法である[3]。部分的に安定同位体標識した炭素源を培地に添加し，炭素骨格の再構成を経て種々の標識化代謝産物の生合成が起こる。各代謝産物のラベル化部位とラベル化率は各代謝経路のフラックスを反映しているので，これを調べることで代謝フラックスが算出できる。定常状態法は現時点で最も確実なフラックス解析法と考えられるが，実用上の制約は多い。まず，isotopic，metabolicに定常状態に達した状態でのみ適用可能であり，この確証を得るために十分な予備検討が必要であることが挙げられる。また，例えば微生物を用いた有用物質生産を行う際，定常状態を作り上げる培養条件が実際に生産を行うような培養条件と大きく異なる等，本当に解析したい状態の生体試料に定常状態法が適用できない場合が多い。影響を調べたい「摂動」を定常状態に与え解析する場合，「摂動」と「標識」の方法に工夫が必要であり高度な技術が要求される。当然のことながら動植物等の高等生物に原理的に適用不可能な方法論である。

動的ラベル化法は解析対象代謝経路の生合成前駆体の同位体標識化合物を取り込ませ，代謝産物の濃度と安定同位体標識率を経時的に測定していきフラックスを推定する方法である[4,5]。試料を定常状態にする必要が無く，同位体標識化合物が取り込まれるような条件であればどのような条件でも実行可能であるので，解析対象化合物が直面しうる環境における解析が可能である。しかし，大規模な代謝ネットワークの解析には現在のところ適しているとは言えない。

3 代謝フラックス解析の技術的要素

代謝フラックス解析において，放射性同位体は①非常に高感度な検出が要求される，②基質の細胞内への取り込み速度を測定する，③解析対象外の代謝経路への流出がどの程度あるか探索する等の場面で用いられる。しかし，代謝産物分子内の標識部位を識別することは不可能という欠点もある。従って，放射性同位体よりも安定同位体を標識プローブとして用いる場合が多い。

安定同位体標識を検出する分析手法としては質量分析法（MS）と核磁気共鳴法（NMR）が挙げられる。MSは高感度で分子量情報も得られる為，分子種の同定に於いて非常に有用である。

第15章 *in vivo* 同位体標識による網羅的代謝物ターンオーバー解析

通常，サンプルを分画するために GC や LC に接続して使用される。LC/MS はサンプル調製が容易で，幅広い化合物の分析に適用可能である。しかし，アミノ酸や糖の分析には非常に堅牢で，再現性が高く，化合物同定に必要なライブラリーが充実している GC/MS が好まれている。GC/MS は揮発性化合物を GC で分離し，電子イオン化法もしくは化学イオン化法により化合物をイオン化する。アミノ酸や糖のような不揮発性化合物の場合は，メトキシ化やシリル化などの誘導体化が必要となる。GC/MS で検出されたイオンは通常＋1の電荷を帯びるため，検出されたイオンの質量電荷比 *m/z* の値は分子量と一致する。安定同位体標識された化合物は *m/z* が分子内に含まれる同位体の数だけ増加した値を示す（図1）。これらのイオンの強度比を求めることにより安定同位体標識率が測定できる。フラグメントイオンが検出され，その構造が帰属できれば特定原子の標識率も測定可能である。

GC/MS の欠点は上述のように細胞内代謝産物を分析する際には，誘導体化が必須で，この際に夾雑物による誘導体化効率の低下などにより回収率が低下してしまい，分析が困難である化合物も多くあるという点である。特に代謝フラックス解析で重要と考えられる一次代謝中間体である糖リン酸や Arg，Cys といったいくつかのアミノ酸の分析が困難となる。近年，これらの一次代謝中間体を網羅的に解析することが可能な capillary electrophoresis/mass spectrometry (CE/MS) により糖リン酸の安定同位体標識率の測定を行い，代謝フラックス解析に応用した例も報告されている[6]。

代謝フラックス解析に用いられる安定同位体（^{13}C，^{15}N 等）は核スピン量子数が0でないため NMR を用いて検出可能である。NMR スペクトルの化学シフトやカップリング定数を基に標識化合物の同定および標識部位の特定が可能である（図1）。化合物内での安定同位体標識の分布を定量的な情報として得ることができるのが NMR 法の強みである。^{13}C-NMR でも代謝フラックス解析に適用可能だが，現在では解像度を向上させ，混合物からでも複数種類の化合物の同定が可能な C-H COSY や HMQC，HSQC といった二次元 NMR が汎用されるようになっている[7]。NMR を用いた手法の弱点は①感度がさほど高くなく，微量な代謝中間体を検出できない，②絶対量の測定には向かない等の理由で特に動的ラベル化法への適用が難しいことが挙げられる。

4 培養細胞における代謝産物の *in vivo* ^{15}N 標識率測定 [8]

代謝フラックスを定量化する場合は上述のように同位体標識を行い，同位体標識率を GC/MS，NMR などで測定した結果を，代謝反応の化学量論式や原子移動，動的ラベル法の場合は速度論的パラメータといった項目を考慮した代謝モデルに適用し，代謝フラックスを推定するというアプローチを取る。しかし，この代謝モデルに不適切な仮定が含まれていたり，未知な部分が含ま

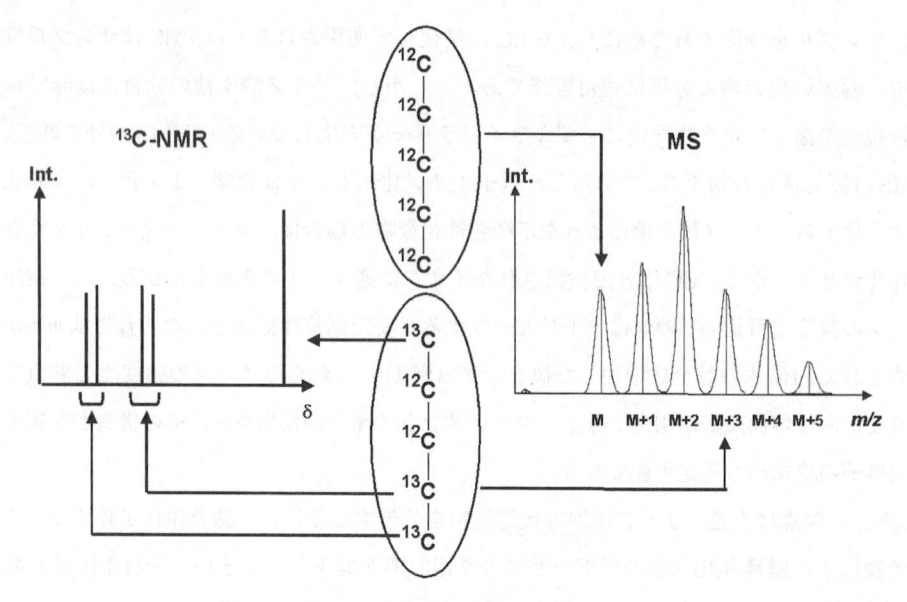

図1 安定同位体の検出
^{13}C-NMR では ^{13}C 由来のシグナルが検出され，ケミカルシフト（δ）の値から，化合物の同定と標識部位を特定し，強度から取り込んだ ^{13}C を定量する．また，^{13}C が隣接していればカップリングが生じる，これも有用な情報となる．MS では分子固有の分子量と電荷の比（m/z）から化合物の同定が可能で，^{13}C が導入された数だけ m/z の値が増加する．この強度比から化合物の ^{13}C 標識率を測定することが可能である．

れていたり等して，得られる結果の精度が非常に低いといった問題が生じることがある．これらを改善していくことが代謝フラックス解析の進展には必須であるが，それとは別に，安定同位体標識率を測定し，その挙動を解析するだけでも，代謝経路に関する有益な情報を得ることは可能である．何れの原子も原理的には適用可能な方法であるが，^{15}N 安定同位体を用いて含窒素代謝物に注目するのが最も簡便かつ，効果的である．^{15}N 標識の利点は，植物・微生物の場合，含窒素無機塩を標識に用いることができるため，^{13}C，^{18}O 標識化合物に比べ，非常に安価である事，炭素，酸素，水素とともに多くの有機化合物に含まれる原子であるため，網羅的に標識を行うことが可能である事，重水素標識化合物のように同位体効果が大きくなく，生体試料の代謝や生理機能，及び機器分析に影響を与えない為，ネットワークスケールでの標識に適用可能である事等といった理由が挙げられる．加えて，当該方法はタンパク質のターンオーバー解析にも適用可能である．以下に著者らが行った実験例を示す．

シロイヌナズナ培養細胞 T87 を ^{14}N（通常の同位体）窒素源で前培養し，本培養時に ^{15}N 標識培地（窒素源である硝酸イオンとアンモニウムイオンを ^{15}N で標識）で培養し，培養開始後，経時的にサンプリングを行い，代謝産物の標識率の推移を観測した．

抽出した代謝産物を CE/MS 分析に供し，アミノ酸のマススペクトルデータを取得した（図2）．

第15章 *in vivo* 同位体標識による網羅的代謝物ターンオーバー解析

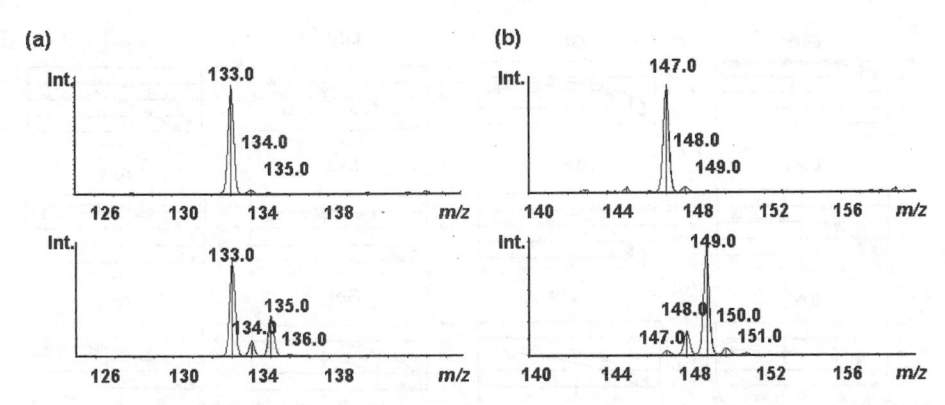

図2 シロイヌナズナ培養細胞から抽出したアスパラギン（a），グルタミン（b）のESI-MSスペクトル
サンプル，上段：非標識の培地で培養した細胞，下段：^{15}N標識培地で24時間培養した細胞。MSの極性はポジティブモードで，各代謝産物は[M + H]$^+$として検出される。

CE/MSはGC/MSと異なりアミノ酸のような代謝産物を誘導体化する必要が無く，より微量成分の分析が可能である。生体内に微量にしか存在しない代謝中間体の標識率を経時的にモニタリングするにはCE/MSが適している。マススペクトルに現れる同位体のピークは基質由来の同位体と天然に存在する安定同位体（主に^{13}C，天然に1.1％存在する）の両方を含んでいる。そこで，マススペクトルのピークエリア比から天然に存在する安定同位体の寄与を除いて，培地中の^{15}N由来の^{15}N標識率を算出した（図3）。

いずれの条件下，サンプリングポイントにおいてもグルタミンの^{15}N標識率が最も高かった。同じ条件下ではグルタミン酸，グリシン，脂肪族アミノ酸の^{15}N標識率の増加率がアスパラギン，アスパラギン酸，ヒスチジン，芳香族アミノ酸よりも高い傾向にあった。また，グルタミン，グルタミン酸，グリシン，脂肪族アミノ酸の^{15}N標識率は24時間以内に平衡に達したのに対し，アスパラギン，アスパラギン酸，ヒスチジン，芳香族アミノ酸の^{15}N標識率は36時間以降でも増加し続けていた。また，明条件下に比べ，暗条件下ではほとんどのアミノ酸の^{15}N標識率が低くなっており，特にヒスチジン，芳香族アミノ酸は著しく低下している。しかしながらアスパラギンの^{15}N標識率は暗条件下のほうが高い値を示した。

^{15}Nの標識速度がアミノ酸間で異なるのは，無機窒素がその代謝産物にたどり着くまでの経路の長さが異なっている事（最初にグルタミンに取り込まれ，次にグルタミン酸やアラニンに取り込まれ，続いてこれらの取り込まれた窒素がアミノトランスフェラーゼの働きにより他のアミノ酸に移っていく）と，各アミノ酸のターンオーバー速度が異なる事が理由として挙げられる。これらは^{15}N標識率が無機窒素から各アミノ酸へ流れる窒素フラックスと，各アミノ酸の炭素骨格を形成する生合成経路のフラックスの両方を加味したパラメータとなることを意味する。^{15}N標

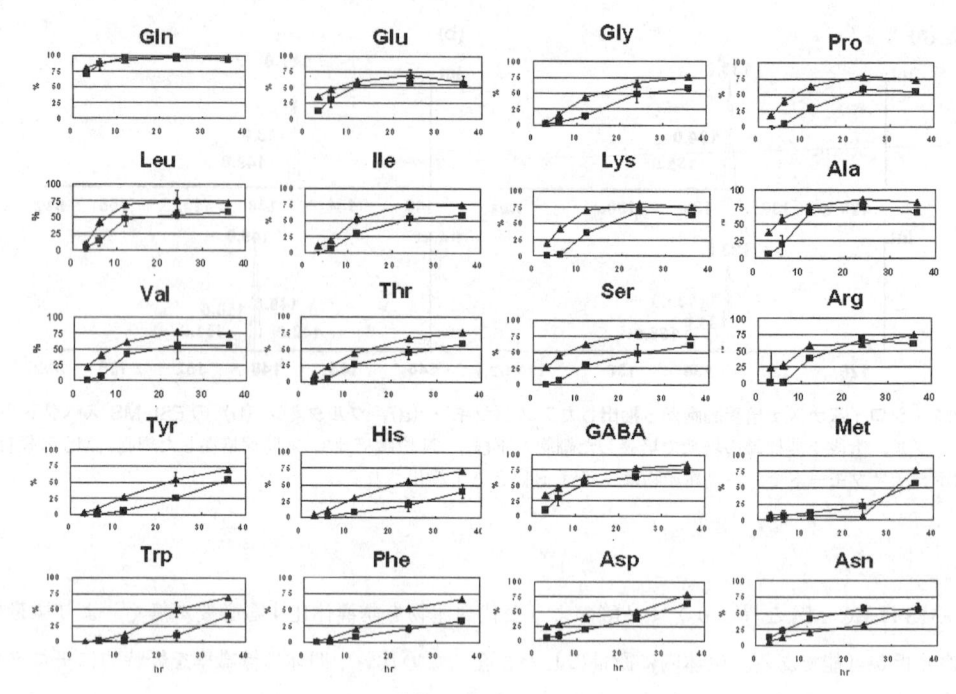

図3 シロイヌナズナT87培養細胞から抽出したアミノ酸の^{15}N標識率経時変化
シンボル，■：暗条件，▲：明条件。

識率のみから代謝フラックスを議論することは不可能であるが，検体に対し種々の摂動を与えた際の^{15}N標識率の変化を測定することにより，これらの摂動に対するアミノ酸代謝の活性化度を推測することができると考えられる。

多くのアミノ酸が暗条件下で^{15}N標識率が低下した原因としては窒素同化に関わる酵素（硝酸レダクターゼ，亜硝酸レダクターゼ，グルタミン合成酵素など）の抑制，光合成が抑制することによるアミノ酸生合成に必要な還元力，炭素骨格の不足が考えられる。さらに暗条件下で^{15}N標識率の低下が著しかったプロリン，リジン，ヒスチジン，フェニルアラニン，チロシン，トリプトファンでは生合成経路の中間に位置する酵素の発現も光によって制御されていることが推測される。実際，シロイヌナズナ植物体実生のマイクロアレイの結果[9]ではプロリン，リジン，ヒスチジン，トリプトファン生合成経路の酵素の転写が光によって活性化されることが示されており，^{15}N標識率の結果は矛盾しない（図4）。さらにフェニルアラニン，チロシンの生合成経路遺伝子の発現についてはマイクロアレイの結果では明確な差が現れなかったが，筆者らが行ったRT-PCRの結果から，これらの遺伝子の発現も活性化されていることがわかり，^{15}N標識率測定の実験が如何に感度がよいかを示している。

同様にオウレン培養細胞を暗条件下，^{15}N標識培地で培養しT87細胞を用いた実験と同一のサ

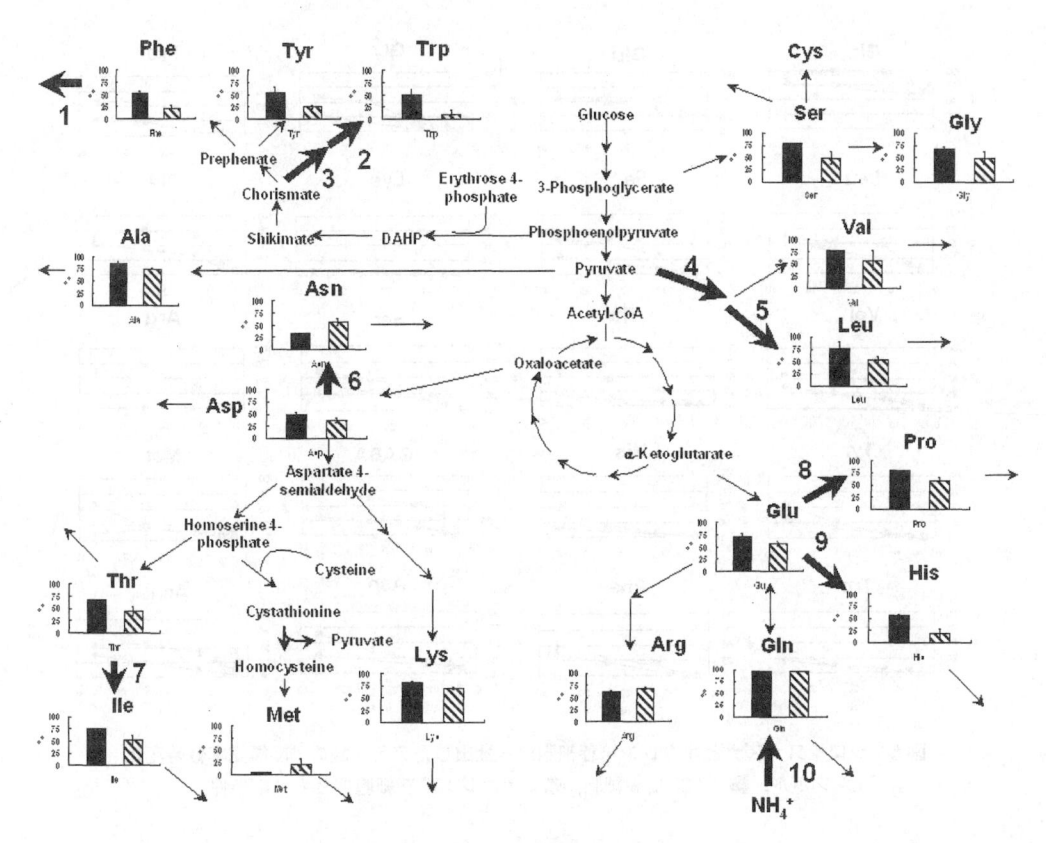

第15章 *in vivo* 同位体標識による網羅的代謝物ターンオーバー解析

図4 シロイヌナズナ培養細胞から抽出した標識開始後24時間後のアミノ酸の ^{15}N 標識率
シンボル，■：明条件，▨：暗条件。番号が付けられた反応は光によって制御されている酵素に触媒される反応を指す[9]。酵素名：1, phenylalanine ammonia lyase; 2, tryptophan synthase; 3, phosphoribosylanthranilate transferase; 4, acetolactate synthase; 5, 3-isopropylmalate dehydratase; 6, asparagine synthetase; 7, acetolactate synthase; 8, Δ-1-pyrroline-5-carboxylate synthetase; 9, histidinol dehydrogenase; 10, glutamine synthetase.

ンプリングポイントでサンプリングを行った（図5, 6）。実験に用いたオウレン培養細胞はベルベリン高生産能を有する株であるが，細胞増殖速度は非常に遅いことが特徴である。グルタミン酸やフェニルアラニンの ^{15}N 標識率はT87細胞で得られた値とほとんど同じであるが，ほとんどのアミノ酸の ^{15}N 標識率はT87細胞の値に比べ低くなっている。特にアルギニンとリジンの ^{15}N 標識率は36時間でほとんど上昇しなかった。この結果は，これらのアミノ酸の生合成が不活性されていることを示している。これらのアミノ酸はプトレッシン，スペルミジン，スペルミン，カダベリンといったポリアミンの基質となる（図7）。ポリアミンは細胞分裂，胚発生，老化など，植物の成長や分化の過程で深く関わっていることが推測されている。従って，アルギニンやリジンを介したポリアミン生合成の抑制が，高ベルベリン生産能を有するオウレン培養細胞の非常に

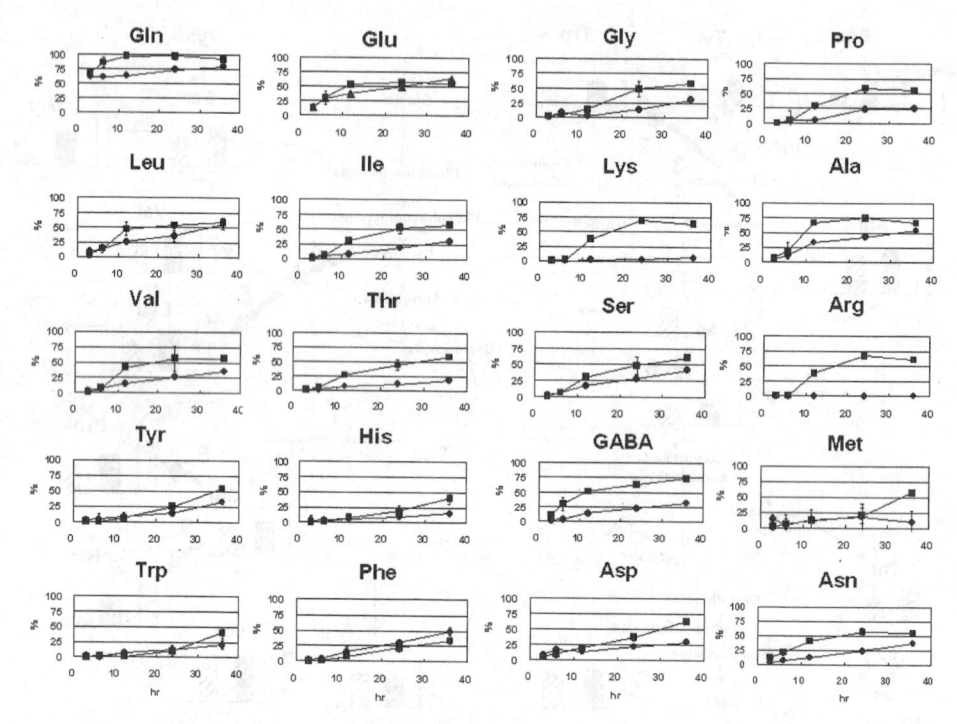

図5 シロイヌナズナとオウレン培養細胞から抽出したアミノ酸の^{15}N標識率経時変化
シンボル，■：T87培養細胞，●：オウレン培養細胞，ともに暗条件。

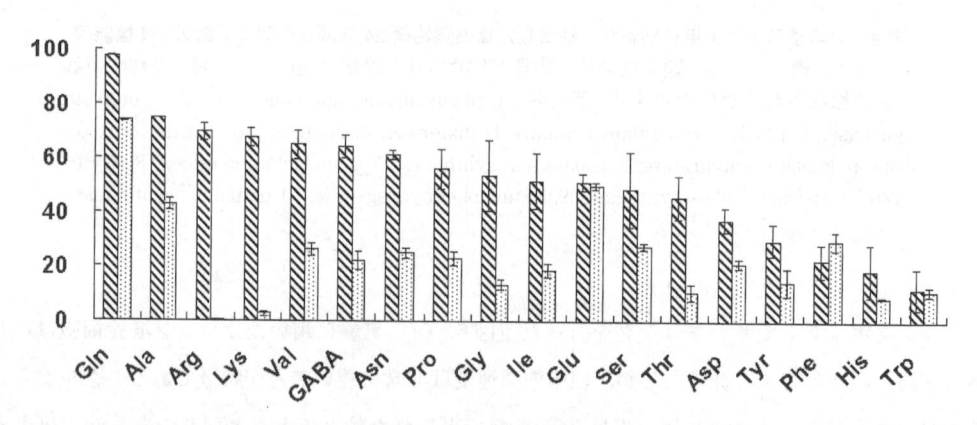

図6 シロイヌナズナとオウレン培養細胞から抽出した標識開始後24時間後のアミノ酸の^{15}N標識率
シンボル，▨：T87培養細胞，▦：オウレン培養細胞，ともに暗条件。

遅い増殖速度の原因になっているのかもしれない。

　この解析法はタンパク質のような高分子のターンオーバーの解析にも用いることが可能である。図8には^{15}N標識開始後，T87培養細胞に含まれるタンパク質の^{14}N/^{15}N比の経時変化をモニタリングした結果を示した。タンパク質はトリプシンでペプチドに消化し，これをcapillary-

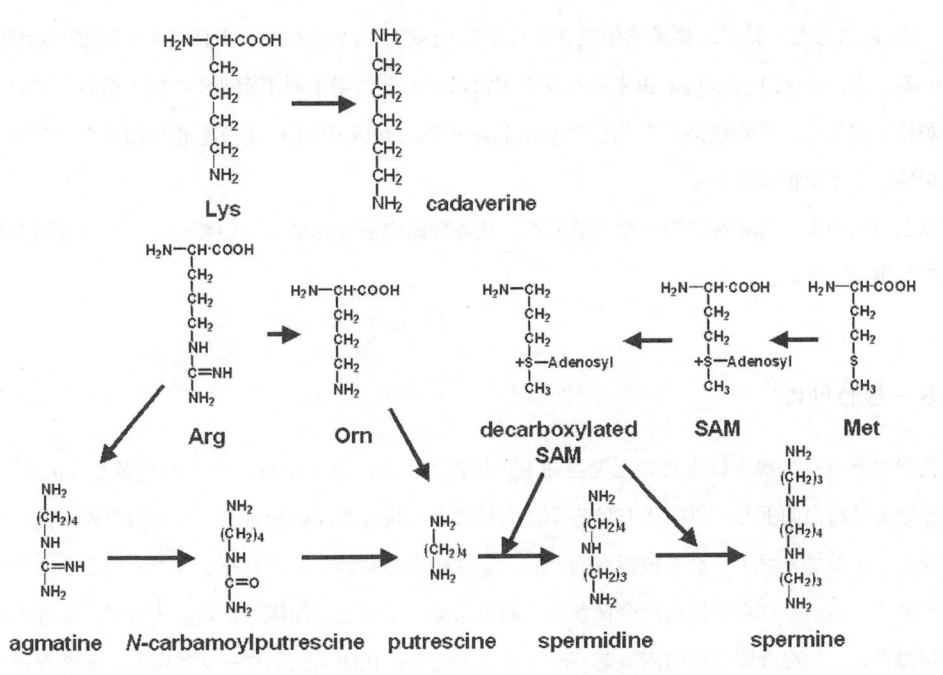

第 15 章 *in vivo* 同位体標識による網羅的代謝物ターンオーバー解析

図 7 植物におけるポリアミン生合成経路

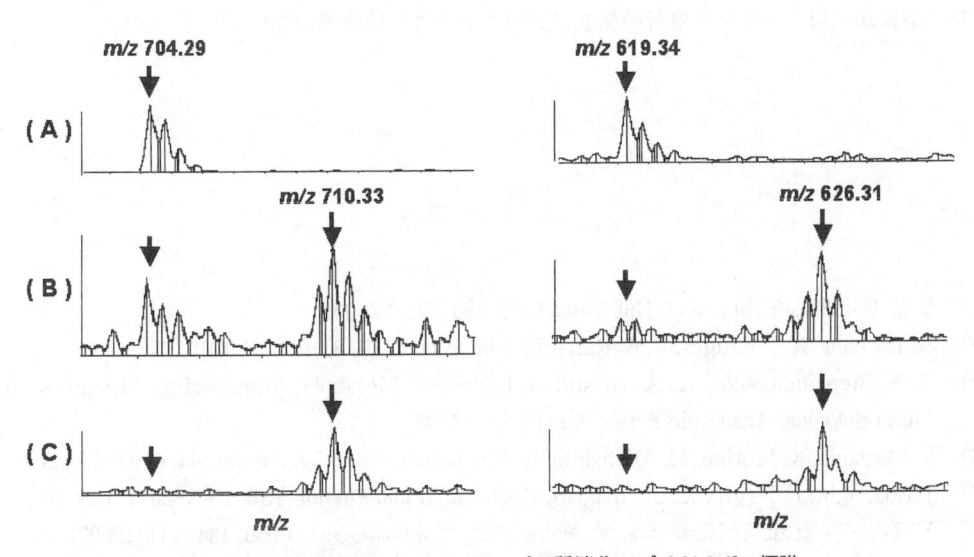

図 8 T87 培養細胞に含まれるタンパク質消化ペプチドの ^{15}N 標識

左側は ribulose 1,5-bisphosphate carboxylase/oxygenase (RuBisCO) のトリプシン消化物 LTYYTPEYETK, 右側は S-adenosyl-L-homocysteine hydrolase (SAH hydrolase) のトリプシン消化物 VAVICGYGDVGK の ESI-MS スペクトルを示している。^{15}N 培地での培養時間は (A) 0 日, (B) 3 日, (C) 7 日。各スペクトルの左側矢印は ^{14}N monoisotopic mass, 左側矢印は ^{15}N monoisotopic mass を示す。これらのマススペクトルは T87 培養細胞からタンパク質を抽出し, トリプシン消化した試料を capillary-LC/MS 分析に供すことにより取得した。

LC/MS に供した。結果，標識開始後3日目でRuBisCO由来のペプチドには半分程度^{14}Nが残っている一方，SAH hydrolase由来のペプチドはほとんどの窒素原子が^{15}Nに置き換わっていることが見て取れる。この結果からSAH hydrolaseのほうがRuBisCOよりも相対的にターンオーバーが早いことが推測される。

以上の例のように非常に簡単な実験でも，代謝経路の活性化度についていくつかの有用な知見を得る事ができる。

5 おわりに

代謝フラックス解析はまだまだ発展途上の技術である。メタボロミクスの発展とも相まって，機器分析技術が向上し，以前よりはるかに大量にかつ精度の高い分析データの取得が可能となってきた。インフォマティクス技術も向上し，より精度の高いシミュレーションを行えるようになってきている。これらの技術は今後さらに向上していくことが期待される。一方で，未知の代謝経路の存在，代謝経路の細胞内コンパートメントなど，代謝ネットワークに関して未知な部分が多く，モデル作成時に数多くの仮定が盛り込まれていることも確かである。より詳細な生化学的知見の蓄積が代謝フラックス解析の発展に必須であることは間違いない。

文　献

1) R. G. Ratcliffe, Y. Shachar-Hill, *Plant J*, **45**, 490-511 (2006)
2) A. Roscher, N. J. Kruger, R. G. Ratcliffe, *J Biotechnol*, **77**, 81-102 (2000)
3) G. N. Stephanopoulos, A. A. Aristidou, J. Nielsen, Metabolic Engineering, Principles and Methodologies, Academic Press, San Diego (1998)
4) F. Matsuda, K. Morino, M. Miyashita, H. Miyagawa, *Plant Cell Physiol*, **44**, 510-517 (2003)
5) J. Boatright, F. Negre, X. Chen, C. M. Kish *et al.*, *Plant Physiol*, **135**, 1993-2011 (2004)
6) Y. Toya, N. Ishii, T. Hirasawa, M. Naba *et al.*, *J Chromatogr A*, **1159**, 134-141 (2007)
7) G. Sriram, D. B. Fulton, V. V. Iyer, J. M. Peterson *et al.*, *Plant Physiol*, **136**, 3043-3057 (2004)
8) K. Harada, E. Fukusaki, T. Bamba, F. Sato *et al.*, *Biotechnol Prog*, **22**, 1003-1011 (2006)
9) L. Ma, J. Li, L. Qu, J. Hager *et al.*, *Plant Cell*, **13**, 2589-2607 (2001)

第16章　ゲノミクスとメタボロミクスの生物学的解析技術としての融合

田中喜秀[*1], 東　哲司[*2], Randeep Rakwal[*3], 柴藤淳子[*4], 脇田慎一[*5], 岩橋　均[*6]

1　はじめに

ゲノミクスは20世紀末に始まり，21世紀の生物学を支える重要技術と位置づけされている。ゲノミクスの役割は，遺伝子構造や遺伝子発現の網羅的な解析にある。ゲノミクスの詳細については，バイオテクノロジーシリーズ[1]に詳しく解説されているので，参照して欲しい。一方，メタボロミクスは，今世紀に入り登場した重要技術であり，代謝物質を網羅的に定量するという役割を担っている。両技術を用いて，同じ生物学的現象を解析すると，どのような結果が見えてくるのかは，興味深い。本章では，ゲノミクス解析を行った後にメタボロミクス解析を行う事の意味について，酵母の解析例で議論してみたい。

2　ゲノミクス

酵母にカドミウムストレスを負荷し，その生体影響や解毒機構の解析を試みた論文[2]を，先

[*1] Yoshihide Tanaka　㈱産業技術総合研究所　ヒューマンストレスシグナル研究センター
　　　ストレス計測評価研究チーム　主任研究員

[*2] Tetsuji Higashi　㈱産業技術総合研究所　ヒューマンストレスシグナル研究センター
　　　ストレス計測評価研究チーム　テクニカルスタッフ

[*3] Randeep Rakwal　㈱産業技術総合研究所　ヒューマンストレスシグナル研究センター
　　　精神ストレス研究チーム　テクニカルスタッフ

[*4] Junko Shibatou　㈱産業技術総合研究所　ヒューマンストレスシグナル研究センター
　　　精神ストレス研究チーム　テクニカルスタッフ

[*5] Shin-ichi Wakida　㈱産業技術総合研究所　ヒューマンストレスシグナル研究センター
　　　ストレス計測評価研究チーム　チーム長

[*6] Hitoshi Iwahashi　㈱産業技術総合研究所　ヒューマンストレスシグナル研究センター
　　　副研究センター長

メタボロミクスの先端技術と応用

表1 DNAマイクロアレイ解析結果の例(カドミウムによって誘導される遺伝子)

遺伝子記号	誘導率	±	SD	一般名	遺伝子の機能
YLL057C	59.9	±	7.8		similarity to E.coli dioxygenase
YKL001C	21.4	±	3.8	MET14	adenylylsulfate kinase
YPL223C	20.0	±	5.6	GRE1	induced by osmotic stress
YLL055W	19.0	±	5.7		similarity to Dal5p
YBR072W	17.4	±	6.1	HSP26	heat shock protein 26
YBR294W	14.4	±	4.5	SUL1	putative sulfate permease
YIL166C	12.5	±	8.1		similarity to allantoate permease Dal5p
YNL277W	10.3	±	5.0	MET2	homoserine O-trans-acetylase
YLR303W	9.8	±	4.1	MET17	O-acetylhomoserine-O-acetylserine sulfhydralase
YLR136C	9.0	±	4.7	TIS11	tRNA-specific adenosine deaminase 3
YIR017C	8.6	±	6.4	MET28	transcriptional activator of sulfur amino acid metabolism
YDL124W	8.5	±	3.5		similarity to aldose reductases
YLR364W	8.0	±	4.0		hypothetical protein
YOR382W	7.6	±	5.0		hypothetical protein
YAL067C	7.5	±	2.5	SEO1	suppressor of sulfoxyde ethionine resistance
YJR010W	7.3	±	3.8	MET3	ATP sulfurylase
YCL040W	7.1	±	5.1	GLK1	aldohexose specific glucokinase
YOL162W	6.9	±	4.7		strong similarity to hypothetical protein YIL166c
YHR008C	6.9	±	4.0	SOD2	mitochondrial superoxide dismutase (Mn) precursor
YNL015W	6.7	±	2.7	PBI2	proteinase B inhibitor 2
YFL055W	6.7	±	5.5	AGP3	amino acid permease
YDR070C	6.4	±	2.9		hypothetical protein
YDR253C	6.4	±	3.1	MET32	transcriptional regulator of sulfur amino acid metabolism
YFL057C	5.9	±	3.5	AAD6	strong similarity to aryl-alcohol dehydrogenases
YJR137C	5.8	±	2.1	ECM17 (MET5)	extracellular mutant involved in cell wall biogenesis and architecture
YPR167C	5.8	±	1.7	MET16	3'-phosphoadenylylsulfate reductase
YGR055W	5.7	±	3.8	MUP1	high affinity methionine permease
YLR092W	5.6	±	3.2	SUL2	high affinity sulfate permease
YFR030W	5.5	±	3.4	MET10	subunit of assimilatory sulfite reductase
YPL054W	5.3	±	3.9	LEE1	protein of unknown function
YMR058W	5.1	±	3.0	FET3	cell surface ferroxidase
YFL014W	5.1	±	0.7	HSP12	12 kDa heat shock protein
YDL059C	5.1	±	4.1	RAD59	recombination and DNA repair protein
YGL121C	5.0	±	2.7		hypothetical protein

* The genes with ratios of hybridization values (treated: control) beyond 2.0 at least 3 of 4 experiments and the averages of ratios were up-regulated more than 5-fold or more by cadmium.
SD means standard deviation

第 16 章　ゲノミクスとメタボロミクスの生物学的解析技術としての融合

表2　カドミウムによって誘導される遺伝子の機能分類

機能大分類／機能中分類	分類内遺伝子数	誘導遺伝子数	誘導率（％）
CELL CYCLE AND DNA PROCESSING	628	60	9.6
CELL FATE	427	40	9.4
CELL RESCUE, DEFENSE AND VIRULENCE	278	64	23.0
CELLULAR COMMUNICATION	59	7	11.9
CELLULAR TRANSPORT	495	48	9.7
CLASSIFICATION NOT YET CLEAR-CUT	115	16	13.9
CONTROL OF CELLULAR ORGANIZATION	209	15	7.2
ENERGY	252	40	15.9
METABOLISM	1066	159	14.9
Amino acid	204	43	21.1
C-compound and carbohydrate	415	62	14.9
Lipid, fatty-acid and isoprenoid	213	28	13.1
Vitamins, cofactors, prosthetic groups	86	9	10.5
Nitrogen and sulfur	67	16	23.9
Nucleotide	148	10	6.8
Phosphate	33	5	15.2
Secondary metabolism	5	0	0.0
PROTEIN ACTIVITY REGULATION	13	1	7.7
PROTEIN FATE	595	56	9.4
PROTEIN SYNTHESIS	359	6	1.7
PROTEIN WITH BINDING FUNCTION	4	0	0.0
CELLULAR ENVIRONMENT	199	30	15.1
SUBCELLULAR LOCALISATION	2258	213	9.4
TRANSCRIPTION	771	67	8.7
TRANSPORT FACILITATION	313	52	16.6
TRANSPOSABLE ELEMENTS	116	2	1.7
UNCLASSIFIED PROTEINS	2399	261	10.9

備考　誘導率＝(誘導遺伝子数)／(サブカテゴリー内遺伝子数)×100

ず紹介する。その際のゲノミクス解析結果例を表1に示した。酵母には約6000種類の遺伝子が確認されており，表1は実際には6000行となる。通常は，このリストを用いて，他の処理との比較を行うために，クラスター解析を行う[3]。さらに，誘導又は抑制された遺伝子を選択し，どのような機能が誘導され，どのような機能が抑制されたかを解析する[3]。誘導や抑制さ

メタボロミクスの先端技術と応用

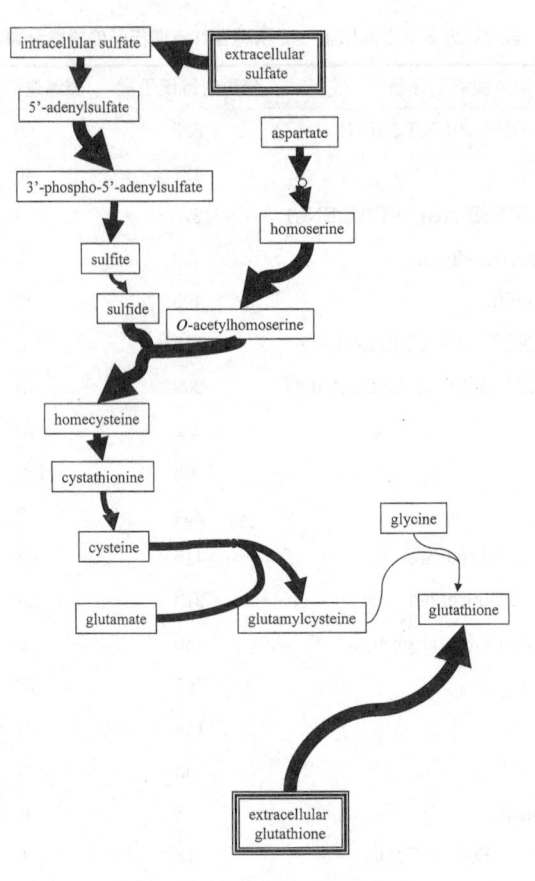

図1 ゲノミクス結果の模式図

れた機能からどのような影響があるかを考察することが可能になる。酵母は遺伝子の機能が最も詳しく解析されている生物種であり，データベースも整理されている。データベースでは，機能毎に遺伝子が分類されており，この分類に当てはめると，どのような機能が誘導されているかを判断することが可能である。6000行ある表1から，誘導遺伝子を選択し，機能解析を行った結果を表2に示した。機能分類は，MIPS（http://mips.gsf.de/genre/proj/yeast/index.jsp）のデータベースを利用している[3]。「CELL RESCUE, DEFENSE AND VIRULENCE」という大分類に属する遺伝子が多く誘導されていることが確認される。この他，「TRANSPORT FACILITATION」「ENERGY」「METABOLISM」に関する遺伝子の誘導も顕著であった。これらの機能分類の下層には，より詳細な分類がある。下層の中分類，小分類を検討し，どのような機能が誘導されているかを理解していく。検討法の詳細例は前書[1~3]を参照していただくことにして，「METABOLISM」に焦点を当て解析したところ，アミノ酸代謝やイオウの代謝（表2）すなわち，glutathione の生合成に関する遺伝子群の誘導が顕著であることが明らかとなっ

第16章　ゲノミクスとメタボロミクスの生物学的解析技術としての融合

表3　カドミウム処理後のメタボロミクス解析

アミノ酸類	相対量(処理／未処理)		
	平均		SD
glycine	0.441	±	0.074
serine	0.237	±	0.016
homoserine	0.921	±	0.087
threonine	0.343	±	0.004
aspartic acid	1.222	±	0.070
glutamic acid	1.241	±	0.053
methionine	0.326	±	0.002
O-acetylhomoserine	14.776	±	6.964
O-succinylhomoserine	1.668	±	0.196
cystathionine	0.588	±	0.020
reduced glutathione	2.660	±	0.569

た（図1）。図1には，強く誘導された遺伝子を太く，その方向と共に示した。細胞外硫酸イオンの取り込みから始まり，cysteineの生合成まで，そのすべての遺伝子が誘導されている。さらに，glutathioneの生合成まで，最終段階の遺伝子を除けば，誘導されていることが理解できる。さらに，glutathioneの細胞内への取り込みに関与する遺伝子の誘導も確認され，酵母がglutathioneを必要としていることが考察できる。当該論文では，カドミウム負荷の特徴の一つとして，glutathione生合成の活発化とglutathioneによるカドミウムの解毒又はカドミウムによって被る酸化ストレスや傷害の修復にglutathioneが関与することを指摘した[2]。尚，当該論文では遺伝子発現については解析を行ったが，glutathione関連物質の定量などは行わなかった。

3　メタボロミクス

メタボロミクスの解析法については本書他章を参照していただきたい。我々は，CE/MS（キャピラリー電気泳動質量分析法）を用いている。また，ゲノミクスの終了しているストレスに焦点を絞りメタボロミクスを行っているため，ターゲットとすべき代謝物質を予め絞り込んでおき，これらを標準物質として，解析を行っている。既述のように，カドミウムストレスを酵母に負荷すると，glutathione関連の代謝系遺伝子が誘導されてくる[2]。そこで，含硫アミノ酸や関連アミノ酸に焦点を当て解析を行った。代表的な結果を表3に示した[4]。O-acetylhomoserine, reduced glutathioneの蓄積が顕著であり，glycine, serine, threonine, methionineの減少が顕

199

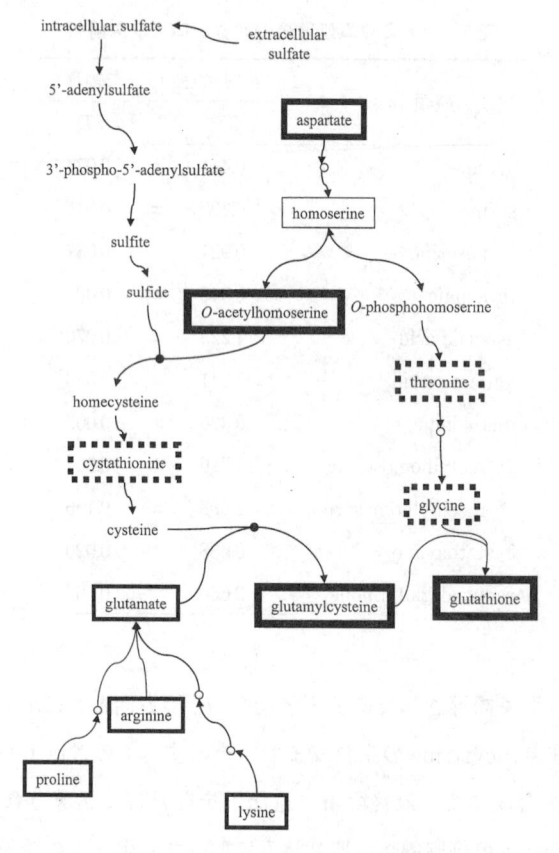

図2 メタボロミクス結果の模式図

著であった。これらを模式的に示した結果が図2である。代謝の方向は示したが，遺伝子発現に関する情報は加味していない。枠の太さは相対増加量を反映しており，点線は減少した代謝物質を示している。検出限界以下の物質に，枠は設けていない。また，対照実験において検出限界以下であったが，カドミウム処理によって検出可能となった glutamylcysteine は誘導された代謝物質として図に挿入した。メタボロミクスだけの結果を見ると，カドミウム処理された酵母は，O-acetylhomoserine と glutathione を蓄積する事が理解できる。この結果からも，gultathione の生合成が活発になっており，カドミウムストレスに glutathione が何らかの形で貢献していることを考察することは可能である。この結果は，ゲノミクスから得られた考察と一致する。一方，glycine や threonine が減少していることから，glutathione 生合成の律速段階が，glycine である事が予測される。律速段階が何であるか，また，どの代謝物質が不足しているかなどの情報をゲノミクスから得ることは不可能であり，メタボロミクスは，ゲノミクスとは異なる情報を提供していることが理解できる。

第16章 ゲノミクスとメタボロミクスの生物学的解析技術としての融合

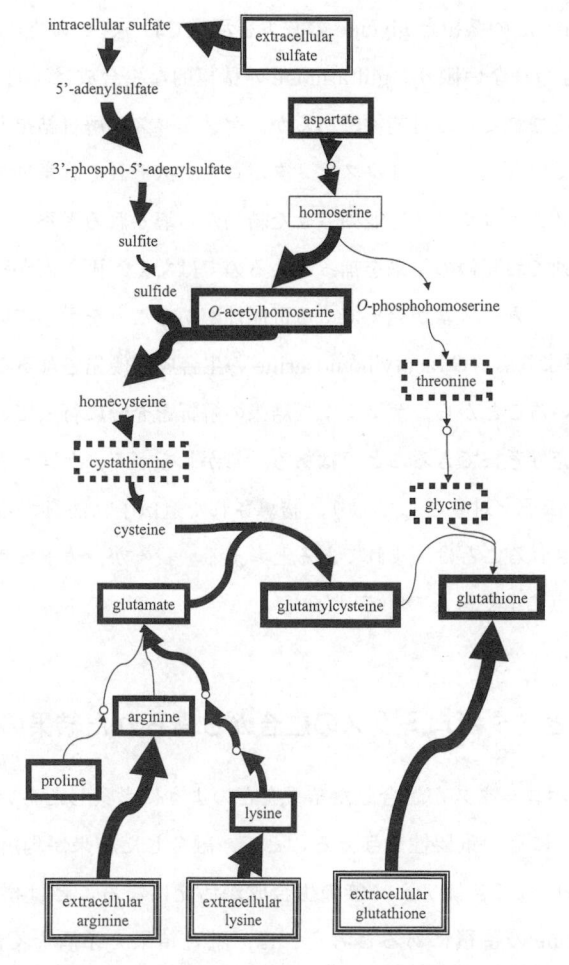

図3 ゲノミクス結果とメタボロミクス結果を統合した模式図

4 ゲノミクスとメタボロミクスの融合

　図1と図2を併せて，さらに，ゲノミクス解析では誘導又は抑制遺伝子として選択されず，注目されなかった遺伝子の情報を加えた結果が図3となる。ここで最も注目すべき点は，ゲノミクスとメタボロミクスで考察した「gultathione の生合成が活発になっている」という点である。図3からは，gultathione の生合成が活発になっているという結論を導くことはできない。なぜなら，glycine の生合成が促進されていないからである。homoserine をアセチル化すると，O-acetylhomoserine となり，cysteine の炭素骨格が供給される。一方，リン酸化されると，O-phosphohomoserine となり，glycine へと代謝されてゆく。ところが，誘導されている遺伝子は，アセチル化の方向だけであり，リン酸化の方向は，誘導が認められない。メタボロミクスの結

果も O-acetylhomoserine の蓄積と glycine の減少を示しており，この点の結果は良く一致する。glycine の生合成が行われない限り，gultathione の積極的な生合成は不可能である。glycine は他の代謝系からも合成されてくる可能性はあるが，ゲノミクスの解析結果からは，いずれの遺伝子の誘導も認められていない。ゲノミクスとメタボロミクスそれぞれ単独で得られた結果による考察とゲノミクスとメタボロミクスを並列させた結果から導かれる考察が異なることは，興味深い。両技術が単に並列でお互いの結果を補っているのではなく，両技術が融合することで気がつかなかった全く新しいメカニズムが見えてくる可能性があることを示している。

　glycine の生合成系よりも，O-acetylhomoserine の生合成が優先されることは，ゲノミクスの結果がこれを示していることから，ゲノミクス結果の解析を充分に行っていれば，メタボロミクスの結果がなくても充分考察できることではある。しかしながら，ゲノミクスの項で述べたように，6000 種類もの遺伝子を対象としており，誘導された遺伝子に注目するのが定法であることから，この点に注目されることは，まれであると考える。我々が，カドミウムの影響評価を行った論文[2]では，この点に全く言及できていない。

5　ゲノミクスとメタボロミクスの融合から得られた結果の考察

　ゲノミクスとメタボロミクスが融合した結果をどのように考察したらいいのだろうか。我々は，glutamylcysteine にその重要性を与えることで，融合した結果が理解できると考えた。カドミウムストレスによって含硫アミノ酸の生合成が活発になることは事実であるが，その目的が，glutamylcysteine の蓄積にあると考えれば，融合結果を矛盾なく説明することが可能である。この場合，glycine の生合成を犠牲にしても全く問題はない。これまでに報告されている論文を検索したところ，glutamylcysteine が，glutathione よりも重要であるとする論文[5]や glutamylcysteine と gultathione が結合した，cadystin というポリペプチドの蓄積が重要であるという論文[6]が見つかった。これら論文は，あまり引用されることがなかったようで，gultathione に注目していた我々も全く気がつかなかった。現時点では，glutamylcysteine と cadystin のどちらが重要であるのかは明らかではない。しかしながら，glutamylcysteine を生成する酵素を欠損させると，glutathione を生成する酵素の欠損株に比べても，最少培地ではその生育が極端に遅くなり，ストレスに弱くなることは知られていた[5]。これまでも，現象としては，glutamylcysteine の重要性を指示する結果は，多くの研究者に確認されていたが，その理由は不明とされていた。glutamylcysteine 又は cadystin に生理的な意義付けを行うと，この現象についても説明がつく。カドミウムストレスに対して，重要なファクターとしては，glutathione や metallothionein が有名である[2]。今回の結果は，それを否定するものではないが，さらに重要な

第16章 ゲノミクスとメタボロミクスの生物学的解析技術としての融合

ファクターが存在する可能性を強く指示している。

6 おわりに

　ゲノミクス解析の特徴は，その網羅性にある。現時点では，プロテオミクスやメタボロミクスは，その情報量では全く太刀打ちできない。しかしながら，その情報量の多さは逆に欠点ともなりうる。不確実な多量のデータは，本当の結果を隠してしまうことさえある。たとえ確実なデータであっても，どれに注目すればいいのかということすら，分からない結果になることもある。一方，メタボロミクスは，ゲノミクスに比べると明らかにその情報量は少ない。また，遺伝子とは異なり，代謝物質そのものに機能があることはまれであり，生物学的な意味付を行う事は難しい。バイオマーカーなどの探索に利用することは可能であるが，影響評価などの生物学的考察をするには役不足である。ゲノミクスとメタボロミクスを平行して行うと，機能情報と代謝情報が同時に得られる。機能情報は原因であり，代謝情報は結果であると考えることができる。情報量の少ない結果（メタボロミクス）であっても，そこから情報量の多い原因（ゲノミクス）を詳細に検討することは可能である。ゲノミクスからすると，何を解析すべきかをメタボロミクスから導き出すことが可能となる。メタボロミクスはゲノミクスをより詳細に解析する上で重要な役割を担うものと考えられる。また，今回紹介した例は一例に過ぎない。今後，ゲノミクスとメタボロミクスが融合し，新たな生物現象の解析に貢献することが期待される。

文　献

1) 久原哲編，DNAチップ活用テクノロジーと応用，シーエムシー出版（2006）
2) Y. Momose *et al., Env. Tox. Chem.,* **20**, 2353（2001）
3) 岩橋均，DNAチップ活用テクノロジーと応用，P.97，シーエムシー出版（2006）
4) Y. Tanaka *et al., J. Pharm. Biomed. Anal.,* **44**, 608（2007）
5) C. M. Grant *et al., Mol. Biol. Cell,* **8**, 1699（1997）
6) K. Imai *et al., Biosci. Biotechnol. Biochem.,* **60**, 1193（1996）

第17章 メタボロミクスを基盤とした植物ゲノム機能科学

榊原圭子[*1], 斉藤和季[*2]

1 はじめに

地球上の生物は500万種とも2,000万種ともいわれている。ほとんどすべての生物はその生命活動に必要なエネルギーを，光合成に由来する植物の生産エネルギーに依存している。さらに，植物は，生物の生命基盤としてだけでなく，生薬，医薬品原料，機能性成分として，香料，染料，工業原料として人類に古くから利用されてきた。植物の有用性は，植物の生産する多様な代謝産物に起因しているため，代謝産物を網羅的に定性，定量するメタボロミクスは，植物の代謝生理を理解し利用していく上で，特に重要な分野である。植物メタボロミクスは，既にフェノタイピングやジェノタイピング，遺伝子組換え植物の実質的同等性の評価に利用されているが，近年，他のオーム科学と統合することにより，代謝に関与する新規遺伝子の機能同定に非常に有効な手法であることが明らかになってきた。本章では，植物二次代謝系を中心とし，メタボロミクスに基づいた植物の遺伝子機能同定について解説する。

2 植物におけるメタボロミクス

植物における総代謝産物は20万種から100万種と考えられている。比較的ゲノムサイズが小さいモデル植物のシロイヌナズナでさえ，5,000種の代謝産物があるといわれており，ヒトでの約2,500種，細菌の約2,000種と比較すると，いかに植物代謝産物が多様であるかが窺える[1]。代謝産物は，生物の生命活動に根本的にかかわる一次代謝産物とそれ以外の二次代謝産物に大別できるが，植物の一次代謝産物の種類は細菌のそれとほぼ同じかやや多い程度に過ぎず，植物代謝産物の多様性は二次代謝産物に寄与するところが大きい。植物二次代謝産物の主なものとしては，テルペノイド，アルカロイド，フェニルプロパノイドなどが挙げられる。既に25,000種を超えるテルペノイド，約12,000種のアルカロイド，約8,000種のフェニルプロパノイドとその関

---

*1 Keiko Yonekura-Sakakibara ㈱理化学研究所 植物科学研究センター 研究員
*2 Kazuki Saito ㈱理化学研究所 植物科学研究センター グループディレクター；千葉大学 大学院薬学研究院 教授

第17章　メタボロミクスを基盤とした植物ゲノム機能科学

連フェノール性化合物が報告されている[2]。

メタボロミクスは，他のオーム科学（ゲノミクス，トランスクリプトミクス，プロテオミクス）と異なり，対象の化学構造が多岐にわたり，その存在量の幅も大きい。この傾向は，植物において特に顕著であるため，サンプル調製にあたっては，代謝物を変化させることなく，網羅的に抽出することが必要であり，分析にあたっては，複数の分析手法を組み合わせて包括的に行う必要がある。既に，分析手法に関しては，ガスクロマトグラフィー，高速液体クロマトグラフィー，キャピラリー電気泳動などの分離システムに様々な質量分析（MS）方法（飛行時間型，イオントラップ型，磁場型，四重極型，フーリエ変換イオンサイクロトロン型等）を組み合わせて，あるいは核磁気共鳴（NMR）法により広範囲の代謝産物分析が網羅的に行われている。各手法の詳細については第1編を参考にされたい。

3 植物代謝産物の多様性と植物ゲノム

ゲノム解読プロジェクトの進行により，出芽酵母や線虫など様々なモデル生物のゲノムの解読が完了し，さらに多様な高等生物のゲノム解読が行われつつある。植物においても，モデル植物であるシロイヌナズナやイネのゲノム解読が完了している。しかしながら，最もよく研究されているシロイヌナズナにおいてさえ，約27,000遺伝子のうち，実験的に機能が証明されているのは6％にすぎず，他の手法で証明されたものをいれても11％にすぎない[3]。その塩基配列から約50％の遺伝子の機能推定がされているにもかかわらず，正確な機能同定に至っていない理由のひとつに，植物遺伝子が多重遺伝子族として存在することが挙げられる。例えば，比較的ゲノムサイズの小さなモデル植物のシロイヌナズナでさえ，272種のチトクローム P450 遺伝子，107種の配糖化酵素遺伝子，30種のテルペン合成酵素遺伝子が存在している[4]。また，作物であるブドウでは440種のチトクローム P450 遺伝子，240種の配糖化酵素遺伝子，89種のテルペン合成酵素遺伝子の存在が報告されている[5]。チトクローム P450 遺伝子が，酵母では60種，ヒトでは3種であることと比較すると，植物遺伝子の多重性は明らかであり，植物代謝産物の多様性はゲノムによって規定されているといえよう。

4 メタボロミクスとトランスクリプトミクスの統合による遺伝子機能同定

代謝にかかわる多くの遺伝子が多重遺伝子族として存在すること，組換え蛋白質を利用した生化学実験によって機能を同定しようにも，基質特異性が必ずしも高くなく試験管内で生理的な役割を反映されるとは限らないことから，植物由来の遺伝子の機能同定はあまり進んでいないのが

メタボロミクスの先端技術と応用

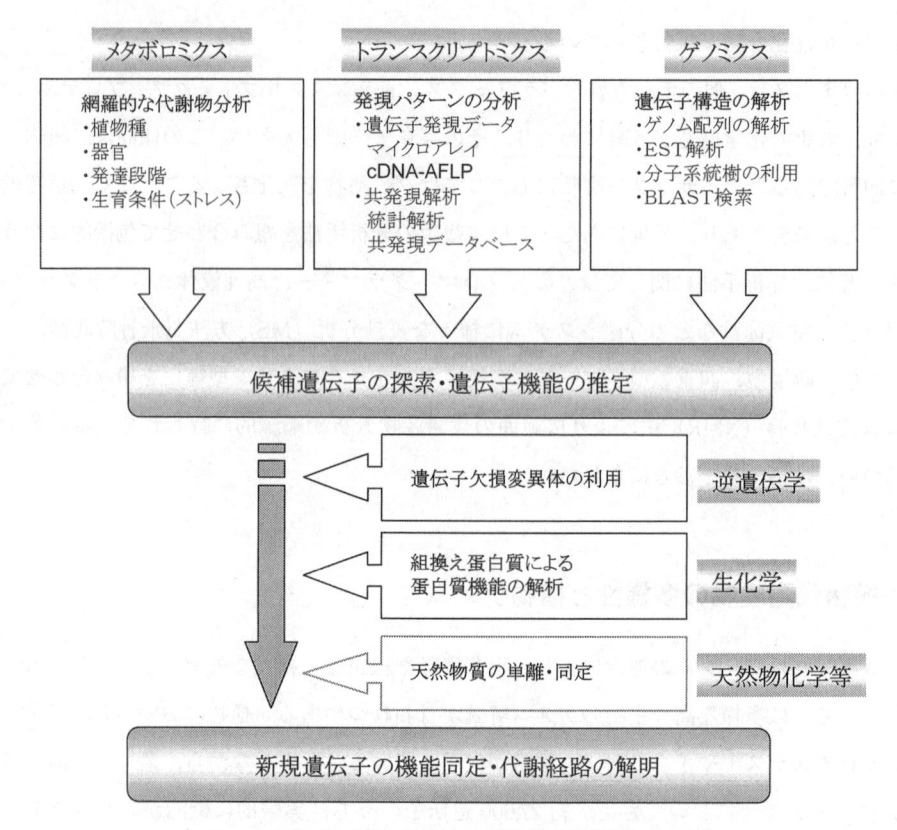

図1 メタボロミクスを利用した遺伝子機能同定への流れ

現状である。しかしながら、植物でも種々の研究ツールが整備されてきており、シロイヌナズナでは、完全長 cDNA コレクション、DNA マイクロアレイ、特定の遺伝子の欠損変異体コレクション等のバイオリソースに加え、AtGenExpress や NASCArray 等の公開遺伝子発現データベース[6,7]や、Aracyc[8]、MAPMAN[9]、KaPPA-View[10]といった代謝経路データベースが利用可能である。近年、これらの研究ツールの充実に伴って、メタボロミクスとマイクロアレイを用いた網羅的な遺伝子発現解析（トランスクリプトミクス）との併用により、新規遺伝子の機能同定に成功した例がいくつか報告されている。図1にメタボロミクスと他のオーム科学を統合した遺伝子機能同定への概要を示した。

モデル植物での例としては、アントシアニン生合成系の転写因子 PAP1（MYB75）を過剰発現させたシロイヌナズナを用いたメタボローム解析とトランスクリプトーム解析による、アントシアニン代謝系の酵素遺伝子の同定があげられる[11]。PAP1 過剰発現植物体のノンターゲットの代謝物分析とフラボノイドターゲット分析を行った結果、ノンターゲットでの代謝物分析では大きな変化が見られなかったが、ターゲット分析ではフラボノイド特にアントシアニンを特異的に

第17章 メタボロミクスを基盤とした植物ゲノム機能科学

蓄積していることが明らかとなった。このことはPAP1がアントシアニンに特異的な制御因子であることを示しており，実際に，PAP1過剰発現植物体のトランスクリプトーム解析では，既知のアントシアニン代謝系遺伝子群の発現が上昇していた。また，発現上昇が見られた機能未知の酵素遺伝子について，組換え蛋白を用いた生化学実験や変異体の代謝物分析により，アントシアニン糖転移酵素をコードしていることが証明され，その他にもアシル基転移酵素などの機能が推定されている。

他にも，硫黄欠乏，窒素欠乏，あるいは両元素欠乏ストレス条件下においたシロイヌナズナから取得したトランスクリプトームデータ，メタボロームデータを一括学習型自己組織化マッピング（BL-SOM, batch-learning self-organizing map analysis）により解析した結果，硫黄欠乏ストレス下においては，グルコシノレート代謝系の遺伝子発現と代謝物蓄積に協調的な関係が存在することが報告されている[12]。さらに硫黄欠乏条件下においたシロイヌナズナの経時的なトランスクリプトミクスデータとメタボロミクスデータの統合解析により，グルコシノレート生合成系を初めとした多数の遺伝子の機能を一度に高い精度で予測できることが示されている[13]。

シロイヌナズナ以外のモデル植物についても，バイオリソースは急速に整備されつつある。マメ科モデル植物であるタルウマゴヤシ（*Medicago truncatula*）では，ゲノムプロジェクトが進行し，約20万のEST配列が公開され，マイクロアレイの利用も可能である。タルウマゴヤシでは，培養細胞に生物ストレス，非生物ストレスを与えたときの詳細な代謝産物解析とDNAマイクロアレイにより，トリテルペンを基質とする配糖化酵素遺伝子の同定が報告されている[14, 15]。タルウマゴヤシ培養細胞にメチルジャスモン酸や酵母エリシターを添加して，代謝産物のプロファイルを解析すると，それぞれの刺激に対して，トリテルペンもしくはフェニルプロパノイドが特異的に蓄積する。メチルジャスモン酸処理に対する代謝物解析，トランスクリプトーム解析，組換え蛋白質を用いた生化学実験により，ESTライブラリーに存在する約200の配糖化酵素遺伝子より2種類のトリテルペン配糖化酵素遺伝子が同定された。

薬用植物等の非モデル植物については，ゲノム配列や大規模なESTデータが充実してない場合が多く，網羅的な遺伝子発現解析は簡単ではないが，メタボロームデータとトランスクリプトームデータの統合による機能ゲノム科学への試みがタバコ，ニチニチソウ，ケシ等で報告されている[16~18]。タバコでは，ジャスモン酸処理した培養細胞の代謝物分析とcDNA増幅断片長多型法（cDNA-AFLP, cDNA-amplified fragment length polymorphism）を利用したトランスクリプトーム解析により，アルカロイド代謝に関与する遺伝子群やジャスモン酸シグナルの伝達に関与する遺伝子群が報告されている[16]。ニチニチソウでも同様の手法を用いて，テルペノイドインドールアルカロイド合成にかかわる遺伝子や関連化合物の同定が試みられている[17]。ケシ培養細胞をエリシター処理するとベンジルイソキノリンアルカロイドが蓄積する。この系を用い

表1 シロイヌナズナにおける公開共発現データベース

名称	URL	参考文献
Arabidopsis Coexpression Data Mining Tool	http://www.arabidopsis.leeds.ac.uk/act/	25
ATTED-II (Arabidopsis thaliana trans-factor and cis-element prediction database)	http://www.atted.bio.titech.ac.jp/	19
BAR (The Bio-Array Resource for Arabidopsis Functional genomics)	http://bbc.botany.utoronto.ca/	26
CSB.DB Co-response	http://csbdb.mpimp-golm.mpg.de/	20
Genevestigator	https://www.genevestigator.ethz.ch/	27
PRIMe	http://prime.psc.riken.jp/	–

てEST解析とDNAマイクロアレイによるトランスクリプトーム解析とメタボローム解析によりベンジルイソキノリンアルカロイド生合成に関与する包括的な解析を行った例が報告されている[18]。

5 公開トランスクリプトームデータベースを利用した遺伝子機能同定

多種の生物でのゲノム解読の完了は，マイクロアレイに代表されるようなより網羅的，包括的なシステム生物学的研究を促進し，バイオインフォマティックス分野の進展と相俟って，生命情報データベースの高次化をもたらした。シロイヌナズナにおいては，様々な器官やストレス条件における1000を超えるマイクロアレイデータが，AtGenExpress[6]やNASCArray[7]などの国際マイクロアレイコンソーシアムに登録，公開されている。同一の代謝経路に存在する遺伝子群や同一の蛋白質複合体を形成している遺伝子群は同じ転写制御を受けていることが多く，それらの遺伝子発現パターンは，様々な条件におけるマイクロアレイ実験でも相関していることが多い。よって，これら公開データベースの利用によって，統計学的により確かな遺伝子共発現解析が可能になり，遺伝子機能やその制御関係の推定が可能である。既にこれらのマイクロアレイデータを利用した遺伝子共発現データベース（ATTED-II[19]，CSB.DB[20]等）も公開されている（表1）。

筆者らは，これらの公開トランスクリプトームデータベースを利用して，シロイヌナズナに存在する107種類の配糖化酵素遺伝子の中から新規フラボノイド配糖化遺伝子の機能同定に成功した[21]。共発現データベースATTED-II[19]で公開されている相関係数を用いて，既知のフラボノイド生合成系遺伝子群にシロイヌナズナに存在する107種の配糖化酵素遺伝子も加えて共発現解

第17章 メタボロミクスを基盤とした植物ゲノム機能科学

析を行ったところ，既知のフラボノイド配糖化酵素2種類を含む計6種類がフラボノイド生合成系遺伝子群と相関を示した。そしてこのうち最も多くのフラボノイド生合成系遺伝子に相関を示した配糖化酵素遺伝子について，T-DNA挿入による遺伝子欠損変異体のフラボノイドターゲット分析，組換え蛋白質による生化学実験によりこの遺伝子がフラボノイド7位ラムノース転移酵素をコードすることを明らかにした。またフラボノイド7位ラムノース転移酵素は，フラボノイド骨格の生合成に関与する遺伝子群のみならず，反応の前段階であるフラボノイドの3位グルコース転移酵素，3位ラムノース転移酵素とも相関が見られ，少なくともフラボノイド生合成経路においては，公開データベースを用いたトランスクリプトーム共発現解析は，遺伝子機能の効率的な推定に有効なツールであることが示された。

　AtGenExpress等の公開アレイデータを元に自ら統計解析を行うことも可能である。Perssonらは，NASCの408の公開アレイデータを回帰分析し，セルロース生合成に関与する既知の遺伝子と相関の高い機能未知の遺伝子群を見出した[22]。これらの遺伝子の変異体は，顕微鏡観察下で，二次細胞壁形成にかかわるセルロース合成酵素遺伝子の変異体と同様の表現型を示し，詳細な反応機構は明らかにされていないが，セルロース合成に必要な遺伝子であることが示されている。Gachonらは，インドール，フェニルプロパノイド，フラボノイドといった二次代謝系酵素の遺伝子発現パターンの階層クラスタリング（hierarchial clustering）を行い，各代謝経路に関連した未知遺伝子の機能を推定している[23]。

　以上述べたように，未知遺伝子の機能同定にとって，トランスクリプトームデータベースの利用は非常に有効なツールである。今後，シロイヌナズナ以外の植物においてもトランスクリプトームデータが十分に蓄積されれば，関連遺伝子の共発現関係が保存されている植物共通の代謝経路については，より確実な遺伝子の機能推定が期待できよう。しかしながらその一方で，共発現関係にある遺伝子が必ずしも同じ代謝経路に存在するとは限らない。興味のある代謝経路において，より多くの機能が決定された遺伝子を用い，適切なデータセットおよび解析条件を判断するとともに，無関係な経路の遺伝子を見極める生物学の知識もまた必要とされる。

6　メタボロミクスと植物二次代謝

　メタボロミクスを利用した植物ゲノム機能科学分野における成功例を挙げたが，いくつか克服していくべき課題も残されている。

　植物は多細胞生物であり，その代謝物は，各器官や組織において大きく異なっている。よって，多くの場合，その代謝産物もトランスクリプトームも異なった細胞の平均値として見ているにすぎない。特定の組織や，ある種のストレスによって局所的に生産される物質については，現在の

手法では遺伝子機能の同定に至ることは難しい場合が多い。Benfeyらは根の細胞を詳細に分類し，トランスクリプトーム解析を行っている[24]が，同時にこれらの細胞のメタボローム解析を行うことができれば，より緻密に遺伝子の機能同定を行うことが可能かも知れない。同様に，葉緑体，ミトコンドリアといった各オルガネラにおけるメタボローム解析も有効かも知れない。

その他の課題としては，多様な代謝産物の同定が挙げられる。植物二次代謝経路の解明にとって大きな問題のひとつとして，その代謝産物の多様さ故に研究対象とする化合物の標準物質が商業的に入手困難なことが挙げられる。メタボロミクスにおいても同様の問題が存在し，標準物質に該当しない微量の代謝物の構造を正確に同定するのは簡単ではない。しかしながら新規の遺伝子機能が決定されれば，バクテリア等で異種発現させた組換え蛋白質の利用により新規物質の生合成すなわち新たな標準物質の供給も可能である。メタボロミクスとゲノム機能科学がお互い補完しあい，天然物化学や有機化学も含めて互いの相乗効果により発展していくことが期待される。

7　おわりに

地球上には約42万種の植物が存在しているといわれている。新たな単離・分析技術の開発，分析機器の向上に伴って，今後，様々な植物種におけるメタボローム解析が進めば，ますます多くの代謝産物が検出されることであろう。既に単離された膨大な植物由来の二次代謝産物の中には，抗ガン作用など有用な性質を持つ化合物も少なくない。網羅的なメタボローム解析が多くの植物種について可能になれば，それぞれの二次代謝系特有のモデル植物の確立も可能かも知れない。植物メタボロミクスは，遺伝子の機能同定や代謝制御の解明へと展開されることにより，新規物質や新規の代謝経路の探索につながった。メタボロミクスを介して植物の持つ機能を全面的に利用できれば，新たな有用物質生産や新規創薬シーズの開発につながり，人類に大きく貢献するものと期待される。

文　献

1) 斉藤和季，メタボローム研究の最前線，シュプリンガー・フェアラーク東京 p.131 (2003)
2) R. Croteau *et al., Biochemistry & Molecular Biology of Plants,* American Society of Plant Physiologist p.1250 (2000)
3) The Multinational Arabidopsis Steering Committee, The Multinational Coordinated

第17章 メタボロミクスを基盤とした植物ゲノム機能科学

Arabidopsis thaliana Functional Genomics Project, Annual Report 2007 (2007)
4) J. C. D'Auria *et al.*, *Curr. Opin. Plant Biol.*, **8**, 308 (2005)
5) O. Jaillon *et al.*, *Nature*, doi:10.1038/nature06148 (2007)
6) M. Schmid *et al.*, *Nat. Genet.*, **37**, 501 (2005)
7) D. J. Craigon *et al.*, *Nucleic Acids Res.*, *Database issue*, **32**, D575 (2004)
8) L. A. Mueller *et al.*, *Plant Physiol.*, **132**, 453 (2003)
9) O. Thimm *et al.*, *Plant J.*, **37**, 914 (2004)
10) T. Tokimatsu *et al.*, *Plant Physiol.*, **138**, 1289 (2005)
11) T. Tohge *et al.*, *Plant J.*, **42**, 218 (2005)
12) M. Y. Hirai *et al.*, *Proc. Natl. Acad. Sci. U S A*, **101**, 10205 (2004)
13) M. Y. Hirai *et al.*, *J. Biol. Chem.*, **280**, 25590 (2005)
14) H. Suzuki *et al.*, *Planta*, **220**, 696 (2005)
15) L. Achnine *et al.*, *Plant J.*, **41**, 875 (2005)
16) A. Goossens *et al.*, *Proc. Natl. Acad. Sci. U S A*, **100**, 8595 (2003)
17) H. Rischer *et al.*, *Proc. Natl. Acad. Sci. U S A*, **103**, 5614 (2006)
18) K. G. Zulak *et al.*, *Planta*, **225**, 1085 (2007)
19) T. Obayashi *et al.*, *Nucleic Acids Res.*, *Database issue*, **35**, D863 (2007)
20) D. Steinhauser *et al.*, *Bioinformatics*, **20**, 3647 (2004)
21) K. Yonekura-Sakakibara *et al.*, *J. Biol. Chem.*, **282**, 14932 (2007)
22) S. Persson *et al.*, *Proc. Natl. Acad. Sci. U S A*, **102**, 8633 (2005)
23) C. M. Gachon *et al.*, *Plant Mol. Biol.*, **58**, 229 (2005)
24) K. Birnbaum *et al.*, *Science*, **302**, 1956 (2003)
25) C. H. Jen *et al.*, *Plant J.*, **46**, 336 (2006)
26) K. Toufighi *et al.*, *Plant J.*, **43**, 153 (2005)
27) P. Zimmermann *et al.*, *Plant Physiol.*, **136**, 2621 (2004)

第18章　オミクス統合解析による植物代謝の解明

平井優美*

　生命現象を理解しようとする生物学者にとって，遺伝子転写産物やタンパク質，代謝産物を網羅的に定量解析するトランスクリプトミクス，プロテオミクス，メタボロミクスは，生命現象の本質に迫る豊富な情報を与える，強力なツールである。これらの中には技術的に発展途上のものもあるが，現状の技術を使っても，従来の個別解析に比べればはるかに多い情報を一度の分析で得ることができる。これらにより得られたデータを用いて，特定の生育条件や特定の遺伝子変異体などで発現や蓄積の変化する遺伝子，タンパク質，代謝産物をスクリーニングすることも可能である。選抜された対象は，基礎研究においては詳細な個別解析の対象となり，また応用的にはバイオマーカーなどとして有効に利用されうる。しかし，選抜により特定の遺伝子，タンパク質，代謝産物に対象を絞り込むだけではなく，すべての（現実的にはできるだけ多数の）遺伝子，タンパク質，代謝産物のデータから生命現象の全体像を俯瞰することが，生命現象を理解するための方法論として不可欠であり，詳細な個別研究と車の両輪をなすと考えられる。本章では，メタボロミクスとトランスクリプトミクスの統合解析による，植物代謝の理解に向けた著者らの研究を紹介する。

1　植物代謝の環境応答

　植物はひとたび生えた場所から動くことができないため，外部環境の変化に適応して正常に生育するための，複雑でさまざまな応答機構を持っている。いうまでもなく，植物は二酸化炭素と必須無機元素を外界から吸収して，生育に必要なあらゆる代謝産物を合成している。そのプロセスである代謝は，温度や光，水，栄養条件などの変化という非生物的ストレスや，病原菌などの生物的ストレスに応答して変化する。植物にとっての栄養，すなわち外界の必須元素が欠乏した時には，一般的には，その元素をより積極的に植物体内に吸収するための変化が遺伝子発現などのレベルで起こり，また，生体内でより重要な機能を持つ代謝産物の量が減少し過ぎることのな

---

*　Masami Yokota Hirai　㈱理化学研究所　植物科学研究センター　メタボローム基盤研究グループ　代謝システム解析ユニット　ユニットリーダー

第18章 オミクス統合解析による植物代謝の解明

いよう，様々な代謝産物の存在量のバランスが変化する。硫黄もまた必須元素の一つであり，タンパク質の高次構造形成や触媒作用発現において主要な役割を果たすほか，種々の酸化還元反応に関わる代謝産物やビタミン類などにも含まれ，細胞機能全般において中心的な役割を果たしている。植物の主な硫黄源は土壌中の硫酸イオンであるが，これが欠乏した時の植物の応答を遺伝子発現レベル，代謝産物蓄積レベルで解明する目的で，以下の研究を行った[1]。モデル植物として知られるシロイヌナズナ (*Arabidopsis thaliana* (L) Heynh.) に長期的または短期的硫黄欠乏ストレスを与え，そのトランスクリプトームとメタボロームを解析した。長期的ストレス実験は水耕栽培により行い，通常培地の硫酸イオン濃度の50分の1である30μMの培地を用いて播種から約3週間生育させた。圃場などの現場では，硫黄欠乏による作物のある種の成分変化は，硫黄栄養の絶対量のみならず，窒素栄養に対する相対量に依存することが知られている。そこで，硫黄欠乏のみならず窒素欠乏（相対的に硫黄過剰になると予想される）条件，硫黄と窒素の両方を欠乏させた条件において同様の実験を行った（図1A）。いずれの栄養欠乏処理でも，シロイヌナズナは外見上，正常に生育し，何らかの適応反応が起こっていることを示唆していた。一方，短期的ストレス実験は，寒天プレート培地を用いた無菌栽培で行った。硫黄十分条件でシロイヌナズナを3週間弱栽培したのち，硫酸イオンを完全に除いた培地に移植して，2日間栽培した。また，硫黄欠乏条件では*O*-アセチルセリン（OAS）という代謝産物が増加し，ある種の硫黄欠乏誘導性遺伝子のシグナルとして働くことが示唆されている。そこで通常の硫酸イオン濃度でOASを含む培地に移植する実験も平行して行った。いずれの処理でも，外見上は正常に生育を続けた。各処理区の植物を葉と根に分けてサンプリングし，計14サンプルのトランスクリプトームとメタボロームを，それぞれDNAマクロアレイとインフュージョン法によるFT-ICRMS（他章を参照）により調べた。通常条件に対する処理条件での遺伝子発現・代謝蓄積の変化に注目し，アレイに搭載されている約13,000EST（Expressed Sequence Tag），検出された約2,000代謝物相当ピークのそれぞれについて，通常条件に対する処理条件でのシグナル強度の対数比を計算した。図1Bは，この比をデータとしてそれぞれ用いて主成分分析を行った結果を示している。トランスクリプトーム，およびメタボロームの栄養欠乏による変化のパターンが似ているサンプル同士は，3次元空間内で近い位置にクラスタリングされる。図に示すように，両データを用いたクラスタリングのパターンは大部分が一致しており，いずれも器官別，ストレス処理の期間・栽培法別にクラスターを作った。例外的に，プレート硫黄欠乏栽培の根（図1の番号9，P-ro-S/C）とプレートOAS添加栽培の根（同10，P-ro-O/C）ではトランスクリプトームの変化が比較的大きく違っているがメタボロームは似ており，最終的に植物の状態を規定すると思われる代謝産物の蓄積パターンがあまり変動しないように，植物は遺伝子発現を大きく変化させている，とも解釈できる。主成分分析の結果から，いくつかの予想とは異なる知見が得られた。すなわち，

A

ストレス	栽培法	処理	サンプル名		対数比	
			葉	根	葉	根
長期的	水耕	通常条件で3週間	H-le-C	H-ro-C	–	–
		硫黄欠乏条件で3週間	H-le-S	H-ro-S	1 H-le-S/C	4 H-ro-S/C
		窒素欠乏条件で3週間	H-le-N	H-ro-N	2 H-le-N/C	5 H-ro-N/C
		硫黄・窒素欠乏条件で3週間	H-le-SN	H-ro-SN	3 H-le-SN/C	6 H-ro-SN/C
短期的	プレート	通常条件に移植して2日間	P-le-C	P-ro-C	–	–
		硫黄欠乏条件に移植して2日間	P-le-S	P-ro-S	7 P-le-S/C	9 P-ro-S/C
		OAS添加培地に移植して2日間	P-le-O	P-ro-O	8 P-le-O/C	10 P-ro-O/C

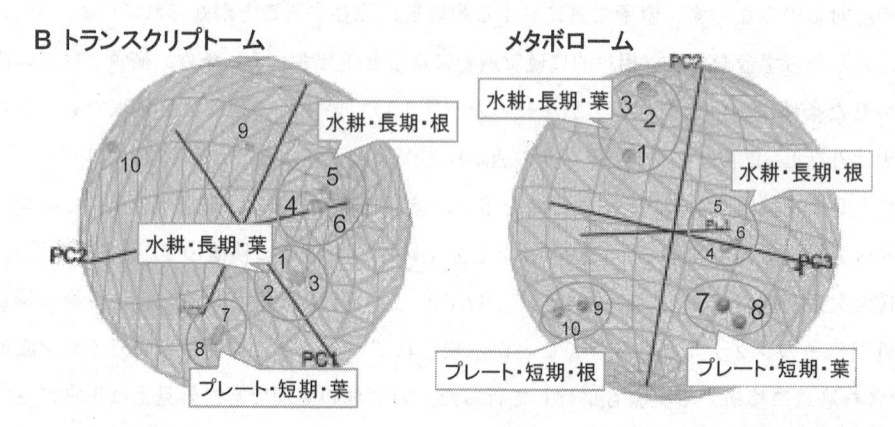

図1 栄養欠乏ストレスによるトランスクリプトームとメタボロームの変化（文献1）より改変）
A. ストレス処理方法の一覧。対数比のカラムにある数字は，Bの図中の数字と対応する。
B. 主成分分析によるクラスタリング。大きい球体は第1〜第3主成分を軸とする空間を表し，その中の小さい球は各サンプルを表す。ストレスによるトランスクリプトーム，メタボロームの変化の全体的なパターンが似ているサンプルほど，図中で近い位置に表される。

①硫黄欠乏か窒素欠乏かの違いは，トランスクリプトームおよびメタボロームに対して，栽培法や植物の器官の違いほど大きな差異を与えなかった。個別の遺伝子発現や代謝物蓄積では，硫黄と窒素の欠乏がそれぞれ逆の変化を与える例が知られているが，全体としてはそうした傾向は見られなかった。②同一処理内では，トランスクリプトーム，メタボロームとも，葉と根の違いが大きく，葉と根でそれぞれ異なる栄養欠乏適応機構が存在することが示唆された。③栽培法もしくは処理の期間により，トランスクリプトーム，メタボロームの栄養欠乏応答は大きく異なっていた。長期的処理は水耕栽培で，短期的処理はプレート栽培で行ったため，栽培法とストレス処理期間のどちらが（あるいは両方）大きく違いに寄与したかは明確ではないが，他の研究からも，栽培法の違いがメタボロームに大きな影響を与えることが示されている[2]。このことは，こうし

第18章 オミクス統合解析による植物代謝の解明

た網羅的解析では栽培条件を厳密に設定する必要があることを示している。個別研究では，遺伝子など特定の対象の変化を，特定の限られた条件で検討することが多く，対照実験をおくことで興味のある変化を正しく評価することができる。例えば，ある種の遺伝子の硫黄欠乏誘導は，水耕栽培でもプレート栽培でも，培地から硫黄を除けば同様に確認され，どちらの場合も同じ発現誘導機構を観察していると考えられる。しかし，硫黄欠乏によるトランスクリプトームの変化を検討する場合には，上述のように，栽培法により大きく異なる現象を観察することになる可能性が非常に高い。メタボローム解析の場合も同様であり，栽培に関する様々なファクターを厳密にコントロールすることが，データの相互比較においては絶対的に重要である。

2 植物代謝に関する機能ゲノム科学

植物代謝の全体像を理解する上で，代謝というシステムの構成要素である遺伝子の個々の機能解明は必須である。上述のシロイヌナズナでは全ゲノム塩基配列の解読が終了し，27,000以上の遺伝子を持つことがわかったが，既知遺伝子との相同性から機能推定できるものはその半数程度であり，実験的に機能が証明されたものは1割程度にとどまる[3]。このため，機能ゲノム学は近年の植物科学の中心課題の一つとなっている。著者らは，前節で述べた栄養ストレス条件におけるトランスクリプトームとメタボロームのデータを統合解析する中で，こうした統合解析により特定の代謝経路に関与する遺伝子群を包括的に推定できることを見いだした。具体的には，様々な条件下で取得したトランスクリプトームデータとメタボロームデータを用いた多変量解析を行い，共発現する遺伝子群を見つける。その中の機能既知の遺伝子を手がかりにして，遺伝子の塩基配列の相同性を考慮して，共発現する機能未知遺伝子の機能を予測できる，ということである。シロイヌナズナのトランスクリプトームデータに関しては，同一の解析プラットフォーム（アフィメトリクス社ジーンチップマイクロアレイ）を用いて，世界中の研究室で様々な条件下において取得された，数千を超えるトランスクリプトームデータが，公開データベースからダウンロードできる。これを利用した共発現解析による機能ゲノム科学の詳細については，他章を参照されたい。本章では，著者の研究室で得られた「インハウス」データを主に用いて行った包括的遺伝子機能同定について以下に述べる。

植物においては，生存に必須ですべての種に普遍的に存在する「一次代謝」と，必須ではないが特定の生理的役割を持ち，植物種に固有なものが多い「二次代謝」とに分けることができる。筆者らは，トランスクリプトームデータとメタボロームデータを統合解析することで，主に二次代謝に関わる遺伝子機能を包括的に予測する方法論を確立した[4, 5]。

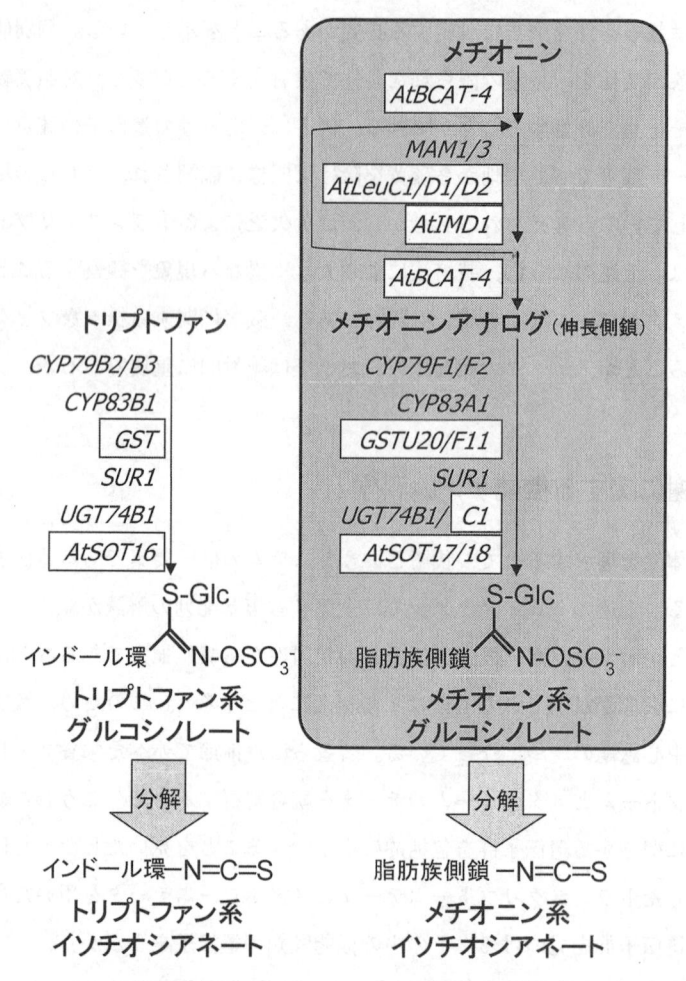

図2 グルコシノレートの生合成と分解

シロイヌナズナには，メチオニン，トリプトファンから作られるそれぞれ複数のグルコシノレート分子種がある。斜体は生合成酵素の遺伝子名を示す。硫黄欠乏条件では，ここに示すすべての遺伝子の発現が抑制される（図3参照）。共発現解析により著者らが機能を推定した遺伝子を白い四角で囲った。このうち，AtBCAT-4, AtSOT16, 17, 18については予測機能が証明された[4, 9]。

2.1 グルコシノレート生合成酵素遺伝子群

　グルコシノレート類はアブラナ科植物に特異的な，アミノ酸を生合成前駆体とする含硫黄二次代謝産物である（図2）。シロイヌナズナでは，メチオニンとトリプトファンをそれぞれ前駆体とする複数の分子種が主要なグルコシノレートの成分である。グルコシノレートは，内在性の分解酵素ミロシナーゼによって分解されて，イソチオシアネートなどの揮発性成分を生じる。通常は，グルコシノレートとミロシナーゼは異なる細胞に蓄積されているが，虫などによる食害に遭うと組織が潰れて両者が混じり合い，イソチオシアネートなどを生じるとされている。これは虫

第18章 オミクス統合解析による植物代謝の解明

に対する忌避物質であるため,グルコシノレートは生体防御物質としての機能を有する。一方ヒトにとっては,イソチオシアネートの分子種の一つであるスルフォラファンに発ガン物質の解毒効果があることが示されたため[6],スルフォラファンを多く含むブロッコリーのスプラウト(発芽野菜)が健康機能野菜として注目されるなど,グルコシノレートは産業的応用性の高い代謝産物の一つである。

前節で述べた,栄養ストレス条件下のトランスクリプトームデータとメタボロームデータを,一括学習自己組織化マップ法(BL-SOM)[7]という多変量解析の方法で解析することで,発現・蓄積パターンに基づいて遺伝子と代謝産物をクラスタリングした。BL-SOMにより得られる「フィーチャーマップ」は二次元の格子からなり,類似した発現・蓄積パターンを持つ遺伝子・代謝産物同士は,同一あるいは近傍の格子に分類される(図3)。FT-ICRMS分析により,グルコシノレートの複数の分子種に相当する精密質量値が観測され,これらはフィーチャーマップ上で近くにクラスタリングされたことから,各分子種の蓄積はいろいろな栄養ストレスに同じように応答することが示された[1]。また,硫黄欠乏ストレス応答を経時的に解析するため,先に述べた短期的ストレス処理の方法で,移植後,最長1週間まで栽培し,その間の6タイムポイントでトランスクリプトームとメタボロームをそれぞれマイクロアレイとFT-ICRMSにより分析して時系列データを得た。メタボローム分析では,グルコシノレート類に相当する精密質量値のほか,イソチオシアネートに相当する複数の精密質量値を得た。トランスクリプトームとメタボロームの両データを一つのデータマトリクスに統合してBL-SOM解析を行ったところ,グルコシノレート類とイソチオシアネート類はそれぞれがクラスターを作っており(図3A),実際の蓄積量の経時変化パターンは図3Bに示すような鏡像イメージで,グルコシノレートが減少するとイソチオシアネートが増加する(あるいはその逆の)パターンとなっていた。以上の結果から,グルコシノレート生合成の同調的制御が予測された。一方,遺伝子に着目してフィーチャーマップを解析すると,メチオニンおよびトリプトファンからのグルコシノレート生合成に関わる既知の酵素遺伝子群が含まれるクラスター(図3A)が見つかり,これら生合成遺伝子の発現が同調的に制御されていることがわかった(図3B)。このクラスター内の機能未知遺伝子は,同様にグルコシノレート生合成に関与すると予測された。例として,スルホトランスフェラーゼ遺伝子について以下に示す。このクラスターc内にputative sulfotransferaseというアノテーション(機能注釈)の付いた3つの遺伝子(*AtSOT16, 17, 18*)が存在した。シロイヌナズナゲノムには18個のputative sulfotransferase遺伝子が存在するが,その大部分が機能未知であった。BL-SOMの結果から,上記3遺伝子はグルコシノレート生合成の最終反応を触媒するスルホトランスフェラーゼをコードすることが予測された。そして実際,同遺伝子の組換えタンパク質を用いた*in vitro*活性測定で,この予測が正しいことを証明した[4]。本研究からは上記3遺伝子のほか,グルコシ

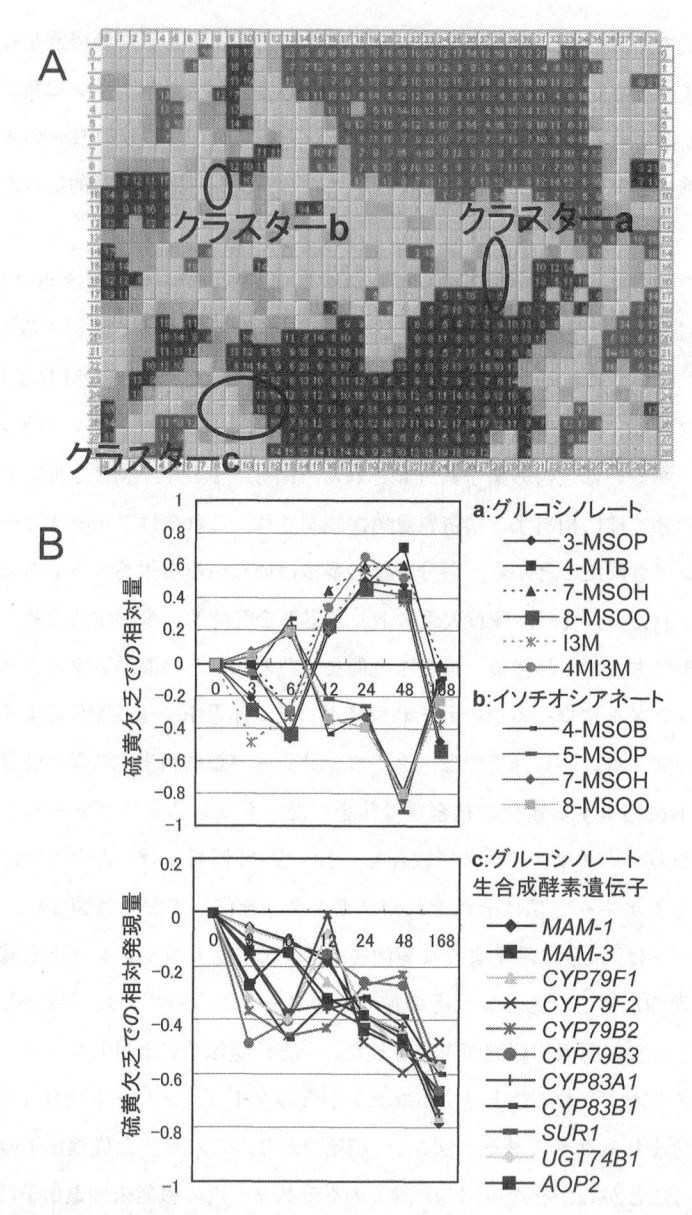

図3 BL-SOMによるシロイヌナズナのトランスクリプトーム・メタボローム統合解析
A．硫黄欠乏ストレス下の葉のトランスクリプトームとメタボロームの時系列データによる解析結果（フィーチャーマップ）．格子中の数字は，その格子に分類された代謝産物または遺伝子の個数を表す．格子の色は，あるタイムポイントにおける代謝産物，遺伝子の相対的な蓄積量，発現量を表す．グルコシノレート，イソチオシアネート，グルコシノレート生合成酵素遺伝子がそれぞれ作るクラスターa, b, cを例として図示した．
B．グルコシノレート，イソチオシアネート蓄積量とグルコシノレート生合成酵素遺伝子発現量の相対値の経時変化．グルコシノレート，イソチオシアネートの分子種を側鎖の名称で示す．3-MSOP，3-メチルスルフィニルプロピル；4-MTB，4-メチルチオブチル；7-MSOH，7-メチルスルフィニルヘプチル；8-MSOO，8-メチルスルフィニルオクチル；I3M，インドール-3-イルメチル；4MI3M，4-メトキシインドール-3-イルメチル；4-MSOB，4-メチルスルフィニルブチル；5-MSOP，5-メチルスルフィニルペンチル．

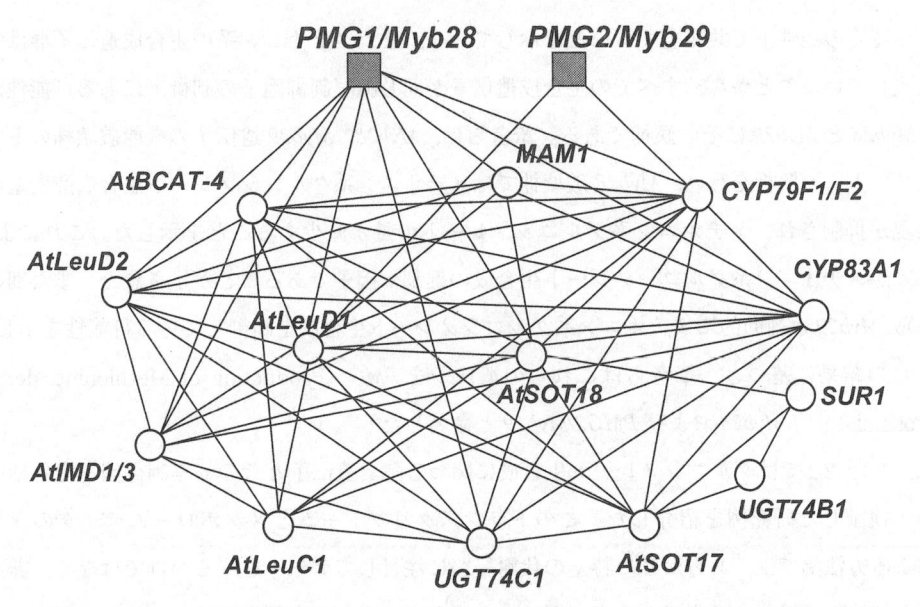

第18章　オミクス統合解析による植物代謝の解明

図4　メチオニン系グルコシノレート生合成遺伝子の共発現ネットワーク
1388枚の公開シロイヌナズナマイクロアレイデータを元に計算した2遺伝子間の相関係数データベース ATTED-II[10] を利用し，メチオニン系グルコシノレート生合成遺伝子の共発現関係をグラフ表示した。白丸は酵素遺伝子，灰色の四角は転写因子を表す。相関係数が0.65以上の組合せについて線で結んだ。酵素遺伝子名は図2および3を参照のこと。

ノレート生合成に関わる酵素遺伝子が多数予測でき，いくつかについては既に，分子生物学，生化学，逆遺伝学などの手法で予測が正しいことが示されている（図2）。

2.2　グルコシノレート生合成を制御する転写因子

　2.1で述べた研究から，図3Aのクラスターc内には *Myb28* と *Myb29* という2つの機能未知の転写因子遺伝子が含まれていることがわかり，これらはグルコシノレート生合成酵素遺伝子群を正に制御するものであることが予測された。一方，第3編第17章で述べられている方法により，公開マイクロアレイデータに基づく任意の2遺伝子間の発現強度相関係数のデータベースを用いて調べると，グルコシノレート生合成酵素遺伝子群のうち，メチオニン系グルコシノレートの生合成に関与する酵素遺伝子群のみが互いに高い相関係数を持つ，すなわち共発現していることがわかった。上記の2つの *Myb* 遺伝子もこれらと共発現していることがわかった（図4）。後者の方法では，公開データベース上にある全マイクロアレイデータ，すなわち，様々な実験条件下で取得されたトランスクリプトームデータを用いて常に共発現関係にあるものを選んでいる。したがってこの結果と，先の硫黄欠乏条件でのBL-SOMの結果は，メチオニン系とトリプトファン系のグルコシノレート生合成遺伝子群は常に共発現するのではなく，少なくとも硫黄欠乏

という特定の条件下で共発現することを示している。またメチオニン系の生合成遺伝子群は常に共発現していることから，すべての生合成遺伝子が同じ転写制御因子の制御下にある可能性があり，*Myb28* と *Myb29* はその候補である。筆者らは，*Myb28*, *Myb29* 遺伝子の機能破壊株のトランスクリプトーム解析を行い，*Myb28* 破壊株ではメチオニン系グルコシノレート生合成酵素遺伝子の発現が抑制され，メチオニン系グルコシノレートの量が減少することを示した。これにより，*Myb28* がメチオニン系グルコシノレート生合成の鍵制御因子であることが示された。また別の実験から，*Myb29* が補助的にメチオニン系グルコシノレート生合成を制御している可能性を示した。これらの結果に基づき，筆者らはこれらの遺伝子を *PMG* (Production of Methionine-derived Glucosinolate) *1/Myb28* および *PMG2/Myb29* と命名した[5]。

以上 2.1, 2.2 ではグルコシノレート生合成に関わる酵素遺伝子とその転写制御因子を包括的に予測・検証した研究例を紹介した。このトランスクリプトームとメタボロームデータの統合解析による方法論では，あらかじめ特定の代謝経路に注目してデータを取るわけではなく，非ターゲットに遺伝子機能を予測できる点がポイントである。また，本研究ではトランスクリプトーム解析に EST をブロットしたマクロアレイやオリゴ DNA を搭載したマイクロアレイを用いたが，ゲノム情報が乏しくアレイの利用できない植物種では，cDNA-AFLP (Amplified Fragment Length Polymorphism) や cDNA サブトラクションなどの手法を用いて，特定の条件下で発現する遺伝子群を包括的に解析することが可能であり，同様に未知遺伝子の機能を推定することができる。

3 おわりに

本章では，トランスクリプトミクスとメタボロミクスによる，植物代謝の栄養ストレス応答の解析と，その研究から生まれた二次代謝に関わる遺伝子の包括的機能予測の例を示した。食害にあった時のグルコシノレート蓄積誘導や強光ストレス下でのアントシアニン蓄積誘導のように，二次代謝産物はその機能が必要になった時，すなわち環境が変動した時に，大量に合成されるべきものである。そのため，二次代謝産物の生合成の制御は，主に生合成関連遺伝子群の同調的転写制御によりなされていることが多いのではないかと筆者は考えている。このような代謝経路では，転写産物プロファイルが代謝産物プロファイルを規定しているために，トランスクリプトームデータとメタボロームデータの対応付けにより遺伝子機能予測が比較的容易に行え，代謝制御機構も推定できる。ここで示したグルコシノレートの例のほか，アントシアニン（フラボノイド）の生合成遺伝子群の包括的機能予測と検証の報告などがある（第 3 編第 17 章参照）[2,8]。

これに対し，例えば炭素代謝などの生命活動の根幹をなす代謝経路では，環境の変動に対して

第 18 章 オミクス統合解析による植物代謝の解明

頑強であること（ロバストネス）が重要であるため，転写レベルの制御のみならず，転写産物の安定性・タンパク質への翻訳速度・タンパク質の分解速度・酵素活性などの様々なレベルでの制御による微調整が必要となる．そのため，一次代謝関連の遺伝子発現プロファイルと代謝産物プロファイルの対応付けは極めて難しい．これらの代謝制御の予測のためには，プロテオームやインターラクトームなどの他のオミクスデータが必要であろう．一次代謝，二次代謝いずれの場合でも，オミクス統合解析による全体像の予測のためには，膨大なデータを視覚化・単純化するためのインフォマティクスが不可欠である．オミクスとインフォマティクスによる予測（仮説構築）と，分子生物学や遺伝学などによる検証という方法論は，今後の生物学においてますます重要なものとなるだろう．

文　　献

1) M. Y. Hirai *et al., Proc. Natl. Acad. Sci. U. S. A.,* **101**, 10205（2004）
2) T. Tohge *et al., Plant J.,* **42**, 218（2005）
3) The Multinational Arabidopsis Steering Committee, The Multinational Coordinated *Arabidopsis thaliana* Functional Genomics Project-Annual Report 2007（2007）
4) M. Y. Hirai *et al., J. Biol. Chem.,* **280**, 25590（2005）
5) M. Y. Hirai *et al., Proc. Natl. Acad. Sci. U. S. A.,* **10**, 6478（2007）
6) Y. Zhang *et al., Proc. Natl. Acad. Sci. U. S. A.,* **89**, 2399（1992）
7) T. Abe *et al., Genome Res.,* **13**, 693（2003）
8) K. Yonekura-Sakakibara *et al., J. Biol. Chem.,* **282**, 14932（2007）
9) J. Schuster *et al., Plant Cell,* **18**, 2664（2006）
10) T. Obayashi *et al., Nucleic Acids Res,* **35**, D863（2007）

第4編　実用技術としての可能性

第19章 診断と個別化医療のための非侵襲的ヒトメタボロミクス

久原とみ子*

1 はじめに

　最近，個別化医療（tailored medicine, personalized medicine）という語がよく目に付くようになった。個人の遺伝性，先天性あるいは後天性疾患を特定し，それに見合う治療を施すのであるから，本来，個別化医療とは殆ど全ての医療がそうである。しかし，個別化医療の実現が容易なものには敢えてこれを用いず，その実現が困難なものに限定されると考えられる。先天性代謝異常症のように発生頻度が極めて低い疾患は一般の医師にも知られていないことが多い。生来，無症状であったのに特定の薬物の服用で重い障害をおこすような先天性代謝異常症では，その診断と適切な治療選択は難しい[1]。

　診断と個別化医療は一体で，診断あるいは病態把握なくして個別化医療は成り立たない。この診断あるいは病態把握に代謝物あるいはメタボロームの解析が極めて有効で実際的である。代謝異常の多くは臨床像や一般検査所見に特異性が低く診断は困難であるが，代謝物を質量分析法で調べることでいわゆる化学診断ができる。化学診断は診断の根拠を提供している[2]。

　ヒト尿は有機酸，アミノ酸，プリン，ピリミジン，糖，糖アルコールなど多種カテゴリーの化合物を含有し，代謝異常を包括的に診断する根拠となる情報を提供している。この情報を適正に引き出し，統合することによって，従来の有機酸代謝異常のみの検索や，高アミノ酸血症のみの検索から，多種カテゴリー疾患の検索へと発展させることができた[3]。

　著者は尿を用いる1回のGC-MS計測で約200種類の代謝物を定量あるいは半定量し，130種以上の先天性代謝異常症を化学診断する方法を開発し，国内の患者の化学診断依頼に応じ，個別化医療の実践に寄与してきた[4, 5]。同時に日本人に多い先天性代謝異常の発生頻度の算定や小児の健全成育を目的に尿メタボローム解析によるろ紙尿での新生児マススクリーニング試験研究を12年間継続し，欧米や他のアジアの人種と異なる日本人の遺伝特性を明らかにしてきた[6〜8]。

　1回の計測で数百から千の代謝物が計測されているので，数百種の代謝異常の検出が可能である。従って，尿メタボローム解析の更なる拡張により，今後も早期あるいは発症前診断，薬剤適合性予見などをふくむ広範な個別化医療がより早く実現できるようになり，国民の健康増進，心

---

* Tomiko Kuhara 金沢医科大学 総合医学研究所 人類遺伝学研究部門 部門長；教授

身障害発症予防に貢献できると思われる。

2 メタボリックプロファイリングからメタボロームプロファイリングへ

代謝物は古くから測定されてきたが，多くの場合，一度に計測される化合物の種類はわずかであった。アミノ酸の特異的検出系を備えた分析法の登場により，1950年から1960年代半ばにかけてアミノ酸の増加を伴う高アミノ酸血症のほとんどが発見され，先天性代謝異常症の1分野として確立された。しかし，プロリンなど4種のアミノ酸を除くタンパク質構成アミノ酸の異化の第一段階はアミノ基転移であり，その生成物であるα-ケト酸以降の代謝は生化学的にはアミノ酸代謝であるが，化学的には有機酸代謝であり，それ以降の代謝障害の検出はアミノ酸分析では不可能であった。1960年代後半にガスクロマトグラフィー-質量分析（GC-MS）法が開発され，これを用いた田中圭らによる1966年のイソ吉草酸血症発見以降，有機酸血症が続々と発見された[9]。1968年，HorningらはGC-MSを用いて尿中有機酸，ステロイド，薬物などの一斉分析を行い，病的状態ではそれぞれ特有の代謝物プロファイルを示すことを明らかにした[10]。その後，このような関連化合物の一斉分析（メタボリックプロファイリング）が，病気の診断や病態把握にきわめて有用であることから，GC-MSによる化学診断が開始された[11,12]。

その後の数十年間のGCやMS装置のハード面と関連するソフト面の飛躍的進歩に支えられ，有機酸という1カテゴリーの物質群に限定された計測から，1990年代には有機酸，アミノ酸，糖，プリン，ピリミジンなど多種カテゴリーの網羅的計測へ移行可能となった[13,14]。

我が国では1976年に松本勇らにより久留米大学医学部GC-MS研究施設でアジアでは最初のGC-MSを用いる有機酸血症の化学診断が開始され，全国の医療機関に向けた化学診断サービスが行われた[15]。1983年からは金沢医科大学に引き継がれたこのサービスは迅速な診断をうることのできた患者への恩恵に加え，1980年代に我が国からプロピオン酸血症，チロシン症I型[16]，マルチプルシトクロム欠損症[17]，β-ケトチオラーゼ欠損症[18]，その他[19]のタンパク質・遺伝子レベルの研究が海外へ発信されるのに貢献している。

3 メタボローム解析では多種類の酵素機能と塩基配列異常を包括的に観ている

先天性代謝異常では臨床像や一般検査所見に疾患特異性が低く，どの酵素（タンパク質）の活性を測定すべきか，どの遺伝子を解析すべきかフォーカスできないことがほとんどであり，代謝物解析による化学診断によって初めて，酵素診断や遺伝子診断に移行できる。つまり実際にはトップダウンでなく，遺伝情報の流れとは逆向きのボトムアップなアプローチにより新しい疾患が

第19章　診断と個別化医療のための非侵襲的ヒトメタボロミクス

発見され，多くの患者が発見され，遺伝子変異が明らかにされてきたことは明白である。

ある遺伝子の変異が unknown であれ，uncommon であれ，酵素タンパク質の機能（活性）低下を来すものは全てその基質となる代謝物が増加する（酵素タンパク質の細胞内局在化異常も基質増加を来す）。酵素が修飾されることで初めて活性化される場合はその過程の異常も，補酵素を必要とする酵素反応では補酵素の供給系の異常も基質増加に反映される。このように代謝物を測るということは，反応に関わる全ての因子のいずれかの異常としてこれらを包括的に評価することになる[3,4]。従って，カテゴリーの異なる多種の化合物群を一斉に計測するメタボローム解析は，おそらくは代謝異常を来す数十万種の遺伝子変異を迅速にスクリーニングする包括的，実際的，安価な手法である。さらに栄養不良や基質供給過剰による後天的代謝異常が検出できることはゲノムにないメタボロームの特長である[5,20]。

最初にある酵素反応に関わる因子を包括的にスクリーニングし，次にどの因子が異常かを明らかにするやり方は極めて実際的である。一方で，確定診断とは遺伝子解析で確認されたものに限ると主張する人も多いが，特定した遺伝子の解析でも約15%が見逃されると言われる。遺伝子解析は学術上必要であることが多いし，また，実際に必要な場合もあるが，全ての症例で遺伝子変異を確認することを優先あるいは最重要視する前に，現実に患者が発見され，治療され，遺伝子解析されていく入り口に化学診断があることを患者や医師が知り，より確かな化学診断を受診することが先決であろう。化学診断は診断の根拠を提供し，診断のキーステップとなるのだから，遺伝子診断に対し化学診断を低く評価すると，結果的に精度の低い化学診断を容認することになり，診断の遅れを招く。現在，著者のようなメタボローム解析による極めて安価な化学診断サービスが国内にあることを知っている医療従事者はまだ少ない。

従来，代謝物と言えば，グルコース，ソルビトール，グリセロール，ケトン，乳酸などが個々に測定され，データを統合しそれを活かす医師の目が不可欠であり，医師にとって未知な化合物は測定されず，当然，なじみのない代謝異常の診断のために生体情報が活用，統合されることはなかった。メタボローム解析では代謝上，多次元の解析ができる。1つの疾患をスクリーニングあるいは診断するのに1つの指標物質を測るのを点の分析，1カテゴリーの物質群の一斉分析を線の分析と喩えると，本法は面の分析と喩えることができる。例えばフェニルアラニンをチロシンに換える水酸化酵素活性を欠くフェニルケトン尿症は，ガスリーテスト（点の分析）や一連のアミノ酸分析（線の分析）ではフェニルアラニンが指標であり，尿有機酸分析（線の分析）ではフェニルアラニン蓄積により二次的に増加するフェニル乳酸，フェニルピルビン酸，o-ヒドロキシフェニル酢酸などの芳香族有機酸が指標となり得る。有機酸もアミノ酸も同時に計測するメタボローム解析（面の分析）はこの方法だけでフェニルケトン尿症が確定し，それ以上の代謝物検査や負荷試験は不要である。

4 試料としての尿の特長

尿は血液や組織と異なり非侵襲的に得られる試料である。古くから尿は代謝の鏡と言われ，一般検査，個別検査には用いられてきたが，多くの重要な情報は捨てられてきた。情報が統合されることはさらに限られていた。しかし，有機酸血症の化学診断に従来から用いられたのは尿であった[21]。尿は単に採取が非侵襲的で感染などの危険がないだけではなく，有機酸，アミノ酸，プリン，ピリミジン，糖，糖アルコールなど多種カテゴリーの化合物を含有する生体情報の宝庫である（長鎖の脂肪酸，長鎖脂肪族モノヒドロキシモノカルボン酸，長鎖ジカルボン酸，フィタン酸などの脂溶性の高い化合物は例外である）。筆者らが対象とする130種の疾患の化学診断は尿を用い，血液を用いてはできない[4]。腎尿細管で再吸収され，尿では通常わずかしか検出されない糖やアミノ酸でも，病態により血中濃度が閾値を超えると，尿が血液よりも鋭敏にこれらの異常を反映する[21]。分析に供する尿量は新生児尿，あるいはろ紙尿の溶出液0.1mlで，成人尿では希釈尿の0.1mlである[6, 22]。

尿の医療上の重要性は現在でも広くは理解されていない。原因不明の急性症状を呈した患者，薬物で急変した人は発症時，治療開始前，あるいは生存中のわずかの尿（1ml以下）でも保存しておくことが，今後の我が国の個別化医療の進歩に役立つ。後日のしかるべき機関でのメタボローム解析のために尿を保存する習慣を是非根づかせたいものである。24時間蓄尿は不要で，1回の随時尿でよく，冷凍保存しておくか，ろ紙に吸着させ自然乾燥し，清浄な状態で高温，多湿を避け保存しておく。

5 簡易ウレアーゼ法による尿の前処理とGC-MSによる代謝物の計測

1980年代に著者らはGC-MSを用いる尿有機酸プロファイリングによる有機酸血症の化学診断にアミノ酸分析計をも併用してアミノ酸情報を加え，120を超える先天代謝異常の化学診断を行っていた。

1991年尿に大過剰に含まれる尿素をウレアーゼを加えて分解除去することで，有機酸，糖，アミノ酸を一斉分析できることがShoemakerらにより呈示された[23]。筆者らは長年に亘る病態代謝研究や化学診断の実績を背景にその前処理を大幅に簡略化し，GC-MS測定時間も短縮し，有機酸，アミノ酸，糖，糖アルコール，プリン，ピリミジンの一斉分析法，いわゆる簡易ウレアーゼ法を確立した[14, 22]。

室温融解した尿あるいは尿ろ紙から溶出した尿0.1mlに内部標準物質を添加した後，ウレアーゼ（Type III urease, Sigma, St. Louis, Missouri）を加え，37℃で10分間反応させ，尿中に多

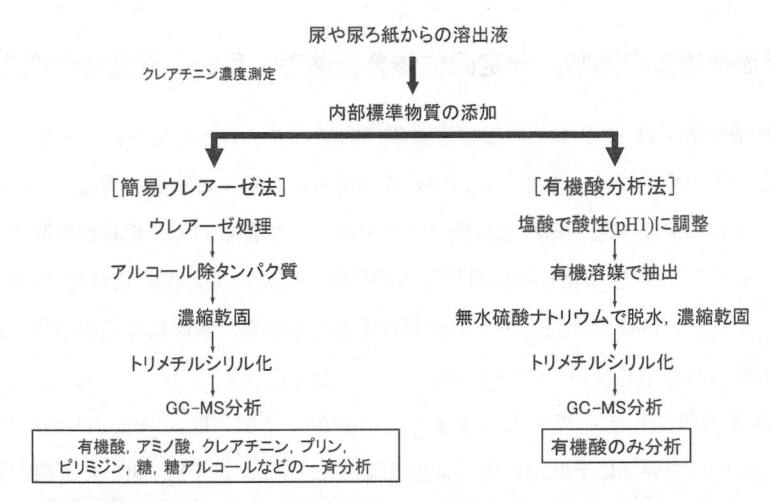

第19章　診断と個別化医療のための非侵襲的ヒトメタボロミクス

```
                     尿や尿ろ紙からの溶出液
          クレアチニン濃度測定  ↓
                     内部標準物質の添加
                    ↙              ↘
          [簡易ウレアーゼ法]         [有機酸分析法]
            ウレアーゼ処理          塩酸で酸性(pH1)に調整
                ↓                      ↓
          アルコール除タンパク質      有機溶媒で抽出
                ↓                      ↓
             濃縮乾固           無水硫酸ナトリウムで脱水，濃縮乾固
                ↓                      ↓
           トリメチルシリル化        トリメチルシリル化
                ↓                      ↓
             GC-MS分析              GC-MS分析
                ↓                      ↓
    有機酸，アミノ酸，クレアチニン，プリン，     有機酸のみ分析
    ピリミジン，糖，糖アルコールなどの一斉分析
```

図1　簡易ウレアーゼ法と有機酸分析法の有機溶媒抽出法の前処理スキーム

量に含まれ分析を妨害する尿素を分解除去する．この後にエタノールを加えてウレアーゼを変性させ，遠心して沈殿を除去する．得られた上清をエバポレーターで減圧濃縮し，次いで窒素気流下で乾固した後，BSTFA と TMCS (trimethylchlorosilane) の混合液 (10：1) を 100 μl 加え，80℃，20～30 分間加熱して TMS 誘導体とし，GC-MS 測定試料とする．誘導体には多種の官能基を一斉に修飾でき，国際的に汎用されるトリメチルシリル（TMS）化を選択した．オキシム化後 TMS 化する方法は，ケト酸の定量性に優れるが，本法では蓄積するヒドロキシ酸が指標として存在することが多いので，時間短縮を優先し，オキシム化は省いている[24]．

簡易ウレアーゼ法と，有機酸分析のための有機溶媒抽出法の前処理のスキームを図1に示した．簡易ウレアーゼ法を用いて学内外から依頼されるハイリスク患者の化学診断を行っている．加えて，本法による新生児マススクリーニング試験研究を久留米大学医学部 GC-MS 医学応用研究施設と共に開始し，現在に至っている[6,8]．この手法は従来の有機酸の前処理法より簡便，迅速であるものの，欧米でマススクリーニング用に開発されたろ紙血を用いる MS/MS 法の前処理より煩雑で MS 測定時間も長い．しかし，対象疾患の種類が多いこと，殆ど二次検査不要で化学診断レベルの確定診断が得られること，モニタリングにも利用できるなどの長所がある．1996年に筆者らが発表した簡易ウレアーゼ前処理法とそれを用いたハイリスク患者の化学診断および新生児マススクリーニング試験研究[14] は 2001 年の Trethewey らの論文 "Metabolic profiling: a Rosetta Stone for genomics？" で当時メタボロームの最も進んだ応用例として引用されている[25]．

6 内部標準物質の添加,安定同位体希釈法等を用いた定量性の向上

従来の有機酸分析では1, 2種の内部標準物質〈内標〉でよいとしてきた。メタボローム計測では有機酸という1カテゴリーの物質群についてみても,計測する物質の構造や極性の幅が拡大されており,さらにアミノ酸,糖など複数のカテゴリーまで含むので,定量性を憂慮することは当然である。しかし,20種の化合物の定量なら内標準に安定同位体標識化合物20種用意すればよいが,メタボローム計測では数百から千種が対象となるから,実際には内標の数,従って定量精度には,最終目的に応じて折り合いをつけることになる。

著者らは現在の目的にそって重要と考えた8つのアミノ酸(Leu, Phe, Met, Tyr, Hcys, Lys, Cys, Gly)についてはそれぞれ安定同位標識体をISとし,TMS化アミノ酸の定量精度を確保した。Leuの前後で溶出するAla, Val, Ileのようなα-アミノ酸の多くは安定同位体標識したLeuで,β-アミノイソ酪酸などのω-アミノ酸には標識Glyを,Ornについても同様にω-アミノ基を有する標識LysをISに代用(共用)し,定量性の向上を図った[22]。TMS化に対し立体障害の少ないω-アミノ基を有するGlyあるいはOrn, LysはTMS基の数がそれぞれ,2個と3個,あるいは3個と4個の2種の誘導体ができるので,いずれも対応する安定同位体標識化合物を内標に用いる。極性の高いorotate[26], methylcitrate[27]は回収率が有機溶媒抽出法よりはるかに高く,一方,化学診断上は重要な指標であり,それぞれ安定同位体を用いて高感度高精度の定量を行っている。その他の化合物は溶出時間が早い化合物に2,2-dimethylsuccinateを,溶出時間の遅い化合物には2-hydroxyundecanoateをISに用いているが,糖類などの極性の高いものの定量には新たな内標が必要である。

7 GC-MS測定条件

測定条件 調製した試料0.2～0.5μlを10:1から20:1のスプリット比で,フューズドシリカキャピラリーカラム(液相MPS 5,長さ30m,内径0.254mm,膜圧0.25μm)に注入する。ヘリウム流量は1.2ml/分に設定,カラムオーブンは60℃から325℃まで17℃/分の昇温分析とし,EIモードでイオン化,1秒間にm/z50から650までの質量スペクトルを2.5回測定,GC/MS測定は15分間,乳酸からHcysまでが測定できる[13, 24]。連続測定にはガードカラムを用いたり,RTロッキングを行うなどが必要である。カラムオーブン昇温速度を8℃/分に減速したいと思っているが,試料に添加した安定同位標識体Hcysが,連続測定において消失することがあるので,Hcysが指標となる先天代謝異常3種を化学診断対象項目とする以上,現状では17℃/分の昇温にせざるを得ない。

第 19 章　診断と個別化医療のための非侵襲的ヒトメタボロミクス

化学診断には最終的には異常物質のマススペクトル確認が必要と考えるので，感度上は Selected ion monitoring（SIM）が優れるが，スキャンモードを採用した。計測値はクロマト保持時間，質量とそのイオン強度の 3 次元データとして CPU に記録される。

8　クレアチニン定量

血清では代謝物の濃度評価は単位容積あたりでよいが，尿では同一試料のクレアチニン量に換算するのが原則である。本調製法ではクレアチニンが回収されるので，予め重水素標識クレアチニンを一定量加えることで濃度が求められるが，クレアチンがクレアチニンに変化するので得られる値はクレアチニンとクレアチンの合計値（total creatinine）である。よって尿クレアチニン濃度を別途求めておく。指標物質は creatinine あたり，あるいは creatine + creatinine あたりとして定量値あるいは半定量値を表示する。クレアチニンが測れないとか尿量が少ないときはこの total creatinine だけでも化学診断は可能と考えている。有機酸血症の急性期におけるデータ評価にはこの total creatinine が優れるとの報告がある[28]。

9　指標物質異常度評価とその応用

定量対象は現在 130 疾患の化学診断の指標物質を含む 200 以上の化合物で，その他に数百の化合物をライブラリーに備えている。被検者における指標物質の測定値あるいは定量値の量的異常度については，対応する年齢の健常グループの対数変換処理で得られた正規分布曲線における平均値（Mean）と標準偏差（SD）を用い，被験者の値（対数）の Mean + nSD における n 値として評価した[4, 27]。1 化合物に平均 3 種と複数の質量イオン（ターゲット）を設定し，その面積を用いる。よってクレアチニンとトータルクレアチニンあたりに，それぞれ約 1,000 行の n 値が自動計算される。さらに保持時間を加味したうえでのライブラリーとの一致率が自動的に表示され，参考とする。

指標物質の異常度，指標物質の組み合わせから，紛らわしい疾患との鑑別なども含めた化学診断ができる。尿メタボローム解析により，化学診断可能な代謝性疾患の適用範囲は飛躍的に拡大され，現在 130 種の疾患が対象となっている[3, 4]。このほか，栄養不良や人工栄養などで惹起される後天性代謝異常，例えば葉酸[29]，ビオチン[30]，B_{12} の欠乏症が同時にスクリーニングできる。このシステムは迅速化学診断のみならず，治療効果判定，病態評価，臓器移植の成否の最も迅速で確実な判定に利用できる。栄養や薬物などの外的因子の相互作用による後天的代謝異常の出現とその正常化なども観察できるので，広範で実践的な先端医療として実際に社会への貢献がなさ

表1 Screening and chemical diagnosis can be made simultaneously for more than 130 inherited metabolic disorders

Diseases or metabolic disorders in:	No. of disorders
1. Branched chain amino acids	20
2. Primary hyperammonemia and citrin deficiency	9
3. Aromatic amino acids	15
4. Sulfur-containing amino acids, folate, cbl	16
5. Membrane transport	9
6. Gly, His, Pro, β-Ala	17
7. Orn, Lys, Trp	7
8. Pyrimidine, purine	8
9. Galactose, fructose, TCA cycle	7
Total	108
Neuroblastoma	1 DMD
Primary lactic acidemia	16 screened
Fatty acid oxidation	5 screened

れる。他方,遺伝子機能解明などの基礎研究や薬物認可段階での安全性評価に利用できる。

筆者はメタボローム計測で遭遇する定量性の問題や患者における個々の化合物の異常度表示法など,多くの課題を解決すべく,1995年から約10年間,安定同位体希釈法の部分的導入[22,31],化学診断自動化に必須のイオンクロマトデータの取扱い(例:N-acetylaspartate など2種以上の誘導体が生成される化合物の定量法)[32]や,creatinine, amino acids, orotate, uracil, methylcitrate などの安定同位体希釈法での補正式導入[4,27],誤診や見逃し防止などのヒトメタボローム臨床応用に必須の基盤研究を進めてきた。

ヒト代謝物計測には試料調製,GC-MS 装置の安定性,再現性や至適測定条件の維持に加え,計測データの更なる加工,評価が必要で,学術的チームが必須である。遺伝子と異なる動的なメタボロームの化学診断への応用には専門的な知識と経験,応用力が必要である。このような認識のもとで初めて実際的で安価な国民のための個別化医療を普及させることができる。

10 GC-MS 測定の特長

生体成分の profiling には GC, LC, 電気泳動など分離手段としてのクロマトグラフと質量計測の combination が用いられる[33~35]。GC-MS は誘導体化により熱に安定な揮発性物質に変わ

第19章 診断と個別化医療のための非侵襲的ヒトメタボロミクス

る大部分の尿中低分子化合物の分離能が高く，1度に測定できる化合物の種類も大変多い。物質同定の確かさに優れ，スクリーニングや化学診断に要される感度と特異度いずれにも最も優れる分析機器で，卓上型 GC・QMS，GC・TOF/MS などが用いられる。短所として試料の前処理に時間をとる上，誘導体化しても熱分解するものは測定できないが，マックスプランク研究所など海外の主メタボローム研究機関でも植物，細菌の生化学的研究に GC-MS を用いており[36, 37]，これに伴い最近は GC-MS 計測で得られたデータの取り扱い，評価に多変量解析を取り入れるなどの研究が盛んになってきた[38〜40]。どれほど網羅的計測かだけでなく，目的が医療への応用なら，国民への還元に向け，現状の課題の解決に役立つことを念頭に，使用に耐えるデータをどれほど生かしていくかが問われる。

11　個別化医療

　個人の薬剤適合性を予見し致死的副作用を回避することは個別化医療の主な課題となっており，この分野でもメタボローム解析が実際的と思われる。

　抗癌剤 5-FU（5-fluorouracil）などのピリミジンアナログはウラシルやチミン同様，ピリミジンの分解経路（第1段階はジヒドロピリミジンデヒドロゲナーゼ，第2段階はジヒドロピリミジナーゼが触媒する）で分解される。先天性ピリミジン代謝異常の患者の多くは無症状で生涯，自らの罹患を知る必要がないが 5-FU などのピリミジンアナログを服用すると，死に至るほどの重い副作用が起きる[41]。これを避けるには患者が癌を患ったときにピリミジンアナログを処方されないことが大切で，先天性ピリミジン代謝異常の有無を調べればよい。ソリブジンのようなジヒドロピリミジンデヒドロゲナーゼを不可逆的に失活させる薬剤は，言わばジヒドロピリミジンデヒドロゲナーゼ欠損症という先天異常と同じ状況を後天的に作りだしているのであるから，このような薬剤とピリミジンアナログの併用は先天性ピリミジン代謝異常のない個人に対しても危険である[42, 43]。

　5-FU は世界中で最もよく使われている。1回の検査でほぼこの代謝系の異常を確定できる尿メタボローム解析法の個別化医療における意義は高い[44]。最近，第2段階の酵素欠損症でも 5-FU は致死的であったとの報告もある[45]。ピリミジン代謝異常症は後述するろ紙尿メタボローム解析による新生児マススクリーニング試験研究により発見され，日本人に少なくないことが証明されている。個人の遺伝特性，一生の間に遭遇する薬，その他の環境因子との関わりを考え，事前にあるいは速やかに危険回避する豊かな個人中心の 21 世紀にあって，人生のスタート点でメタボロームを活用することの意義は大きいと考えることもできよう[46]。そうでなくとも癌に罹患した人で 5-FU 処方を受ける人は服薬前の尿で第1および第2段階の障害がないかを調べるこ

とが望ましい。筆者らの尿メタボローム解析法は迅速で確定的な化学診断法として米国化学会発行の Modern Drug Discovery (Vol.4 No.9, 2001) の News in brief で紹介された[47]。

抗てんかん薬の薬効が全く期待されないばかりか，強い副作用がでる場合，それに代わる治療法が必要となる患者がいる。てんかん患者のなかにはプロピオン酸血症などの有機酸血症，電子伝達系異常症，原発性高アンモニア血症などの多種類の先天性代謝異常が隠れていることがあり，抗てんかん薬は彼らには副作用のみ生じる[48]。しかし，真の病因を明らかにし，その病因に添って治療されることで，てんかんが消失するのみか，心身発達が期待できる一群の二次性てんかん患者がいる。このような患者を発見するためにも尿メタボローム解析は極めて有用である。最もよく使用される抗てんかん薬バルプロ酸の副作用発現例には多くの種類の先天性代謝異常症が関わっていることを著者らは明らかにしてきた[48]。

12 先天性代謝異常症のローリスクおよびハイリスクスクリーニング，化学診断，モニタリング

松本勇らにより GC-MS を用いる有機酸血症の化学診断が開始されたと同じ頃，我が国ではガスリー法などの簡便法による全新生児を対象としたろ紙血を用いる6つの先天性代謝疾患のマススクリーニングが開始されている。早期発見，早期治療を目的に個別化医療を実現するものである。罹患児は健常そのものに見える時期に個別の食餌療法が開始される。この30年間にフェニルケトン尿症／高フェニルアラニン血症，ガラクトース血症，メープルシロップ尿症，ホモシスチン尿症からなる4つの先天性代謝異常症のいずれかに罹患した児をこれまでに21,000児あたり1児の頻度で発見し，残りのクレチン症と副腎過形成症の2疾患に罹患児をそれぞれ，3,600児，および16,000児に1児発見されている。このように早期診断，早期治療による新進障害発症予防に多大な成果を挙げてきた新生児マススクリーニング体制であるが，現在，質量分析法を用いる体制へと大きな改革が行われつつある。

1995年に著者らが開始したメタボロームを先取りしたろ紙尿の新生児マススクリーニング試験研究は12年を経過した。この間，プロピオン酸血症[27]，高乳酸血症（酵素診断で速やかに PDHα 欠損症と確定），β-ウレイドプロピオナーゼ欠損症[49]，ハートナップ病（この症例は責任遺伝子同定に役立った[50]），メチルマロン酸血症，OTC 欠損症，シトルリン血症などが発見，久留米大学医学部の吉田，猪口ら[51]の成績との合同で21疾患，65例を発見し，発見率は 1/1,100 人であった[8]。

海外ではろ紙血を用いて一連のアミノ酸とアシルカルニチンを測定し多数検体の迅速処理に適した MS/MS（タンデムマス）法が米国の D. Millington ら[52]により開発され，既に膨大な試験研究が開始されている。ろ紙血・タンデムマス法が優る対象疾患は脂肪酸代謝異常症，とりわけ，

第 19 章 診断と個別化医療のための非侵襲的ヒトメタボロミクス

表2 ろ紙尿新生児マススクリーニング試験研究の患児発見率，日本人に多い疾患の確定度とその予想発生率

	疾 患 名	ろ紙尿ウレアーゼ法 GC-MS		ろ紙血 タンデム MS	ろ紙血 ガスリー等
		確定度	7.8 万人[a]	27 万人[b]	3,567 万人[c]
1	プロピオン酸血症	AAA	2.6	3.9*	-
2	メチルマロン酸尿症	AAA	2.0	9.0*	-
3	神経芽細胞腫	AAA	2.6	-	-
4	グリセロール尿症	AAA	2.0	-	-
5	ホモシスチン尿症・メチルマロン酸尿症	AAa	可	-	-
6	ガラクトース血症	AA	可	-	3.6
7	シトリン欠損症	A	可	6.8	-
8	オルニチントランスカルバミラーゼ欠損症	AA	7.8	-	-
9	高フェニルアラニン血症	AAA	7.8[d]	5.4*	7.7
10	メープルシロップ尿症	AAA	7.8	可	51.0
11	ホモシスチン尿症	AAa	可	可	19.8
12	乳酸尿症	Aa	7.8	-	-
13	シトルリン血症	AA	7.8**	-	-
14	アルギニノコハク酸尿症	AA	可	27.0	-
15	中鎖アシル-CoA DH 欠損症	Aa	可	9.0	-
	疾患項目総数		21（実績）	12（実績）	4（対象）
	異常例数		65	33	1,696
	患児発見率		1/1,100〜1,300	1/8,200	1/21,000

数値は予想発生率，これまでの検査数という限定付ではあるが，x 万新生児あたり 1 人見つかる時の x。
a 金沢医大と久留米大の成績，b 福井大 重松教授ホームページより，c 日本マス・スクリーニング学会誌第 15 巻 3 号 2005 年 P.103，d 島根大と 3 機関計で正しくは 7.7 万人に 1 例。
AAA 殆ど 1 回の分析でスクリーニングでき化学的診断も確定。A, Aa は疾患の特性，尿検体であるなどの理由で全てをスクリーニングはできないか，特定に他の分析を要する。
可は可能，－は検出せず，または検出不能。
＊陽性なら GC/MS による尿のメタボローム解析または有機酸分析が必須。
＊＊相互にアミノ酸またはオロット酸の測定が必要。

長鎖脂肪酸代謝異常症である。4 級アミンを有する長鎖アシルカルニチンは GC-MS による計測が不可能である。また，長鎖アシルカルニチンは血液には含まれるが尿には存在しない。この手法で重松らが行った日本の 30 万新生児を対象とした試験成績では発見例数は 12 疾患 33 例で，発見率は 8,200 人に 1 人であった[53]。海外の発見率は 1/3,500 と高いが，この高い値は本法で検出できるフェニルケトン尿症と MCAD 欠損症の発生率が高く，全発見例の約 2/3 を占めるほど

に多いことに起因している。

　ドイツではタンデムマス法によるプロピオン酸血症やメチルマロン酸尿症の偽陰性を考慮して，この2疾患を対象疾患から除外している。有機溶媒抽出GC-MSによる尿有機酸分析はメチルマロン酸尿症の検出にろ紙血のタンデムマス法より高感度なのは自明であるが，プロピオン酸血症の検出においてもドイツなど海外では一般に高感度であることが示唆される。簡易ウレアーゼ法ではこれよりさらに高感度である。表2にメタボロームを先取りしたろ紙尿を用いる新生児マススクリーニング試験研究の発見率，確定度等について，その一部を示した。

　ろ紙尿やろ紙血の質量分析による試験研究や従来の尿を用いるハイリスク患者の化学診断成績から，日本人の遺伝特性が欧米や中国とは異なることが明らかになってきた。日本人ではプロピオン酸血症，メチルマロン酸尿症の頻度が現行法の対象であるガラクトース血症（1/3.6万人）や高フェニルアラニン血症（1/7.7万人）のそれより高く，クレチンなどの内分泌疾患を除くと，我が国の先天性代謝異常症の中では最も高頻度であることが明らかになった[8]。プロピオン酸血症，メチルマロン酸尿症は簡易尿ウレアーゼGC-MS法では極めて検出感度が高く見逃しがなく，1回の検査で殆ど確定できる。さらに発見後のモニタリングにも適する。新生児マススクリーニングと異なり，既に発病し，ハイリスク新生児としてNICUなどでさらに選別され，検査を依頼された児を対象とした著者らの成績では12人に1人が先天性代謝異常であった。このことはマススクリーニングなどのローリスクスクリーニングとハイリスクスクリーニングでは発見率は100倍も異なることを示唆する。従って，このような検査法が先ずは発病した児に迅速に活用され，次に新生児マススクリーニングとして試みられることが望ましい[8, 54]。多くの先天性代謝異常は臨床所見や一般検査所見に特異性が低いため，医療機関で選別しすぎると，依頼された検査機関での発見率は高くなるが，逆に異常例を見逃すこともあるので，この点では注意が必要である。また，一般の医師は殆どこのような検査の存在を知らないので検査施設の精度や特徴を含めた情報の拡がりが必要である。

　ろ紙尿・簡易ウレアーゼ・GC-MS法では治療法が十分に確立していない疾患も発見される。治療法がない疾患を発見することが問題とする考えも根強いが，いずれ発症すれば診断することが何よりも重要となる。しかし，その時に速やかに診断に至るとは限らず，実際に現在でも診断に数年が費やされる患者もまれではない。一方では早期に多くの患者が診断できてこそ，その疾患の治療研究が加速される。従って，高度少子化時代を迎える21世紀の我が国において，このような尿スクリーニングを彼らの児に受けさせたいと，自由な判断に基づいて個人が選択し，経費負担してこれを希望することがあれば，それを認めることが望ましい。

　ろ紙尿・簡易ウレアーゼ・GC-MS法による新生児スクリーニング試験研究は，米国化学会発行のModern Drug Discovery誌（http://pubs.acs.org/mdd）の特集記事 Diagnosing newborns

においてnewborn testingとして紹介されている他，beyond newborn screeningとも位置づけられており，多くがスクリーニングというより化学診断の精度であるばかりか，海外でも殆ど試みられていない[46]。

13 おわりに

　尿は非侵襲的に得られる。ヒト尿メタボローム解析を広く医療に役立たせるには患者の栄養や服薬の情況について知り得ることが重要である。さらに尿の前処理，内標準物質の選択，アーティファクト，GC-MS装置の安定性と至適測定環境，計測データの二次処理，総合判定，pitfallなど多くをクリアしなければならない。異分野融合による地道な研究を通して高度少子高齢化時代を迎えた我が国で先天性，後天性を問わず，早期診断，発症前診断，迅速診断による小児の健全な成育，成人病の予防・軽減による国民の健康増進と研究費や医療費の有効利用を願っている。

文　　献

1) 久原とみ子，日本医用マススペクトル学会サーキュラー，**67**, 4（2006）
2) 臨床化学診断学（松本勇ほか監修，久原とみ子ほか編集），ソフトサイエンス社（1995）
3) 久原とみ子，メタボローム研究の最前線（冨田勝ほか編集），シュプリンガー・フェアラーク東京，p.153（2003）
4) T. Kuhara, *Mass Spectrom. Rev.,* **24**, 814（2005）
5) T. Kuhara, *J. Chromatogr. B Analyt. Technol. Biomed. Life. Sci.,* **855**, 42（2007）
6) T. Kuhara et al., *J. Chromatogr. B Biomed. Sci. Appl.,* **731**, 141（1999）
7) T. Shinka et al., *J. Chromatogr. B Biomed. Sci. Appl.,* **732**, 469（1999）
8) 久原とみ子ほか，金沢医科大学雑誌，**30**, 543（2005）
9) K. Tanaka et al., *Proc. Natl. Acad. Sci. U.S.A.,* **56**, 236（1966）
10) M.G. Horning, Biomedical Applications of Gas Chromatography Vol.2（Szymanski H.A. ed.），Plenum Press p.53（1968）
11) S.I. Goodman et al., Laboratory and Research Methods in Biology and medicine Vol.6, Alan R. Liss（1981）
12) R.A. Charlmers et al., Organic Acids in Man, Chapman and Hall（1982）
13) T. Kuhara et al., *Proc. Jap. Soc. Biomed. Mass Spectrom.,* **20**, 45（1995）
14) I. Matsumoto et al., *Mass Spectrom. Rev.,* **15**, 43（1996）
15) 松本勇，臨床化学，**12**, 1193（1976）
16) F. Endo et al., *Pediatr. Res.,* **17**, 92（1983）

17) M. Tanaka et al., *Biochem. Biophys. Res. Commun.*, **137**, 911 (1986)
18) S. Yamaguchi et al., *J. Clin. Invest.*, **81**, 813 (1988)
19) H. Miyajima et al., *Neurology.*, **49**, 833 (1997)
20) 久原とみ子，細胞工学，**25**，1404（2006）
21) 久原とみ子，臨床化学診断学（松本勇ほか監修），ソフトサイエンス社，p.27（1995）
22) T. Kuhara, *J. Chromatogr. B Biomed. Sci. Appl.*, **758**, 3 (2001)
23) J.D. Shoemaker et al., *J. Chromatogr.*, **562**, 125 (1991)
24) 久原とみ子，メタボローム研究の最前線（冨田勝ほか編集），シュプリンガー・フェアラーク東京，p.47（2003）
25) R.N. Trethewey et al., *Curr. Opin. Plant. Biol.*, **2**, 83 (1999)
26) T. Kuhara et al., *J. Chromatogr. B Biomed. Sci. Appl.*, **742**, 59 (2000)
27) T. Kuhara et al., *J. Inherit. Metab. Dis.*, **25**, 98 (2002)
28) S.E.C. Davies et al., *Clin. Chim. Acta.*, **194**, 203 (1990)
29) S. Ishida et al., *J. Int. Med.*, **250**, 453 (2001)
30) W. Fujimoto et al., *J. Dermatol.*, **32**, 256 (2005)
31) T. Kuhara et al., *J. Chromatogr. B Biomed. Sci. Appl.*, **742**, 59 (2000)
32) Y. Inoue et al., *J. Chromatogr. B. Biomed. Sci. Appl.*, **806**, 33 (2004)
33) K. Dettmer et al., *Mass Spectrom. Rev.*, **26**, 51 (2007)
34) 長谷川美奈ほか, *J. Mass Spectrom. Soc. Jpn.*, **55**, 227 (2007)
35) G. Pendyala et al., *J. Neuroimmune Pharmacol.*, **2**, 72 (2007)
36) U. Roessner et al., *Plant Physiol.*, **127**, 749 (2001)
37) M.M. Koek et al., *Anal. Chem.*, **78**, 1272 (2006)
38) C.D. Broeckling et al., *Anal. Chem.*, **78**, 4334 (2006)
39) P. Jonsson et al., *J. Proteome Res.*, **5**, 1407 (2006)
40) M.P. Styczynski et al., *Anal. Chem.*, **79**, 966 (2007)
41) X. Wei et al., *J. Clin. Invest.*, **98**, 610 (1996)
42) T. Kuhara et al., *J. Chromatogr. B Biomed. Sci. Appl.*, **758**, 61 (2001)
43) T. Kuhara et al., *J. Chromatogr. B Analyt. Technol. Biomed. Life. Sci.*, **792**, 107 (2003)
44) T. Kuhara, Genetic Errors Associated with Purine and Pyrimidine Metabolism in Humans: Diagnosis and Treatment (Moriwaki Y. ed.), Research Signpost, p.173 (2006)
45) A.B. van Kuilenburg et al., *Clin. Cancer Res.*, **9**, 4363 (2003)
46) C.W. Randall, *Modern Drug Discovery*, Apr, 29 (2002)
47) D.T. Bryan, *Modern Drug Discovery*, Sept, 15 (2001)
48) 久原とみ子，てんかん学の進歩 No.3（秋元波留夫ほか編集），p.230，岩崎学術出版社（1996）
49) M. Ohse et al., *J. Mass. Spectrom.*, **37**, 954 (2002)
50) R. Kleta et al., *Nat. Genet.*, **36**, 999 (2004)
51) 松本かおりほか，日先天代謝異常会誌，**21**，84（2005）
52) D.S. Millington et al., *Anal. Biochem.*, **180**, 331 (1989)
53) 重松陽介，日先天代謝異常会誌，**21**，44（2005）
54) 久原とみ子，細胞工学別冊 最新プロテオミクス・メタボロミクス－質量分析の基礎からバイオ医薬への応用（丹羽利充監修），秀潤社，p.157（2007）

第20章　自動化脂質分析装置を用いた病態リピドミクス

東城博雅*

1　はじめに

　本書の主題であるメタボロミクスは多種多様な代謝中間体の総覧的な分析に基づき生体機能を論ずる学問である。広範な物性スペクトルを示す代謝中間体のうち，水に不溶な低極性化合物群からなる脂質は生体膜の骨格，膜蛋白質の機能的構成成分，細胞内外でのシグナル伝達分子などとして重要な分子である。脂質のメタボロミクスは，最近，脂質関係の国際学会やジャーナルではリピドミクスと呼ばれることが多く，その重要性が注目されている。リピドミクスにおける質量分析（MS）の利用法と問題点については，最近，総説[1]や教科書[2]に詳述した。本稿では筆者が開発して関連の大学発ベンチャー会社・オムニセパロ適塾（OmniSeparo-TJ, Inc, OSTJ）で研究や商業途用に改良を進めている高速液体クロマトグラフィー（HPLC）/MSを用いた自動化脂質分析システムの概要と病態リピドミクスへの応用について概説する。

2　リピドミクスとプロテオミクスの連携

　リピドミクスで扱う（本稿では動物に存在するものに限るが）脂質は多様であるが，脂質生合成経路と密接に関連した化学構造の特徴に基づき単純脂質と複合脂質に大別して理解すると便利である（図1）。単純脂質は炭素，水素，酸素のみからなり，脂肪酸（活性型はアシルCoA）とその酸化誘導体（エイコサノイドなど），イソプレノイド類に属するコレステロールやその誘導体ステロイドホルモンなどが含まれる。必須脂肪酸（リノール酸，α-リノレン酸）やイソプレノイド類ビタミン以外のこれらの脂質は解糖系からクエン酸回路への中継点にあるアセチルコエンザイムA（CoA）を利用して生合成される。単純脂質は複合脂質の構成成分でもある。複合脂質は，リン，窒素，硫黄など異核原子も含み，グリセロール骨格を含むグリセロ脂質あるいはスフィンゴシンを主成分とする長鎖塩基骨格を含むスフィンゴ脂質に分けられる。グリセロール骨格（グリセロール-3-リン酸）は解糖系中間体のジヒドロキシアセトンリン酸から作られ，脂肪酸が縮合したのちにグリセロリン脂質の極性頭基（ホスホコリンなど）形成・交換やトリアシ

---

*　Hiromasa Tojo　大阪大学　大学院医学系研究科　分子医化学　准教授

種類	特徴	基本骨格
1. 単純脂質	脂肪酸と誘導体,ステロイド(イソプレノイド)などC,H,Oからなりアセチル CoA から生合成される。複合脂質の構成成分でもある。	
2. 複合脂質	異核元素 N,P,S なども含み膜脂質の主要成分	
グリセロ脂質	グリセロリン脂質 グリセロ糖脂質 アシルグリセロール	グリセロール 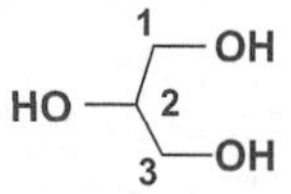
スフィンゴ脂質	スフィンゴリン脂質 スフィンゴ糖脂質	スフィンゴシン* 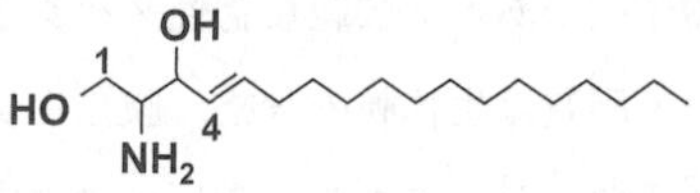

図1 リピドミクスの理解に便利な脂質の分類
生合成過程では4位に二重結合のないスフィンガニンが合成されその後修飾を受ける。これらの骨格には2位に塩基であるアミノ基があるので総称して長鎖塩基あるいはスフィンゴイド塩基と呼ばれる。文献2)から改変。

ルグリセロール合成などが起こり,全てのグリセロ脂質が合成される。一方,長鎖塩基骨格はジヒドロキシアセトンリン酸の少し下流の解糖系中間体3-ホスホグリセリン酸から合成されるセリンとアシル CoA からスフィンガニンとして作られ,脂肪酸が縮合したのち塩基骨格の修飾や糖の縮合が起こり,スフィンゴ脂質が合成される。

このように脂質デノボ合成は二つの解糖系中間体とアセチル CoA を介して起こり,解糖系とクエン酸回路の3から5個の炭素からなる代謝中間体を介して複雑に連携する糖・アミノ酸代謝と比較すると閉じた代謝系を形成する。脂質分解系における代謝中間体も糖・アミノ酸代謝に帰るものは少ない。複合脂質から加水分解酵素作用で遊離した脂肪酸は完全酸化され二酸化炭素になる。複合脂質骨格のうちグリセロールは肝臓・腎臓での糖新生によりグルコースに再変換可能であるが,極性頭基を形成するコリン,イノシトールなどは食事から摂取する必要がある必須栄養素で再利用され,エタノールアミンはセリンから脂質代謝系内で生成され再利用される。ちなみに,コリンのヒトでの生成系は,おもに肝臓で起こるホスファチジルエタノールアミン(PE)の段階的メチル化によるホスファチジルコリン(PC)中のコリン残基の合成だけである。スフィンゴシン骨格は分解されるとホスホエタノールアミンと長鎖アルデヒドになるが前者は脂質代謝内で再利用され,後者は酸化されると脂肪酸酸化系に入り完全酸化され得る。また,マクロファージなど細胞膜の代謝回転が速い細胞では,デノボ合成が間に合わないので膜脂質を盛んに再利用する。脂質分解系のもう一つの重要な機能は,多彩な脂質性シグナル分子や生理活性脂質

第20章 自動化脂質分析装置を用いた病態リピドミクス

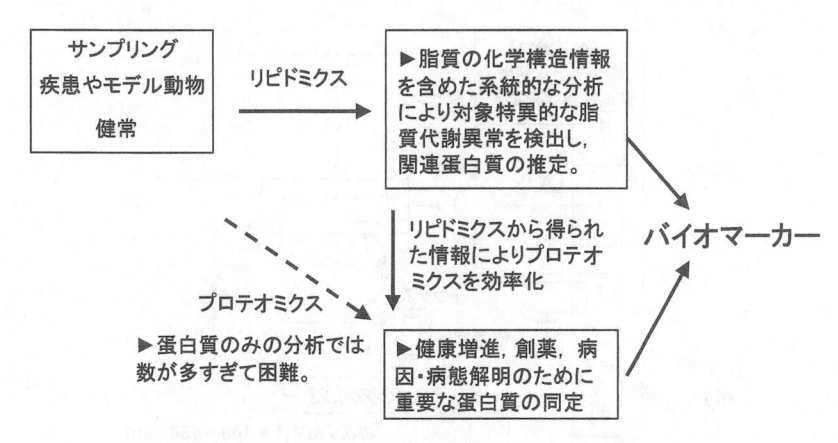

図2 リピドミクスとプロテオミクスの連携

を産生することである[1,2]。小胞体シトゾール側でデノボ合成されたリン脂質中の特に sn-2位脂肪酸は，多くの場合リモデリング酵素系によりすげ替えられ鎖長・不飽和度が変更され，目的の細胞内小器官膜に輸送される。これらの膜脂質から刺激に応答したホスホリパーゼ等の酵素作用で脂質性シグナル分子前駆体やシグナル分子自身が遊離される。前駆体は，酸化（酸素添加），過酸化，極性頭基イノシトールやスフィンゴシンの（ポリ）リン酸化，極性頭基の修飾などほとんどの場合脂質代謝系内（ペプチドや糖の付加などを除いて）で行われる反応によりシグナル分子になる。

以上のように，脂質代謝は他の代謝系と代謝中間体相互の連携が少ないため，リピドミクスから得られた脂質組成異常情報から関連酵素や蛋白質を推測しやすくプロテオミクス解析の効率化を助けることができる。実際，以下に述べる自動化装置を用いて検出した脂質組成異常から病態関連蛋白質を同定できた例を報告した[3]。また，プロテオミクスや分子生物学的解析では，上記のシグナル分子の下流で起こるすべての変化が反映され解析が複雑になるが，シグナル分子の変動を直接解析し刺激応答経路のより上流の情報を得られるリピドミクスを併用すると解析を効率化できる。ただし，一般的なリピドミクス解析では，定常状態での組織内脂質濃度変化を測定するので，さらに直接的な刺激応答経路の脂質組成変動を調べるためには，安定同位体標識脂質前駆体などを用いた脂質組成変化のカイネティックスを調べる研究などを追加する必要がある。

このようなリピドミクスの特徴を生かした解析を促進するため，筆者のグループでは，一つの組織，細胞，単離した細胞内小器官膜画分などのサンプルから出発してまず脂質を抽出して残りの残渣にある蛋白質を効率よく加水分解してリピドミクスとプロテオミクス解析する方法の開発を進めている（図2）。ここで問題になるのは，脂質が水にまったく溶けない非極性のものからミセルとして完全に溶解するものまで高範囲な極性スペクトルを示すため，全ての脂質を一度に

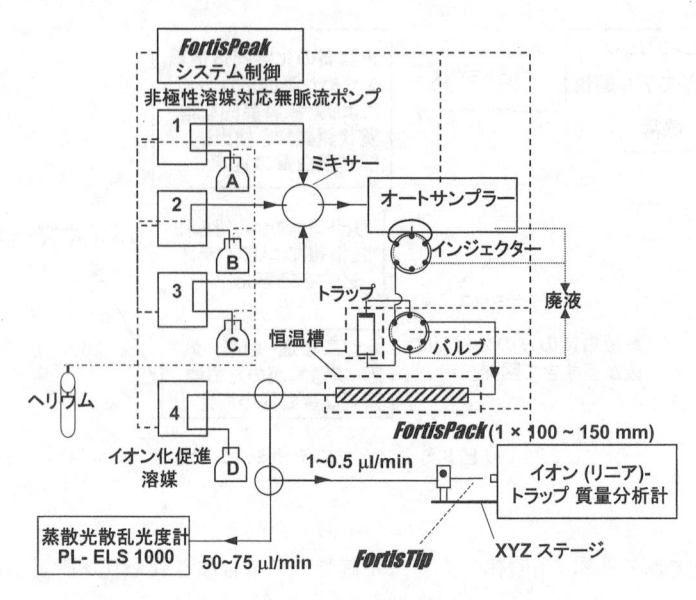

図3 自動化脂質分析装置の概略図

抽出する方法は現在のところ存在しないこと，疎水性蛋白質がかなりの量抽出脂質画分に混入してくることである。定法のFolch法やBligh-Dyer法で抽出した脂質には，非極性脂質とリン脂質が主に含まれるが，高極性の脂質の回収率は悪い。高極性脂質クラスはその物性に従った適当な方法で再抽出することが必要であるがその画分には蛋白質の混入が多い。本稿では，Folch法などで抽出した脂質に含まれる各脂質クラスの分子種（構成脂肪酸の鎖長・二重結合数）組成を効率よく比較するリピドミクス解析方法について述べる。現在，この極性範囲の脂質は，後述の自動化装置と抽出法の最適化により安定してデータを取れるようになっている。この方法によるリピドミクスと平行して行った病態プロテオミクスに関するデータは，別の機会に紹介する。

3 中性脂質からリン脂質にわたる極性の脂質クラスの自動化分析装置

薄層クロマトグラフィー（TLC）と同様に脂質を低極性のものから順に極性に従いクラス分離できる（誘導体化）シリカゲルを用いる順相HPLCにより，コレステロールエステルからリゾPCにわたる極性範囲の脂質クラスを一回のクロマトグラフィーで分離できる。図3に示す装置の概略のように，3溶媒グラディエントHPLCシステム（ポンプ1-3）を使用する[1,2,4]。このHPLCシステムをエレクトロスプレイイオン化（ESI）を用いたMS装置に接続するためには，HPLCの分離能以外にイオン化効率を保つ溶媒系が必要であり，ヘキサン/2-プロパノールをベースにした溶媒系を開発し使用している。順相カラムとして高感度化だけが必要な場合はプロ

第20章　自動化脂質分析装置を用いた病態リピドミクス

テオミクス解析と同様にキャピラリーカラムも使用できるが，実用的な耐用性があり測定感度的にも妥協できる内径 1mm の FortisPack（OmniSeparo-TJ）を用いている。トラップカラムは，分離用カラムを保護するガードカラムとして，あるいはリン脂質だけや中性脂質だけを測定したい場合に不要部分を除くために使用する[5, 6]。1mm 内径のカラムに適した，50μl/min 以下の流速でヘキサンのような非極性低粘性溶媒を安定して送液でき，かつ接液部から分析を妨害する成分が溶出しないような無脈流ポンプを開発して実装している。カラム平衡化用初期溶媒 A は〜100％のヘキサンであるので電気伝導性がなくそのままでは ESI ができないので，分析開始後約 30 分間は 10〜20mM 程度のギ酸アンモニウムを含むアルコール（溶媒 D）をポンプ 4 から送液し，カラム出口に設置したティーを介して混合してイオン化を促進する。この条件では，多くの場合中性脂質はアンモニウムイオン付加体として，セラミドはプロトン付加型として効率よく正イオン化される。さらに流路を二方向に分け一方を約 1μl/min の流速でプロテオミクス解析に使用するキャピラリー HPLC との接続用に開発した超撥水性 ESI チップ FortisTip（OmniSeparo-TJ）に導き[7]，他方を目的により廃棄するか蒸散光散乱光度計（ELS）に導き測定する。ELS は MS と比べると低感度であるが，脂質のうち多量成分であるコレステロールエステル，コレステロール，トリアシルグリセロール，PC などが検出できる場合が多く，多量成分の総量の検定や ESI でイオン化しにくいコレステロールの検出に役立つことがある。

現在，作動原理の異なる数種の質量分析計が市販されているが，いずれも非常に高価であり個々の研究室で購入することは簡単ではないので，各研究者の所属施設で利用可能な MS 装置を使用しなければならないことも多い。筆者は所属している医学系研究科の共同利用施設に設置されていた関係で Thermo Fisher Scientific 社のイオントラップ型装置を使用し始めた。この装置は，加熱キャピラリーによるイオン取り込みやノイズの制御，オートゲインコントロールによるイオントラップへのイオン取り込み量の制御，タンデム質量分析（MS/MS）における質量電荷比（m/z）に依存するエネルギーの自動制御などの恩恵で HPLC との接続性が非常によく，最適化すれば全溶出範囲にわたり非常に高感度な MS スペクトルと MS/MS スペクトルを自動的に安定して測定できるので，HPLC 分離を重視する筆者等のシステムに好都合である。そのため本自動化装置でもイオン（リニアー）トラップ型装置を採用して最適化を進めた。イオン（リニアー）トラップ型装置では，MS/MS で生成するプロダクトイオンに対して MS/MS スキャンを繰り返す多段階 MS/MS（MS^n）スキャン機能があり構造決定に利用できる。ある保持時間にカラムから溶出してきた脂質分子種混合物の MS スペクトルから，あらかじめ設定した閾値よりシグナル強度が大きいイオンを抽出し，強度の強いピークから順に複数の分子種の MS/MS や MS^n スペクトルを測定するデータ依存的 MS/MS あるいは MS^n スキャンにより分子種組成分析を効率化できる[2]。また，交互に正負極性を切り替えながらどちらかの極性のデータ依存的 MS^n スキャンを

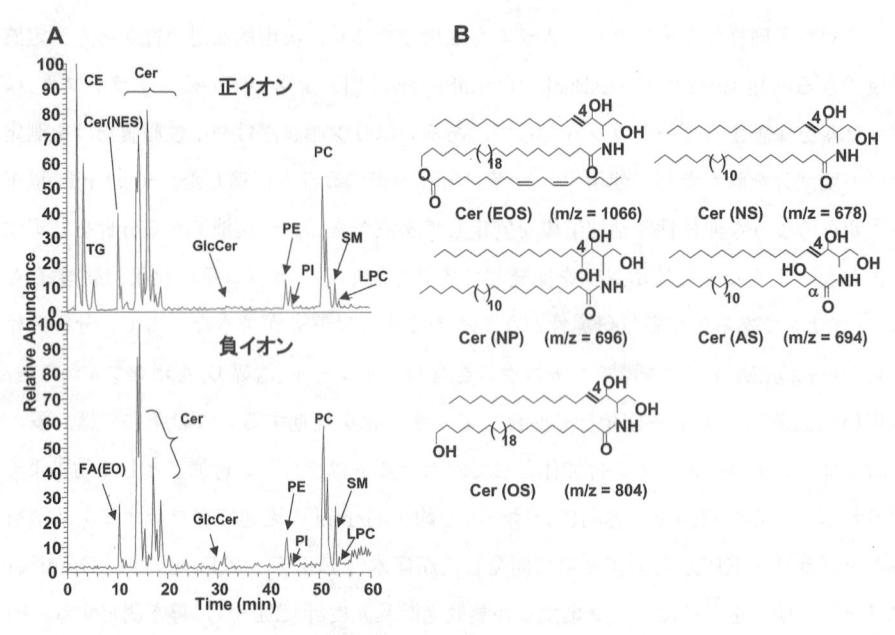

図4 ベースピーククロマトグラムで表示した誕生直後マウスの角層脂質プロファイル（A）と主要なマウス角層 Cer サブクラスの化学構造と命名法（B）

A, 自動化脂質分析装置を用いて交互に正負イオンモードを切り替え，MS/MS スペクトルも採取しながら測定した正負イオンのベースピーククロマトグラム（m/z 400〜1600）。CE, cholesterol ester; TG; triacylglycerol, Cer, ceramide; GluCer, glucosylceramide; PE, phosphatidylethanolamine; PI, phosphtidylinositol; PC, phosphatidylcholine; SM, sphingomyelin; LPC, lysophosphatidylcholine. B, Motta の Cer 命名法を用い，それを若干拡張した。カッコ内はマウス角層に最も豊富に検出できる分子種の m/z 値。Motta の命名法では Cer の後ろの括弧内の最初に脂肪酸誘導体の記号を書き，後に長鎖塩基の種類を示す記号を書く。脂肪酸誘導体 A, α-hydroxy fatty acid; O, ω-hydroxy fatty acid; N. non-α-hydroxy fatty acid; E, esterified to hydroxyl; 長鎖塩基 S, sphingosine; P, phytoshingosine（4-hydroxy-sphinganine），H, 6-hydroxy-sphingosine。A に示すように角層にはこのほかに長鎖塩基の OH 基に一つ脂肪酸がエステル結合した Cer が検出できるので Motta の分類を拡張してこれを Cer（NES）とした。また遊離ω-ヒドロキシ脂肪酸のリノール酸エステルも検出でき Cer 同様に脂肪酸を示す FA に EO をつけて FA（EO）とした。

行うことが可能で一回のクロマトグラフィーで多くの情報を採取することができる。スクリーニング分析では，前半の中性脂質が溶出する時間帯には正イオン MS/MS と MS^3 スキャンを行い，後半のリン脂質溶出時間帯には負イオンモードで同様のプロダクトイオンスキャンをすれば分子種情報を得やすい[2]。なお，国際的な流れとしては，リピドミクス解析に HPLC を利用するとしても種々の MS/MS モードを用いた MS の分離機能のほうを重視する方法が普及してきており，本書第1編第9章や拙著[1,2]でも種々の MS/MS モードを駆使したリピドミクス解析法が解説されているので参照されたい。

第20章 自動化脂質分析装置を用いた病態リピドミクス

4 自動化分析装置の病態リピドミクスへの応用

　MS/MSモードによる分離機能を用いる方法は有用であるが，測定対象の構造が既知でなければならないこと，高感度化のため比較的狭いm/z範囲のみのスキャンを用いなければならないことなど測定上の制約がある。本装置では，常に広いm/z範囲（〜180-2000）をスキャンし，各保持時間における最強シグナル強度をプロットしたベースピーククロマトグラム上に脂質プロファイルを鳥瞰でき（図4A），未知物質でも検出することができるので健常と疾患の差異を比較する病態リピドミクスに有用である。本装置の有用性を示す例としてスフィンゴ脂質の基本構造であるセラミド（Cer）合成の最初のステップを触媒する律速酵素セリンパルミトイルトランスフェラーゼ（SPT）の皮膚特異的ノックアウト（KO）マウスの角層脂質解析例を示す（Osuka S., Tojo H., Asano C., and Hirabayashi Y. 投稿準備中）。

　角層のCerは，皮膚バリアー機能の構造的基礎である角層細胞間脂質多重層ラメラの主要構成成分として重要である。Cerはデノボ合成経路あるいは種々のスフィンゴ脂質が分解され生じたスフィンゴシンを再利用する再利用経路により合成される。前者はSPTによるセリンとパルミトイルCoAの縮合反応から始まる。これまでの研究により種々のバリアー機能障害によりCerのデノボ合成が亢進すること，SPT阻害剤塗布によりバリアー障害が起こることから，バリアー機能維持にCerのデノボ合成が重要であることが示唆されてきた。皮膚特異的なSPT遺伝子破壊（KO）により表皮におけるセラミドのデノボ合成を欠損させたマウス（f/f）は，誕生直後は野生型やヘテロ接合型（f/+）と大差を認めないが，1週齢以降バリアー機能異常を呈し，Cerのデノボ合成の重要性をさらに確認できた。そこで，Cerデノボ合成が角層脂質組成をどのように維持しているかを調べるため，脂質プロファイルを3週齢コントロール（f/+）とKOマウスとで比較した。

　フルオレスカミン法で定量した角層膜中の総長鎖塩基量にコントロールとKOマウスで有意差はなかった。長鎖塩基の再利用経路により量的には代償が効いていることがわかる。次に本装置で分析したCerの分子種について検討した。マウスの主要な角層セラミドサブクラスの化学構造とMotta等の化学構造に基づくセラミド命名法[8]，野生型で最も多い分子種のm/z値を図4Bに示した。NS，AS，NPではC26：0を含む分子種，EOS，OSではC34：1を含む分子種が通常最も多い。Cerの分子種の構造決定は，正イオンモードのデータ依存的MS/MSあるいはMS^{3}スキャンを用いて行う。長鎖塩基情報はアミド結合の解裂で生じるプロトン型長鎖塩基イオンとその脱水で生じるイオンを検出し，脂肪酸情報は長鎖塩基側のN-C結合の解裂で生じるプロトン型脂肪酸アミドイオンを検出して得る。KOのCerでは，コントロールと比べると含有脂肪酸鎖長分布が短鎖側に1から2炭素分シフトする。特にa-OH脂肪酸を含むCer（AS）では脂肪

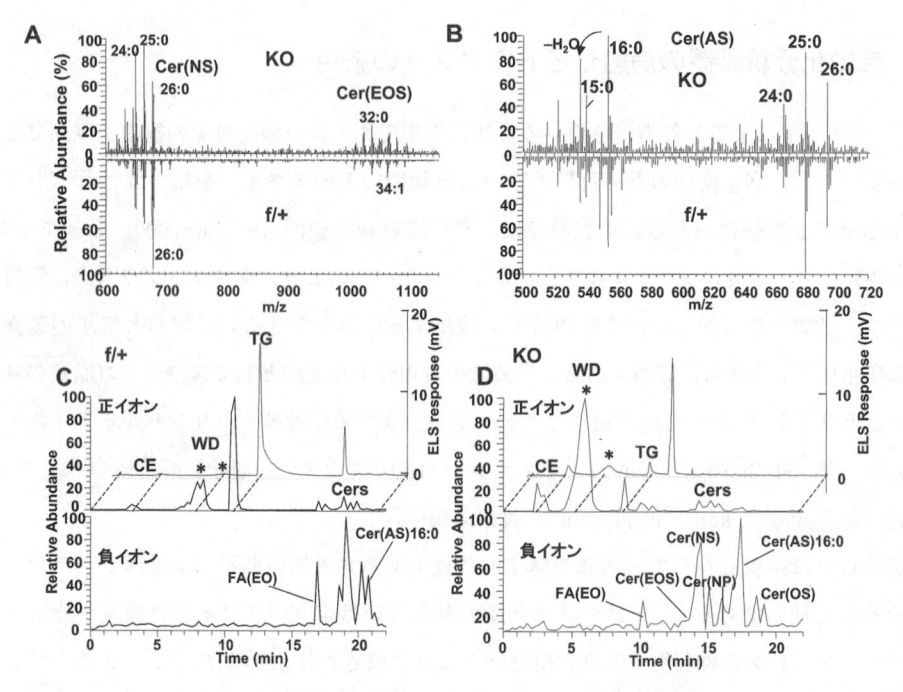

図5 表皮特異的 SPTKO マウス角層の脂質組成異常
A, Cer (NS) と Cer (EOS) のピークは若干重なっているので二つのピークの全範囲を積算して同一スペクトル上に表示した。B, $-H_2O$ は水の脱離を示す。ピークに添えた記号は含有脂肪酸の炭素数：二重結合数を示す。C と D, WD, wax diester.

酸鎖長分布が C26：0, C25：0 と C16：0, C15：0 を中心とする二峰性を示しコントロールでは前者が多いが，KO では逆に後者が増加していた（図5）。角層ラメラ構築に最も重要と考えられている Cer (EOS) も KO の角層に存在しており，含有脂肪酸鎖長分布が短鎖側にシフトする傾向は同じであった。このことから，再利用経路においてもコントロールより短い鎖長の脂肪酸に富むけれどラメラ構築に必要な Cer 分子種が合成されることがわかった。しかし3週齢 KO ではバリアー機能異常が認められることから，正規のデノボ合成経路で合成されない少し短い脂肪酸を含む Cer で形成されたラメラはバリア機能を正常に発揮できないことが示された。

脂質組成のコントロールと KO 間での顕著な差は，早く溶出される中性脂質領域に見られる。KO では，ベースピーククロマトグラム上でコレステロールエステル（CE）とトリアシルグリセロール（TG）ピークの間に大きなピークが出現し，ELSでも検出できた（図5C, D）。このピークに含まれる化合物の m/z 値は，TG に類似しているが14おきにピークがならび TG で一般に見られる偶数個炭素数の脂肪酸に加え奇数個炭素数脂肪酸も含まれることがわかった。MS/MS スペクトルでは，TG よりも複雑な組成の脂肪酸のニュートラルロスが見られた。たとえば，同じ m/z 値874イオンの MS/MS スペクトルの比較を図6に示す。TG の分子種では C16：0,

第20章　自動化脂質分析装置を用いた病態リピドミクス

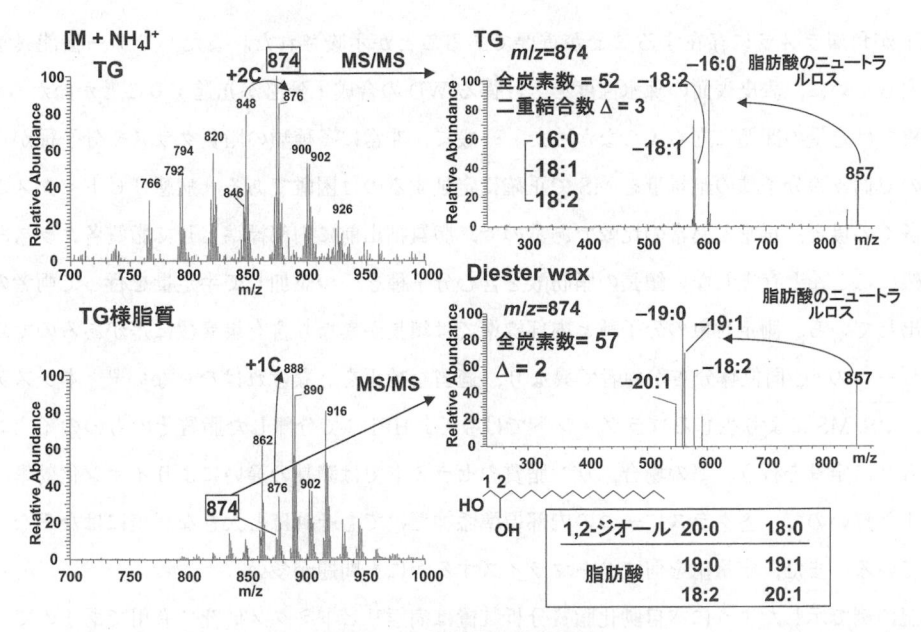

図6　TG様脂質の構造解析
左はマススペクトル右はそれぞれのMS/MSスペクトル。中性脂質はアンモニウム付加正イオンとしてイオン化される。MS/MSではこのイオンから中性の脂肪酸アンモニウム塩が脱離（ニュートラルロス）するので脂肪酸組成を決定できる。マウス皮脂腺WDは長鎖1,2-ジオールを骨格にすることが報告されているのでその情報を用いた[9]。

C18：1，C18：2の脂肪酸脱離が見られるのでこれらの脂肪酸とグリセールからTGのm/z値を計算すると874になり測定値と一致するので分子種が確定する。KOで増加するTG様物質では，脱離した脂肪酸のうちどの三つを組み合わせてもTGとしてのm/z値874にならず，二つの脂肪酸とのエステル結合を持つ構造を考えなければならない。溶出位置などから1-アルキル-2,3-ジアシルグリセロールとジエステルワックス（WD）などが候補となるが，前者では標準品の溶出位置とMS/MSスペクトルがTG様物質と異なるため除外できる。後者に関しては，マウスでは1,2-ジオールを骨格とする皮脂腺由来のWDが報告されており[9]，溶出位置もWDと矛盾しない。脱離脂肪酸と1,2-ジオールの図に示した組み合わせでWDとしてのm/z値874を説明できる。この中性脂質は皮脂腺自体を含まない落屑にも多量検出された。KO皮脂腺にはオイルレッドOで濃染する中性脂質が多量蓄積されていたが皮下組織TGはほとんど見られなかった。これらのことから，皮脂腺で合成されるWDの分泌が亢進していることが示唆され，MSの結果が支持された。一方コントロールでは，皮脂腺よりも皮下組織のTGが濃染された。マウス皮脂腺はヒトと異なりTGを合成しないことが報告されているので，TGがコントロール角層脂質中に多いことは，サンプリング時に混入する皮下組織由来のTG量の差を反映しているものと考えられる。以上の結果から，正常の皮膚バリアー機能維持にデノボ経路で生合成された正常脂肪酸鎖長を含

むCerが角層ラメラに存在することが重要であることが示唆された。またバリアー機能異常を代償するために，表皮表面の疎水性度を上げ得るWDの合成・分泌が亢進することがわかった。

　本稿では定量の問題に立ち入らなかった。一般に，非常に多種類の脂質クラスや分子種が存在するので個々の分子種の絶対量をMSで正確に定量するのは困難である。病態リピドミクスの目的は多くの場合，正常と異常の比較であるので，脂質抽出前に内部標準として脂質各クラスあたり天然にほとんど存在しない鎖長の脂肪酸を含む分子種を一つ添加して半定量を行って両者の差を検出している。測定対象の分子種と内部標準では鎖長が異なり含有炭素数に差があるので，イオンピークの^{13}C同位体分布が両者で異なり，適当な補正をしなければならない[2]。本システムでは，MS/MSにより生じるフラグメントではなく，HPLCで分離した脂質そのもののイオン強度をもとに定量を行う。この場合，リン脂質やセラミドでは鎖長の違いによりイオン化効率の差があまり無いので，各クラスに一つの内部標準添加だけでもそれほど大きな誤差にはならないと考えている。また，定量値を何でノーマライズするかにも問題が多い。

　上記の例で示したように本自動化脂質分析装置は病態リピドミクス研究に有用であるので，現在種々の臨床サンプルや遺伝子操作マウス組織を用いた脂質異常解析に応用している。また，測定対象脂質を拡大する研究も進めている。リピドミクスとプロテオミクスを平行して行う研究法により，病態や健康増進解析に役立つバイオマーカーを効率よく検索できるシステムを確立したい。

文　　献

1) 東城博雅，オレオサイエンス，**4**, 3 (2004)
2) 東城博雅，リピドミクス 質量分析学，大阪大学出版会，印刷中 (2007)
3) S. Takagi *et al., J. Clin. Invest.,* **112**, 1372 (2003)
4) W. W. Christie *J Lipid Res.,* **26** (4), 507 (1985)
5) Y. Nagatsuka *et al., Methods Enzymol.,* **417**, 155 (2006)
6) H. Ikushiro *et al., J. Bactriol.,* **189** (15), 5749 (2007)
7) H. Tojo, *J. Chromatogr. A,* **1056**, 223 (2004)
8) S. Motta *et al., Biochim Biophys Acta.,* **1182** (2), 147 (1993)
9) N. Nicolaides *et al., Lipids,* **5** (3), 299 (1969)

第21章 メタボロミクスとゲノム情報を活用した有用酵素の探索

木野邦器[*1], 古屋俊樹[*2]

1 はじめに

　近年のゲノム解析の進展に伴い益々多くの生物に対してその設計図ともいえる全DNA配列が明らかにされつつあるが, 配列上の多くの遺伝子は機能未知であり, これをいかに解き明かすかがポストゲノム研究の課題のひとつとなっている。そのために, 遺伝子発現産物であるトランスクリプトーム（RNAの総体）やプロテオーム（タンパク質の総体）を解析し, ゲノムと関連付けて設計図を解き明かす試みがなされている。また, タンパク質の中でも酵素は生体の代謝機能を担っているため, 酵素遺伝子の機能を明らかにすることは生命活動を理解する上でとりわけ重要である。ここで, 代謝物は多種多様な酵素の機能発現の結果として生じたものであることから, メタボローム（代謝物の総体）を解析すること（メタボロミクス）は, 生体内における酵素遺伝子の機能とそれぞれの関わりを解き明かす有効な手段となりうる。具体的には, 一遺伝子破壊株のメタボローム解析を実施することにより, その遺伝子がコードする酵素の生体中での役割を推測することが可能となる。しかしながら, 残りの大多数の酵素遺伝子は正常に機能しているため, 一遺伝子が欠損したことによるメタボロームの変化を有意な情報として捉えることは困難である。そのため, メタボロミクスでは代謝物の分析のみならず, そこから有用な情報を得るためのデータマイニング技術が不可欠となる[1,2]。

　また, 一遺伝子破壊株ではなく逆に高発現株を利用することも可能である。究極的には一酵素をメタボローム（細胞抽出物）に作用させることにより酵素機能を明らかにする手法も考えられる。この場合, 減少した化合物が基質で増加した化合物が反応生成物となるため, データ解析が容易である。本手法では, 目的酵素が他の酵素との関わり合いの中でメタボロームに及ぼすグローバルな影響を評価することはできないが, 酵素機能, つまりどういう化合物をどういう化合物に変換しているかを明らかにする上では大変有効な手段となりうる。

　一方, 酵素は穏和な条件下で選択性の高い反応を実現する環境調和性に優れた触媒であり, また化学触媒では困難な反応も可能とするため有用物質生産プロセスへの応用に期待が寄せられて

[*1] Kuniki Kino　早稲田大学　理工学術院　先進理工学部　応用化学科　教授
[*2] Toshiki Furuya　早稲田大学　理工学術院；㈳日本学術振興会　特別研究員

メタボロミクスの先端技術と応用

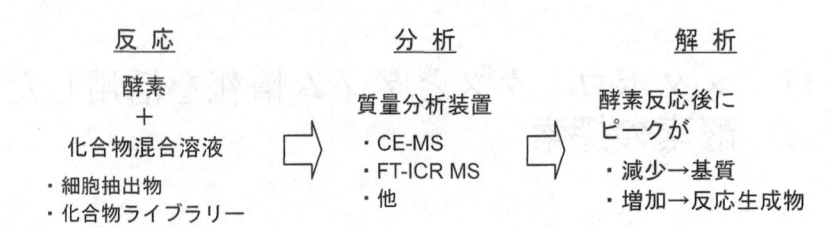

```
    反 応              分 析              解 析
    酵素             質量分析装置         酵素反応後に
     ＋            ・CE-MS              ピークが
  化合物混合溶液     ・FT-ICR MS         ・減少→基質
  ・細胞抽出物       ・他                ・増加→反応生成物
  ・化合物ライブラリー
```

図1　質量分析装置を活用した酵素機能の探索法

いる。このような観点からは，機能未知の酵素遺伝子を多く含むゲノムは新規な生体触媒の探索源として格好のものである。そこで，ゲノム情報をもとに酵素遺伝子ライブラリーを構築し，その発現産物を細胞抽出物の代わりに興味のある化合物ライブラリー（化合物混合溶液）に作用させることにより，目的とする有用酵素の効率的な探索が可能となる。

　本章では，酵素を複雑な化合物混合溶液と反応させ，質量分析装置を用いて一斉解析することにより酵素機能を同定する手法について解説する（図1）。まず，キャピラリー電気泳動－質量分析装置（CE-MS）を利用して大腸菌の未知酵素の機能を明らかにした例について述べる。さらに，筆者らが確立したフーリエ変換イオンサイクロトロン共鳴質量分析装置（FT-ICR MS）を活用した酵素の基質探索法についてその有効性と留意点を交えながら解説する。

2　CE-MSを活用した酵素機能の探索法

　メタボロミクスは酵素遺伝子の機能を解き明かす手段としても有効であるが，その分析には主に質量分析装置が用いられている。良好なマススペクトルを得るために，次節で述べるFT-ICR MSは別として，一般的には質量分析装置の前段階で成分を分離する操作が必要であり，ガスクロマトグラフィー，液体クロマトグラフィー，キャピラリー電気泳動（CE）等が目的に応じて使い分けられている。CE-MSは成分の分離が電気泳動に基づくためにイオン性化合物のみを分析の対象とするが，代謝物の多くはイオン性化合物であることからメタボロミクスに有効な分析手法のひとつとなっている[3]。

　SaitoらはCE-MSを酵素機能の探索に応用している[4]。本手法は，酵素を複雑な化合物混合溶液と反応させ，CE-MSを用いて一斉解析することにより酵素機能を探索するというシンプルな方法である（図1）。化合物の同定は移動時間と質量数を標準物質と比較することにより行い，反応後に減少した化合物が基質で増加した化合物が反応生成物となるため，これらをもとに酵素機能を同定することが可能である。一方，大腸菌はモデル生物として遺伝子の機能解析が最も進んでいるが，それでも実験的に発現産物の機能が明らかにされているものは約半分である。以下

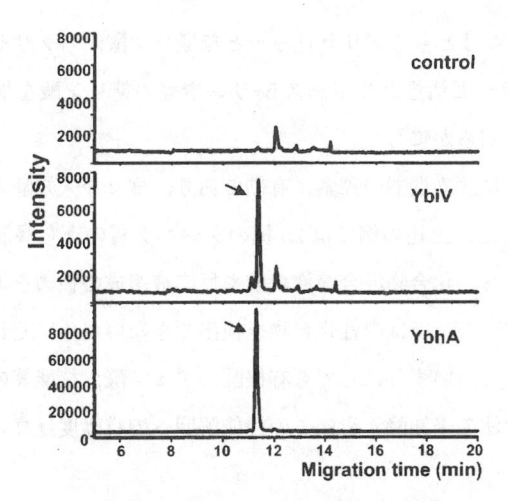

第21章 メタボロミクスとゲノム情報を活用した有用酵素の探索

図2 CE-MSを活用した酵素機能の探索
m/z 171のエレクトロフェログラム。矢印はYbiV, YbhAを含む反応液で特異的に検出されたピークを示す。文献4)より転載。

に，大腸菌の未知酵素の機能探索を行った例について具体的に述べる。

大腸菌の機能未知の酵素としては，NCBI Conserved Domain Searchを用いて触媒ドメインを有すると予想されるタンパク質36種を選択し，組換え大腸菌で発現させてHis-Tag精製された25種のタンパク質の機能探索を実施した。一方，化合物混合溶液としては目的酵素の起源である細胞，微生物（この場合は大腸菌）の抽出物が理想的だが，量と質の確保が困難なことからその代替として市販のyeast extract, malt extract, nutrient brothについて検討した。各溶液(0.4%（w/v))を分析し，yeast extractでは530化合物（330カチオン，200アニオン)，nutrient brothでは340化合物（240カチオン，100アニオン)，malt extractでは100以下の化合物が検出され，さらに主要代謝物の含量も考慮してyeast extractが化合物混合溶液として適していることを明らかにした。そこで，yeast extract溶液に酵素捕因子（NAD^+, NADH, $NADP^+$, NADPH, TPP, pyridoxal 5'-phosphate, biotin, SAM, CoA, FMN, FAD, acetyl-CoA, ATP, GTP)を補い，各His-Tag精製酵素と反応させてCE-MS（SIMモード）により一斉解析した。その結果，図2に示すように，2種のタンパク質YbiV, YbhAにおいてその反応後にm/z 171において移動時間11～12分付近にピークが検出された。なお本ピークはYbiV, YbhAを含まない反応液では検出されなかった。さらに，標準物質との比較から本ピークに相当する化合物をグリセロールリン酸と同定した。そこで，グリセロールリン酸が関与する反応をKEGG LIGANDを用いて調査し，グリセロールリン酸ホスファターゼとグリセロールリン酸キナーゼを候補として選択した。最終的には，各種化合物を基質として利用することが可能かどう

かを調べ，YbiV と YbhA はともにグリセロールと無機リン酸からグリセロールリン酸を生成するホスホトランスフェラーゼ活性とリボース 5-リン酸等の糖リン酸を加水分解するホスファターゼ活性を有することを明らかにした。

以上のように，本手法は酵素機能の探索に有効であり，様々な未知酵素の機能を明らかにする可能性を有している。また，上述の例では25種のタンパク質のうち機能が明らかにされたものは2種のみであることから，化合物混合溶液組成や反応液組成の種類を増やす等の工夫も必要かもしれない。あるいはCE-MSでは中性化合物を検出できないため，それが要因となっている可能性も考えられる。しかし，いずれにしても有機酸，アミノ酸，核酸等の主要代謝物はイオン性化合物であるため，本手法の未知酵素遺伝子の機能解明への貢献度は高いと考えられ，さらなる応用展開が期待される。

3 FT-ICR MS を活用した酵素の基質探索法

酵素は穏和な条件下で選択性の高い反応を実現する環境調和性に優れた触媒であり，また化学触媒では困難な反応も可能とするため有用物質生産プロセスへの応用に期待が寄せられている。従来の方法では，目的活性を有する酵素を取得するために，まず目的活性を有する微生物を自然界から探索する必要がある。取得した微生物が非常に高い活性を有している場合には，微生物をそのまま物質生産プロセスに適用することもありうるが，一般には十分な活性を有していないことが多いため，目的酵素をコードしている遺伝子をクローニングして高発現させてから利用している。この微生物探索から遺伝子クローニングまでの操作は煩雑であり，多大な労力とコストそして時間を要する。一方，近年のゲノム解析の進展に伴い，すでに500株以上の微生物の全DNA配列が決定されている（GOLD, http://www.genomesonline.org/）。前述のように配列上の多くの遺伝子は機能未知であるが，その中には既知酵素遺伝子との配列の類似性により機能を予測できるものも多く含まれている。そこで，ゲノム情報をもとに有用酵素をコードしている可能性のある遺伝子をPCRにより直接クローニングして応用する試みが盛んになされている。

しかしながら，配列からおおよその酵素機能を予測できてもその基質を予測することは依然として困難である。配列からは予想のつかない反応や生体中とは異なる反応も触媒することが酵素の特徴であり，また魅力のひとつでもある。そこで，ゲノム情報をもとに構築した酵素遺伝子ライブラリーに対し，その発現産物である酵素の基質を効率的に探索できる方法があれば大変便利であり極めて有用である。このような背景のもと，筆者らはFT-ICR MSを活用した酵素の基質探索法を確立したので本節で解説する[5]。

第21章 メタボロミクスとゲノム情報を活用した有用酵素の探索

3.1 本手法の戦略

FT-ICR MS は他の質量分析装置と比較して質量分解能と質量精度において格段に優れているため，環境，バイオ等様々な分野における分析への応用に期待が寄せられている。質量分解能は100,000 にも達し，例えば m/z 500 では質量数差わずか 0.005 のピークも分離できることになる。これにより，液体クロマトグラフィーやキャピラリー電気泳動により質量分析装置の前段階で成分を分離しなくても質量ピーク同士が重なる確率は低いので，質量分析装置へのダイレクトインジェクションによる分析が可能となる。また，質量精度は 1 ppm 以下に達し，m/z 500 では 0.0005 より高い質量精度が得られることになり，装置の磁場強度にもよるが小数点以下第 3～5 位までの精密質量数を決定することができる。これにより，精密質量数に基づいて既知成分の同定，さらには未知成分の組成式の決定が可能となる。以上の高質量分解能，高質量精度という分析特性を生かして，FT-ICR MS では複雑な多成分溶液の一斉解析を短時間かつ高い同定能で実現することができる。

FT-ICR MS を活用した酵素の基質探索法は，酵素を複雑な化合物混合溶液と反応させて反応液を FT-ICR MS に直接導入し，一斉解析して基質となる化合物を探索するという非常にシンプルな方法である（図1）。酸化酵素（モノオキシゲナーゼ）をモデルとした例について以下に具体的に述べる。

モノオキシゲナーゼは，酸素分子由来の一酸素原子を付加する反応を触媒する酵素で，生体内由来の様々な内因性物質および薬物，環境汚染物質等の外因性物質の代謝に広く関わっている。とくにシトクロム P450 モノオキシゲナーゼは，動物，植物から微生物に至るまで遍在しており，例えばヒト *Homo sapiens* では～57種，シロイヌナズナ *Arabidopsis thaliana* では～273種，白色腐朽菌の一種 *Phanerochaete chrysosporium* では～150種，放線菌の一種 *Streptomyces avermitilis* では 33 種もの P450 の存在がゲノム解析により明らかにされている。酸化反応は物質生産においても重要な反応であり，モノオキシゲナーゼを利用したプロセス開発に期待が寄せられている[6]。一例として，高脂血症治療薬のプラバスタチンはコンパクチンという化合物のモノオキシゲナーゼによる水酸化により合成されており，その年間売り上げは 1000 億円以上に達する。

FT-ICR MS を活用したモノオキシゲナーゼの基質探索法では，化合物混合溶液に対して酵素を含む反応液と含まない反応液を用意して FT-ICR MS 分析を行い，図3に示すように化合物 A が酸化されたとすると A の質量ピークは酸素の質量数分だけシフトし，酸化生成物を精密質量数に基づいて同定することが可能である。さらに，酸素同位体 $^{18}O_2$ 存在下で反応を行うと，酸化生成物の質量ピークは ^{18}O と ^{16}O の精密質量数差分だけシフトすることから，これにより同定能を高めることができる。

253

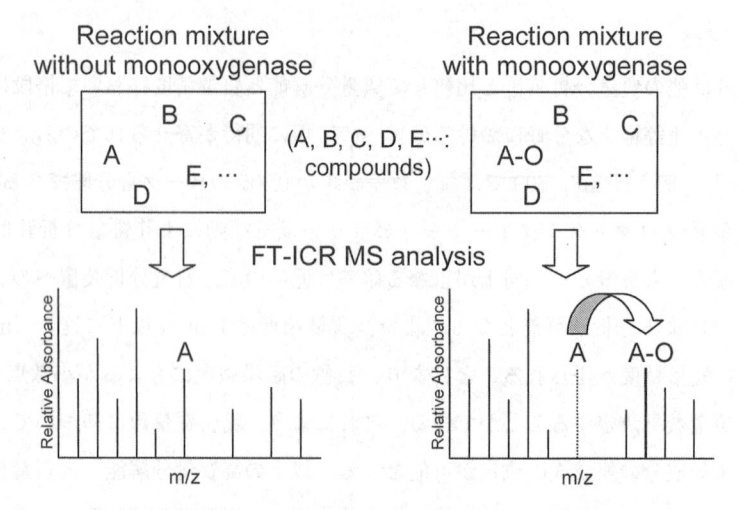

図3 FT-ICR MS を活用したモノオキシゲナーゼの基質探索

3.2 *Bacillus subtilis* 由来 P450 の基質探索

Bacillus subtilis には8種のP450の存在がゲノム解析により明らかにされている。そこで、この8種のP450遺伝子をPCRによりクローニングしてモデル酵素遺伝子ライブラリーとした。8種のP450のうち、CYP102A2, CYP102A3, CYP107H1, CYP152A1 は脂肪酸に対し、またCYP109B1 はコンパクチンとテストステロンに対する活性が報告されているが、残りの3種 CYP107J1, CYP107K1, CYP134A1 については報告がない。

一方、モデル化合物ライブラリーとしてテルペノイドを中心とする市販の30化合物を収集した。その内訳は、トリテルペン24化合物、ジテルペン2化合物、セスキテルペン2化合物、ポリケチド2化合物である（化合物名は省略）。30化合物の混合溶液（各濃度3.3μM）のFT-ICR MS分析を行った結果を図4に示す。使用した装置は Finnigan LTQ FT（Thermo社製、磁場強度7 tesla）で、エレクトロスプレーイオン化法、ポジティブイオンモードにより分析を行った。30化合物に対して精密質量数から H^+ 付加イオンと Na^+ 付加イオンが検出され、構造異性体以外のピークの分離が確認された（図4A）。例えば、酢酸メドロキシプロゲステロンの Na^+ 付加イオン（m/z 409.235）とコンパクチンの H^+ 付加イオン（m/z 409.259）は0.024の質量数差しかないが、ピークが分離されていることがわかる（図4B）。各成分のピーク強度の違いは主にイオン化効率の違いに起因する。また、アダクトイオン形成や溶媒、装置等由来のコンタミネーションに起因すると思われる未知ピークも検出されたが、これらを含むほとんど全てのピークは分離可能であり、精密質量数に基づいて判別することができる。

そこで、各P450酵素を化合物混合溶液と反応させ、基質探索を実施した。P450酵素としては高発現させた組換え大腸菌の無細胞抽出液を用い、必要に応じて電子伝達系タンパク質コンポー

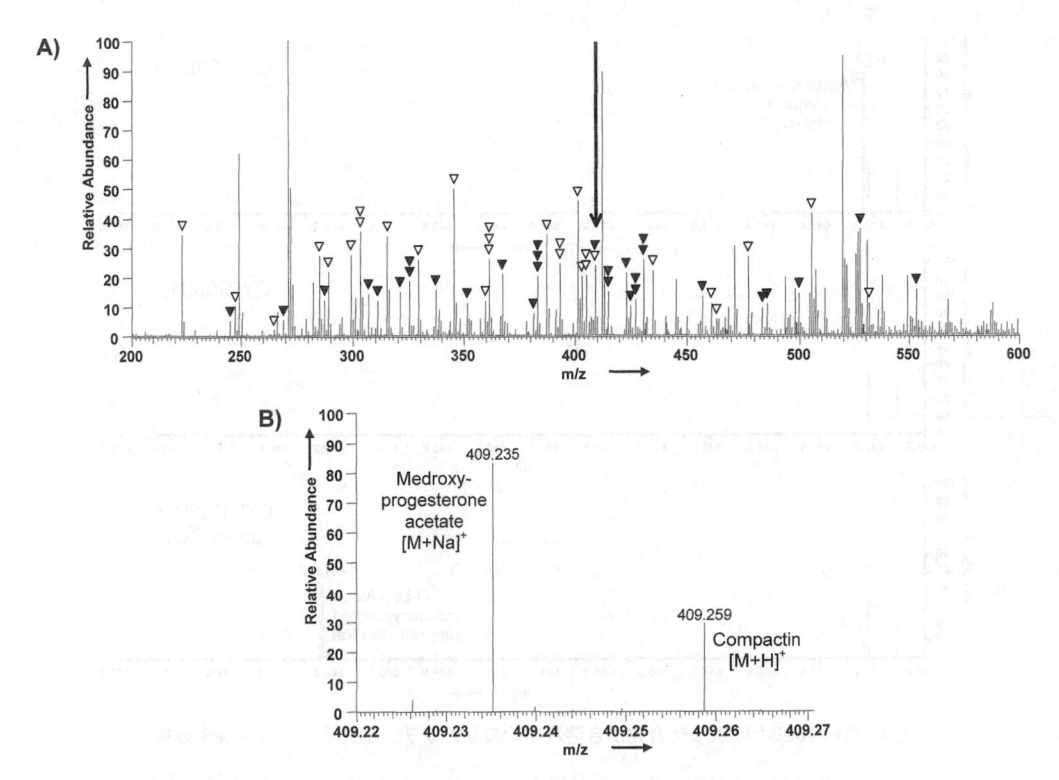

第21章　メタボロミクスとゲノム情報を活用した有用酵素の探索

図4　テルペノイドを主成分とする30化合物混合溶液のFT-ICR MS分析
A）▽，▼はそれぞれ30化合物のH$^+$，Na$^+$付加イオンを示す。
B）A）の矢印の部分を拡大した図。

ネントを添加した。反応後，酢酸エチルで抽出し，メタノール－ギ酸溶液に置換して分析サンプルとした。基質の同定は，（i）酸化生成物の精密質量数に相当するピークの検出，（ii）^{18}O同位体標識による酸化生成物のピークシフトの検出，（iii）候補化合物に対する単一化合物での確認，の3段階を経て入念に行った。データ解析はソフトウェア（ジナリス社製）を用いて行った（詳細は省略）。

　まず，コンパクチン酸化活性を有するCYP109B1を用いて化合物混合溶液中のコンパクチンに対する活性を検出することが可能かどうかを検討した。その結果，図5に示すように，CYP109B1との反応後にコンパクチン酸化物のNa$^+$付加イオンに相当するピーク（m/z 447.236）が検出された。なお本ピークはCYP109B1を含まない反応液では検出されなかった。つぎに，酸素同位体^{18}O$_2$存在下で反応を行ったところ，酸化生成物のピークは^{18}Oと^{16}Oの精密質量数差分（m/z 2.004）だけシフトし（図5），本手法により活性を効率的に検出できることを確認した。そこで，8種のP450酵素全てに対して基質探索を実施したところ，CYP109B1に対してはコンパクチン，テストステロンに加えて6化合物を，また，これまで活性の報告されてい

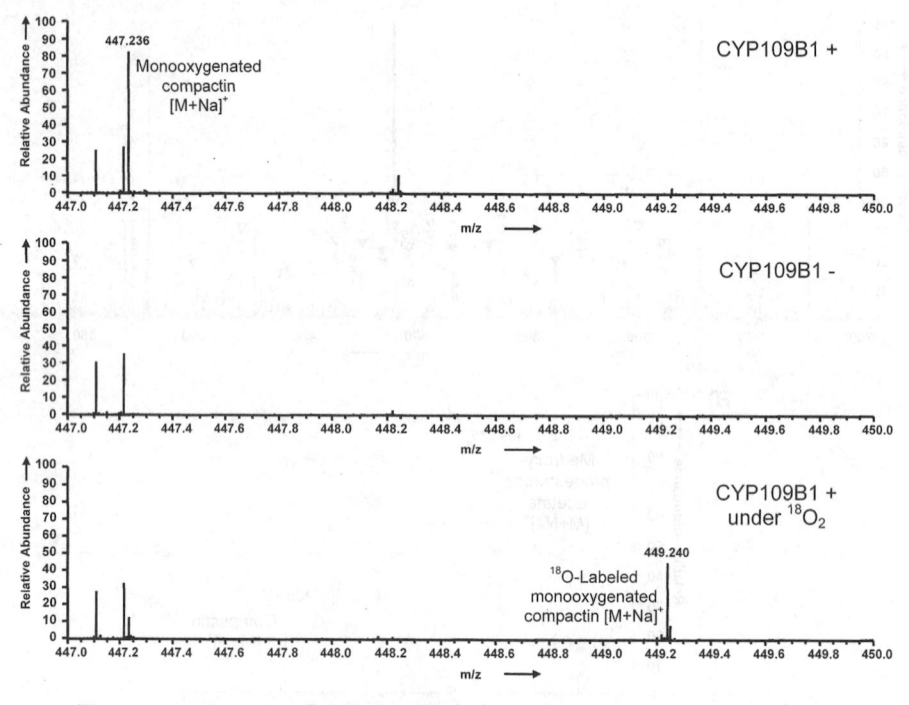

図5　CYP109B1による化合物混合溶液中のコンパクチン酸化のFT-ICR MS分析

ないCYP107J1，CYP134A1に対してもそれぞれ1化合物，3化合物を基質として見出すことに成功した。

3.3　本手法の有効性と留意点

以上のように，本手法は酵素を複雑な化合物混合溶液と反応させてFT-ICR MSを用いて一斉解析して基質となる化合物を探索するという非常にシンプルな方法であり，サンプル導入からデータ解析の終了まで1サンプル当たり10分も必要としない。多数の化合物に対する活性の有無を一度に評価可能な点が本手法の特長である。もし，1化合物ずつ評価しようとすると，単純に考えて30化合物では30倍の時間と労力を要し，そもそもその中に基質が含まれている可能性を予測できない場合は1化合物ずつ調べることに躊躇せざるをえない。一方，本手法は構造異性体を区別することはできないので，一次評価，つまり"基質探索"として有効であり，その後の詳細な構造解析はMS/MS分析，NMR分析等で行うことになる。

FT-ICR MSはマススペクトルの横軸方向，つまり質量精度において格段に優れていることは先に述べた通りであるが，上述の例では外部校正（external calibration）のみで小数点以下第3位まではほとんどぶれることがなかった。第4位（さらには第5位）になると内部校正（internal calibration）が必要である。また，基質，反応生成物の同定能を高める手法として同位体標識は極めて有効である。さらに言うまでもないが，データ解析ソフトウェアの利用も同定能の向上と高速化に有効である。

一方，マススペクトルの縦軸方向，つまりピーク強度の解釈には注意を要する。まず，ピーク強度の安定性については他の質量分析装置と比較すると必ずしも高いとはいえず，装置のコンディションの影響を受けやすいと思われる。また，化合物によりイオン化効率が異なるために，同じ濃度でもピーク強度にばらつきを生じる。このことは上述の例において，異なる反応生成物のピーク強度と活性の度合いとの間には直接の関係はないことを意味している。さらに，ダイレクトインジェクションではイオンサプレッションの影響を大きく受けるので，定量は困難である。これらの点を考慮して，上述の例ではピーク強度に対する内部標準物質を添加し，強度比においてある閾値以上の反応生成物に相当するピークをポジティブとして選択した。また，最終的には単一化合物で確認した。FT-ICR MS は精巧な装置であり，格段に優れている点とともに扱う難しさも持ち合わせていることから，その特性を十分理解して活用することが重要と考えられる。

4 FT-ICR MS を活用した関連研究

FT-ICR MS を酵素活性の評価に応用した例は他にも少数ながら報告されており，Wang らは生化学的な興味からプロテインチロシンホスファターゼ（PTP）SHP-1 の基質特異性を調べている[7]。PTP は図6に示す反応を触媒する。化合物混合溶液としては，コンビナトリアル合成した361種のペプチド RNNX$_1$X$_2$pYA-NH$_2$ (R, arginine; N, asparagine; A, alanine; pY, phosphotyrosyl; X, 19 a-amino acids except for cysteine) を用い，コンビナトリアル合成の際にリン酸基のひとつの酸素を ^{18}O により50％の割合で同位体標識しており，反応生成物の同定能を高める工夫をしている。つまり，同位体標識により化合物混合溶液中の各成分はダブレットのピークを示すが，PTP により変換されるとリン酸基が除去されるために反応生成物はシングレットのピークを示すことから，ピークの形状に基づいて反応生成物を判別することが可能である（図6）。また，ペプチド末端のアルギニン残基は，その水溶性の向上とともにイオン化効率の向上および均一化に有効であり，良好なマススペクトルを得るための工夫がなされている。実験の結果，SHP-1 の基質として X$_1$ には酸性アミノ酸であるアスパラギン酸，グルタミン酸が，X$_2$ にも酸性アミノ酸が入ることが好ましいが，X$_2$ は他のアミン酸でも基質として認識されることが明らかにされている。

一方，FT-ICR MS を用いたダイレクトインジェクションによる一斉解析は，酵素の阻害剤の探索にも医薬開発の分野で応用されている。エレクトロスプレーイオン化法は，酵素と阻害剤の

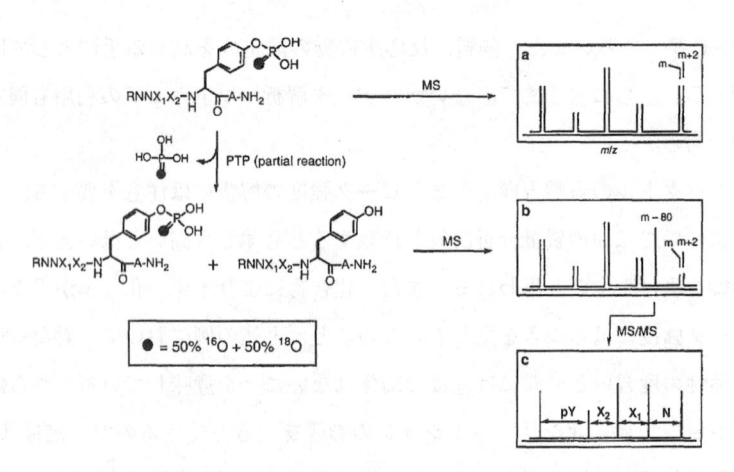

図6 FT-ICR MSを活用したプロテインチロシンホスファターゼの基質特異性の評価
化合物混合溶液中の各成分はダブレットのピーク（m, m+2）を示すが，
反応生成物はシングレットのピーク（m-80）を示す。（文献7）より転載）

非共有結合による複合体もそのままの形でイオン化することが可能なことから，酵素を化合物混合溶液に作用させ，形成された複合体を質量数に基づいて検出することにより阻害剤を同定することが可能である[8]。もしくは，複合体の形成に伴う化合物の消失を検出することにより阻害剤を同定することもできる[9]。詳細は文献を参照されたい。

5 おわりに

本章では，酵素を複雑な化合物混合溶液と反応させ，質量分析装置を用いて一斉解析することにより酵素機能を同定する手法について解説した。メタボロミクスでは，多種多様な酵素からなる代謝系を包括的に扱うことにより酵素遺伝子の機能を同定することが試みられているが，本手法は一酵素を対象としていることから従来のメタボロミクスと比較して極めてシンプルであり，有効な手段と考えられる。一方，問題点としては酵素遺伝子をクローニングして立体構造を保持した状態で発現させなければならないので，微生物と比較して動物，植物ではこの点がネックになりやすいと思われる。タンパク質を発現させることができたら，つぎにいかに酵素機能を発現させるかがポイントとなるが，配列から機能の予想がつかない場合にはバイアスのかかりにくい反応系を，またある程度予想がつく場合にはその酵素機能を想定した反応系を用いるのが好ましいと考えられる。例えばP450のように複数のタンパク質コンポーネントにより酵素機能が発現する場合には，反応系にサブコンポーネントを添加しておく必要がある。また，化合物混合溶液は細胞抽出物，化合物ライブラリー等，研究の目的に応じて選択することが可能であり，質量分

第 21 章　メタボロミクスとゲノム情報を活用した有用酵素の探索

析装置も分析の対象に応じて使い分けるとよいだろう。

　本章では，CE-MS と FT-ICR MS を利用した例を紹介した。CE-MS を用いたメタボローム解析はイオン性化合物を分析の対象としてすでに多くの実績があり，本章で紹介した手法のさらなる応用も期待される。一方，FT-ICR MS は中性化合物の分析も可能であり，上述の例で示したテルペノイド等の二次代謝物の分析にも有効と考えられる。FT-ICR MS は質量分解能と質量精度において格段に優れているが，装置が高価なことからも他の質量分析装置ほどは普及しておらず，まだまだこれからの技術である。本章では FT-ICR MS を酵素の基質探索に応用したが，有用酵素の探索のみならず，化合物ライブラリーの大きさ，種類を増やすことにより酵素遺伝子に基質情報のアノテーションを付与したデータベースの構築も可能である。今後，本手法の概念が分析手法を問わず広範に応用され，酵素遺伝子の機能解明，さらにはゲノム情報の有効活用に貢献することを期待したい。

文　　献

1) 鈴木秀幸，斉藤和季，*BIO INDUSTRY*, **21** (7)，19-27 (2004)
2) 福﨑英一郎，馬場健史，小林昭雄，*BIO INDUSTRY*, **21** (7)，55-68 (2004)
3) 大橋由明，曽我朋義，生物工学会誌，**84**, 223-226 (2006)
4) N. Saito, M. Robert, S. Kitamura, R. Baran, T. Soga, H. Mori, T. Nishioka and T. Tomita, *J. Proteome. Res.,* **5**, 1979-1987 (2006)
5) T. Furuya, K. Kino *et al.* (submitted)
6) R. Bernhardt *J. Biotechnol.,* **124**, 128-45 (2006)
7) P. Wang, H. Fu, D. F. Snavley, M. A. Freitas, D. Pei, *Biochemistry,* **41**, 6202-6210 (2002)
8) X. Cheng, R. Chen, J. E. Bruce, B. L. Schwartz, G. A. Anderson, S. A. Hofstadler, D. C. Gale, R. D. Smith, *J. Am. Chem. Soc.,* **117**, 8859-8860 (1995)
9) M. T. Cancilla, M. D. Leavell, J. Chow, J. A. Leary, *Proc. Natl. Acad. Sci. USA,* **97**, 12008-12013 (2000)

第22章 根圏メタボローム解析

鈴木克昌[*1], 岡崎圭毅[*2], 俵谷圭太郎[*3], 信濃卓郎[*4]

1 はじめに

　植物は土壌中に根を伸長し，土壌から無機養分や水分を吸収している。この植物が土壌と接した領域を根圏と呼び，根圏は，根の影響を強く受ける根にきわめて近い領域である。そのため，根表面に向かって各種養分の濃度勾配が生じており，さらに植物による養分の選択性のために養分間のバランスは根圏の外の土壌とは全く異なっている。それに加えて，植物は自ら光合成によって獲得した炭素の一部を非ストレス条件下でも有機物として定常的に根圏に分泌することが報告されている。特に植物の蒸散による根圏外から根圏，そして根表面への水の流れの存在と，荷電した土壌粒子の存在により，根から分泌された化合物は根圏の外に単純に拡散するのではなく，根の極近傍に高濃度に集積していることが容易に推定される。そのため，根圏は根圏外の環境とは著しく異なった環境となっている。このような環境の大幅な変化は，土壌中の様々な化合物の動態に直接的に影響を与えるのみならず，そこに棲息する多種多様な土壌微生物に対しても著しい影響を与える事は想像に難くない。根の分泌物の存在と，いくつかの化合物の役割に関してはこれまでも多くの研究がなされてはいるが，これまでの研究の多くは特定の作用に着目した特定の化合物の単離や，その役割の解明に力が注がれてきた。しかしながら，どのような化合物がどの程度分泌されているのか？　そして，それは環境要因によってどのように変化するのか。なぜ植物はそのような化合物を分泌しているのか？　根圏を介した植物と土壌，土壌微生物の関係に，これらの化合物が関与していると考えられるが，化合物との関係は1：1で常に考えなければいけないのであろうか？　量的に多い化合物以外にも根圏では局所的に高濃度になっていることが想定される訳であるし，複数の化合物の相互作用という側面も考慮に入れる必要がある。ノンターゲットな一斉分析を根の分泌物に対して行う事が，根圏全体のメタボローム解析を行うための最初に必要なステップであると考えられる。将来的には実際の土壌系における化合物の一斉分析

[*1] Katsumasa Suzuki　北海道大学農学院　共生基盤学専攻　博士課程
[*2] Keiki Okazaki　北海道農業研究センター　根圏域研究チーム　研究員
[*3] Keitaro Tawaraya　山形大学　農学部　教授
[*4] Takuro Shinano　北海道大学　創成科学共同研究機構／大学院農学研究院　准教授

第 22 章　根圏メタボローム解析

が本当の意味での根圏メタボロームになるわけであり，根圏における植物，微生物の役割の解明には必須な情報となるが，現時点でその全体像は不明である。このような観点から，まず植物および植物の根と明確に区別することが可能な菌根菌の菌糸から分泌される化合物のデータベースの確立がきわめて重要なステップとなる。

本稿では，高等植物の根および菌根の菌糸から分泌される化合物の網羅的解析手法の紹介と，今後必要とされる技術の導入へ言及したい。

2　根の分泌物とは

根から物質が分泌される現象は古くから知られており，そのような化合物が根圏の微生物に対して強い影響を与えていることは約 100 年前に Hiltner によって報告されている[1]。ただし，このような化合物が積極的に分泌されているのか，あるいは根内部から漏出しているだけなのかについての詳細な知見は無い。また，ボーダーセルのように根の表面から剥離した細胞中に含まれる化合物が細胞の崩壊に伴って根圏に放出されることも考えられている[2]。本来であれば土壌中の条件下で研究を行いたい所であるが，植物のみならず，微生物からの分泌物もあり，さらにはこれらの分泌物が土壌中の成分と反応して生じてくる化合物も加わるために系は複雑となり，測定した結果が何を意味するのかが分からなくなってしまう。そこで，まず植物の根から根圏に対して分泌（それが積極的であれ，受動的であれ）される化合物の情報を得るために，植物の根および根と共生系を構築し養分吸収において重要な役割を果たす菌根菌の菌糸から根圏に放出される化合物を一斉分析することを試みている。

もちろん，根の分泌物は低分子有機化合物のみではなく，酸性ホスファターゼ，キチナーゼといった酵素や，ムシレージ（多糖化合物）が分泌されることも知られており，実際に根圏において様々な役割を発揮していることが知られているが，これらの高分子の化合物も広義の代謝産物には含まれるが本稿では取り上げない。ただし，実際の根圏土壌での物質動態を考える場合にはこのような化合物も含めて考えていく必要があり，根の分泌するタンパク質の網羅的な解析に関する研究も開始している。本稿では特に植物と菌根菌の菌糸が放出する低分子の有機化合物を取り扱う。

これまでにも特定の根分泌性の低分子有機化合物の研究は多くある。特に有機酸の分泌に関する報告は古くから知られている。これは有機酸の分泌が植物の根のアルミニウム耐性と根圏での難溶性のリン化合物の可溶化に重要な役割を果たしているためである[3]。また，根圏の鉄の可溶化に関与しているファイトシデロフォアの分泌も良く研究されている[4]。このように植物は様々な種類の有機酸を分泌することが知られているが，多くの植物種が分泌し，分泌する量も多い事

が知られているのがクエン酸である。ただし，植物種によってはコムギのようにリンゴ酸を多く分泌するものや，ルーピンのクラスタールートのように生育段階で分泌する有機酸からクエン酸からリンゴ酸に変化する例も知られている[5]。根から分泌されるこれらの有機化合物は根圏に棲息する微生物の炭素源としても重要であることが知られており，微生物の成育あるいはまた活性の発現に強い影響を与えている。特に微生物との相互関係においては分泌される量が少なくても，シグナル伝達物質として機能する例としてマメ科植物における根粒菌との共生におけるフラボノイド類化合物があげられる。多様なフラボノイド類化合物は宿主特異性にも関与しており，特にマメ科植物特有のイソフラボノイドと根粒菌との関係の重要性が研究されている[6]。このような生物間相互作用の関係にはポジティブ（共生に近い）な関係とネガティブ（抵抗性）に関わる化合物があり，さらに細菌，菌以外にもセンチュウ，昆虫，他の植物に対する影響も存在する[7]。もう一つの重要な共生微生物である菌根菌と植物の関係においても植物から分泌される化合物に根粒菌と同様な作用を持つ化合物が存在する可能性が長い間示唆されてきたが，最近になりようやく菌糸を分枝させる能力をセスキテルペン類が持っていることが見出された[8]。微生物と分泌化合物との相互関係を体系的に解析することは新たな制御作用機構の解明につながると期待される。

これらの化合物は異種植物間や植物—微生物間の情報伝達にも関与していると考えられ，このような化学物質を介した地下でのコミュニケーションはInformation superhighwayとも呼ばれている[9]。

このように特定の化合物に関しては特定の現象との密接な関係が明らかにされてきているが，根圏という環境を理解する場合にどれほどの意味を持ちうるのであろうか？ 根圏機能は植物，微生物，土壌が相互作用をしながら発揮される複数の生態系過程が総合されたものであり，そのような複数の生態系作用全体を考えた場合には種の多様性の高さが重要であるという知見から[10]も，生物種ひいてはそれらが分泌する化合物の多様性（種および量）がきわめて重要な要因となることが予想される。ただし，根圏微生物は糖類をあまり利用せず，有機酸の利用が中心となっている事が知られていたり，微生物の多様性が根圏で低下することも報告されている。そのため，健全かつ旺盛な植物の生育，根の状態の維持のためには，種類が多ければよいという単純なことではなく，量的なバランスが重要な要因になっていることも想定される。つまり少数の化合物が少数の微生物（あるいは微生物の遺伝子）を制御する事によって，あたかもヒトの腸内の乳酸菌の作用のようにその健全性を維持する事に貢献している可能性も考える必要がある。ただし，詳細かつ正確な情報を獲得するためには根分泌物の網羅的解析（メタボローム，プロテオーム）と根圏微生物遺伝子の網羅的解析（メタゲノム）手法を統合した詳細な解析が必要と考えられる。このような観点に基づき，根および菌根菌の菌糸から分泌される化合物の網羅的解析手法の紹介

第22章　根圏メタボローム解析

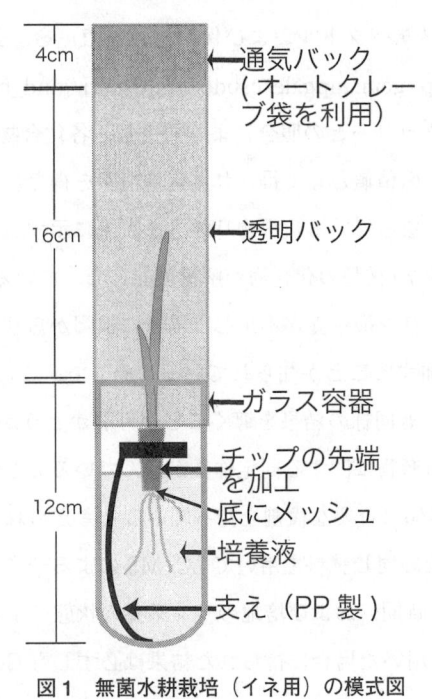

図1　無菌水耕栽培（イネ用）の模式図

（図中ラベル：4cm／通気バック(オートクレーブ袋を利用)／16cm／透明バック／ガラス容器／チップの先端を加工／底にメッシュ／培養液／12cm／支え（PP製））

を行う。

3　イネの根分泌物の一斉分析

　イネのみに由来する化合物を採取するために，無菌栽培によって調整したイネの幼苗を用いて，無菌水耕栽培を行った。50ml試験管に培養液を入れ，この中に図1のように大気との交換をなるべく多く行わせるために，筒の上部にはオートクレーブ用のバッグの一部を利用している。培地のpHの変化を抑制するために培養液は4日毎に交換し，その都度培養液のコンタミチェックを1/10強度のSCD培地を用いて確認をした。本方法によってこれまで最長で移植後16日間の無菌状態の維持が可能であった。このようにして栽培した後の水耕培養液を回収し，その5mlを採取して凍結乾燥によって得た乾固物を最終的に50ulのMeOH中に溶解し，このうち10ulをGC-MS分析に供した。試料はmethoxyamine hydrochlorideとMSTFAで誘導体化した。指標物質としてn-decane, n-dodecane, n-pentadecane, n-octadecane, n-nonadecane, n-docosane, n-octacosane, n-dotriacontane, n-hexatriacontaneを誘導体化する際に同時に添加した。ガスクロマトグラフィーに，試料1ulをスプリットレスモードで注入し，カラム末端をマススペクトロメトリーに接続した。マススペクトルはm/zスキャンレンジ50〜600，毎秒2scan

で記録した。代謝産物はマススペクトルおよび保持指数（RI）を，公開されているデータベース情報（http://csbdb.mpimp-golm.mpg.de/csbdb/gmd/msri/gmd_msri.html）および標準試料より作成したユーザーライブラリーとの照合により同定し，各化合物ごとに適切な m/z を選定し，イオンクロマトグラムの面積値として得られる定量情報を得た。これまでに同定作業まで終了し，一斉分析解析が可能になっている化合物リストを表1に示す。未同定なもの，不十分な同定の物も含んでいるが現在約70種類の化合物が解析可能となっている。

　これまでの研究から植物はリン酸栄養が不足した場合に根圏からリンを積極的に吸収するために特に有機酸の分泌量が増加することが知られている。そこで，このような無菌的な実験系で，根分泌物の一斉分析を行っても同様の結果を導くことが可能かどうかを検討した。GC-MS を利用した研究では特に一次代謝産物に関する同定作業が進んでいることからその利点は大きい。ただし，植物—微生物の相互関係に重要な役割を持っていると考えられるフラボノイド類などの検出には向いておらず，そのため同じ試料を用いて LC-MS による一斉分析も進めている。図2にGC-MS を用いた場合の生育時期，および培地のリン栄養の状態による代謝成分の主成分分析の結果を示したが，LC-MS を用いた場合に得られた結果は必ずしも GC-MS で得られた傾向と一致していないことが明らかになってきた（データは示していない）。根圏に分泌されるフラボノイド化合物と微生物の関係は必ずしも共生関係のみではないという知見が集まってきており，根圏における植物—微生物相互関係を考える時には今後重要性が増す[2, 6]。LC-MS に関しては同定作業が不十分であるため，今後より詳細な解析が必要である。

4　微生物との相互作用

　植物生育促進根圏微生物である *Bacillus amyloliquefaciens* FZB42 株で，その植物成長促進物質であるインドール酢酸の分泌能が外から与えられるトリプトファンの濃度に依存していることが示され[11]，実際にいくつかの植物の根の分泌物にトリプトファンが多く存在していることが知られていることから[12]，この関係が重要であると考えられる。このような関係が共生関係として成立しているのか，あるいは分泌された物質に対しての応答機構にすぎないのかはまだ明らかではない。高等植物と微生物の関係のほとんどは共生関係ではなく，高等植物は多種多様な微生物の攻撃にさらされているのが正しい見方である。陸上植物が地上に進出してからその根圏でいかに微生物に対抗していくかという進化を遂げてきたことは想像に難く無い。微生物が微生物同士に菌濃度に依存した自らの活性の制御に微生物が産生する化合物（N-acyl-L-homoserine lactone 類：AHL）による制御が知られているが，植物の持つ優れた戦略の一つにこの化合物の類似化合物を分泌することによって根圏の微生物数を制御することが報告されている[13]。タル

第22章 根圏メタボローム解析

表1 GC-MS 一斉分析により解析された化合物一覧
(TMS, MEOH はそれぞれ TMS 化, メトキシ化されたことを, NA は化合物名が同定されなかったことを示す)

ID	RI	Identity	Category	ID	RI	Identity	Category
1	1213.8	L-Valine (2TMS)	Amino Acid	41	1910.9	Glucose (5TMS 1MEOX)	Monosaccharide
2	1275.0	L-Leucine (2TMS)	Amino Acid	42	1917.5	Monosaccharide	Monosaccharide
3	1278.0	Glycerol (3TMS)	Monosaccharide	43	1917.9	L-Lysine (4TMS)	Amino Acid
4	1297.0	L-Isoleucine (2TMS)	Amino Acid	44	1921.3	NA	NA
5	1301.0	L-Proline (2TMS)	Amino Acid	45	1930.7	Sorbitol/Glucitol (6TMS)	Monosaccharide
6	1310.0	Glycine (3TMS)	Amino Acid	46	1935.4	L-Tyrosine (3TMS)	Amino Acid
7	1365.5	L-Serine (3TMS)	Amino Acid	47	1953.0	Monosaccharide	Monosaccharide
8	1390.3	L-Threonine (3TMS)	Amino Acid	48	1970.1	Monosaccharide	Monosaccharide
9	1517.0	Aspartic acid (3TMS)	Amino Acid	49	1976.4	Monosaccharide	Monosaccharide
10	1528.2	GABA (3TMS)	Amino Acid	50	1988.7	Monosaccharide	Monosaccharide
11	1533.3	NA	NA	51	1996.7	Gluconic acid (6TMS)	Monosaccharide
12	1551.7	NA	NA	52	2026.6	Monosaccharide	Monosaccharide
13	1631.0	L-Phenylalanine (2TMS)	Amino Acid	53	2084.4	Monosaccharide	Monosaccharide
14	1650.8	Xylose (4TMS 1MEOX)	Monosaccharide	54	2088.5	myo-Inositol (6TMS)	Monosaccharide
15	1652.7	Monosaccharide	Monosaccharide	55	2299.0	Monosaccharide	Monosaccharide
16	1659.8	Monosaccharide	Monosaccharide	56	2308.1	Mannose (5TMS 1MEOX)	Monosaccharide
17	1667.1	Monosaccharide	Monosaccharide	57	2315.1	Monosaccharide	Monosaccharide
18	1683.0	d-Ribose (4TMS 1MEOX)	Monosaccharide	58	2589.8	NA	NA
19	1702.1	Xylitol (5TMS)	Monosaccharide	59	2640.9	Sucrose (8TMS)	Disaccharide
20	1721.4	NA	NA	60	2674.4	Disaccharide	Disaccharide
21	1724.2	Xylitol (5TMS)	Monosaccharide	61	2693.6	Lactose (8TMS 1MEOX)	Disaccharide
22	1729.3	Ribitol (5TMS)	Monosaccharide	62	2703.5	Lactose (8TMS 1MEOX)	Disaccharide
23	1742.4	Putrescine (4TMS)	Amine	63	2735.3	Maltose (8TMS)	Disaccharide
24	1783.8	Monosaccharide	Monosaccharide	64	2759.6	Disaccharide	Disaccharide
25	1786.5	NA	NA	65	2763.9	Disaccharide	Disaccharide
26	1793.0	Monosaccharide	Monosaccharide	66	2772.6	Turanose (8TMS 1MEOX)	Disaccharide
27	1799.0	Monosaccharide	Monosaccharide	67	2777.3	NA	NA
28	1811.9	Monosaccharide	Monosaccharide	68	2780.3	Sucrose (8TMS)	Disaccharide
29	1818.4	Ornithine (3TMS) ?	NA	69	2783.5	Lactose (8TMS 1MEOX)	Disaccharide
30	1820.9	Monosaccharide	Monosaccharide	70	2789.3	Melibiose (8TMS 1MEOX)	Disaccharide
31	1830.6	Monosaccharide	Monosaccharide	71	2804.0	Isomaltose (8TMS)	Disaccharide
32	1840.7	Monosaccharide	Monosaccharide	72	2814.2	Gentiobiose (8TMS)	Disaccharide
33	1846.3	Tagatose (nTMS 1MEOX)	Monosaccharide	73	2835.7	Gentiobiose (8TMS)	Disaccharide
34	1852.7	Monosaccharide	Monosaccharide	74	2840.5	Palatinose (8TMS 1MEOX)	Disaccharide
35	1867.6	Sorbose?	Monosaccharide	75	2866.9	Isomaltose (8TMS)	Disaccharide
36	1877.2	Fructose (5TMS 1MEOX)	Monosaccharide	76	2879.9	Melibiose (8TMS 1MEOX)	Disaccharide
37	1880.4	Mannose (5TMS 1MEOX)	Monosaccharide	77	2900.0	Disaccharide	Disaccharide
38	1885.0	Galactose (5TMS 1MEOX)	Monosaccharide	78	3504.5	Trisaccharide	Trisaccharide
39	1886.8	Talose (nTMS 1MEOX)	Monosaccharide				
40	1891.9	Glucose (5TMS 1MEOX)	Monosaccharide				

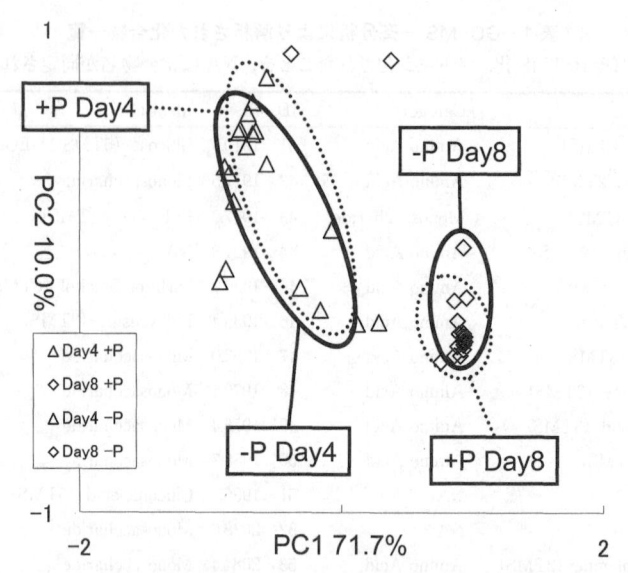

図2 イネ分泌物に及ぼすリン栄養の影響および経時的な変化
＋Pは標準培養液，－Pはリンのみを除去した。無菌水耕培養開始
4日目と8日目の培養液から回収した分泌物の一斉分析結果。

ウマゴヤシを用いた実験からは植物が微生物の分泌するAHLの種類によって異なる代謝応答を示し，分泌する類似化合物の量が変動することが示されている[14]。

5 根の分泌物の環境要因による変動

植物が光合成によって獲得された炭素の一部は根からの分泌物に利用されている。植物の栄養状態に強く影響を受けることが知られているが，窒素栄養に対する応答では分泌される有機炭素の絶対量（5.3～10.9mg/root）への影響に比べて，全同化量に対する分泌炭素量の割合の変動が著しい（1.6～27.1％）ことが知られている[15]。その際の組成変動に関しての研究に興味が持たれる所であるが，根からの分泌物量を植物が体内の代謝レベルに応答して制御していることが示唆される。

6 菌糸の浸出物

菌根菌は植物と共生し，その宿主は陸上植物の80％を超えると言われる。特にアーバスキュラー菌根菌の菌糸は根から10cm以上の距離まで伸張し，菌根菌と共生している植物は根と菌糸によって土壌から養分と水分を吸収している。菌根を形成している植物の根の周りは菌根圏

第22章 根圏メタボローム解析

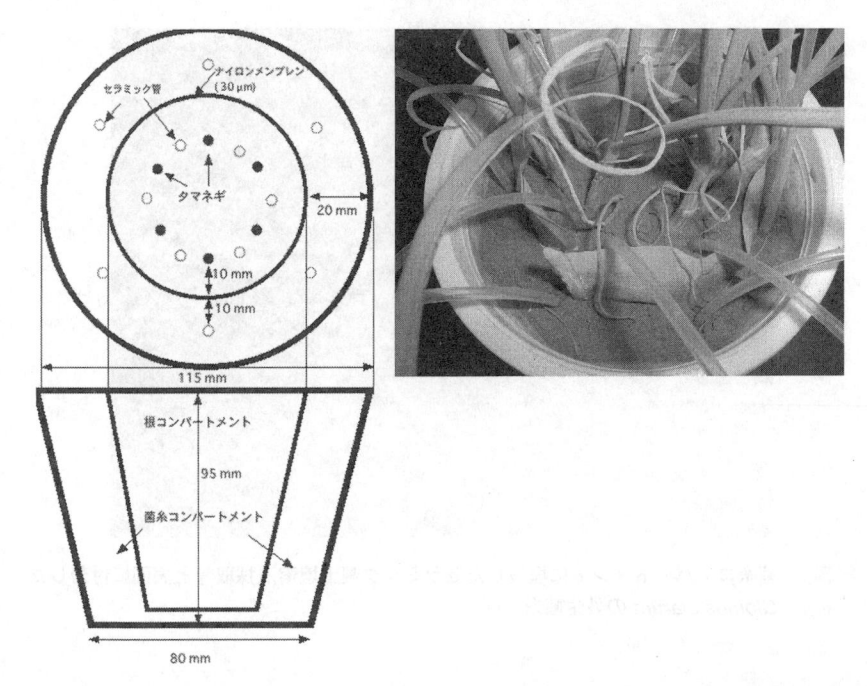

図3 ナイロンメンブランを用いたコンパートメント土耕によるセラミック製土壌溶液採取管模式図およびタマネギを栽培した様子

(mycorrhizsosphere) と呼ばれ[16]，菌根圏は根圏と外生菌糸のまわりの微細な領域である菌糸圏 (hyphosphere) からなる。菌根形成による植物のリン酸吸収の促進は，外生菌糸の伸張による吸収領域の拡大によるものである。植物根で観察されるようなタンパク質や低分子化合物の分泌による不可給態リン酸の獲得を外生菌糸も行っているのかどうかは不明であった。これは根の浸出物（分泌物）と菌糸の浸出物 (hyphal exudate) を分けて採取することが困難であったためである。最近共生状態にある外生菌根菌の外生菌糸が有機酸を浸出することが明らかになった[17]。また，アーバスキュラー菌根菌についてもナイロンメンブランを用いたコンパートメント土耕栽培とセラミック製土壌溶液採取管を組み合わせることにより菌糸の浸出物を回収することが可能になった[18]。ナイロンメンブランにより外生菌糸のみが伸張できる菌糸コンパートメントの土壌中に予めセラミック製土壌溶液採取管（2mm × 50mm）を埋設し，アーバスキュラー菌根菌 *Gigaspora margarita* を接種したタマネギを生育させると（図3），採取管の表面に多数の外生菌糸の付着が観察された（写真1）。この時に採取管から溶液を回収すると菌根形成したタマネギの菌糸コンパートメントからのみクエン酸が検出された。また菌根菌を接種したタマネギの菌糸コンパートメントの酸性ホスファターゼ活性は非接種のそれより高かった。これらの物質は土壌からのリン酸の獲得に関与していると考えられる。さらにこの方法を用いた菌糸の浸出

写真1 菌糸コンパートメントに埋設したセラミック製土壌溶液採取管と表面に付着した *Glomus clarum* の外生菌糸

物のメタボローム解析により根圏における菌糸の新たな役割が解明されるであろう。

7 今後の方向性

　植物の分泌物に関する十分な情報が蓄積すれば，実際の土壌系での実験が可能になる。例えば最近明らかにされた植物の kin selection[19] が根を通してどのように行われているのかという直接的な研究にも応用可能であるし，さらには未知の微生物（培養ができない微生物）が大半を占める土壌微生物，その一歩先にはそれらの微生物が持っている機能未知の遺伝子群とこれらの根分泌物がどのように相互関係を持っているのか。現段階では土壌微生物の分泌化合物の網羅的解析への方向性は示せていないが，微生物からの分泌物の重要性は植物と根粒菌，菌根菌との共生関係において明白に現れる。実際，根粒形成に必須と考えられてきた Nod factor の合成系の遺伝子を持たない根粒菌が特定のマメ科植物の根粒を形成する能力を持っていることが近年見出され，根粒形成因子に微生物の分泌する別の化合物も関与する可能性が示されている[20]。ただし，根分泌物が根圏細菌叢の決定要因となる必然性はなく，当然その大元であるバルク土壌の微生物叢が強く影響を及ぼしていることも知られている[21]。根の分泌物が微生物叢のみではなく，その（全体の）機能をどのように制御可能なのかが明らかになれば，これまでの視点とは異なる新たな農業技術にもつながることが期待される。土壌中の様々な化合物（イオンも含めて）の濃度勾配，移動速度，保持量などとの総合的な関係の中で，植物根も含めた多種多様な生物がかも

第 22 章 根圏メタボローム解析

しだしている根圏環境の機能的な側面を明らかにするためには，根圏メタボローム技術と，根圏での微生物，微生物遺伝子，土壌と各種化合物や微生物の相互関係，微小領域の物質モニタリング技術等との融合が必要である。複雑な生態系となっている根圏における様々な個々の機能はメタボリックパートナーシップ[22]として相互作用しつつ成立していることが想定されることから，解析にはこのような手法を統合していく必要があろう。

文　献

1) L. Hiltner, *Arb. Dut. Landwirsch Ges,* **98**, 59-78（1904）
2) L. J. Shaw *et al., Environ. Microbiol,* **8**, 1867-1880（2006）
3) H. M. Luo *et al., Soil Sci. Plant Nutr,* **45**, 897-907（1999）
4) F. D. Dakora and D. A. Phillips, *Plant Soil,* **245**, 35-47（2002）
5) J. Wasaki *et al., J. Environ. Qual,* **34**, 2157-2166（2005）
6) X. Perret *et al., Micobiol. Mol. Biol. Rev,* **64**, 180-201（2000）
7) H. P. Bais *et al., Annu. Rev. Plant Biol,* **57**, 233-266（2006）
8) K. Akiyama *et al., Nature,* **435**, 824-827（2005）
9) H.P. Bais *et al., Trends Plant Sci,* **9**, 26-32（2004）
10) A. Hector & R. Bagchi, *Nature,* **448**, 188-190（2007）
11) E. Idris *et al., Mol. Plant-Microbe Interact,* **20**, 619-626（2007）
12) F. Kamilova *et al., Mol. Plant-Microbe Interact,* **19**, 250-256（2006）
13) M. Teplitski *et al., Mol. Plant-Microbe Interact,* **13**, 637-648（2000）
14) U. Mathesium *et al., Proc. Natl. Acad. Sci. USA,* **100**, 1444-1449（2003）
15) E. Paterson & A. Sim, *J. Exp. Bot,* **51**, 1449-1457（2000）
16) A. Rambelli, The rhizosphere of mycorrhizae, p.299-349. In G. C. Marks and T. T. Kozlowski（ed.），Ectomycorrhizae, their ecology and physiology. Academic Press, New York, NY.（1973）
17) A. Patrick *et al., New Phytol,* **169**, 367-378（2006）
18) E. Tawaraya *et al., J. Plant Nutr,* **29**, 657-665（2006）
19) S.A. Dudley & A.L. File, *Biol. Lett,* **3**, 435-438（2007）
20) E. Giraud *et al., Science,* **5829**, 1307-1312（2007）
21) de Ridder-Duine *et al., Soil Biol. BIochem,* **37**, 349-357（2005）
22) A. Walker & L.C. Crossman, *Nature Rev. Microbiol,* **5**, 90-92（2007）

第23章 炭素同位体を用いた作物品質関連成分の代謝解析

田中福代*

1 安定同位体トレーサーとメタボロミクス

トレーサー実験はある特定の成分に対象を絞った解析手法であり，網羅的に成分を解析した中から意味のある物質を見つけていこうとするメタボロミクスとは正反対の手法と考えられてはいないだろうか？ トレーサー実験では動的解析が可能なので，ピーク面積の代わりに同位体比をY軸にとれば反応速度を指標とした代謝物プロファイリングが可能になる。通常のGC/MSによる定量・定性データと併せて解析すれば，物質の代謝過程についてより充実した情報を得ることができるだろう。本章では，メタボロミクスへの安定同位体トレーサー法の応用の現状と可能性および留意点について概説する。

2 安定同位体比質量分析計（Isotope Ratio Mass Spectrometry, IRMS）を使用する

IRMSは安定同位体の存在比を測定するために設計された特殊な質量分析計である。質量範囲1～80程度，イオンコレクターを有し，スキャン機能がないという特徴を有する。開発当初は安定同位体の自然存在比を測定するための分析計[1,2]であり，その用途は植生，古環境や物質循環の研究から，ドーピング検査[3]や税関での原料・産地判別，農産物における有機物施用の推定[4]まで，バラエティに富み，かつユニークなものが多い。筆者らは，トレーサー実験レベルでの同位体比の分析にIRMSの利用を試みてきた。ここでは安定同位体トレーサーによる植物の代謝解析への利用に絞って解説する。

炭素を例に装置の原理を示す。試料ガス中の成分（炭素化合物）を800～1000℃の酸化炉で燃焼しCO_2ガスに変換したのちにイオン源に導入する（図1）。イオン源には3つ（最新機種では10）のイオンコレクターが質量数44, 45, 46に割り振られており，そのイオン強度と比から，^{12}Cと^{13}Cの定量と同位体比の計算を行う。なお，炭素のほかに水素，窒素，酸素，硫黄の同位体比の測定も可能になっている。

---

* Fukuyo Tanaka （独）農業・食品産業技術総合研究機構　中央農業総合研究センター
　　　　　　　　　　土壌作物分析診断手法高度化研究チーム　主任研究員

第 23 章　炭素同位体を用いた作物品質関連成分の代謝解析

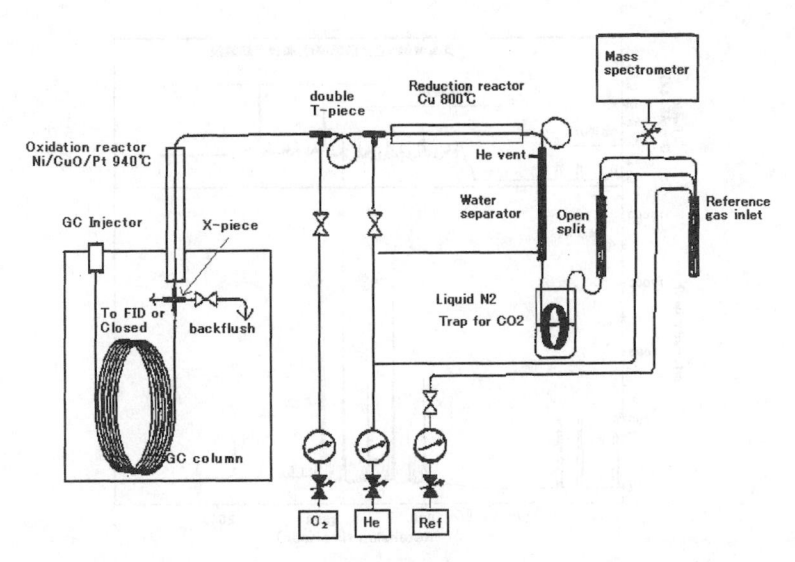

図1　GC/C/IRMS における GC Combustion インターフェイスの原理
（サーモフィッシャーアナリティカル社技術資料より）

このインターフェイスでは，炭素化合物に加えて窒素化合物分析用の分析も可能。酸化炉で窒素化合物から生じた NOx を N_2 ガスに還元するための還元炉と，窒素分析時障害になる CO_2 を保持するための液体窒素トラップを備えている。また，酸化炉の劣化とイオン源の汚染を軽減するため，酸化炉に He ガスをバックフラッシュし，目的外の成分は酸化炉手前でパージする。

IRMS は前処理方法によっていろいろなタイプに分けられる。そのうち，植物代謝解析に用いられる前処理法は主に二つである[5]。ひとつは，現在最も普及している元素分析計（Element Analyzer：EA）に IRMS をつなぐタイプ（EA/IRMS）である。固体試料を直接酸化炉上部に導入・燃焼させたのち，GC（パックドカラム，Porapak Q）で CO_2 を分離・測定するもので，光合成能，炭素の分配などの定量的把握に寄与する。二番目は，酸化炉の前に GC を置くもので GC/C/IRMS と呼ばれる（C：Combustion）。通常の GC/FID や GC/MS と同様に前処理された試料は GC 部分にシリンジで導入される。高分解能 GC で分離された炭素化合物は，細い酸化炉（燃焼管）でピークを保ったまま CO_2 に変換され，Mz = 44～46 について質量分析がなされる。炭素化合物のピークごとの同位体比がわかることから，物質レベルでの代謝解析に使用される。

3　安定同位体トレーサー── IRMS 法による物質代謝解析の例 ──

3.1　カンショ中の桂皮酸誘導体分析

光合成により $^{13}CO_2$ を同化（標識）したカンショ葉身の酸性画分の GC/C/IRMS 分析例を示した（図2）。クロマトグラムは同化終了時に採取したサンプルについての Mz = 44（下段）と ^{13}C

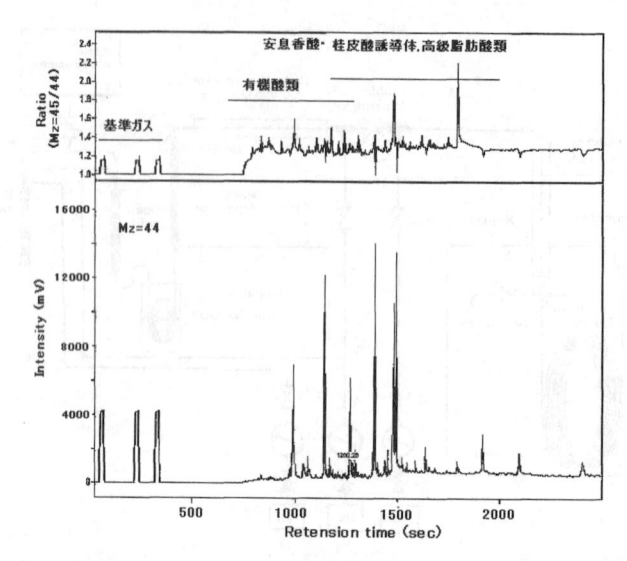

図2 GC/C/IRMS による分析例(カンショ葉身酸性画分)

凍結乾燥後微粉砕した試料からヘキサンで脂質を除去し，熱エタノール(80%)でアルコール可溶性成分を抽出後，アルコールを除去，酸性下ジクロルメタン-ジエチルエーテル(1:1)で桂皮酸誘導体を抽出し，酸性成分を TMS 化した。基準ガスは濃度・同位体比既知の CO_2。

同位体比(上段)である。

下段の Mz = 44 強度は $^{12}CO_2$ のマスクロマトグラムであり，各成分(クロマトピーク)の ^{13}C 比が数%以内であれば，ほぼ炭素化合物の成分濃度に比例する。同じモル濃度の成分では，炭素数の多い方がピークが大きくなるのも特徴のひとつである。ここでは表示していないが，同時に Mz = 45, 46 を計測しており，これらのマスクロマトグラムを用いて簡易定量を行うことも可能である。実際には，成分の同定のために GC/MS を併用すべきであり，定量も GC/MS や GC/FID を用いるほうが良い。

上段の Ratio は 45/44(Mz)の比であり，^{13}C 存在比を反映している。定量分析で得られる成分濃度の情報は物質代謝を解析する上で必須ではあるが，濃度の大きさは必ずしも代謝速度とは一致しない。図2でも，炭素量と同位体比のクロマトグラムのパターンは近似しない。ある代謝経路のキーとなる物質は，ターンオーバーが盛んなために，その成分でのプールが小さくなるかもしれない。このような場合，^{13}C 標識後短時間のうちに ^{13}C 存在比を見れば，代謝速度を評価することが可能となる。これを利用して処理間で ^{13}C 存在比に差のある成分を探せば，代謝活性の異なる成分を見つけることができる。こうした手法は，栽培環境などによって変動しやすい成分や品種間の代謝の相違を見出す手がかりとなる。

GC/C/IRMS 分析ではピークの分離が非常に重要なので，ターゲット分析や，特定の画分に分

第23章　炭素同位体を用いた作物品質関連成分の代謝解析

表1　カンショ葉身と塊根におけるカフェ酸および全炭素の ^{13}C-RSA

標識終了後経過時間(hrs)	葉身		塊根	
	AYA[1]	MUT[2]	AYA[1]	MUT[2]
0	1.79 (7.69)	2.91 (8.70)	0.20 (0.47)	－ (0.53)
18[3]	4.97 (3.24)	2.61 (2.53)	0.20 (1.05)	0.05 (1.13)
24	4.14 (2.12)	3.84 (1.84)	0.10 (1.08)	0.05 (0.87)

1) AYA アヤムラサキ
2) MUT アヤムラサキ変異（アントシアニン欠損）
3) ^{13}C 供与終了後18hrsサンプリングまで暗条件
RSA：Relative specific activity，全炭素中のトレーサー炭素比率（%）
（　）全炭素のRSA

離したグループを分析するプロファイリングに適している。次に示すカンショの桂皮酸誘導体の分析例は，酸性画分のプロファイリングをGC/C/IRMSで，酸性成分の同定とターゲット定量分析をGC/MSで行ったものである。

機能性物質として注目されているアントシアニンは，桂皮酸誘導体を経て生成される。また，桂皮酸誘導体はそれ自体が機能性を有するだけでなく，アントシアニンと会合して色素の安定に寄与することも知られており，その代謝過程は重要な意味をもつと考えられる[6]。そこで，アントシアニン含有量の異なるカンショにおける代謝特性の相違を，桂皮酸誘導体含量およびその生成速度から検討した。

ポットで栽培した2種類のカンショ（アヤムラサキ，アヤムラサキアントシアニン欠損変異）の個体に，同化チャンバー内で $^{13}CO_2$ を6時間供与し，光合成により標識炭素を同化させ，標識終了時から経時的に作物を採取した。各部位から脂質を除去した後，抽出した酸性画分をTMS化し，GC/MSとGC/C/IRMSによりそれぞれ定量と同位体比の測定を行った。また，試料をEA/IRMSで分析し，各部位の全炭素の ^{13}C 同位体比からRSA（相対比活性：全炭素中のトレーサー炭素比率）を算出した。なお，アントシアニン濃度は塊根（イモ）と蔓の部位で顕著に異なりアヤムラサキで高いが，葉身や葉柄では品種間の差は小さい。

表1に示すように，両品種は個体での炭素同化活性（光合成能）が異なり，標識終了時のRSAは変異（アントシアニン欠損）で高かった。一般に，アントシアニン含量が高い品種は乾物生産量が小さい，といわれていることとよく一致する。このような植物体の ^{13}C レベルが異なる条件では，単に成分のRSA絶対値だけでなく，その個体や部位の全炭素のRSAに対する相対的な比率も考慮する必要がある。

両品種の酸性画分についてGC/C/IRMSによるプロファイリングを試みた。対象画分からは，桂皮酸誘導体のほかに，クエン酸などの有機酸，パルミチン酸などの脂肪酸，安息香酸誘導体も

表2 カンショ葉と塊根における桂皮酸誘導体の濃度（μM）

	葉身		塊根	
	AYA[1]	MUT[2]	AYA[1]	MUT[2]
カフェ酸	237.1	225.8	52.8	17.3
p-クマル酸	1.9	1.9	1.8	1.1

1) AYA アヤムラサキ
2) MUT アヤムラサキ変異（アントシアニン欠損）

同時に検出された。その中で，ピークの分離や面積など，一定の分析条件が確保された成分の中で，品種間の同位体比が顕著に異なったのは，塊根におけるカフェ酸（3,4-ジヒドロキシp-桂皮酸）のみであった。これは，アントシアニン濃度が顕著に高いアヤムラサキ塊根において観察された現象であり，カフェ酸を経由するアントシアニン合成系のターンオーバーがアヤムラサキ塊根で活発であることを示すものである。

　GC/C/IRMSと同様に調製したサンプルについて有機酸，安息香酸誘導体，桂皮酸誘導体の定量分析を行った。桂皮酸誘導体のうち高濃度なものはカフェ酸であり，桂皮酸やp-クマル酸の濃度は低かった。表2に葉身と塊根のカフェ酸およびp-クマル酸の濃度を示した。p-クマル酸は，塊根の変異における濃度がやや小さく，その他は同等であった。一方，カフェ酸は両品種ともに塊根より葉身における濃度が高く推移した。また，塊根での濃度は品種によって顕著に異なり，アントシアニン含量の高いアヤムラサキに多く集積していた。

　以上の結果から，アントシアニン濃度の高いアヤムラサキ塊根においてはフェニルプロパノイドの合成系が活発であり，プールも大きいと考えられる。その一方で，葉身での桂皮酸誘導体のターンオーバーがアヤムラサキにおいても活発ではなかったことから，アントシアニンは集積する部位において合成系の初期段階から生合成されたものと推察される。これを代謝活性の側面から検証するには，より初期段階の代謝を解析する必要がある。本実験ではp-クマル酸は低濃度であったため，^{13}C同位体比の測定にはいたらなかったが，生合成経路から推定するとカフェ酸と同等以上のターンオーバーを示す可能性は高い。フェニルアラニンやシキミ酸等さらに前段階の物質の代謝も興味深い。現段階では限定的な適用にとどまっているが，今後^{13}C同位体比を指標とした本格的なプロファイリングを実行するには，微量成分の試料調製，クロマトグラフィ条件，統計解析の方法をより丁寧に検討し最適化する必要がある。

3.2　ホウレンソウにおけるシュウ酸生成と硝酸濃度還元の相関

　GC/C/IRMSを用いて標識した植物の品質関連成分の代謝を解析した例を紹介する。

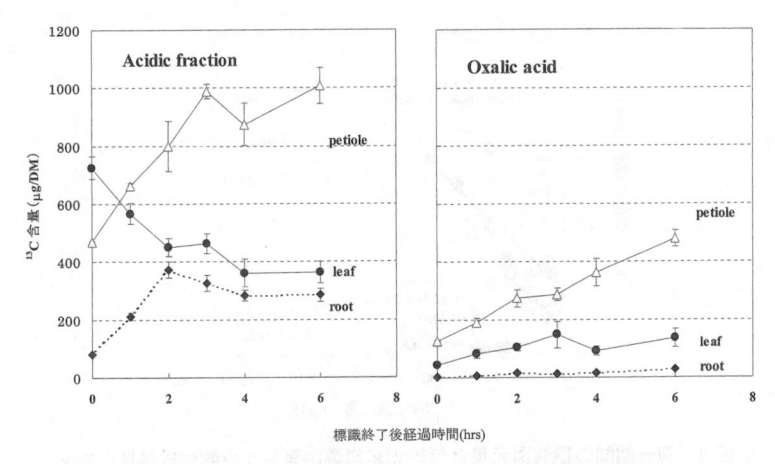

第23章 炭素同位体を用いた作物品質関連成分の代謝解析

図3 標識終了後の酸性画分とシュウ酸の ^{13}C 含量の推移

葉菜のうちでも人気の高いホウレンソウは，えぐみや結石の一因であるシュウ酸を含むことが知られている。シュウ酸含量の少ないホウレンソウを生産するために，シュウ酸集積のメカニズムを明らかにする目的で実験を行った。

硝酸が同化の過程で還元されると細胞質内にアルカリが放出されるが，細胞質のpHは一定の範囲内におさまっている。植物は有機酸を生成して液性を保っており，通常はリンゴ酸がその主体といわれている[7]。建部[8]は，ホウレンソウにおいてはシュウ酸が主に使われており，これがホウレンソウに特異的にシュウ酸が集積する原因と推定している。これを検証するため，デュアルトレーサー実験を行った。具体的には，ホウレンソウを ^{13}C（CO_2 ガス），$^{15}N(NO_3^{\frac{1}{4}})$ で同時に標識し，シュウ酸への ^{13}C 蓄積速度を追うとともに，同一期間における硝酸還元量とシュウ酸生成量のバランスを検討した。シュウ酸の ^{13}C 同位体比は，メチルエステルとしてGC/C/IRMSを用いて分析した[9]。また，全窒素含量，全炭素含量と，イオン交換樹脂により分画した各種画分の ^{13}C・^{15}N 同位体比をEA/IRMSで求め，硝酸含量とその ^{15}N 存在比，酸性画分への ^{13}C 取り込み量を調べた[10]。

酸性画分全体を見ると，図3に示すように，葉身と根では一定時間経過後酸性画分の ^{13}C 含量が低下し，有機酸に取り込まれた新規固定炭素が系外へターンオーバーしていたことがわかる。一方，シュウ酸の ^{13}C は有機酸画分の ^{13}C 量が低下し始めた後も上昇を続けた。シュウ酸は最終産物として蓄積されることを示唆するものと考えられた。

また，硝酸還元量とシュウ酸生成速度との相関を求めた（図4）。両者には作物全体で高い相関が認められ，特に葉柄での相関が高かった。

この結果は，硝酸還元とシュウ酸生成の関連を示唆する建部の説[8]と矛盾はない。しかし，

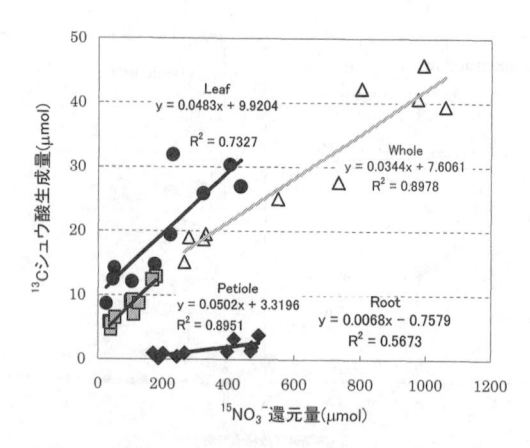

図4 同一期間の硝酸還元量と新規固定炭素由来シュウ酸生成速度の相関

理論的当量（1：1）と比較して，硝酸還元に対するシュウ酸生成は1/10以下と不足だった．両者のバランスを評価するには，新規固定炭素からのシュウ酸生成速度の蓄積炭素を含む全シュウ酸生成速度に占める比率などを含め，さらに定量的な検討を行う必要がある．

4　^{13}C標識の実際－個体用^{13}C同システムの仕様

信頼性の高いデータを得るために，標識期間中CO_2濃度と^{13}C同位体比をコントロールすることが必要となる．農業分野の研究では，個体レベルでの炭素代謝を扱うことが多いが，それに適した市販の同化システムは入手困難である．そこで，水稲のサイズを念頭に構築した同化システムを紹介する．

システム構成：個体用^{13}C同化システムは，高照度型炭酸ガス制御人工気象器，簡易型$^{13}CO_2$モニター，密閉式同化チャンバーからなる．^{13}C標識を実施する際に同化チャンバーを人工気象器内にセットし使用する．人工気象器は照度50000luxの仕様とした．

CO_2モニター：CO_2ガス濃度と同位体組成を精密にモニターする赤外分光法に変えて，筆者は簡易型のモニターを考案した．人工気象器装備のNDIR（非分散赤外分光）計に，固体電解質式モニターを併用する方法である．NDIR方式は精度が比較的高いが，naturalのCO_2を前提にしているため，^{13}C比が高まるトレーサー実験ではCO_2濃度は過少に評価される．固体電解質方式では，測定値は精密ではないが$^{12}CO_2$と$^{13}CO_2$を区別しないため，総CO_2濃度がモニターできる．本装置ではCO_2供与バルブの開閉はNDIR式モニターに従って行われるので，予め使用予定の$^{13}CO_2$ガスを用いて両者のキャリブレーションを行っておき，NDIRのCO_2濃度の設定値を決定する．固体電解質方式のモニターは標識時チャンバー内に設置し，総CO_2濃度をモニターする

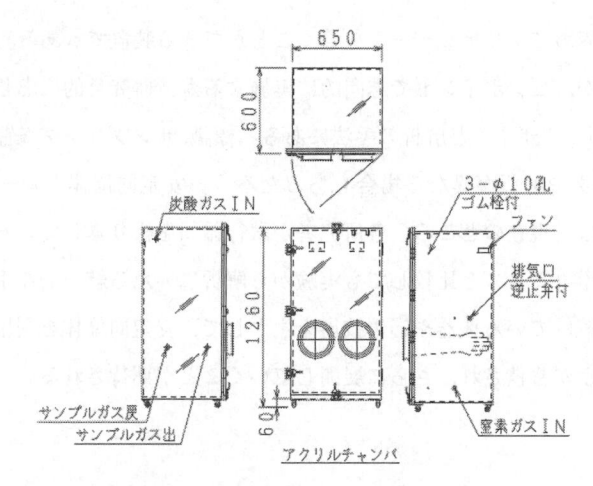

第23章　炭素同位体を用いた作物品質関連成分の代謝解析

図5　密閉式同化チャンバーの構造
（日本医科器械製作所技術資料より）

と同時にPCにつないで記録する。また，ミニポンプを用いて定期的にチャンバー内雰囲気をテドラーバッグに採取し，標識終了後に濃度と同位体比をIRMSで測定する。

密閉式同化チャンバー：図5に示すようなアクリルチャンバーを製作した。標識開始時にチャンバー内の^{13}C存在比の低いCO_2をパージするためのN_2ガス注入口と，逆流防止弁付排気口，ガス採取口を備えている。

供与から採取までの期間が長いときや想定される取り込み活性が低いときには，標識に用いるCO_2ガスの^{13}C同位体比を高くするなど，目的に応じて実験条件を判断する。筆者は50atom％程度のガスを用いている。実際に標識実験（トルコギキョウ，50atom％，3hrs）を行った2回の結果，約20分で定常状態になり，その後は^{13}C存在比は40±1atom％，濃度は360〜400ppm程度（設定値380ppm）で推移した。

5　メタボロミクスにおけるIRMS利用のこれから

GC/C/IRMSをメタボロミクスに適応するにはいくつかの困難がある。ひとつは，GC/C/IRMSの装置の特性に起因する問題点である。既に述べてきたように，ピークの分離が必要であるため，ある程度の分離・精製は避けられない。また，構造上イオン源の前（オープンスプリット）でガスをスプリットするため，感度がGC/MSより劣る。ダイナミックレンジが小さいことから，網羅的に分析するには同一サンプルについて注入量を変えるか，濃縮倍率の異なるサンプルを予め用意しておくことが必要になる。これらは非常に煩雑な作業で，敬遠されるかもしれな

い。しかしながら，極めてクリアなデータを導くことができる装置でもある。本格的にプロファイリングを実施するか，ピンポイントで志向的に実施するか，研究目的に応じて利用されたい。

　第二の問題は，実験のデザインと解析の手法にある。標識，サンプリング，統計解析のいずれも，その手法次第でデータや解釈が異なる場合もあるだろう。安定同位体トレーサーとIRMSを用いた植物の代謝解析は，現在のところ，各研究者が試行錯誤を繰り返している状況ではないだろうか。一般的なメタボロミクスと比較しても実験から解析にいたる統一的な手法の確立は遅れている。今日も進歩を続けている機器や応用技術を生かして，安定同位体を利用した研究における実験・解析のノウハウが蓄積され，さらに展開していくことが期待される。

文　　献

1) D. A. Merritt and J. M. Hayes, *J. Am. Soc. Mass Spectro.*, **5**, 387-397 (1994)
2) 奈良岡浩ほか，地球科学，**31**, 193-210 (1997)
3) M. Ueki, M. Okano, *Rapid Commun. Mass Spectrom.*, **13**, 2237-2243 (1999)
4) 堀田博ほか，日本食品科学工学会誌，**51**, 680-685 (2004)
5) 米山忠克，化学と生物，**34**, 464-465 (1996)
6) 大庭理一郎ほか，アントシアニン-食品の色と健康，p.3-10, 103-208, 建帛社 (2000)
7) J. A. Raven, *Sci. Prog. Oxf.*, **29**, 495-509 (1985)
8) 建部雅子，農研センター研報，**31**, 19-83 (1999)
9) 田中福代ほか，農化，**74**, 599-601 (2000)
10) T. H. Kim *et al., J. Plant Nutri.*, **25**, 1527-1547 (2002)

第24章　清酒酵母のメタボローム解析

堤　浩子*

1　はじめに

　清酒は米を主原料として，麹菌と清酒酵母の2種類の微生物を用いた発酵産物である。特に清酒醸造における清酒酵母の果たす役割は重要で，もろみ発酵過程でアルコールはもとより様々な味や香りの成分を生成する。これまで様々なカテゴリーの清酒，吟醸酒，純米酒，本醸造酒，普通酒があるが，酵母の特性を生かして，それぞれの清酒が製造されている。清酒醸造の環境は，低温，低pH，濃糖，醸造後期には高エタノール濃度になるなど，酵母にとってはきわめて厳しいストレス存在下と考えられる。清酒醸造は20日間の長きにわたり，このような高ストレス条件下で増殖と発酵が行われるが，清酒酵母は旺盛に発酵することができ，他の酵母には真似のできない特徴の1つである。

　清酒酵母と実験室酵母を用いたもろみ発酵試験（仕込み後10日目；留10）の状態を示した（図1）。清酒酵母はもろみ上部に泡を形成し[1]盛んに炭酸ガスが生成するのに対して，実験室酵母ではそのような活発な発酵は認められない。発酵終了後は，清酒酵母では20％近いアルコール濃度に達するが，実験室酵母ではその半分程度のアルコール濃度で発酵が停止する。このように，清酒酵母は清酒もろみのようなアルコール発酵において，特有の代謝活動を行っていると予測される。

　2005年に清酒酵母のゲノム解析が行われ，清酒酵母と実験室酵母S288Cはゲノムレベルでは96.2％，アミノ酸レベルでは98％以上の相同性を有することが報告されている[2]。このように，

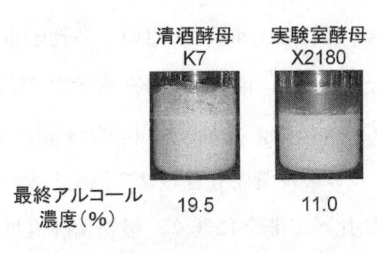

図1　各種酵母を用いた仕込み試験

*　Hiroko Tsutsumi　月桂冠㈱　総合研究所　副主任研究員

表1 きょうかい酵母の分離源と性質[8, 9]

酵母	分離源	特徴
きょうかい7号	長野県・真澄もろみ	華やかな香りで広く吟醸用及び普通醸造用に適す
きょうかい9号	熊本県酒造研	短期もろみで華やかな香りと吟醸香が高い
きょうかい10号	東北地方もろみ	低温長期もろみで酸が少なく吟醸香が高い

実験室酵母と清酒酵母はゲノムレベルでは非常に類似しているが，ストレス応答やエタノール生成などの形質は大きく異なる。このような「清酒酵母らしさ」の要因を探るためにDNAマイクロアレイ解析が行われているが，全容の解明には至っていない。また，清酒酵母の種類には，きょうかい7号（K7），きょうかい9号（K9），きょうかい10号酵母（K10）などの実用株があり，これらは全国の酒蔵の「蔵つき酵母」として分離されてきた（表1）[8, 9]。これらの酵母のゲノムはきわめて類似していると考えられるが[3]，酵母によって清酒の味わいは大きく異なる。

そこで，このような清酒酵母の醸造特性を解明するには，ゲノムからのアプローチだけでは困難であると考えられる。そこで，酵母細胞内の代謝物を測定し，各酵母を比較することで，清酒酵母の特性の要因を明らかにすることを目的とした。

2 培養と試料調製

それぞれの酵母の比較を行うために，エネルギー代謝などで生合成される親水性低分子代謝物の検出をGC/MS分析によって行った。清酒酵母の特徴を顕著に示すためには，やはり清酒醸造過程でのもろみの酵母を試料とすることが望ましい。しかしながら，もろみ中には米，麹など酵母以外の成分が多く含まれるため，酵母細胞内の代謝物を正確に測定するためには，モデル系での実験が必要である。そこで，YPD培地の系をモデル系として採用した。培地組成として振とう培養はYPD（2% glucose, 2% polypepton, 1% yeast extract），静置培養はYPD10（10% glucose, 2% polypepton, 1% yeast extract）を用いて各種酵母を15℃，30℃で培養した。実験室酵母 X2180-1A × X2180-1B（2n），清酒酵母K7をそれぞれ n = 5 で培養した。そのサンプリング時期を代謝物が安定する late log phase, stationary phase と決定した。各酵母の増殖を測定し，15℃静置培養液中のアルコール濃度も合わせて測定した。その結果，15℃培養において，実験室酵母の生育は清酒酵母に比べて非常に遅く，最終菌体濃度も少なく（図2），アルコール生産量も低かった（図3）。振とう培養ではほとんどエタノールの生成量には両酵母では差がなかった。よって，この低温15℃で静置培養条件において清酒酵母の特性が見いだせると予測し，これらの15℃静置培養の条件に着目し，酵母細胞内の親水性低分子代謝物を測定した。

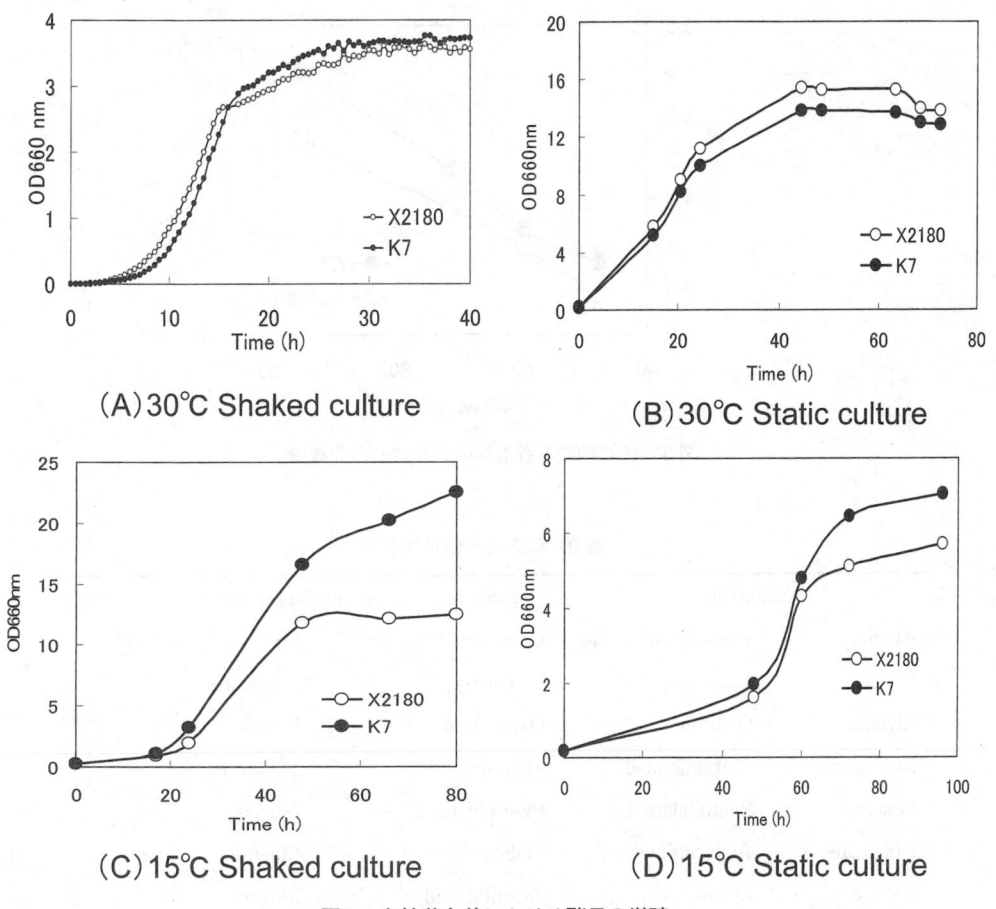

第24章　清酒酵母のメタボローム解析

(A) 30°C Shaked culture

(B) 30°C Static culture

(C) 15°C Shaked culture

(D) 15°C Static culture

図2　各培養条件における酵母の増殖

3　GC/MS分析とデータ解析

酵母から低分子親水性代謝物を抽出するためにシリル化，メトキシ化の誘導体化を行い，GC/MS分析に供した。GC/MS分析で検出されたピークの同定を行った結果，アミノ酸，有機酸，糖，糖アルコール，N化合物などを含む54化合物を同定できた（表2）。未同定の成分もあわせたデータを用いて主成分分析を行った。主成分分析（PCA）を用いたのは，これが多数の変数をなるべく少ない変数で表す解析手法であり，酵母間の差を見いだすには有効な方法であると考えられたからである。清酒酵母と実験室酵母とで代謝物に違いがあるかどうかを見いだすため，低温増殖時の代謝物の差を調べた。

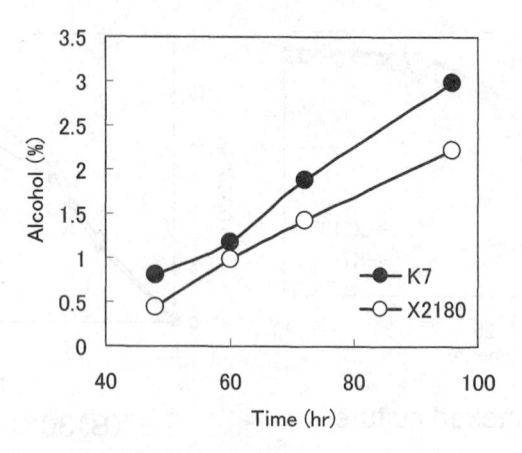

図3 15℃静置培養液中のアルコール生成量

表2 同定化合物リスト

Amino acid		Organic acid	Sugar/Sugar alcohol
Alanine	Pyroglutamid acid	Citric acid	Glycerol
Valine	Cysteine	Glycolic acid	Erythritol
Glycine	Ornitine	Oxalic acid	Lyxose
Norleucine	Glutamic acid	Malonic acid	Mannose
Leucine	Phenylalanine	Pipecolic acid	Glucose
Isoleucine	Asparagine	Malic acid	Glucitol
Proline	Lysine	Aconitic acid	Inositol
Serine	Glutamine	Shikimic acid	Trehalose
Threonine	Histidine	Isocitric acid	Nitrogen-conteining coumpound
Allothreonine	Tyrosine	Caffeic acid	Ethanolamine
Homoserine	Trptophan		N-butylamine
Methionine	Aspartic acid		Citruline
Homocyctein			Urea

4 「清酒酵母」と「実験室酵母」との代謝の違い

清酒酵母と実験室酵母の細胞内代謝の主成分分析の結果を図4に示した。Factor1で清酒酵母と実験室酵母間でクラスターを形成し，Factor2では培養時間の違いによって分離した。Factor1でローディングに寄与した代謝物を見るとトレハロース，アミノ酸であった（図4-B）。そこで，違いが現れた代謝物の量を比較し図5に示した。これまで，実験室酵母では低温など

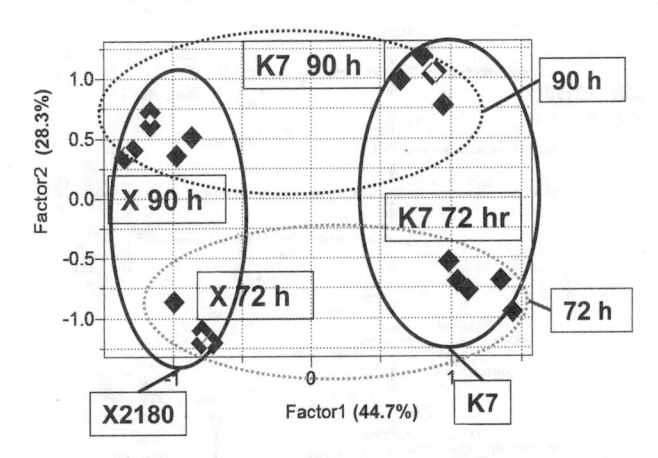

第24章　清酒酵母のメタボローム解析

図4-A　清酒酵母と実験室酵母の主成分分析

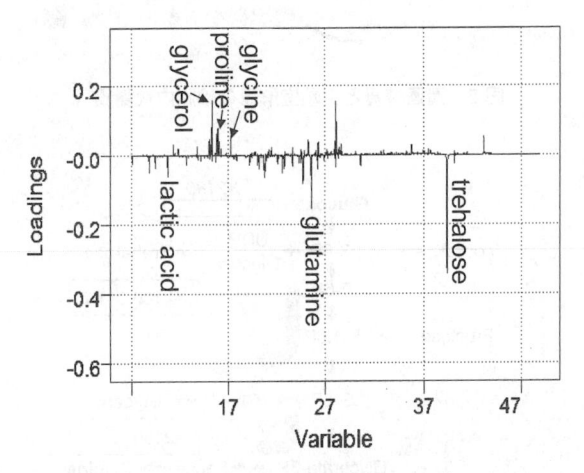

図4-B　Loading plots（Factor1）

のストレス応答にトレハロース蓄積する，あるいはそれらの生合成関連遺伝子が高発現することが報告されている[4]。「低温環境→細胞内のトレハロース蓄積によるストレス応答」であったが，清酒酵母の細胞内のトレハロースを見るかぎり非常に低濃度で，15℃静置の条件ではほとんどストレスとなっていない様子が伺える。また，アルコール生成量を考慮すると図6のように，清酒酵母と実験室酵母では代謝の流れの違いを明確に示すことができた[5～7]。

清酒酵母は，日本全国の醸造蔵から単離された酵母の中で特に醸造特性にすぐれた菌株である。これらの菌株の醸造特性の違いについては表1のように表現されている。このようにゲノムレベルでは殆ど近種であっても，清酒の仕込みでは，酵母の特性が顕著に現れる。そこで，これらの酵母を細胞内代謝の点から比較した。上述の方法と同様の方法を用いてサンプルを調製しGC/MS分析後，PCAを行った（図7）。

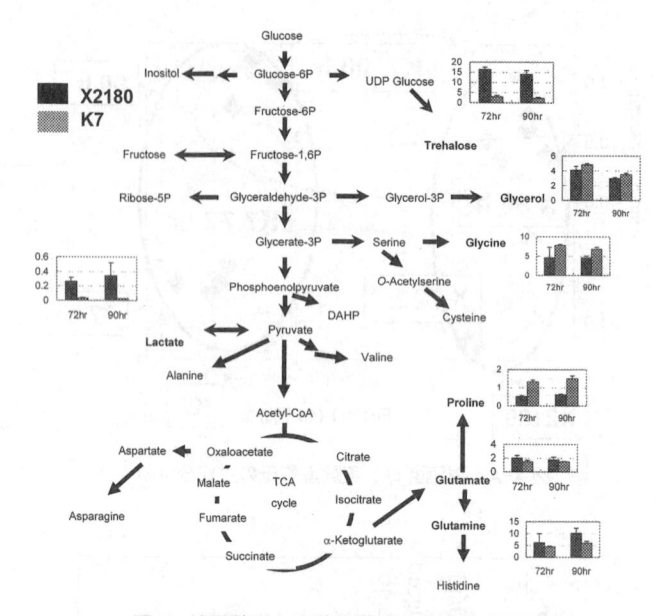

図5 清酒酵母と実験室酵母の細胞内代謝物

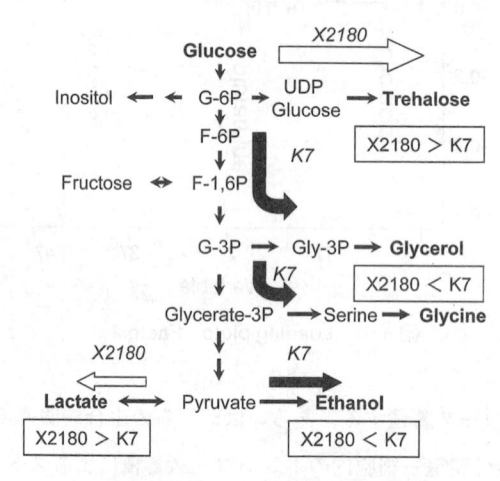

図6 清酒酵母と実験室酵母の代謝の違い

　トレハロースなどもクラスター形成に寄与していたが，有機酸が分離に寄与していた。図7-Bに示すように，クエン酸，リンゴ酸がクラスター形成に寄与していた[5〜7]。代謝物のなかでも有機酸は，味に大きく関連する代謝物である。そこで，各清酒酵母特徴の1つである有機酸に着目した。図8に示したように細胞内の有機酸濃度の違いが明確になり，きょうかい酵母の特性が明確にできたと考えられる。
　有機酸を対象として，その量を変化させた酵母育種が行われている。細胞内の有機酸生産量を

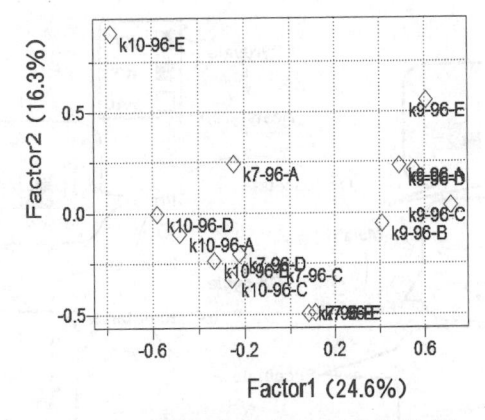

第24章 清酒酵母のメタボローム解析

(A)清酒酵母間の主成分分析

図7-A　清酒酵母間のPCAとLoading plots（Factor1）

(B)Loading plots (Factor1)

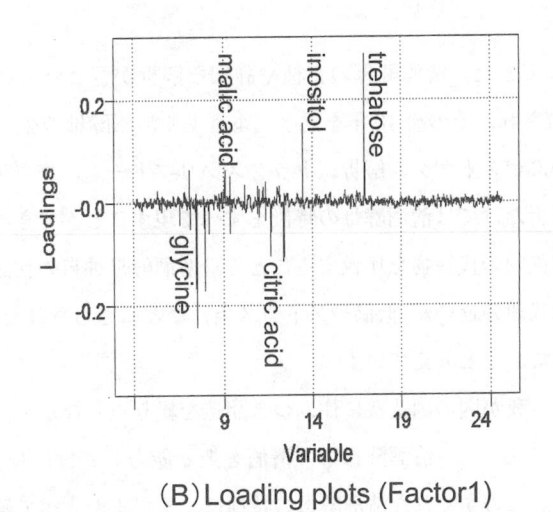

図7-B　清酒酵母間のPCAとLoading plots

知ることは，育種をする上で菌株を選択する情報の1つとなるであろう。

　これまで，定量的には表せなかった各きょうかい酵母が有する表現型の差異を代謝物の差として表すことができた。これら3種が清酒造りにすぐれた形質を持つことは言うまでもないが，今後酵母を育種する上でも，基本的な酵母の代謝特性をつかむことは，重要であると考えている。

5　おわりに

解析した清酒酵母は，現在の清酒醸造に用いられている代表的な酵母であり，1950年頃に全

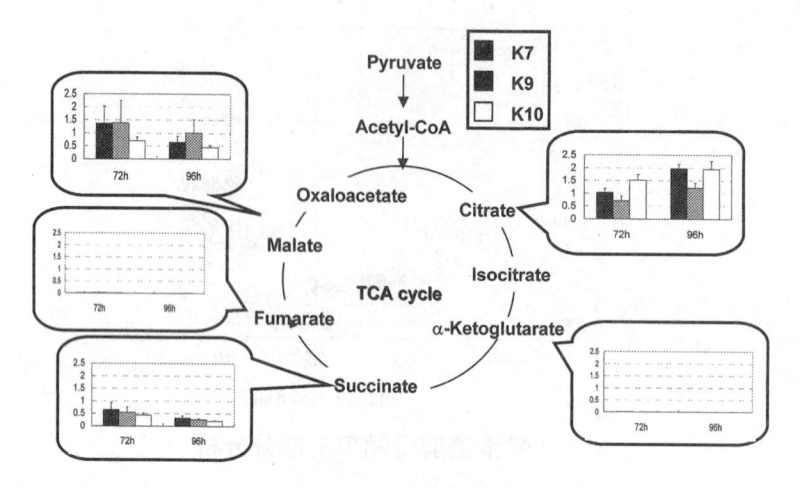

図8 清酒酵母の細胞内有機酸量の比較

国の酒蔵から分離されてきた。清酒酵母の育種や詳細な解析が行われているが，実験室酵母の1996年にゲノムが解読され，その後10年を過ぎ，ようやく清酒酵母のゲノム解読（K7）が行われた。これまでに，一部ポストゲノム解析（トランスクリプトーム，プロテオーム等）が行われているが，これらの解析だけでは清酒酵母の特徴をすべて現すことができてはいなかった。清酒酵母と実験室酵母の細胞内の代謝物を比較することで，清酒酵母独自の代謝が明確になったと考えている。このような代謝の違いが，低温やストレス条件などにさらされたときに起こりうる「清酒酵母らしさ」の一因であると考えている。

　清酒酵母は長い年月，我が国の酒造蔵に住みつき醸造を繰り返しながら，優良酵母が選抜・淘汰されて現在に至っている[8, 9]。清酒酵母の「清酒を造る能力」とは，長年の自然育種の結果，獲得されたものである。このすぐれた清酒酵母の特性は，まだまだすべて解明されたわけではなく，メタボロミクスを含めたOmics解析のような新技術を利用することで，更なる発見が期待できる。清酒醸造で古くから言われている，「一麹，二酛，三造り」と言われる（清酒醸造）の重要な要因には清酒酵母は登場しないが，現在では育種した清酒酵母によって香味を変化させることが可能となり，実用化されている。

　清酒酵母のようにゲノムが殆ど同じである場合，細胞内の代謝情報を得ることで，今後の酵母育種，醸造技術開発への大きなヒントとなるであろう。また，メタボロミクス技術は，様々な微生物の代謝物の恩恵を受けている我々にとって，微生物研究の発展に大きな可能性を示唆するものである。

　本研究は，大阪大学工学研究科・福﨑英一郎教授との共同研究により行われたものである。

第 24 章　清酒酵母のメタボローム解析

文　　献

1) H. Shimoi *et al., Appl. Environ. Microbiol.,* **68**, 2018（2002）
2) 下飯仁，食品工業，p.56（2007）
3) M. Azumi *et al., Yeast,* **18**, 1145（2001）
4) B. Schade *et al., Mol. Biol. Cell,* **15**, 5492（2004）
5) 堤浩子，日本生物工学会大会講演要旨集，p.74（2006）
6) 福﨑英一郎ほか，日本農芸化学会大会講演要旨集，p.85（2006）
7) 堤浩子ほか，日本分子生物学会講演要旨集，p.328（2005）
8) http://www.jozo.or.jp/i.kouboda.htm
9) 清酒酵母の研究 80 年代の研究，p.102（1992）

第25章　メタボロミクスの食品工学への応用

福﨑英一郎*

1　はじめに

　代謝物総体（メタボローム）に基づくオーム科学であるメタボロミクス（メタボローム解析）は，ゲノム情報に最も近接した高解像度表現型解析手段と言えるが，その応用範囲はポストゲノム科学にとどまらず，医療診断，病因解析，品種判別，品質予測等の多岐におよぶ．メタボロミクスの最大の特長は，適用範囲の広さである．基幹代謝は，当然のことながら生物間で殆ど同じなので，他生物の知見が種を超えて有用な情報となりうるのである．すなわち，ゲノム情報が利用できない実用植物や実用微生物にも適用可能な唯一のオーム科学と言える．さらに，メタボロミクスの技術は，生物以外の対象にも適応可能である．例えば，食品や，生薬原料のプロファイリングによる品質予測，あるいは，酵素反応混合物のプロファイリングによる反応機構推定などの応用分野も想定できる．

　さて，上記のように有望技術として期待されているメタボロミクスであるが，観測対象の代謝物が多岐に沒る故に，手法の標準化が困難であり，自動化も進んでいない．高度な解析手段として運用するためには，高い定量性が望まれるが，メタボロミクスの各ステップ（生物の育成，サンプリング，誘導体化，分離分析，データ変換，多変量解析によるマイニング）は，すべてが誤差を発生する要素を含み，標準技術の確立が極めて困難である．また，得られた膨大なデータから有用な結論を導く作業，すなわち，「データマイニング」についても標準技術は確立されていない．結果として研究対象ごとに各論が展開されている．当該状況が，メタボロミクスの正しい理解を困難とし，一般の研究者に普及しない一因となっている．

　本稿では，メタボロミクスの戦術を実例を加えて解説し，食品工学を含む種々の用途への適用可能性を提示することを目的とした．

2　メタボロミクスに用いる質量分析

　質量分析の利点は，大量の定性情報が得られる上に，高感度で定量可能であることである．そ

---

*　Eiichiro Fukusaki　大阪大学　大学院工学研究科　生命先端工学専攻　教授

第25章 メタボロミクスの食品工学への応用

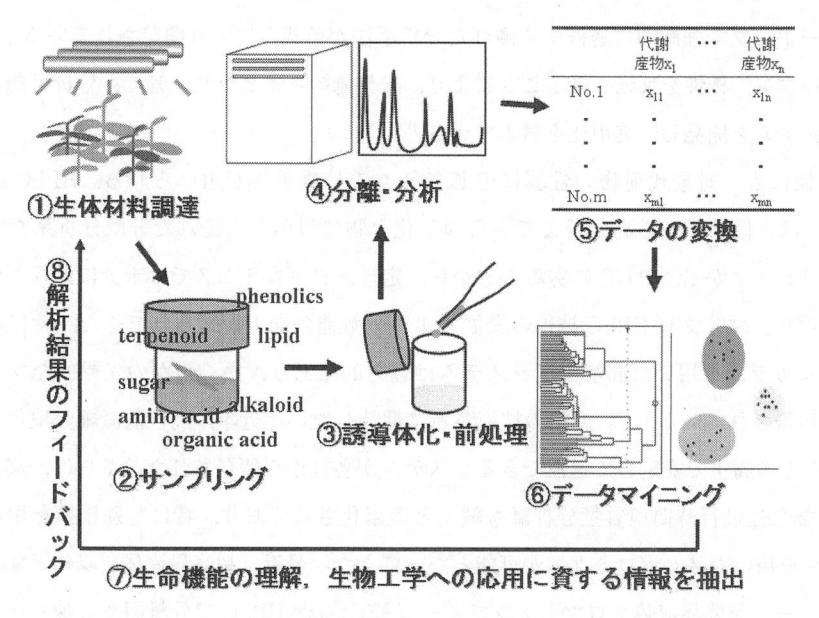

図1 メタボロミクスのスキーム

の利点を生かして，薬物体内動態解析や，残留農薬検定試験，環境分析等の分野で，確立された手法として用いられている。それらの分析では，観測標的が決まっているため，しかるべき内部標準化合物を用いた厳密な定量分析手法が適用可能である。しかしながら，特定の標的を決めずに網羅的に解析することを主眼とするメタボロミクスにおいては，従来の内部標準法による標準化は困難である。如何にして定量性を検証するかが重要となる。また，大量に存在する代謝物に混在する微量代謝物を網羅するためのノウハウも必要である[1]。

メタボロミクスに用いる質量分析は特に限定されないが，種々の分離手段と組み合わせて運用し，「保持時間」と「質量分析データ」の両方のデータを代謝物情報とする場合が多い。メタボロミクスでは通常，網羅性を優先するため如何にして高解像度の分離分析系を構築するかが肝要となる。「解像度」と「再現性」に最も優れた手法としてガスクロマトグラフィー質量分析(GC/MS)が挙げられる。GC/MSは，ほぼ完成した分析システムであり，質量分析の経験の無いバイオサイエンス分野の研究者にも容易に扱えることが特長である。キャピラリー電気泳動質量分析(CE/MS)は，イオン性代謝物を観測するのに適した手法でありメタボロミクスにおける重要手法のひとつであるが，残念ながらGC/MSほど一般化した観測手法とは言えず，実用運用には若干のノウハウが必要である。特に，アニオン分析は，質量分析計側からバイアル側に生じる電気浸透流によって質量分析計側から溶液が逆流し，絶縁ゾーンが形成されやすいため，特別の工夫が必要である。電気浸透流回避のために，カチオンを内面に被覆したキャピラリーを用いた方法

や，エアーポンプで強制的に送液する優れた分析手法が曽我らにより開発されている[2, 3]。筆者らのグループも，極性を反転させることにより，未修飾のキャピラリー管でも分析可能なアニオン分析システムを開発し，実用化を試みている[4]。

上記の他にも，対象代謝物の性質に応じて種々の分離手法が用いられる。HPLC質量分析（LC/MS）は，低分子から高分子まであらゆる化合物に対応した優れた分離分析系だが，ピークキャパシティがGCやCEに劣ることから，定量メタボロミクスでは十分に活用されていなかった。近年，マイクロHPLC技術の発展により分離能の向上が図られてきた。特にモノリスシリカゲルカラムを用いた高解像度システムは魅力的であり，いくつかの先駆的なプロファイリングが報告されている[5, 6]。今後の技術革新に期待したい。近年，高性能微細充填剤カラムに100MPa以上の高圧で安定して送液できるシステムが各社から開発された。さらに，高速スキャンが可能なESI飛行時間型質量分析計も続々と実用化されており，特に特殊技術を用いなくてもLC/MSを用いたメタボロミクスが可能となってきた。最近，超臨界流体を媒体とするクロマトグラフィー（超臨界流体クロマトグラフィー（SFC））がHPLCで分離困難な疎水性化合物の分離に有用であることから注目されている。さらに，疎水性高分子の分離にも有用であることが示されている[7, 8]。脂質類をはじめとした分析が困難だった代謝物への適用が期待される。近年開発されたフーリエ変換イオンサイクロトロン質量分析計（FT-ICR-MS）等の高解像度質量分析計を用いて，精密質量数を観測し，クロマトグラフィーによる分離を行うことなく，多数の代謝物を同時一斉分析する試みがなされている[9, 10]。これらの方法論は，目的によっては，極めて有用である。

3　質量分析計を用いる場合の定量性について

定量性は当然のことながら用いる観測システムのダイナミックレンジ（直線性範囲）に依存するので，目的に応じて適切な検出器を採用する必要がある。もう一つ，忘れてはならない重要なポイントが夾雑物による影響である。質量分析は，ソフトイオン化を採用した場合，「イオン化サプレッション」と呼ばれる致命的な欠点により定量性が損なわれる場合がある。「イオン化サプレッション」は，イオン化時の環境や夾雑物の影響によってイオン化効率に差が生じるが[11, 12]，完全回避は，一般に困難である。そこで，便宜的にイオン化サプレッションによる悪影響を回避する手法として，安定同位体希釈法が検討されている。当該手法は，安定同位体標識化物を内部標準として用いて標的化合物（非標識化物）とクロマトグラフィー等で同時溶出させ，質量分析計により分離しそれらのピーク面積比から相対的な定量を行おうとするものである。内部標準同位体化合物と標的化合物とでほぼ同一にイオン化サプレッションが起こるため，

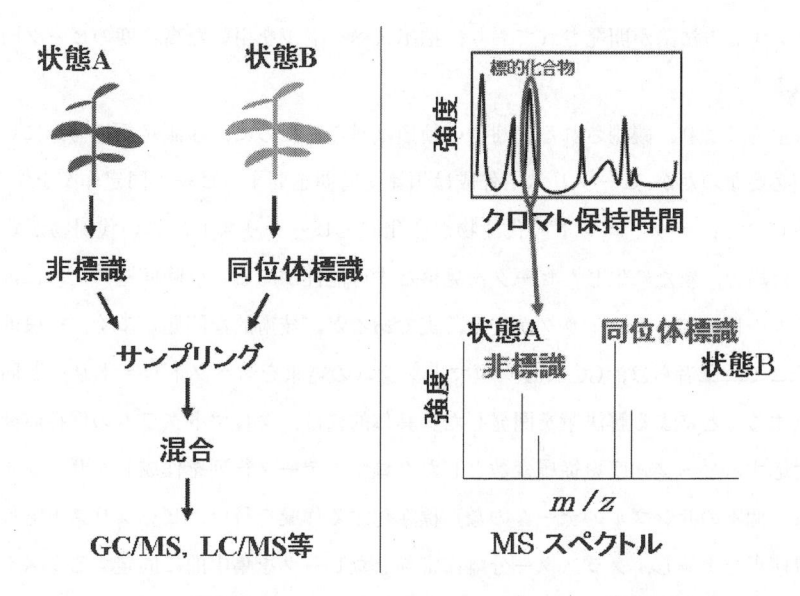

第25章 メタボロミクスの食品工学への応用

図2 安定同位体希釈による比較相対定量システムの概念図

正確な相対定量が達成されるという原理である。プロテオームにおいては Isotope coded affinity tags（ICAT）[13] がよく知られている。著者らも ^{13}C メチル化標識によるポストラベル化法のメタボロミクスへの応用を検討している[14]。また、煩雑なポストラベル化ではなく、同位体化合物を栄養源として植物に取り込ませることにより、標識を行う方法論も可能である。例は少ないが、^{34}S を用いた硫黄代謝研究[15] が報告されており、著者らのグループも ^{15}N インビボ標識による含窒素代謝物解析を検討している[16, 17]。酵母が対象であるがインビボ ^{13}C 標識の例も報告されている[18]。図2に安定同位体標識による安定同位体希釈法の概念を示した。

4 メタボロミクスにおけるデータ解析

膨大な変量を同時に扱うメタボロミクスにおけるデータの解析には多変量解析が必須である。多変量解析を行うためには、種々の分析手法により得られた生データ（主としてクロマトグラム）を数値データに変換する必要がある。メタボロミクスでは、当該第一ステップが極めて重要となる。クロマトグラフィー等により観測したデータは、ピークを同定し、ピーク面積を積分することにより、ピークリストを作成すれば、それがそのまま多変量解析に適用可能なマトリクスになる。その場合、説明変数は代謝物名で、従属変数は各代謝物のピーク面積になる。分離が不十分な場合でもピークの重なりを多変量解析により分離することが原理的には可能である。GC/MSを用いた系においては、実際にコエリューションした代謝物ピークを質量分析情報からデコンボ

リューションする方法論が開発されており，抽出スペクトルを用いた高精度のピーク同定が可能になっている[19]。

　観測対象生物により，観測される代謝物の種類は異なるために，観測対象生物毎にピークリストの整備が必要なのだが，ピークリスト作成は煩雑で時間を要するピーク同定作業を伴う。また，代謝改変等により，デッドエンドの代謝物が変化し，ピークリストに無い代謝物が観測される事態が生じた場合，新たに生じたピークを見落とす可能性がある。危険回避のためには，マスクロマトグラムの目視によるチェックが安全確実であるが，技術的な問題が多く，一般的な方法ではない。そこで，筆者らは，GC/MSクロマトグラムの結果をスペクトロメトリーと同様のデータ処理に供することによる解決策を開発した。具体的には，クロマトグラムの保持時間を独立変数とし，対応するピーク強度を従属変数としたクロマトデータ行列を作成し，サンプル間で，データセット（個々のサンプルのデータの数）標準化する作業を行い，ピークリストを作ることなく，多変量解析を実施し，クラスター分離に寄与したピークを集中的に同定するシステムを開発した[20]。当該操作は，一般に，前処理の善し悪しがその後の解析の成否を左右することもしばしばある。前処理法は，①ノイズ除去法，②ベースライン補正法，③resolution enhancement法，④規格化法，などに分けることができる。一般的にスペクトルデータに用いられる代表的な前処理法として，スムージング，差スペクトル，微分処理，ベースライン補正，波形分離，中央化とスケーリングなどがある。当該方法は，代謝物フィンガープリンティングにも適応可能である（図3）。MoritzらのグループからもGC/MSクロマトグラムのデータ処理に関する優れた論文が発表されているので参照されたい[21]。

　多変量解析によるデータマイニング手法には重回帰分析，判別分析，主成分分析，クラスター分析，因子分析，正準相関分析などがあり，データ構造や解析の目的によって選択される。現在，メタボロミクスで，最もよく用いられている多変量解析手法は，探索的データ解析（Exploratory Analysis）であり，その目的は，膨大な量のデータの特性を調査し，データが含んでいる情報の内容を判断することにある。また，探索的データ解析では，回帰分析や分類のモデルを構築する前に，データセットの可能性を確認できる。探索的データ解析の手法として主成分分析（Principal Component Analysis; PCA），および自己組織化マッピング（Self Organizing Mapping; SOM）が最も頻繁に用いられる。図4は，シロイヌナズナ培養細胞T87に軽度の塩ストレス（100mM食塩）を加えた後，経時的にサンプリングし，細胞内部メタボロームの経時変化を追跡し，親水性代謝物に注目してGC/MS分析を行い，結果を主成分分析（PCA）で解析したものである[22]。主成分分析（PCA）は，なるべく少ない合成変数で，なるべく多くの情報を把握するという情報の縮約を目的とする。線形変換によりデータの次元数を削減する多変量解析の手法である。元の変数の線形関数の中で，元のデータの分散（ばらつき）をできるだけ保存する指標（主成分）

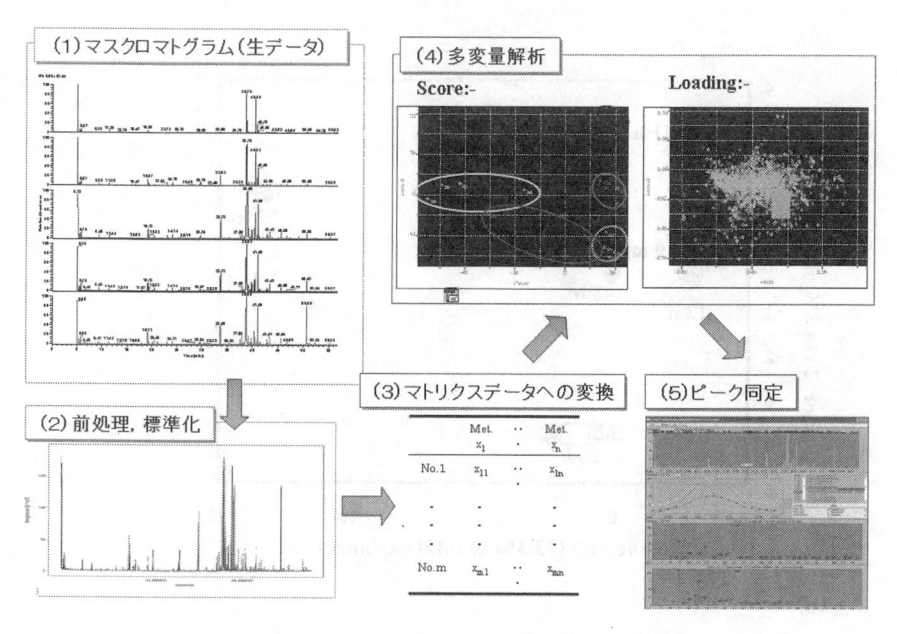

第25章 メタボロミクスの食品工学への応用

図3 データマイニングの基本的スキーム

を求める計算を行う。実際の計算は，前述のクロマトデータ行列の固有値問題の解答に他ならない。結果は，固有値と固有ベクトルとして得られるが，固有ベクトルは，クロマトグラフィーの各ピークにかかる係数ベクトルを意味し，固有値は，その固有ベクトルの寄与率を意味する。固有ベクトルは多くの場合，主成分あるいは，ファクターと呼ばれる。一般に，生命科学者は，「主成分」という言葉からは，「主たる成分」をイメージするが，主成分分析における主成分とは，固有ベクトルを表すものであることを銘記されたい。図4（A）は，経時毎のサンプルの主成分得点を第1主成分（Factor1：横軸）と第2主成分（Factor2：縦軸）でプロットしたものである。この図からサンプルのばらつきの傾向ならびに，類似性を知ることができる。本例の場合，サンプル（72時間）は，その他のサンプルと，第1主成分で明確にクラスター分離している。また，サンプル（24時間）は，他のサンプルと第2主成分でクラスター分離している。両者の分離にどのような代謝物が寄与しているかは，ローディング（主成分の係数）を見れば容易に類推することができる。（図4）Factor1からは，サンプル（72時間）の特徴が，Factor2からは，サンプル（24時間）の特徴がそれぞれ類推できる。主成分について，正に大きい係数と負に大きい係数に注目し，それらの係数に対応する代謝物を同定し，図中に記入した。例えば，図4のFactor2では，チロシン，シュクロース，トリプトファン，フェニルアラニン等が正に大きい係数の代表であり，グリセロール，イノシトール等が負に大きい係数の代表である。高得点クラスターを形成するサンプルは，正に大きい係数に対応する代謝物が多く，かつ，負に大きい係数に

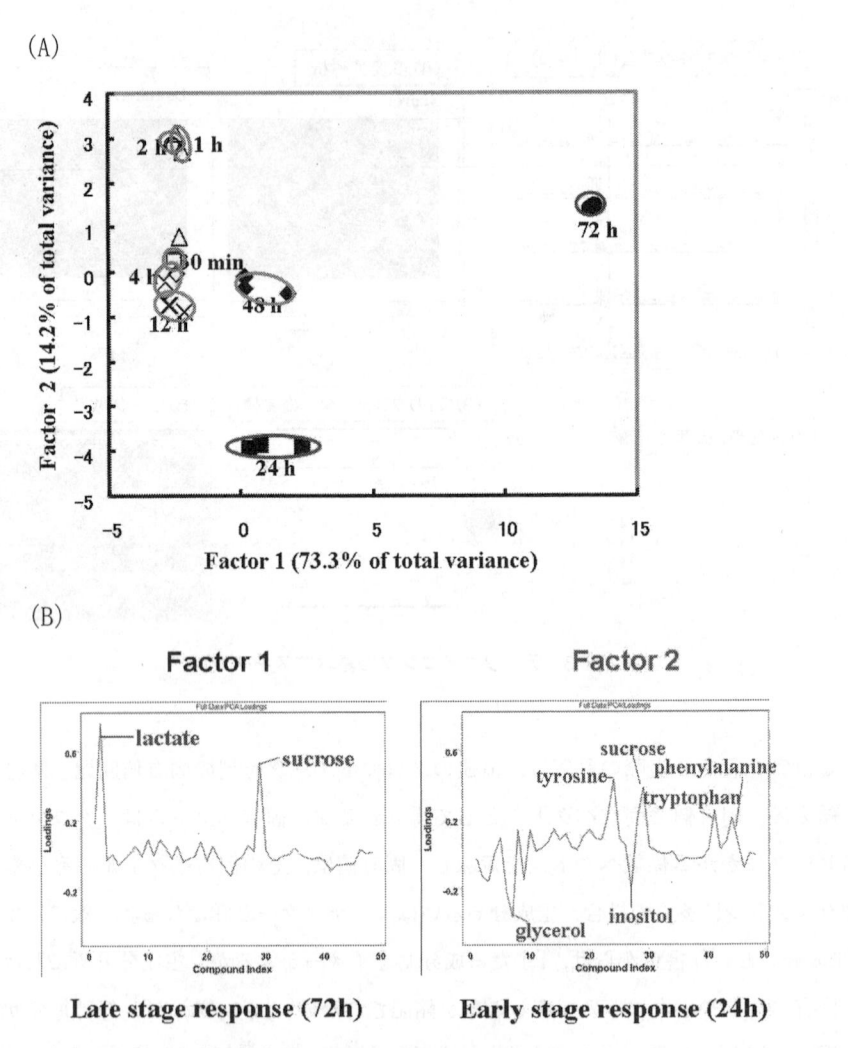

図4 シロイヌナズナ培養細胞（T87）に軽微な塩ストレスを加えたときのメタボロームの変化
(A) GC/MS分析結果を主成分分析（PCA）に供した際の主成分得点プロット，(B) 第1主成分（Factor1）と第2主成分（Factor2）のローディングプロット【文献22記載の図を改変】

対応する代謝物が少ないことにより，他サンプルとメタボロームレベルで分離したと考えられる。
　メタボローム解析を行う際，実験条件を増やすことにより，より多くの情報を得て，解釈を深めようとするのが普通である。代表的な例は，ある刺激に対する応答の経時変化の観測である。この際，各サンプリング時間のサンプル間相違を主成分分析で調べるだけでは十分ではない。よく行われる解析は，すべての代謝物について時間毎の量的変化の相対値をもとめ，その変動パターンの類似性に基づく代謝物の分類である。分類結果は，同様の増減挙動を示す代謝物同士は，なんらかの関連（例えば，同一調節遺伝子の支配下にある等）を有するのではないかという仮

第25章 メタボロミクスの食品工学への応用

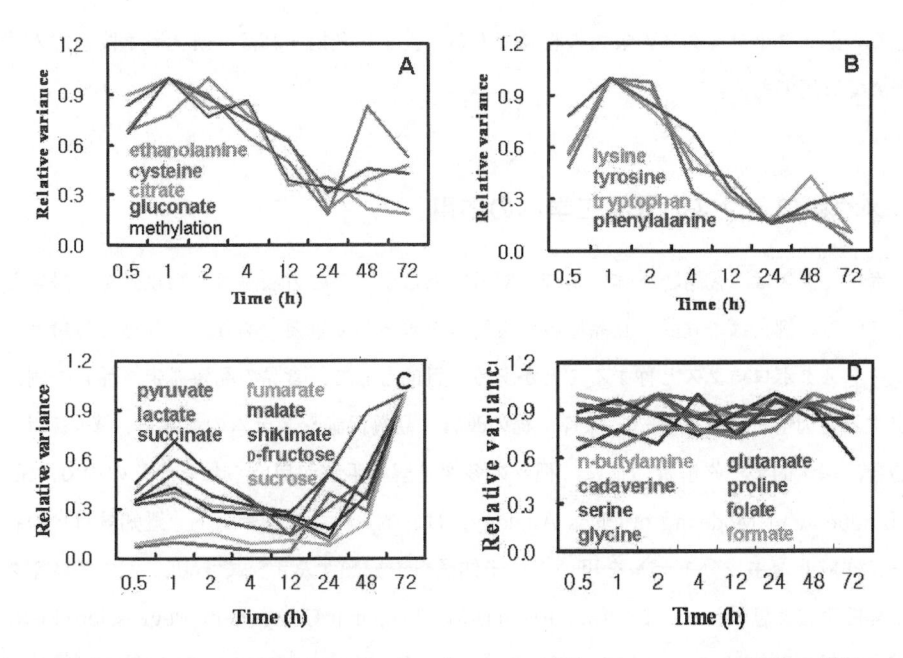

図5 シロイヌナズナ培養細胞 (T87) の塩ストレス応答パターンによる代謝物の分類
(GC/MS 分析および CE/MS 分析結果を BL-SOM 解析に供した)【文献22記載の図を改変】

説立案の材料となる。それらを達成するための多変量解析として，以前は，k-平均クラスター解析や，k-NN (k-nearest neighbor) 法等が用いられてきたが，近年，Batch-Lerning 自己組織化マッピング法 (BL-SOM) が頻用される。自己組織化マッピングは，ニューラルネットワークの手法を用いたパターン学習認識のアルゴリズムである。BL-SOM は，計算の際の入力順序により，計算結果のトポロジーが一定になるための工夫が加えられている[23]。簡単に原理を説明する。まず，コマ数を設定し，M 次元の全データを主成分分析する。平均値ベクトルと第1主成分と第2主成分による定めた参照ベクトルを初期値とし，実際のメタボローム観測データのベクトル (X) に近づくようにニューラルネットワークで学習させる。X を格子点との距離に応じて分類し，二次元表面で表現する。図5は，前述のシロイヌナズナの培養細胞に軽微な塩ストレスを与えた際の代謝物毎の経時増減パターンを BL-SOM 解析した結果である。本ケースでは，観測対象の代謝物を4つの増減パターンに分けて分類し，考察することにより以下の有用な仮説が導かれた。①塩ストレス応答初期段階で，メチレーション活性とフェニルプロパノイド経路，グリシン・ベタイン経路が協奏的に誘導される；②御塩ストレス応答後期には，メチレーション活性が減衰するのに反し，解糖系とショ糖代謝が協奏的に誘導される；③応答初期にギ酸の蓄積が観測された。原因として糖新生と協調して，グリオキシル酸経路が賦活され，ギ酸がオーバーフローしたことが示唆された[22]。一度の実験から，普通は想起できない種々の仮説を得ること

ができるのがメタボロミクスの最大の特長である。上手に利用すれば，研究着手段階での情報収集に極めて有用である。

5 メタボロミクスの食品工学への応用

メタボロミクスは，代謝物総体に基づく解析であるが，その方法論は生物以外をも対象として捕らえている。例えば，食品，食品原料等も解析対象として重要であり，それらを対象とした研究をフードメタボロミクスと称することがある。目的として，食品の品質鑑定，品質予測，品質を決定する要因解析，食品製造・保管工程の改善，品質保証システムの考案等，多岐にわたる。その場合，探索的データ解析の他に，種々の多変量解析手法が用いられる。その中で，SIMCA (Soft Independent Modeling of Class Analogy) は，トレーニングセット（既知試料）の各カテゴリーに作成した主成分モデルを用いて，未知試料を分類する手法であり，メタボロミクスに有用な解析手法と思われる。その他，主成分回帰（Principal Component Regression: PCR）や，PLS 回帰分析（Partial Least Squares Projection to Latent Structure：PLS）等の回帰分析手法も有用と思われる。

実例としてメタボロミクス技術を用いた緑茶の品質予測を紹介したい。製品緑茶の品質決定は，熟練者による官能試験に委ねられる。鑑定は，緑茶の熱湯抽出液の「味」，「香り」，「色」，および緑茶葉の「外観」の総合得点（200点満点）によって行われる。4項目の中で，最も重要なのは「味」である。そこで，味を形成する重要成分を網羅的に解析するために，茶葉から親水性低分子代謝物を抽出し，シリル化，メトキシ化の誘導体化を経て，GC/MS 分析に供した。図6（A）は，高級茶と低級茶を比較した例である。GC/MS 分析結果を行列データに変換し，主成分分析に供した結果を示した。第1主成分で明確に分離した。第1主成分ベクトルの係数を見ると，高級茶にはテアニン，キナ酸，リボース，アラビノースが多く含まれ，低級茶には，フルクトース，マンノース，スクロース等の糖類が多く含まれていることが示唆された。同様の分析を奈良県緑茶品評会の出品サンプルに対して行い，GC/MS 分析結果を行列データに変換後，PLS (Projection of Latent Structure by means of Partial Least Square) 回帰分析を行い，ランキング予測モデルを作成した。（図6（B））グラフ横軸は予測ランキング，縦軸は，実測ランキングを示す。GC/MS データだけでもある程度のランキング予測が可能であることが示唆された[24]。加えて，LC/MS，FT-NIR，FT-NMR 等によるプロファイリングも研究されており，さらなる発展が期待される。

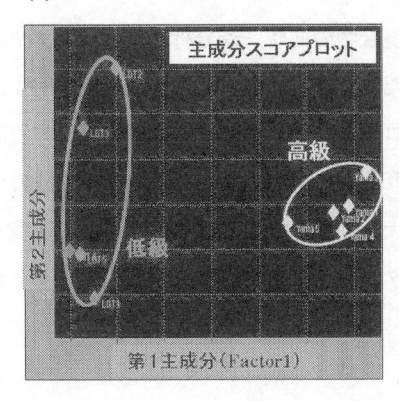

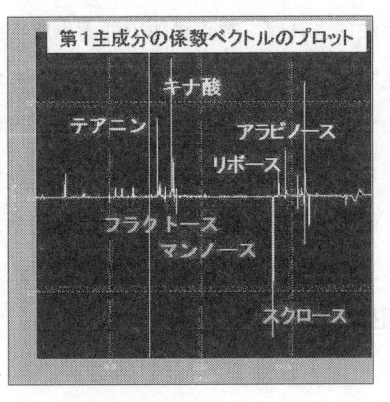

第25章 メタボロミクスの食品工学への応用

(A)

(B)

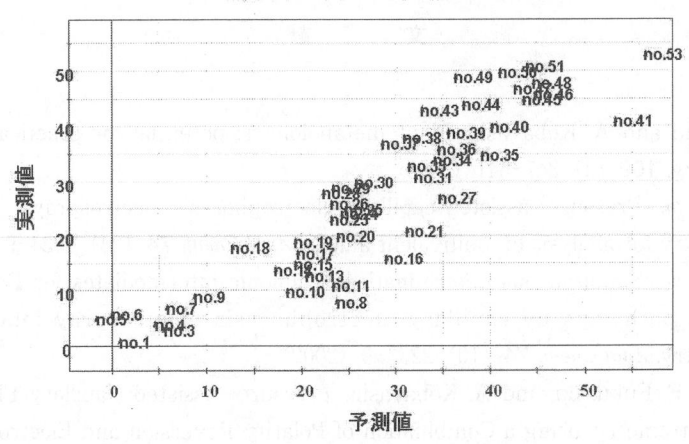

図6 GC/MS 分析による緑茶品質予測
(A) 高級茶と低級茶の比較，(B) 製品緑茶品評会サンプルのランキング予測
(文献 1. W. Pongsuwan *et al.*, Prediction of Japanese green tea ranking by gas chromatography/mass spectrometry-based hydrophilic metabolite fingerprinting, *J Agric Food Chem*, 55 (2), 231-6 (2007) 記載の図を改変)

6 おわりに

メタボロミクスが将来有望な技術であることは間違いないが，技術的に発展途上であり，標準的な運用方法は確立されていない。当然のことながら，メタボロミクスをモデル生物を使った機能ゲノム学のツールと限定して考える必要は全く無い。本稿で示したとおり，メタボロミクスの手法を食品分析，生薬分析に応用し，品質予測，製造工程改善，保管工程最適化への応用が可能である。また，生物生産応用研究の基礎スクリーニングにも極めて有用である。例えば，複数の

基質を複数の酵素で反応させる複雑系酵素反応混合物などは，好適なサンプルである．メタボロミクスの手法によれば，数百種類の酵素生成物混合物の同時一斉分析し，データマイニングすることが可能である．今まで，ブラックボックスだった複雑な酵素反応の様式を解明する手がかりを掴めるのではないかと確信している．メタボロミクスという確立されていない方法論を研究ツールに用いることを躊躇される方が多いと思われるが，未確立の今だからこそ，独自の運用方法を開発し，競争者に先んじて，ご自分の研究を大きく推進できる可能性がある．数多くのバイオサイエンス，バイオテクノロジーの研究者がメタボロミクスに興味を示し，ツールとして使われることを期待したい．

文　　献

1) E. Fukusaki and A. Kobayashi, Plant metabolomics: potential for practical operation, *J Biosci Bioeng,* **100**（4），347-541（2005）
2) T. Soga *et al.,* Pressure‐assisted capillary electrophoresis electrospray ionization mass spectrometry for analysis of multivalent anions, *Anal Chem,* **74**（24），6224-9（2002）
3) T. Soga *et al.,* Simultaneous determination of anionic intermediates for Bacillus subtilis metabolic pathways by capillary electrophoresis electrospray ionization mass spectrometry, *Anal Chem,* **74**（10），2233-9（2002）
4) K. Harada E. Fukusaki, and A. Kobayashi, 'Pressure-Assisted Capillary Electrophoresis Mass Spectrometry' using a Combination of Polarity Reversion and Electroosmotic Flow for the Metabolomics Anion Analysis, *J. Biosci. Bioeng.,* in press（2006）
5) V.V. Tolstikov *et al.,* Monolithic silica-based capillary reversed-phase liquid chromatography/electrospray mass spectrometry for plant metabolomics, *Anal Chem,* **75**（23），6737-40（2003）
6) T. Bamba *et al.,* Separation of polyprenol and dolichol by monolithic silica capillary column chromatography, *J Lipid Res,* **46**（10），2295-8（2005）
7) T. Bamba *et al.,* High‐resolution analysis of polyprenols by supercritical fluid chromatography, *J Chromatogr A,* **911**（1），113-7（2001）
8) T. Bamba *et al.,* Analysis of long‐chain polyprenols using supercritical fluid chromatography and matrix‐assisted laser desorption ionization time‐of‐flight mass spectrometry, *J Chromatogr A,* **995**（1-2），203-7（2003）
9) A. Aharoni *et al.,* Nontargeted metabolome analysis by use of Fourier Transform Ion Cyclotron Mass Spectrometry, *Omics,* **6**（3），217-34（2002）
10) 及川彰他，FT-ICR MS を用いたメタボローム解説，日本生物工学会誌, **84,** 219-222（2006）
11) R. King *et al.,* Mechanistic investigation of ionization suppression in electrospray

ionization, *J. Am. Soc. Mass Spectrom.*, **11**, 942-950 (2000)

12) C. Mueller *et al.*, Ion suppression effects in liquid chromatography: electrospray-ionization transport-region collision induced dissociation mass spectrometry with different serum extraction methods for systematic toxicological analysis with mass sectra libraries, *J Chromatogr B*, **773**, 47-52 (2002)

13) D.K. Han *et al.*, Quantitative profiling of differentiation-induced microsomal proteins using isotope-coded affinity tags and mass spectrometry, *Nat Biotechnol*, **19** (10), 946-51 (2001)

14) E.i. Fukusaki *et al.*, An isotope effect on the comparative quantification of flavonoids by means of methylation-based stable isotope dilution coupled with capillary liquid chromatograph/mass spectrometry, *J. Biosci. Bioeng.*, **99** (1), 75-77 (2005)

15) J.D. Mougous *et al.*, Discovery of sulfated metabolites in mycobacteria with a genetic and mass spectrometric approach, *Proc Natl Acad Sci U S A*, **99** (26), 17037-42 (2002)

16) K. Harada *et al.*, In vivo (15) n-enrichment of metabolites in suspension cultured cells and its application to metabolomics, *Biotechnol Prog*, **22** (4), 1003-11 (2006)

17) J.K. Kim *et al.*, Stable Isotope Dilution-Based Accurate Comparative Quantification of Nitrogen-Containing Metabolites in Arabidopsis thaliana T87 Cells Using in Vivo (15) N-Isotope Enrichment, *Biosci Biotechnol Biochem*, **69** (7), 1331-40 (2005)

18) L. Wu *et al.*, Quantitative analysis of the microbial metabolome by isotope dilution mass spectrometry using uniformly 13C-labeled cell extracts as internal standards, *Anal Biochem*, **336** (2), 164-71 (2005)

19) J.M. Halket *et al.*, Deconvolution gas chromatography/mass spectrometry of urinary organic acids-potential for pattern recognition and automated identification of metabolic disorders, *Rapid Commun Mass Spectrom*, **13** (4), 279-84 (1999)

20) E. Fukusaki *et al.*, Metabolic Fingerprinting and Profiling of Arabidopsis thaliana Leaf and its Cultured Cells T87 by GC/MS, *Z Naturforsch* [C], 267-272 (2006)

21) P. Jonsson *et al.*, A strategy for identifying differences in large series of metabolomic samples analyzed by GC/MS, *Anal Chem*, **76** (6), 1738-1745 (2004)

22) J.K. Kim *et al.*, Time course metabolic profiling in Arabidopsis thaliana cell cultures after salt stress treatment. *J Exp Bot*, in press (2006)

23) 金谷重彦，自己組織化マップ（SOM）：比較ゲノムと生物多様性研究への新規な情報学的手法，in ゲノム・プロテオミクスの新展開〜生物情報の解析と応用〜，今中忠行，Editor，㈱エヌ・ティー・エス，東京，890-896 (2004)

24) W. Pongsuwan *et al.*, Prediction of Japanese green tea ranking by gas chromatography/mass spectrometry-based hydrophilic metabolite fingerprinting, *J Agric Food Chem*, **55** (2), 231-6 (2007)

メタボロミクスの先端技術と応用 《普及版》　(B1049)

2008年 1月31日　初　版　第1刷発行
2013年 8月 8日　普及版　第1刷発行

監　修　福﨑英一郎　　　　　　　　　Printed in Japan
発行者　辻　　賢司
発行所　株式会社シーエムシー出版
　　　　東京都千代田区内神田 1-13-1
　　　　電話 03 (3293) 2061
　　　　大阪市中央区内平野町 1-3-12
　　　　電話 06 (4794) 8234
　　　　http://www.cmcbooks.co.jp/

〔印刷　株式会社遊文舎〕　　　　　Ⓒ E. Fukusaki, 2013

落丁・乱丁本はお取替えいたします。

本書の内容の一部あるいは全部を無断で複写（コピー）することは，法律で認められた場合を除き，著作者および出版社の権利の侵害になります。

ISBN978-4-7813-0731-2　C3045　¥4800E